经典实例学设计——AutoCAD 2016 从入门到精通

李 轲 常 亮 等编著

机械工业出版社

本书是一本 AutoCAD 2016 入门到精通的实战教程，通过三大经典行业应用、100 多套工程图样以及 100 多个案例实战，将软件技术与行业应用相结合，全面讲解 AutoCAD 2016 的各项功能及其在各行业中的实战应用。

　　本书分为七篇，第一篇为基础入门篇（第 1 章和第 2 章），介绍了 AutoCAD 2016 的基本知识及基本操作；第二篇为二维绘图篇（第 3 章～第 4 章），介绍了二维图形绘制和编辑等知识；第三篇为效率提升篇（第 5 章～第 6 章），介绍如何精确定位、使用图块等提升绘图效率的内容；第四篇为图形管理篇（第 7 章～第 8 章），介绍了图层管理、图形管理工具及打印输出图形的方法；第五篇为标注注释篇（第 9 章～第 10 章），讲解了图形尺寸标注、添加文字和表格注释的方法；第六篇为三维绘图篇（第 11 章～第 15 章），分别介绍了绘制轴测图、三维绘图基础、三维网格和三维曲面绘制、三维实体创建、编辑、显示与渲染等内容；第七篇为行业应用篇（第 16 章～第 18 章），也是综合实战篇，分别介绍了 AutoCAD 在建筑设计、室内设计、机械设计几大经典行业领域中的应用方法和技巧，以累积工程绘图经验。

　　本书附赠的 DVD 内含全书所有实例的高清语音视频教学和案例源文件，以及 70 个常用绘图练习、160 多套参考图纸、180 个绘图技巧速查，可成倍提高读者的学习兴趣和效率。

　　本书结构清晰、讲解深入详尽，具有较强的针对性和实用性，本书既可作为大中专、培训学校等相关专业的教材，也可作为广大 AutoCAD 初学者和爱好者学习 AutoCAD 的专业指导教材。

图书在版编目（CIP）数据

经典实例学设计. AutoCAD 2016 从入门到精通 / 李轲等编著. —北京：机械工业出版社，2015.6

ISBN 978-7-111-50870-0

Ⅰ. ①经…　Ⅱ. ①李…　Ⅲ. ①电气工程－计算机辅助设计－AutoCAD 软件

Ⅳ. ①TP3②TM02-39

中国版本图书馆 CIP 数据核字（2015）第 159147 号

机械工业出版社（北京市百万庄大街 22 号　邮政编码 100037）

策划编辑：李馨馨　　　责任编辑：李馨馨　尚　晨
责任校对：张艳霞　　　责任印制：李　洋

涿州市京南印刷厂印刷

2015 年 8 月第 1 版·第 1 次印刷
184mm×260mm·24.5 印张·607 千字
0001－3000 册
标准书号：ISBN 978-7-111-50870-0
　　　　　ISBN 978-7-89405-813-3（光盘）
定价：69.80 元（含 1DVD）

前　　言

AutoCAD 软件简介

AutoCAD 是美国 Autodesk 公司开发的一款专门用于计算机辅助绘图与设计的软件，具有界面友好、功能强大、易于掌握、使用方便和体系结构开放等特点。在室内装潢、建筑施工、园林土木等领域有着广泛的应用。作为第一款被引进中国市场的 CAD 软件，经过二十多年的发展和普及，AutoCAD 已经成为国内使用最广泛的 CAD 软件。

本书特点

本书是一本中文版 AutoCAD 2016 的案例教程。全书结合大量的工程实例，让读者在绘图实践中轻松掌握 AutoCAD 2016 的基本操作和技术精髓。总体来说，本书具有以下特色：

零点快速起步 绘图技术全面掌握	本书从 AutoCAD 的基本操作界面讲起，由浅入深，结合软件特点和行业应用安排了大量实例，让读者在绘图实践中轻松掌握 AutoCAD 2016 的基本操作和技术精髓
案例贴合实际 技巧原理细心解说	本书所有实例经典实用，每个实例都包含相应工具和功能的使用方法和技巧。在一些重点和要点处，还添加了大量的提示和技巧讲解，帮助读者理解和加深认识，从而真正掌握知识，以达到举一反三、灵活运用的目的
多个应用领域 行业应用全面接触	本书实例涉及的行业应用包括建筑设计、机械设计、室内设计等常见绘图领域，使广大读者在学习 AutoCAD 的同时，可以从中积累相关经验，并能够了解和熟悉不同领域的专业知识和绘图规范
100 多个制作实例 绘图技能快速提升	本书的每个实例均经过作者精挑细选，具有典型性和实用性，以及重要的参考价值，读者可以边做边学，从新手快速成长为 AutoCAD 绘图高手
高清视频讲解 学习效率轻松翻倍	本书配套光盘收录全书 100 多个实例长达 10 多个小时的高清语音视频教学，读者可以在家享受专家课堂式的讲解，成倍提高学习兴趣和效率

内容简介

全书分为七篇，共 18 章，主要内容介绍如下：

篇　　名	内　容　纲　要
第一篇　基础入门篇	介绍了 AutoCAD 2016 的基本知识及基本操作。包括 AutoCAD 2016 的发展历史、安装和启动、工作空间、工作界面、文件操作、命令操作、视图操作等
第二篇　二维绘图篇	介绍了二维图形绘制和编辑等知识。包括坐标系使用、绘制点、绘制线、绘制矩形和多边形、绘制曲线对象、选择对象、移动对象、复制图形、图形修整等
第三篇　效率提升篇	介绍如何精确定位、捕捉追踪、几何尺寸约束、使用图块等提升绘图效率的内容
第四篇　图形管理篇	介绍了图层管理、图形打印输出及图形设计等方法
第五篇　标注注释篇	介绍了图形尺寸标注、添加文字和表格注释等方法
第六篇　三维绘图篇	分别介绍了绘制轴测图、三维绘图基础和绘制三维图形、三维实体创建与编辑等内容
第七篇　行业应用篇	分别介绍了 AutoCAD 在建筑设计、室内设计、机械设计三大经典行业领域中的应用方法和技巧

关于光盘

本书所附光盘内容分为以下几部分内容：

".dwg"格式图形文件	本书所有实例和用到的或完成的".dwg"图形文件都按章节收录在"素材"文件夹下，图形文件的编号与章节的编号是一一对应的，读者可以调用和参考这些图形文件。
"mp4"格式动画文件	本书所有实例的绘制过程都收录成了"mp4"有声动画文件，并按章收录在附盘的"视频第 01 章～第 18 章"文件夹下，编号规则与".dwg"图形文件相同。
其他超值资源	70 个常用绘图练习、160 多套参考图纸、180 个绘图技巧速查

本书作者

本书由李轲、常亮等编著，其中西安工程大学服装与艺术设计学院环境艺术系李轲编写了本书的第 1～14 章，陕西科技大学设计与艺术学院常亮编写了第 15～18 章，另外李红萍、陈倩馨、陈远、陈智蓉、段陈华、关晚月、胡诗榴、黄正平、李灿、李林珠、廖媛杰、谈荣、唐磊、唐水明、王冰莹、王曾琦、杨红群、赵鑫、周彬宇、朱姿、卓志己等人为本书的顺利出版提供了帮助，这里表示感谢。

由于作者水平有限，书中错漏之处在所难免，在感谢您选择本书的同时，也希望您能够把对本书的意见和建议告诉我们。

本书编者联系信箱：luyunbook@fcxmail.com

编　者

目　　录

第三篇　效率提升篇

第七篇　行业应用篇

第一篇　基础入门篇

第 1 章　初识 AutoCAD 2016

AutoCAD 是由美国 Autodesk 公司开发的通用计算机辅助设计软件，借助它可以绘制二维图形和三维图形、渲染图形及打印输出图样等，而且具有易掌握、使用方便、适应性广等优点。本章主要介绍中文版 AutoCAD 2016 的基础知识，使读者对 AutoCAD 2016 有初步的认识和了解。

1.1　认识 AutoCAD 2016

AutoCAD 以其易于掌握、使用方便、体系结构开放等优点，而成为目前世界上应用最广的 CAD 软件，市场占有率位居世界第一。本节将首先介绍 CAD 及 AutoCAD 的背景知识。

CAD（Computer Aided Design）指计算机辅助设计，是计算机技术一个重要的应用领域。AutoCAD 则是美国 Autodesk 公司开发的一个交互式绘图软件，适用于二维及三维设计的绘图工具，用户可以使用它来创建、浏览、管理、打印、输出及共享设计图形。总体来说，AutoCAD 软件具有如下特点：

- ➢ 具有完善的图形绘制功能。
- ➢ 具有强大的图形编辑功能。
- ➢ 可以采用多种方式进行二次开发或用户定制。
- ➢ 可以进行多种图形格式的转换，具有较强的数据交换能力。
- ➢ 支持多种硬件设备。
- ➢ 支持多种操作平台。
- ➢ 具有通用性、易用性，适用于各类用户。

与以往的版本相比，AutoCAD 2016 又增添了许多强大的功能，从而使 AutoCAD 系统更加完善。虽然 AutoCAD 本身的功能已经足以协助用户完成各种设计工作，但用户还可以通过 AutoCAD 的脚本语言——AutoLISP 进行二次开发，将 AutoCAD 改造成为满足各专业领域需求的专用设计工具，包括建筑、室内设计、机械、测绘、电子以及航空航天等领域。

1.1.1　AutoCAD 基本功能

作为一款通用的计算机辅助设计软件，AutoCAD 可以帮助用户在统一的环境下灵活地完成概念和细节设计，并创作、管理和分享设计作品，十分适合于广大普通用户使用。

AutoCAD 基本功能主要包括以下几点。

1. 绘图功能

AutoCAD 的【绘图】菜单和工具栏中包含了丰富的绘图命令，使用这些命令可以绘制直线、圆、椭圆、圆弧、曲线、矩形、正多边形等基本的二维图形，还可以通过拉伸、设置高度、厚度等操作，使二维图形转换为三维实体，如图 1-1 所示。

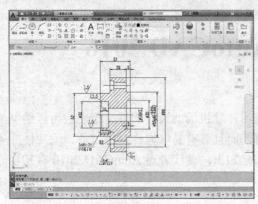
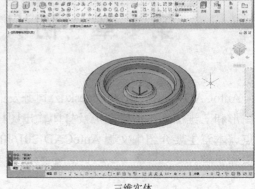

二维图形　　　　　　　　　　　　　　　　　三维实体

图 1-1　AutoCAD 绘制的二维图形和三维实体

2. 精确定位功能

AutoCAD 提供了坐标输入、对象捕捉、追踪、栅格等功能，能够精确地捕捉点的位置，创建出具有精确坐标与精确形状的图形对象。这是 AutoCAD 与 Windows 画图程序、Photoshop、CorelDraw 等平面绘图软件的不同之处。

3. 编辑和修改功能

AutoCAD 的【修改】菜单和工具栏提供了平移、复制、旋转、阵列、修剪等修改命令，使用这些命令相应地修改和编辑已经存在的基本图形，可以完成更复杂的图形。

4. 图形输出和打印功能

图形输出主要包括屏幕显示、打印以及保存至 Autodesk 360。AutoCAD 提供了缩放、平移、三维显示、多视口布局等屏幕显示功能，图纸空间、布局图、打印设置以及网络同步保存等功能则为图形的打印输出带来了极大的方便。

5. 三维渲染功能

AutoCAD 拥有非常强大的三维渲染功能，可以根据不同的需要提供多种显示设置，以及完整的材质贴图和灯光设备，进而渲染出真实的产品效果，如图 1-2 所示。

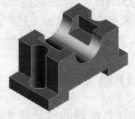

消隐显示　　　　　　　　　　　　　　渲染效果

图 1-2　使用 AutoCAD 渲染图形

6．二次开发功能

AutoCAD 自带的 AutoLISP 语言可以让用户自行定义新命令和开发新功能。通过 DXF、IGES 等图形数据接口，可以实现 AutoCAD 和其他系统的集成。此外，AutoCAD 提供了与其他高级编程语言的接口，具有很强的开放性。

1.1.2　AutoCAD 行业应用

随着计算机技术的快速发展，CAD 软件在工程领域的应用层次也在不断提高。作为最具代表性的 CAD 软件，AutoCAD 是当今时代最能实现设计创意的设计工具和设计手段之一，具有使用方便、易于掌握、体系结构开放等诸多优点，因此已经被广泛应用于机械、建筑、测绘、电子、造船、汽车、纺织、地质、气象、轻工和石油化工等行业。据资料统计，目前世界上有 75%的设计部门、数百万的用户在应用此软件。

1．CAD 在机械制造行业中的应用

AutoCAD 在机械制造行业中的应用是最早的，也是最为广泛的。采用 AutoCAD 技术进行产品设计，不但能够减轻设计人员繁重的图形绘制工作，创新设计思路，实现设计自动化，降低生产成本，提高企业的市场竞争力，还能使企业转变传统的作业模式，由串行式作业转变为并行式作业，以建立一种全新的设计和生产管理体制，提高劳动生产效率。

2．CAD 在建筑行业中的应用

CAAD（Computer Aided Architecture Design）计算机辅助建筑设计是 CAD 在建筑方面的应用，它为建筑设计带来了一场真正的革新。随着 CAAD 软件从最初的二维通用绘图软件发展到如今的三维建筑模型软件，CAAD 技术已经开始被广泛采用，这不但可以提高设计质量，缩短工程周期，还可以减少工程材料的浪费和节约建材投资成本。

3．CAD 在电子电气行业中的应用

CAD 在电子电气领域的应用被称为电子电气 CAD。它主要包括电气原理图的编辑、电路功能仿真、工作环境模拟以及印制板设计与检测等。此外，使用电子电气 CAD 软件还能迅速形成各种各样的报表文件（如元件清单报表），为元件的采购及工程预算和决算等提供了方便。

4．CAD 在轻工纺织行业中的应用

过去纺织品及服装的花样设计、图案协调、色彩变化、图案分色及配色等均由人工完成，速度慢、效率低，而目前市场对纺织品及服装的要求是批量小、花色多、质量高，并且交货要迅速，因此随着 CAD 技术的普遍使用，大大加快了轻工纺织及服装行业的发展。

5．CAD 在娱乐行业中的应用

如今，CAD 技术已进入到人们的日常生活中，不管是电影、动画、广告，还是其他娱乐行业，CAD 技术均发挥得淋漓尽致。例如，广告公司利用 CAD 技术构造布景，以虚拟现实的手法布置出人工难以做到的布景，这不仅节省了大量的人力、物力，降低成本，而且还能获得非凡的效果，给人一种视觉冲击。

1.1.3　AutoCAD 新增功能

AutoCAD 2016 是 AutoCAD 的最新版本，除继承以前版本的优点以外，还增加了一些新的功能，绘图更加方便快捷，具体介绍如下。

1.【文件】选项卡

【新建选项卡】图形文件选项卡已重命名为【开始】，并在创建和打开其他图形时保持显示，如图 1-3 所示。

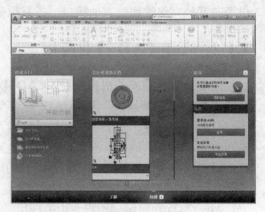

新建文件　　　　　　　　　　　　　　　　　　　新建选项卡

图 1-3　AutoCAD 新建选项卡及文件

2．更灵活的布局及状态栏显示

AutoCAD 2016 现在支持通过鼠标拖放来将布局移动或复制到隐藏的溢出式菜单中的。随着将选定的布局拖动到布局选项卡的右侧或左侧边缘，选项卡将自动滚动，以帮助用户将布局放置到正确的位置，如图 1-4 所示。

图 1-4　多个布局

状态栏现在可以在图标超过一行中适合显示的数目时自动换为两行，在任意给定时间，始终显示"模型"选项卡和至少一个布局选项卡，如图 1-5 所示。

图 1-5　状态显示栏

3．单点登录

用户如果登录到 A360 账户，也将自动登录到联机帮助系统。同样，如果登录到 AutoCAD 帮助系统，也将自动登录到用户的 A360 账户。

4.【标注】命令增强功能

标注命令在 AutoCAD 2016 中得到显著增强，现在可以从功能区中访问该命令，如图 1-6 所示。【标注】命令将根据选定对象的类型自动创建相应的标注。当光标经过这些对象时所显示的预览使用户能够查看生成的标注，然后再实际创建它。例如，如果启动【标注】命令，并将光标悬停在线性对象上，将会显示相应的"水平""垂直"或"对齐"标注的预览。选择对象后，用户可以放置标注，或将光标悬停在另一个非平行的线性对象上以显示并放置角度标注。编辑标注文字时，宽度尺寸控制将显示在文字上方，以便用户指定执行文字换行的宽度。

图 1-6　AutoCAD 功能区

5．捕捉及文本增强功能

AutoCAD 通过允许现有中心对象捕捉来捕捉到闭合多边形/多段线的几何体中心，作为不规则体的质心（质量中心）。新增的"文本框"特性已添加到多行文字对象，使用户能够创建文字周围的边框，如图 1-7 所示。

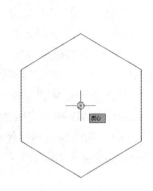

闭合多边形质心捕捉

多行文字边框的添加

图 1-7　捕捉与文本增强的功能

6．移动/复制增强功能

在 AutoCAD 2016 的二维线框视觉样式中将大量对象一起移动或复制时，会快速生成移动功能预览，使用户能够自由移动选定的对象而没有明显滞后。

7．PDF 增强功能

在 AutoCAD 2016 中，PDF 支持已得到显著增强，以提供更好的性能、灵活性和质量。对于包含大量文字、多段线和填充图案的图形，PDF 打印性能也已得到改进。输出为 DWF/PDF 选项对话框已拆分为两个单独的对话框，一个用于 DWF，一个用于 PDF，这两者都可以从"输出"功能区选项卡进行访问。例如，其中可能包括指向图纸、命名视图、外部网站和文件的链接。它还支持来自不同类型的对象（如文字、图像、块、几何图形、属性和字段）的链接。书签控件将命名视图输出为书签，可以在查看 PDF 文件时轻松地在它们之间进行导航。

8．快速 RT 渲染

快速 RT 是 AutoCAD 2016 中的新渲染引擎，替换了早期的 Mental Ray 渲染引擎。这种基于物理的路径跟踪渲染器，提供了一种更简单的方法来在 AutoCAD 中进行渲染，并可以产生更好的效果。

与早期的 Mental Ray 渲染 UI 相比，新的渲染 UI 将包含更少的设置。大量的 Mental

Ray 设置已被删除，因为它们对新的渲染引擎不再有效。用户可以从【可视化】功能区选项卡的【渲染】面板中访问【渲染预设管理器】。

9．安全

在 AutoCAD 2016 中，文件密码保护功能已弃用，将不再使用密码保存 DWG 文件。现在可以使用 CAD 管理员控制实用程序锁定，并且提供了新的【数字签名】对话框。

1.1.4　AutoCAD 学习方法与技巧

随着计算机技术的日新月异，与之相关的基础软件也得到普及，AutoCAD 就是其中重要的一种软件，AutoCAD 软件具有操作简单、功能强大等特点，它已被广泛应用于机械设计、建筑设计、电子电路等图形设计领域，下面将简述 AutoCAD 的学习方法和技巧。

1．学习 AutoCAD 要掌握正确的方法

学习 CAD，需要一定的画法几何的知识和能力以及一定的识图能力，尤其是几何作图能力。一般来说，手工绘图水平高的人，学起来较容易些。整个学习过程应采用循序渐进的方式，先了解计算机绘图的基本知识，如相对直角坐标和相对极坐标等，使自己能由浅入深，由简到繁地掌握 CAD 的使用技术。在学习 CAD 命令时始终要与实际应用相结合，不要把主要精力花费在各个命令孤立的学习上，应把学以致用的原则贯穿整个学习过程，使自己对绘图命令有深刻和形象的理解，有利于培养自己应用 CAD 独立完成绘图的能力。

同时，做几个综合实例十分必要，分别详细地进行图形的绘制，可以使自己从全局的角度掌握整个绘图过程，力争学习完 AutoCAD 课程之后就可以投身到实际的工作中去。

2．使用 AutoCAD 常见问题的解决技巧

（1）画同一张图，有人画的图形大小适中，有人画的图形很小，这是绘图区域界限的设定操作问题，也可能是由于用 LIMITS 命令进行设定，但没有用 ZOOM 命令中的 ALL 选项对绘图区重新进行规整。绘图区域的设定是根据实际的绘图需要来进行的。注意：现在 LIMITS 命名并不重要，通常按 1:1 的尺寸绘图，但需掌握缩放和平移的基本技巧。

（2）用虚线画线，但画出的线像是实线，这是"线型比例"的问题，即"线型比例"太大或太小。在线型管理器中，修改"全局比例因子"至合适的数值。注意：要对尺寸有个基本概念，如果尺寸很小，就将线型比例调整小一些，如果图形尺寸特别大，就将尺寸调整大一些，线型的一个单位一般都在 10 个长度单位以内。

（3）尺寸标注以后，不能看到标注的尺寸文本，这是尺寸标注的整体比例因子设置太小的问题，应修改其数值。注意：看到标注文字很重要，但更重要的是打印出来后标注和文字大小要合适，比如 1:1 绘图，1:100 打印，要求打印文字高度为 3mm，那么标注文字的高度就应设置为 300，标注的尺寸线也要相应调大 100 倍。

（4）容易混淆的命令，要注意弄清它们之间的区别。如 ZOOM 和 SCAIE，PAN 和 MOVE，DIVIDE 和 MEASURE 等。注意：视图缩放/平移和图形的缩放/移动确实容易搞混。视图的变化就像相机镜头的拉近拉远及平移，图形本身尺寸并不变，而图形的移动和平移是对图形的尺寸和位置进行了修改。

（5）图层使用，图层就像是透明的覆盖图，运用它可以很好地组织不同类型的图形信息。有的用户为了图省事，直接从对象特性工具栏的下拉列表框中选取颜色、线型和线宽等

信息，这使得处理图形中的信息不那么容易，要注意纠正这种不好的习惯。

（6）要学会合理使用线宽，用粗线和细线清楚地展现出部件的截面、标高的深度、尺寸线以及不同的对象厚度。作为初学者，一定要通过图层指定线宽，显示线宽。提高自己的图样质量和表达水平。注意：不同行业或同一行业的不同专业对图层、颜色、线宽的要求也不一样。在学习的时候就应养成良好的习惯，对将来工作肯定有好处。

（7）利用 AutoCAD 的"块"及属性功能，可大大提高绘图效率。"块"有内部块与外部块之分。内部块是在一个文件内定义的图块，内部图块一旦被定义，它就和文件同时被存储和打开。外部图块将"块"以文件的形式写入磁盘，其他图形文件也可使用它。注意：内部块用 B(Block)命令定义，外部块用 W(WBLOCK)来定义，无论定义内部块和外部块，选择合适的插入点都非常重要，否则插入图块时很麻烦。

（8）关于图案填充，要特别注意构成阴影区域边界的实体必须要封闭，要做到"滴水不漏"，否则会产生错误的填充。

（9）文字是工程图中不可缺少的部分，比如：通过标注文字、标题、文字和图形等一起表达完整的设计思想。AutoCAD 提供很强的文字处理功能，但符合工程制图规范的文字，并没有直接提供。注意：如果图样比较小，可用操作系统的字体，如宋体等，如果图样大，文字多，则建议用 CAD 自带的单线*.SHX 字体，这种字体比操作系统字体占用的系统资源要少得多。

（10）工程标注是零件制造、工程施工和零部件装配时的重要依据。在任何时候一幅工程图中，工程标注是不可少的重要部分。在某些情况下，工程标注甚至比图形更重要。为此应遵守如下规程：

1）给尺寸标注创建一个独立的层，使之与图形的其他信息分开，便于进行各种操作。

2）给尺寸文本建立专门的文字样式（如长仿宋体）和大小。

3）将尺寸单位设置为所希望的计量单位，并将精度取到所希望的最小单位。

4）利用尺寸方式对话框，将整体比例因子设置为绘图形时的比例因子。

5）充分利用目标捕捉方式，以便快捷拾取特征点。

6）两个空间、两个作用。在 CAD 中有两种空间：模型空间和图纸空间，其作用不同。模型空间是一个三维空间，主要用来设计零件和图形的几何形状，设计者一般在模型空间完成主要的设计构思。而图纸空间是用来将几何模型表达到工程图上用的，专门用来进行出图的。图纸空间有时又称为"布局"，是一种图纸空间环境。

1.2 AutoCAD 2016 的安装和启动

在开始学习 AutoCAD 之前，需要在自己的计算机中正确安装 AutoCAD 软件，AutoCAD 2016 作为一个大型的辅助设计软件，对硬件配置和系统环境有一定的要求，本节介绍该软件的安装和启动方法。

1.2.1 AutoCAD 2016 系统要求

在独立的计算机安装 AutoCAD 2016 软件之前，必须首先确保计算机满足最低系统需求，才能顺利安装并流畅使用。

1．32 位 AutoCAD 2016 的系统要求

➤ 操作系统：Microsoft Windows 7、Microsoft Windows 8/8.1。

➤ CPU：Intel Pentium 4 处理器双核，ADM Athlon 3.0 GHz 双核或更高，采用 SSE2 技术。

➤ 内存：2GB（建议使用 4GB）。

➤ 显示器分辨率：1024×768（建议使用 1600×1050 或更高）真彩色。

➤ 磁盘空间：6.0GB。

➤ 光驱：DVD。

➤ 浏览器：Internet Explorer 7.0 或更高。

2．64 位 AutoCAD 2016 的系统要求

➤ 操作系统：Microsoft Windows 7、Microsoft Windows 8/8.1。

➤ CPU：ADM Athlon 64（采用 SSE2 技术），Intel Pentium 4（具有 Intel EM 64T 支持采用 SSE2 技术）。

➤ 内存：2GB（建议使用 4GB）。

➤ 显示器分辨率：1024×768（建议使用 1600×1050 或更高）真彩色。

➤ 磁盘空间：6.0 GB。

➤ 光驱：DVD。

➤ 浏览器：Internet Explorer 7.0 或更高。

1.2.2 安装 AutoCAD2016

AutoCAD 2016 在各种操作系统下的安装过程基本一致，下面以 Windows 7 操作系统为例，讲解其大致安装过程。

（1）请确认计算机中的文件夹是否有足够的磁盘空间（约 7 GB），以用于解压缩 AutoCAD 2016 的安装文件。

（2）将自解压的可执行文件下载到计算机上的文件夹中。双击 Setup 文件，运行安装程序。

（3）安装程序首先检测计算机的配置是否符合安装要求，如图 1-8 所示。

（4）在弹出的 AutoCAD 2016 安装向导对话框中单击【安装】按钮，如图 1-9 所示。

图 1-8　安装初始化　　　　　　　　　　　　　　　图 1-9　安装向导

（5）安装程序弹出【许可协议】对话框，选择【我接受】单选按钮，然后单击【下一步】按钮，如图 1-10 所示。

（6）安装程序弹出【安装配置】对话框，提示用户选择安装路径，单击【浏览】按钮可指定所需的安装路径，然后单击【安装】按钮开始安装，如图 1-11 所示。

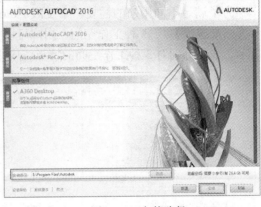

图 1-10　安装许可协议　　　　　　　　图 1-11　安装路径

（7）安装完成后，弹出【安装完成】对话框，单击【完成】按钮，完成安装。

1.2.3　AutoCAD 2016 启动与退出

要使用 AutoCAD 进行绘图，首先必须启动该软件。在完成绘制之后，应保存文件并退出该软件，以节省系统资源。

1．启动 AutoCAD

AutoCAD 2016 在正确安装之后，会在【开始】菜单和桌面上创建相应的菜单项和快捷方式，通过这些菜单项和快捷方式即可启动该软件。

启动 AutoCAD 2016 的方式有如下几种。

➢ 【开始】菜单：单击【开始】菜单，在菜单中选择"所有程序\Autodesk\AutoCAD 2016 简体中文(Simplified Chinese)\AutoCAD 2016-简体中文(Simplified Chinese)"选项。

➢ 桌面：双击桌面上的快捷图标▲。

2．退出 AutoCAD

退出 AutoCAD 有如下几种方法。

➢ 命令行：在命令行输入 QUIT/EXIT 命令，按〈Enter〉键。

➢ 标题栏：单击标题栏上的【关闭】按钮⊠。

➢ 菜单栏：选择【文件】|【退出】命令。

➢ 快捷键：按〈Alt〉+〈F4〉或〈Ctrl〉+〈Q〉组合键。

➢ 应用程序：在应用程序▲的下拉菜单中选择【关闭】选项。

提示：若在退出 AutoCAD 2016 之前没有保存当前绘图文件，系统会弹出如图 1-12 所示的提示对话框。提示使用者在退出软件之前是否保存当前绘图文件。单击【是】按钮，同时

图 1-12　提示对话框

可以进行文件的保存；单击【否】按钮，将不对之前的操作进行保存而退出；单击【取消】按钮，将返回到操作界面，不执行退出软件的操作。

1.3　AutoCAD 2016 的工作空间

为了满足不同用户的需要，中文版 AutoCAD 2016 提供了【草图与注释】、【三维基础】和【三维建模】共 3 种工作空间，用户可以根据绘图的需要选择相应的工作空间，如图 1-13 所示。下面分别对 3 种工作空间的特点、应用范围及其切换方式进行简单的讲述。

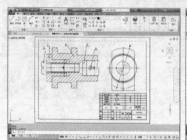  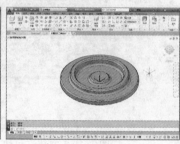

草图与注释空间　　　　　　　　三维基础空间　　　　　　　　三维建模空间

图 1-13　AutoCAD 2016 三种工作空间

1.3.1　草图与注释空间

【草图与注释】工作空间是 AutoCAD 2016 默认工作空间，该空间用功能区替代了工具栏和菜单栏，这也是目前比较流行的一种界面形式，当需要调用某个命令时，需要先切换至功能区下的相应面板，然后再单击面板中的按钮。【草图与注释】工作空间的功能区，包含的是最常用的二维图形的绘制、编辑和标注命令，因此非常适合绘制和编辑二维图形时使用。

1.3.2　三维基础空间

【三维基础】空间与【草图与注释】工作空间类似，主要以单击功能区面板按钮的方式调用命令。但【三维基础】空间功能区包含的是基本的三维建模工具，如各种常用三维建模、布尔运算以及三维编辑工具按钮，能够非常方便地创建简单的基本三维模型。

1.3.3　三维建模空间

【三维建模】工作空间适合创建、编辑复杂的三维模型，其功能区集成了【三维建模】、【视觉样式】、【光源】、【材质】、【渲染】和【导航】等面板，为绘制和观察三维图形、附加材质、创建动画、设置光源等操作提供了非常便利的环境。

1.3.4　切换工作空间

用户可以根据绘图的需要，灵活、自由地切换相应的工作空间，具体方法有以下几种：

➤ 菜单栏：选择【工具】|【工作空间】命令，在弹出的子菜单中选择相应的命令，如

图 1-14 所示。

➤ 状态栏：单击状态栏【切换工作空间】按钮 ⚙ ▾ ，在弹出的子菜单中选择相应的命令，如图 1-15 所示。

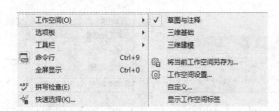 

图 1-14　通过菜单栏切换工作空间　　图 1-15　通过【切换工作空间】按钮切换工作空间

➤ 工具栏：单击【快速访问】工具栏工作空间列表框 ，在弹出的下拉列表中选择所需的工作空间，如图 1-16 所示。

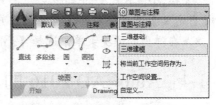

1.3.5　实例——自定义经典工作空间

图 1-16　工作空间列表框

除【草图与注释】、【三维基础】和【三维建模】3个基本工作空间外，根据绘图的需要，用户还可以自定义自己的个性空间，并保存在工作空间列表中，以备工作时随时调用。

（1）双击桌面上的快捷图标 ，启动 AutoCAD 2016 软件，单击新图形按钮 ，新建图形，如图 1-17 所示。

（2）单击【快速访问】工具栏中的下拉按钮 ，展开下拉列表，选择【显示菜单栏】选项，显示菜单栏，在菜单栏中选择【工具】|【选项板】|【功能区】菜单命令，如图 1-18 所示。

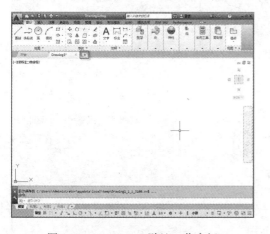 

图 1-17　AutoCAD 默认工作空间　　　　　　　图 1-18　选择菜单栏命令

（3）在【草图与注释】工作空间中，选择【快速访问】工具栏工作空间列表框【将当前空间另存为】选项，如图 1-19 所示。系统弹出【保存工作空间】对话框，输入新工作空间的名称，如图 1-20 所示。

（4）单击【保存】按钮，自定义的工作空间即创建完成，如图 1-21 所示。在以后工作中，可以随时通过选择该工作空间，快速将工作界面切换为该新建的工作状态。

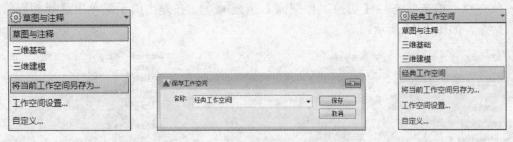

图 1-19 工作空间列表框　　　　图 1-20 【保存工作空间】对话框　　　　图 1-21 完成创建工作空间

技巧：不需要的工作空间，可以在工作空间列表中删除。选择工作空间列表框中的【自定义】选项，打开【自定义用户界面】对话框，在要删除的工作空间名称上单击鼠标右键，在弹出的快捷菜单中选择【删除】选项，即可删除不需要的工作空间。

1.4　AutoCAD 2016 的工作界面

AutoCAD2016 完整的工作界面如图 1-22 所示，该界面提供了十分强大的【功能区】，方便了初学者的使用。该工作界面包括应用程序按钮、标题栏、菜单栏、工具栏、快速访问工具栏、交互信息工具栏、标签栏、功能区、绘图区、光标、坐标系、命令行、状态栏、布局标签、滚动条等。

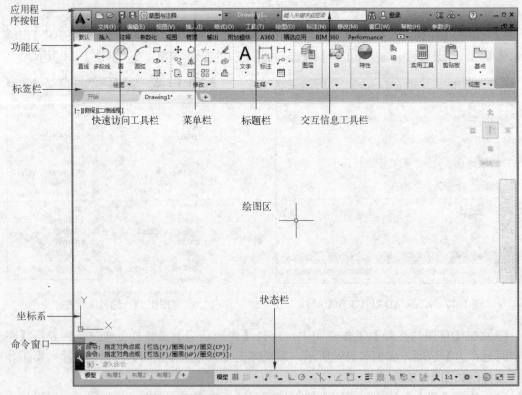

图 1-22 AutoCAD 2016 工作界面

提示：为了方便读者全面了解 AutoCAD 各空间界面元素，如图 1-22 所示的工作界面是在【草图与注释】空间中显示出工具栏和菜单栏的效果。

1.4.1 应用程序按钮

应用程序按钮 位于工作界面左上角，单击该按钮，系统弹出用于管理 AutoCAD 图形文件的菜单，包含【新建】、【打开】、【保存】、【另存为】、【输出】及【打印】等命令，【应用程序】菜单除了可以调用上述的常规命令外，还可以调整其显示为【小图像】或【大图像】，将鼠标置于菜单右侧排列的【最近使用的文档】文档名称上，可以快速预览打开过的图像文件，如图 1-23 所示。

此外，在应用程序【搜索】按钮 左侧的空白区域内输入命令名称，即会弹出与之相关的各种命令的列表，选择其中对应的命令即可执行，如图 1-24 所示。

图 1-23 应用程序菜单

图 1-24 搜索功能

1.4.2 标题栏

标题栏位于 AutoCAD 窗口的最上端，它显示了系统正在运行的应用程序和用户正在打开的图形文件的信息。单击标题栏右端的【最小化】 、【最大化】 （或【最大化】 ）和【关闭】 三个按钮，可以对 AutoCAD 窗口进行相应的操作。

1.4.3 快速访问工具栏

快速访问工具栏位于标题栏的左上角，它包含了最常用的快捷按钮，以方便用户快速调用。默认状态下它由 7 个工具按钮组成，依次为：【新建】、【打开】、【保存】、【另存为】、【重做】、【放弃】和【打印】，如图 1-25 所示，工具栏右侧为工作空间列表框，用于切换 AutoCAD 2016 工作空间。

图 1-25 快速访问工具栏

技巧：直接在【快速访问工具栏】按钮上单击鼠标右键，在弹出的右键快捷菜单中选择【自定义快速访问工具栏】命令，在弹出的【自定义用户界面】对话框中进行设置，可以增加或删除【快速访问】工具栏中的工具按钮。

1.4.4　菜单栏

菜单栏位于标题栏的下方，与其他 Windows 程序一样，AutoCAD 的菜单栏也是下拉形式的，并在下拉菜单中包含了子菜单。AutoCAD 2016 的菜单栏包括了 12 个菜单：【文件】、【编辑】、【视图】、【插入】、【格式】、【工具】、【绘图】、【标注】、【修改】、【参数】、【窗口】和【帮助】，几乎包含了所有的绘图命令和编辑命令，其作用分别如下：

- 文件：用于管理图形文件，例如新建、打开、保存、另存为、输出、打印和发布等。
- 编辑：用于对文件图形进行常规编辑，例如剪切、复制、粘贴、清除、查找等。
- 视图：用于管理 AutoCAD 的操作界面，例如缩放、平移、动态观察、相机、视口、三维视图、消隐和渲染等。
- 插入：用于在当前 AutoCAD 绘图状态下，插入所需的图块或其他格式的文件，例如 PDF 参考底图、字段等。
- 格式：用于设置与绘图环境有关的参数，例如图层、颜色、线型、线宽、文字样式、标注样式、表格样式、点样式、厚度和图形界限等。
- 工具：用于设置一些绘图的辅助工具，例如：选项板、工具栏、命令行、查询和向导等。
- 绘图：提供绘制二维图形和三维模型的所有命令，例如：直线、圆、矩形、正多边形、圆环、边界和面域等。
- 标注：提供对图形进行尺寸标注时所需的命令，例如线性标注、半径标注、直径标注、角度标注等。
- 修改：提供修改图形时所需的命令，例如删除、复制、镜像、偏移、阵列、修剪、倒角和圆角等。
- 参数：提供对图形约束时所需的命令，例如几何约束、动态约束、标注约束和删除约束等。
- 窗口：用于在多文档状态时设置各个文档的屏幕，例如层叠，水平平铺和垂直平铺等。
- 帮助：提供使用 AutoCAD 2016 所需的帮助信息。

提示：三种工作空间都默认不显示菜单栏，以避免给一些操作带来不便，如果需要在这些工作空间中显示菜单栏，可以单击【快速访问】工具栏右端的下拉按钮，在弹出菜单中选择【显示菜单栏】命令。

1.4.5　功能区

功能区是一种智能的人机交互界面，它将 AutoCAD 常用的命令进行分类，并分别放置于功能区各选项卡中，存在于【草图与注释】、【三维建模】和【三维基础】空间中。【草图与注释】空间的功能区包含了【默认】、【插入】、【注释】、【参数化】、【视图】、【管理】、【输出】、【附加模块】、【A360】、【BIM 360】、【Performance】等选项卡，如图 1-26 所示。每个选项卡又包含有若干个面板，面板中放置有相应的工具按钮。当操作不同的对象时，功能区会显示对应的选项卡，与当前操作无关的命令被隐藏，以方便用户快速选择相应的命令，从而将用户从烦琐的操作中解放出来。

图 1-26 【草图与注释】空间的功能区选项卡及面板

提示：由于空间限制，有些面板的工具按钮未能全部显示，此时可以单击面板底端的下拉按钮 ▼，以显示其他工具按钮。

1.4.6　工具栏

工具栏是图标型工具按钮的集合，工具栏中的每个按钮图标都形象地表示出了该工具的作用。单击这些图标按钮，即可调用相应的命令。AutoCAD 2016 共有 50 余种工具栏，通过展开【工具】|【工具栏】|【AutoCAD】菜单项，在下级菜单中进行选择，如图 1-27 所示，可以显示更多的工具栏。

提示：工具栏在【草图与注释】、【三维基础】和【三维建模】空间中默认为隐藏状态，但可以通过在这些空间显示菜单栏，然后通过上面介绍的方法将其显示出来。

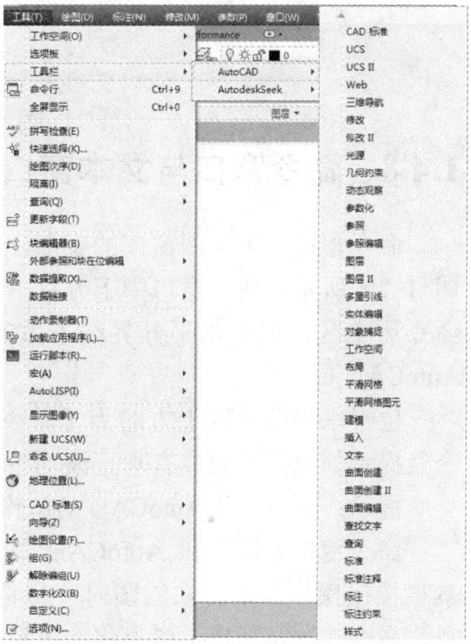

1.4.7　绘图区

绘图区是屏幕上的一大片空白区域，是用户进行

图 1-27 【工具栏】菜单

绘图的主要工作区域，如图 1-28 所示。图形窗口的绘图区域实际上是无限大的，用户可以通过【缩放】、【平移】等命令来观察绘图区的图形。有时候为了增大绘图空间，可以根据需要关闭其他界面元素，例如工具栏和选项板等。

图形窗口左上角的三个快捷功能控件，用于快速地修改图形的视图方向和视觉样式。

在图形窗口左下角显示有一个坐标系图标，以方便绘图人员了解当前的视图方向。此外，绘图区还会显示一个十字光标，其交点为光标在当前坐标系中的位置。当移动鼠标时，光标的位置也会相应地改变。

绘图区右上角同样有【最小化】、【最大化】和【关闭】三个按钮，在 AutoCAD 中同时打开多个文件时，可通过这些按钮切换和关闭图形文件。绘图窗口右侧显示有 ViewCube 工具和导航栏，用于切换视图方向和控制视图。

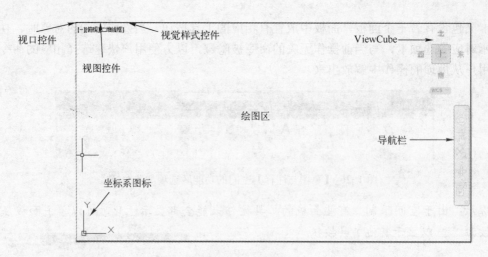

图 1-28　绘图区

1.4.8　命令窗口与文本窗口

命令窗口位于绘图窗口的底部，用于接收和输入命令，并显示 AutoCAD 提示信息，如图 1-29 所示。命令窗口中下方有一条水平分界线，它将命令窗口分成两个部分：命令行和命令历史区，位于水平分界线下方的为【命令行】，它用于接收用户输入的命令，并显示 AutoCAD 提示信息。

位于水平分界线上方的为【命令历史区】，它显示有 AutoCAD 启动后所用过的全部命令及提示信息，该窗口有垂直滚动条，可以上下滚动查看以前用过的命令。

提示：命令行是 AutoCAD 的工作界面区别于其他 Windows 应用程序的一个显著的特征。

命令窗口是用户和 AutoCAD 进行对话的窗口，通过该窗口发出绘图命令，与菜单和工具栏按钮操作等效。在绘图时，应特别注意这个窗口，输入命令后的提示信息，如错误信息、命令选项及其提示信息将在该窗口中显示。

AutoCAD 文本窗口相当于放大了的命令行，它记录了对文档进行的所有操作，包括命令操作的各种信息，如图 1-30 所示。

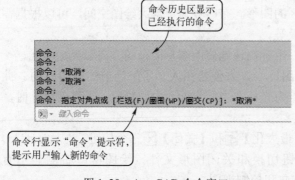

图 1-29　AutoCAD 命令窗口

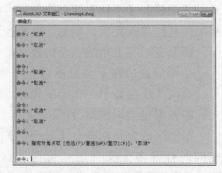

图 1-30　AutoCAD 文本窗口

文本窗口默认不显示，调出文本窗口有如下两种方法：

➢ 菜单栏：选择【视图】|【显示】|【文本窗口】命令。

> 快捷键：按〈F2〉键。

1.4.9 状态栏

状态栏位于屏幕的底部，主要用于显示和控制 AutoCAD 的工作状态，主要由 5 部分组成，如图 1-31 所示。

图 1-31　状态栏

1．快速查看工具

使用其中的工具可以方便地预览打开图形，以及打开图形的模型空间与布局，并在其间进行切换。图形将以缩略图形式显示在应用程序窗口的底部。

2．坐标值

坐标值区域显示了绘图区中当前光标的位置坐标。移动光标时坐标值也会随之变化。

3．绘图辅助工具

绘图辅助工具主要用于控制绘图的状态，其中包括【推断约束】、【捕捉模式】、【栅格显示】、【正交模式】、【极轴追踪】、【对象捕捉】、【三维对象捕捉】、【对象捕捉追踪】、【允许/禁止动态 UCS】、【动态输入】、【显示/隐藏线宽】、【显示/隐藏透明度】和【选择循环】等控制按钮。

4．注释工具

注释工具用于显示缩放注释的若干工具。对于模型空间和图纸空间，将显示不同的工具。当图形状态栏打开后，将显示在绘图区域的底部；当图形状态栏关闭时，图形状态栏上的工具移至应用程序状态栏。

5．工作空间工具

工作空间工具用于切换 AutoCAD 2016 的工作空间，以及对工作空间进行自定义设置等操作。

为了保证绘制的图形文件的规范性、准确性和绘图的高效性，在绘图之前应对绘图环境进行设置。

1.5　设置绘图环境

在绘制工程图时，根据行业规范和标准，对图形的大小和单位都有统一的要求。所以在绘图之前，需要设置好绘图单位和图形界限。其作用主要是帮助用户更加便捷地绘制图形，增加绘图精度。

1.5.1　设置绘图单位

尺寸是衡量物体大小的准则，AutoCAD 作为一款非常专业的设计软件，对单位的要求非常高。为了方便各个不同领域的辅助设计，AutoCAD 的绘制单位是可以进行修改的。在绘图的过程中，用户可以根据需要，设置当前文档的长度单位、角度单位、零角度方向等内容。

打开【图形单位】对话框有如下两种方法：

➤ 命令行：在命令行中输入 UNITS/UN 命令。

➤ 菜单栏：选择【格式】|【单位】命令。

执行以上任意一种操作后，将打开【图形单位】对话框，如图 1-32 所示。在该对话框中，可为图形设置坐标、长度、精度、角度的单位值，以及从 AutoCAD 设计中心中插入图块或外部参照时的缩放单位。

该对话框中各主要选项的功能如下：

➤ 【长度】选项区域：用于设置长度单位的类型和精度。

➤ 【角度】选项区域：用于控制角度单位类型和精度。其中【顺时针】复选框用于控制角度增量角的正负方向。

➤ 【顺时针】复选框：用于设置旋转方向。如选中此选项，则表示按顺时针旋转的角度为正方向，未选中则表示按逆时针旋转的角度为正方向。

➤ 【插入时缩放单位】选项区域：用于选中插入图块时的单位，也是当前绘图环境的尺寸单位。

➤ 【方向】按钮：用于设置角度方向。单击该按钮，将打开【方向控制】对话框，如图 1-33 所示，该对话框用于控制角度的起点和测量方向。默认的起点角度为 0°，方向正东。在其中可以设置基准角度，即设置 0° 角。如：将基准角度设为"北"，则绘图时的 0° 实际上在 90° 方向上。如果选择【其他】单选按钮，则可以单击【拾取角度】按钮，切换到图形窗口中，通过拾取两个点来确定基准角度 0° 的方向。

图 1-32 【图形单位】对话框

图 1-33 【方向控制】对话框

提示：毫米（mm）是国内工程绘图领域最常用的绘图单位，AutoCAD 默认的绘图单位也是毫米（mm），所以有时候可以省略绘图单位设置这一步骤。

1.5.2　设置图形界限

图形界限就是 AutoCAD 的绘图区域，也称为图限。对于初学者而言，在绘制图形时"出界"的现象时有发生，为了避免绘制的图形超出用户工作区域或图纸的边界，需要使用绘图界线来标明边界。

通常在执行图形界限操作之前，需要启用状态栏中的【栅格】功能，只有启用该功能才能查看图限的设置效果。它确定的区域是可见栅格指示的区域。

调用【图形界限】的命令常用以下两种。启动【图形界限】命令后，命令行提示如图 1-34 所示。

> 命令行：在命令行中输入 LIMITS 命令。
> 菜单栏：执行【格式】|【图形界限】命令，如图 1-35 所示。

```
命令: UN
UNITS
命令: '_limits
重新设置模型空间界限:
指定左下角点或 [开(ON)/关(OFF)] <0.0000,0.0000>:
指定右上角点 <420.0000,297.0000>:
```

图 1-34　命令行提示　　　　　　图 1-35　菜单栏调用【图形界限】命令

一般工程图纸规格有 A0、A1、A2、A3、A4。如果按 1:1 绘图，为使图形按比例绘制在相应图纸上，关键是设置好图形界限。表 1-1 提供的数据是按 1:50 和 1:100 出图，图形编辑区按 1:1 绘图的图形界限，设计时可根据实际出图比例选用相应的图形界限。

表 1-1　图纸规格和图形编辑区按 1：1 绘图的图形界限对照表

图纸规格	A0/mm×mm	A1/mm×mm	A2/mm×mm	A3/mm×mm	A4/mm×mm
实际尺寸	841×1189	594×841	420×594	297×420	210×297
比例 1:50	42050×59450	29700×42050	21 000×29700	14850×21000	10500×14850
比例 1:100	84100×118900	59400×84100	42000×59400	29700×42000	21000×29700

1.5.3　设置系统环境

设置一个合理且满足用户所需的系统环境，是绘图前的重要工作，这对绘图的速度和质量起着至关重要的作用。

AutoCAD 2016 提供了【选项】对话框用于设置系统环境，打开该对话框方法如下：

> 菜单栏：执行【工具】|【选项】命令，如图 1-36 所示。
> 命令行：在命令行输入 OPTIONS/OP。
> 应用程序：单击【应用程序】按钮，在下拉菜单中选择【选项】命令，如图 1-37 所示。

执行上述任一命令后，系统将弹出【选项】对话框，如图 1-38 所示。

【选项】对话框各选项卡功能具体如下：

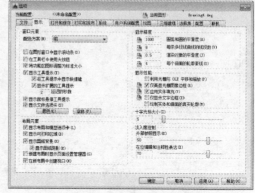

图 1-36 【菜单栏】　　　图 1-37 【应用程序】按钮　　　　　图 1-38 【选项】对话框
调用【选项】命令　　　菜单调用【选项】命令

> 【文件】选项卡：用于确定系统搜索支持文件、驱动程序文件、菜单文件和其他文件的路径，以及用户定义的一些设置，如图 1-39 所示。
> 【显示】选项卡：如图 1-40 所示的【显示】选项卡中，可以设置 AutoCAD 工作界面的一些显示选项，如界窗口元素、布局元素、显示精度、显示性能、十字光标大小等显示属性。单击【颜色】按钮，打开【图形窗口颜色】对话框，在该对话框可设置各类背景颜色，如图 1-41 所示。

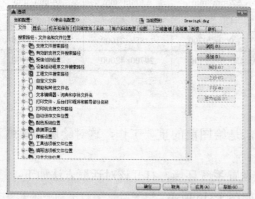

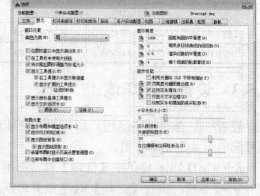

图 1-39 【文件】选项卡　　　　　　　　　　　图 1-40 【显示】选项卡

> 【打开和保存】选项卡：在如图 1-42 所示的【打开和保存】选项卡中，可以设置是否自动保存文件、是否维护日志、是否加载外部参照，以及指定保存文件的时间间隔等。
> 【打印和发布】选项卡：用于设置打印输出设备。系统默认的输出设备为 Windows 打印机。用户可以根据需要配置使用专门的绘图仪，如图 1-43 所示。

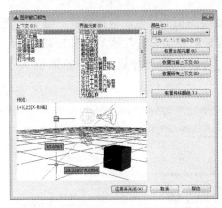

图 1-41 【图形窗口颜色】对话框

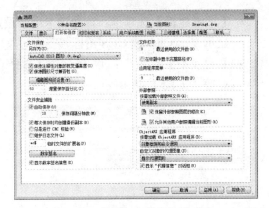

图 1-42 【打开和保存】选项卡

> 【系统】选项卡：用来设置三维图形的显示特性，设置定点设备，【OLE 文字大小】对话框的显示控制、警告信息的显示控制、网络链接检查、启动选项面板的显示控制以及是否允许长符号名称等，如图 1-44 所示。

图 1-43 【打印和发布】选项卡

图 1-44 【系统】选项卡

> 【用户系统配置】选项卡：如图 1-45 所示，为用户提供了可以自行定义的选项。这些设置不会改变 AutoCAD 系统配置，但是可以满足各种用户使用上的偏好。

> 【绘图】选项卡，如图 1-46 所示，用于对象捕捉、自动追踪等定形和定位功能的设置，包括自动捕捉和自动追踪时特征点标记的大小、颜色和显示特征等。

图 1-45 【用户系统配置】选项卡

图 1-46 【绘图】选项卡

- ➤ 【三维建模】选项卡：该选项卡用于设置三维绘图相关参数，包括设置三维十字光标、显示 ViewClub 或 UCS 图标、三维对象、三维导航及动态输入等，如图 1-47 所示。
- ➤ 【选项集】选项卡：设置于对象选择有关的特性，如选择集模式、拾取框大小及夹点等，如图 1-48 所示。

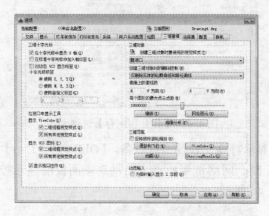

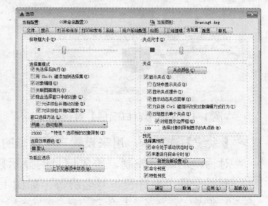

图 1-47 【三维建模】选项卡　　　　　图 1-48 【选择集】选项卡

- ➤ 【配置】选项卡：用于设置系统配置文件的创建、重命名及删除等操作，如图 1-49 所示。

单击右边的【添加到列表】按钮，可以将设置好的系统环境配置创建成一个系统配置方案，并命名添加到"可用配置"列表框中。选中需要的配置方案，单击【置为当前】按钮，可以迅速设置为当前的系统环境配置。

单击【输出】按钮，系统配置方案可以被输出保存为后缀名为"*.arg"的系统配置文件。单击【输入】按钮，也可以输入其他系统配置文件。

- ➤ 【联机】：登录 A360 账户如图 1-50 所示，可以随时随地上传文件、保存或共享文档。

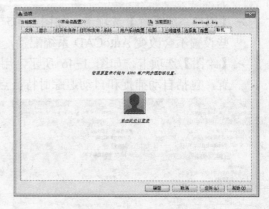

图 1-49 【配置】选项卡　　　　　　图 1-50 【联机】选项卡

1.5.4　实例——自定义绘图环境

良好的绘图环境是工作效率的保证，用户可以根据绘图需要自定义相应的工作环境，并将其保存为 DWT 样板文件，在以后的绘图工作中可以快速调用。

（1）新建 AutoCAD 文件。单击【快速访问】工具栏中的【新建】按钮，系统弹出【选择样板】对话框，如图 1-51 所示。选择所需的图形样板，单击【打开】按钮，进入绘图界面，如图 1-52 所示。

图 1-51　【选择样板】对话框　　　　　　　　图 1-52　绘图界面

（2）设置图形界限。在命令行中输入 LIMITS 并按〈Enter〉键，设置 A4 图纸的图形界限，命令行操作如下：

```
命令:'_limits                                    //调用【图形界限】命令
重新设置模型空间界限:
指定左下角点或 [开(ON)/关(OFF)] <0.0000,0.0000>: 0,0↙   //输入左下角点
指定右上角点<420.0000,297.0000>: 297,210↙     //输入右上角点，按回车键完成图形
                                                 界限的设置
```

（3）在命令行中输入 DS 并按〈Enter〉键，系统弹出【草图设置】对话框，在【捕捉和栅格】选项卡中，取消【显示超出界限的栅格】复选框的勾选。

（4）设置图形单位。在命令行中输入 UN 并按〈Enter〉键，系统打开【图形单位】对话框，设置【长度】选项组的【类型】选项为【小数】、【精度】选项为【0.00】，【角度】选项组的【类型】选项为【度/分/秒】、【精度】选项为【0d00'00"】，勾选【顺时针】复选框，如图 1-53 所示。

完成绘图环境的设置后，单击【快速访问】工具栏中的【保存】按钮，将文件保存为 DWT 样板文件。

图 1-53　【图形单位】对话框

第 2 章　AutoCAD 2016 基本操作

要想高效率地使用 AutoCAD 绘制图形，应先掌握一些基本的操作，如命令调用、视图缩放、文件管理等。本章着重介绍命令调用方法、文件操作和视图操作，以便读者能够熟练掌握这些基本的操作方法。

2.1　AutoCAD 2016 命令操作

2.1.1　调用命令的方法

要使用 AutoCAD 进行工作，必须知道如何向软件下达相关的指令，然后软件才能根据用户的指令执行相关的操作。由于 AutoCAD 不同的工作空间拥有不同的界面元素，因此在命令调用方式上略有不同。

调用命令有以下 5 种方式：

➢ 命令行：在命令行输入命令，例如在命令行输入 OFFSET 或其简写形式 O 并按〈Enter〉键，即可调用【偏移】命令。

➢ 菜单栏：使用菜单栏调用命令，例如选择【修改】|【偏移】菜单命令。

➢ 工具栏：使用工具栏调用命令，例如单击【修改】工具栏中的【偏移】按钮 。

➢ 功能区：在非【AutoCAD 经典】工作空间，可以通过单击功能区的工具按钮执行命令，例如单击【绘图】面板【多段线】按钮 ，即可执行 PLINE【多段线】命令。

➢ 快捷菜单：使用快捷菜单调用命令，即单击或按住鼠标右键，在弹出的菜单中选择命令。

提示：不管采用哪种方式，命令行都将显示相应的提示信息，以方便用户选择相应的命令选项，或者输入命令参数。

1．命令行输入命令

使用命令行输入命令是 AutoCAD 的一大特色功能，同时也是最快捷的绘图方式。这就要求用户熟记各种绘图命令，一般对 AutoCAD 比较熟悉的用户都用此方式绘制图形，因为这样可以大大提高绘图的速度和效率。

提示：AutoCAD 绝大多数命令都有其相应的简写方式。如【直线】命令 LINE 的简写方式是 L，绘制矩形命令 RECTANGLE 简写方式是 REC。对于常用的命令，用简写方式输入将大大减少键盘输入的工作量，提高工作效率。另外，AutoCAD 对命令或参数输入不区分大小写，因此操作者不必考虑输入的大小写。

在执行命令过程中，系统经常会提示用户进行下一步的操作，其命令行提示的各种特殊符号的含义如下：

> "/"：在命令行"[ ]"符号中有以"/"符号隔开的内容，表示该命令中可执行的各个选项。若要选择某个选项，只需输入圆括号中的字母即可，该字母大小写都行。例如，在执行【圆】命令过程中输入"3P"，就可以 3 点方式绘制圆。

> "〈〉"某些命令提示的后面有一个尖括号"<>"，其中的值是当前系统默认值或是上次操作时使用的值。若在这类提示下，直接按〈Enter〉键，则采用系统默认值或者上次操作使用的值并执行命令。

> 动态输入：使用该功能可以在鼠标光标附近看到相关的操作信息，而无需再看命令提示行中的提示信息了。

技巧：在 AutoCAD 2016 中，增强了命令行输入的功能。除了以上键盘输入命令选项外，也可以直接单击选择命令选项，而不再需要键盘的输入，避免了鼠标和键盘之间的反复切换，可以提高画图效率。

2．菜单栏调用

使用菜单栏调用命令是 Windows 应用程序调用命令的常用方式。AutoCAD 绝大多数常用命令都分门别类地放置在菜单栏中。三个绘图工作空间在默认情况下没有菜单栏，需要用户自己调出。例如，若需要在菜单栏中调用【矩形】命令，选择【绘图】|【矩形】菜单命令即可，如图 2-1 所示。

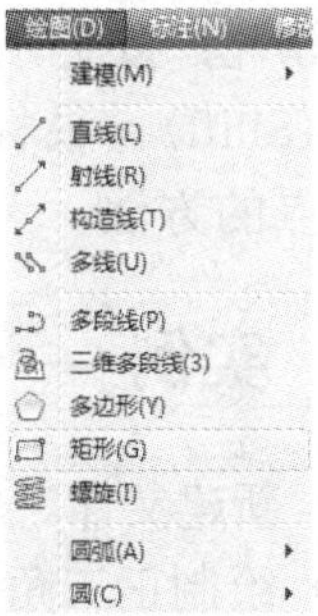

提示：AutoCAD 2016 工作空间默认情况下没有显示菜单栏，需要用户自己调出，具体操作方法请参考本书第 1 章的内容。

图 2-1　菜单栏调用【矩形】命令

3．工具栏调用

与菜单栏一样，工具栏默认不显示三个工作空间，需要通过【工具】|【工具栏】|【AutoCAD】菜单命令调出，单击工具栏中的按钮，即可执行相应的命令。用户在其他工作空间绘图，也可以根据实际需要调出工具栏，如【UCS】、【三维导航】、【建模】、【视图】、【视口】等。

技巧：为了获取更多的绘图空间，可以按〈Ctrl〉+〈0〉组合键隐藏工具栏，再按一次即可重新显示。

4．功能区调用命令

三个工作空间都是以功能区作为调用命令的主要方式。相比其他调用命令的方法，在面板区调用命令更加直观，非常适合于不能熟记绘图命令的 AutoCAD 初学者。

功能区使得绘图界面无需显示多个工具栏，系统会自动显示与当前绘图操作相应的面板，从而使得应用程序窗口更加整洁。因此，可以将进行操作的区域最大化，使用单个界面来加快和简化工作，如图 2-2 所示。

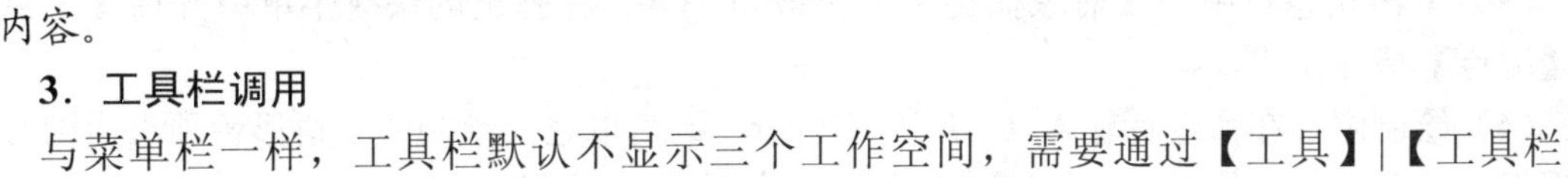

图 2-2　功能区面板

提示：默认情况下，当使用【草图与注释】、【三维建模】和【三维基础】工作空间

时，功能区将自动打开。如果当前界面未显示功能区，可以选择菜单栏【工具】|【选项板】|【功能区】命令，手动打开功能区面板。在功能区上单击鼠标右键，在弹出的快捷菜单中选择【显示选项卡】命令，会弹出子菜单，子菜单显示了可以在面板上打开的面板选项。

5. 鼠标的使用

鼠标是绘制图形时使用频率较高的工具。在绘图区以十字光标显示，在各选项板、对话框中以箭头显示。当单击或按住鼠标键时，都会执行相应的命令或动作。在 AutoCAD 中，鼠标各键的作用如下：

➢ 左键：主要用于指定绘图区的对象、选择工具按钮和菜单命令等。

➢ 右键：主要用于结束当前使用的命令或执行部分快捷操作，系统会根据当前绘图状态弹出不同的快捷菜单。

➢ 滑轮：按住滑轮拖动鼠标可执行【平移】命令，滚动滑轮可执行绘图的【缩放】命令。

➢ 〈Shift〉+鼠标右键：使用此组合键，系统会弹出一个快捷菜单，用于设置捕捉点的方法。

2.1.2　实例——调用命令绘制图形

（1）新建文件。单击【文件标签栏】|【新图形】按钮⊞，新建空白文件。

（2）绘制正三角形。单击【绘图】面板中的【多边形】按钮◇，在绘图区任意位置绘制一个内接于圆，半径为 50 的正三角形，如图 2-3 所示。

（3）单击状态栏中的【对象捕捉】下拉按钮▢ ▼，在弹出的快捷菜单中开启【中点】和【端点】捕捉模式。

（4）绘制圆。在命令行输入 C 并按〈Enter〉键，以之前绘制的三角形各顶点为圆心，再捕捉正三角形各边的中点，绘制 3 个半径相等的圆，如图 2-4 所示。

（5）绘制外轮廓圆。单击【绘图】面板中圆的【相切/相切/相切】按钮◯，绘制与 3 个圆都相切的圆，如图 2-5 所示。

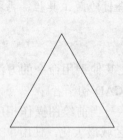

图 2-3　绘制正三角形　　　　图 2-4　绘制圆　　　　图 2-5　绘制外切圆

2.1.3　放弃命令

在绘图过程中，有时需要撤销某个操作，返回到之前的某一操作，这时需要使用放弃功能。

在 AutoCAD 2016 中可以通过以下几种方法启动放弃命令：

➢ 菜单栏：执行【编辑】|【放弃】命令。
➢ 工具栏：单击【快速访问】工具栏中的【放弃】按钮 ⟲⋅。
➢ 命令行：在命令行中输入"UNDO/U"。
➢ 快捷键：按〈Ctrl〉+〈Z〉组合键。

2.1.4　重做命令

在绘图过程中，有时撤销了某个不需要撤销的操作，这时需要使用重做功能返回到撤销之前的操作。

在 AutoCAD 2016 中可以通过以下几种方法启动重做命令：
➢ 菜单栏：执行【编辑】|【重做】命令。
➢ 工具栏：单击【快速访问】工具栏中的【放弃】按钮 ⟳⋅。
➢ 命令行：在命令行中输入"REDO"。
➢ 快捷键：按〈Ctrl〉+〈Y〉组合键。

2.1.5　退出命令

在绘图过程中，命令使用完成后需要退出命令，而有的命令则要求退出以后才能执行下一个命令，否则就无法继续操作。

在 AutoCAD 2016 中可以通过以下几种方法启动退出命令：
➢ 快捷键：按〈Esc〉键。
➢ 鼠标右击：在绘图区空白处按鼠标右键，在弹出的右键快捷菜单中选择【取消】选项。

2.1.6　重复调用命令

在绘图时常常会遇到需要重复调用一个命令的情况，此时不必再单击该命令的工具按钮或者在命令行中输入该命令，使用下列方法，可以快速重复调用命令：
➢ 快捷键：按〈Enter〉键或按空格键重复使用上一个命令。
➢ 命令行：在命令行中输入"MULTIPLE/MUL"并按〈Enter〉键。
➢ 快捷菜单：在命令行中单击鼠标右键，在快捷菜单中的【最近使用命令】下选择需要重复的命令。

2.1.7　实例——重复命令绘制抽屉

通过重复命令绘制矩形，读者可以熟练掌握重复调用命令的方法和过程。

（1）启动 AutoCAD 2016，新建文件，绘制大矩形。单击【绘图】面板中【矩形】按钮 ▱，在绘图区空白位置绘制一个大矩形，如图 2-6 所示。

（2）绘制中矩形。直接按〈Enter〉键再绘制一个矩形，如图 2-7 所示。

（3）按〈Esc〉键，退出矩形绘制，单击【绘图】面板中【圆】按钮 ◯，绘制抽屉把手，如图 2-8 所示。

图 2-6　绘制大矩形　　　　　图 2-7　绘制中矩形　　　　　图 2-8　绘制圆形

2.2　AutoCAD 文件操作

文件管理是软件操作的基础，在 AutoCAD 2016 中，图形文件的基本操作包括新建文件、打开文件、保存文件、查找文件和输出文件等。AutoCAD 是符合 Windows 标准的应用程序，因此其基本的文件操作方法和其他应用程序基本相同。

2.2.1　新建文件

在启动 AutoCAD 2016 时，系统将创建一个【开始】文件，该文件默认以 "acadiso.dwt" 为样板。如果要从头开始一个新的项目，就需要手动新建图形文件。新建空白图形文件的方法有以下几种：

➢ 快捷键：按〈Ctrl〉+〈N〉组合键。

➢ 工具栏：单击【快速访问】工具栏中的【新建】按钮□。

➢ 菜单栏：选择【文件】|【新建】命令。

➢ 应用程序：单击【应用程序】按钮，在下拉菜单中选择【新建】|【图形】命令。

➢ 命令行：在命令行中输入 qnew/qn 命令，并按〈Enter〉键。

执行上述任何一个新建文件命令后，将打开如图 2-9 所示的【选择样板】对话框。若要创建基于默认样板的图形文件，单击【打开】按钮即可。用户也可以在【名称】列表框中选择其他的样板文件。

提示：单击【打开】按钮右侧的回按钮，在弹出的快捷菜单中，可以选择图形文件的绘图单位【英制】或者【公制】。

2.2.2　打开文件

当需要查看或者重新编辑已经保存的文件时，需要将其重新打开。打开已有的文件主要方法有以下几种：

➢ 应用程序：单击【应用程序】按钮，在下拉菜单中选择【打开】命令。

➢ 工具栏：单击【快速访问】工具栏中的【打开】按钮。

➢ 菜单栏：选择【文件】|【打开】命令，打开指定文件。

➢ 快捷键：按〈Ctrl〉+〈O〉组合键。

➢ 命令行：在命令行中输入 "open" 并按〈Enter〉键。

执行上述命令，将打开【选择文件】对话框，如图 2-10 所示，选择所需的文件，单击【打开】按钮，即可打开指定的文件。

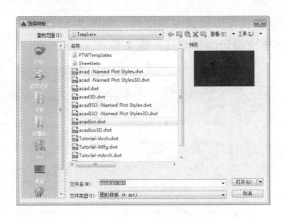

图 2-9 【选择样板】对话框

图 2-10 【选择文件】对话框

2.2.3 保存文件

保存的作用是将新绘制或修改过的文件保存到计算机磁盘中，以方便再次使用，避免因为断电、关机或死机而丢失。在 AutoCAD 2016 中，可以使用多种方式将所绘图形存入磁盘。

1．保存

这种保存方式主要是针对第一次保存的文件，或者针对已经存在但被修改后的文件。保存图形的方法有以下几种：

- ➢ 应用程序：单击【应用程序】按钮，在下拉菜单中选择【保存】命令。
- ➢ 菜单栏：选择【文件】|【保存】命令。
- ➢ 命令行：在命令行输入 SAVE 命令。
- ➢ 工具栏：单击【快速访问】工具栏中的【保存】按钮。
- ➢ 快捷键：按〈Ctrl〉+〈S〉组合键。

2．另存为

这种保存方式可以将文件另设路径或文件名进行保存，比如在修改了原来的文件之后，但是又不想覆盖原文件，那么就可以把修改后的文件另存一份，这样原文件也将继续保留。

另存图形的方法有以下几种：

- ➢ 应用程序：单击【应用程序】按钮，在下拉菜单中选择【另存为】命令。
- ➢ 菜单栏：选择【文件】|【另存为】命令。
- ➢ 命令行：在命令行中输入 SAVEAS 命令。
- ➢ 工具栏：单击【快速访问】工具栏中的【另存为】按钮。
- ➢ 快捷键：按〈Ctrl〉+〈Shift〉+〈S〉组合键。

2.2.4 查找文件

使用 AutoCAD 的文件查找功能，可以快速找到指定条件的图形文件。查找可以按照名称、类型、位置以及创建时间等方式进行。

单击【快速访问】工具栏中的【打开】按钮，打开【选择文件】对话框，选择【工具】下拉菜单中的【查找】命令，如图 2-11 所示，打开【查找】对话框。在默认打开的

【名称和位置】选项卡中，可以通过名称、类型及查找范围搜索图形文件，如图 2-12 所示。单击【浏览】按钮，即可在【浏览文件夹】对话框中指定路径查找所需文件。

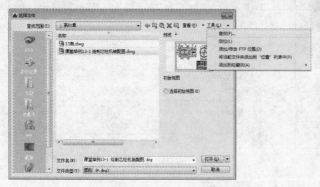
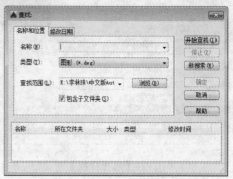

图 2-11 【选择文件】对话框　　　　　图 2-12 【查找】对话框

2.2.5　输出文件

输出图形文件是将 AutoCAD 文件转换为其他格式进行保存，以便在其他软件中使用该文件。输出文件的方法有以下几种：

➢ 应用程序：单击【应用程序】按钮，在下拉列表中选择【输出】子菜单，选择一种输出格式，如图 2-13 所示。

➢ 菜单栏：选择【文件】|【输出】命令。

➢ 命令行：在命令行中输入 EXPORT 命令。

➢ 功能区：在【输出】选项卡，单击【输出】面板中的【输出】按钮，选择需要的输出格式，如图 2-14 所示。

执行输出命令后，如选择输出格式为 PDF，将打开如图 2-15 所示的【另存为 PDF】对话框，设置输出文件名，单击【保存】按钮即可完成文件的输出。

图 2-13 【输出】子菜单　　　图 2-14 【输出】选项卡　　　图 2-15 【另存为 PDF】对话框

2.2.6　关闭文件

绘制完图形并保存后，用户可以将图形窗口关闭。关闭图形文件主要有以下几种方法：

> 菜单栏：选择【文件】|【关闭】命令。
> 按钮法：单击菜单栏右侧的【关闭】按钮▣。
> 命令行：输入 CLOSE 命令。
> 快捷键：按〈Ctrl〉+〈F4〉组合键。

执行上述操作后，如果当前图形文件没有保存，系统将弹出如图 2-16 所示提示对话框。用户如果需要保存修改，可单击【是】按钮，否则单击【否】按钮，单击【取消】按钮则取消关闭操作。

图 2-16　提示对话框

2.2.7　实例——文件另存后输出成 PDF

（1）单击【快速访问】工具栏中的【打开】按钮▣，打开"素材\第 2 章\2.2.7.dwg"文件，如图 2-17 所示。

（2）单击【快速访问】工具栏中的【另存为】按钮▣，系统会弹出【图形另存为】对话框，设置保存路径及名称，然后再单击【保存】按钮，保存文件，如图 2-18 所示。

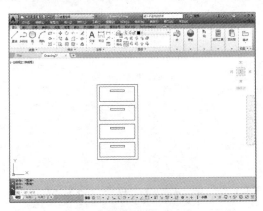

图 2-17　打开素材文件

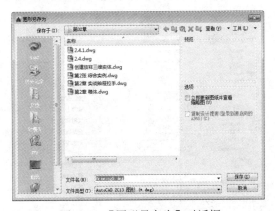

图 2-18　【图形另存为】对话框

（3）单击【应用程序】下拉按钮▲，在下拉列表中选择【输出】子菜单并选择【PDF】为输出格式，如图 2-19 所示。

（4）在打开的【另存为 PDF】对话框中，设置输出文件名，如图 2-20 所示，单击【保存】按钮即可完成文件的输出。

图 2-19　【输出】选项

图 2-20　【另存为 PDF】对话框

2.3　视图操作

在绘图过程中，为了方便观察视图与更好地绘图，经常需要对视图进行平移、缩放、重生成等操作。

2.3.1　视图缩放

视图缩放用于调整当前视图大小，这样既能观察较大的图形范围，又能观察图形的细节，而不改变图形的实际大小。

执行视图缩放命令主要有以下几种方法：

➤ 菜单栏：选择【视图】|【缩放】子菜单下各命令，如图 2-21 所示。
➤ 导航栏：在绘图区右边的导航栏的【缩放】列表中选择各命令，如图 2-22 所示。
➤ 工具栏：单击如图 2-23 所示的【缩放】工具栏中的各工具按钮。
➤ 命令行：在命令行中输入 ZOOM/Z 命令。

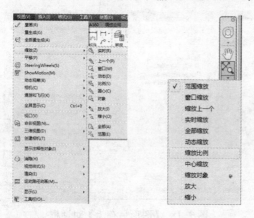

图 2-21 【缩放】子菜单　　图 2-22 【缩放】列表　　　图 2-23 【缩放】工具栏

执行【缩放】命令后，命令行提示如下：

```
命令:
命令: ZOOM
指定窗口的角点，输入比例因子 (nX 或 nXP)，或者
[全部(A)/中心(C)/动态(D)/范围(E)/上一个(P)/比例(S)/窗口(W)/对象(O)] <实时>:
```

缩放命令各选项的含义如下：

1. 全部缩放

在当前视窗中显示全部图形。当绘制的图形均包含在用户定义的图形界限内时，以图形界限范围作为显示范围；当绘制的图形超出了图形界限，则以图形范围作为显示范围。如图 2-24 所示为全部缩放前后对比效果。

2. 中心缩放

以指定点为中心点，整个图形按照指定的缩放比例缩放，缩放操作之后这个点将成为新视图的中心点。

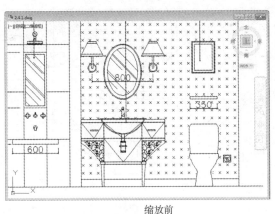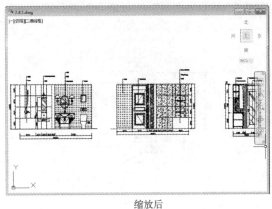

缩放前　　　　　　　　　　　　　　缩放后

图 2-24　全部缩放前后对比效果

3．动态缩放

对图形进行动态缩放。选择该选项后，绘图区将显示几个不同颜色的方框，拖动鼠标移动当前视区框到所需位置，单击鼠标左键调整大小后按〈Enter〉键，即可将当前视区框内的图形最大化显示。

4．范围缩放

使所有图形对象尽可能最大化显示，充满整个窗口。

技巧：双击鼠标中键可以快速显示出绘图区的所有图形，相当于执行了【范围缩放】操作。

5．比例缩放

按输入的比例值进行缩放。有 3 种输入方法：直接输入数值，表示相对于图形界限进行缩放；在数值后加 X，表示相对于当前视图进行缩放；在数值后加 XP，表示相对于图纸空间单位进行缩放。如图 2-25 所示为对当前视图缩放 8 倍后的效果对比。

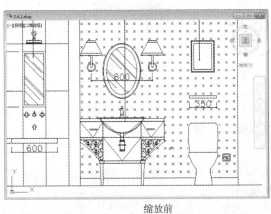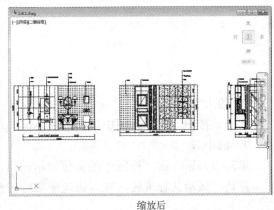

缩放前　　　　　　　　　　　　　　缩放后

图 2-25　比例缩放

6．窗口缩放

选择该选项后，可以用鼠标拖出一个矩形区域，释放鼠标键后该矩形范围内的图形以最大化显示，如图 2-26 所示是在螺钉孔区域指定缩放区域效果。

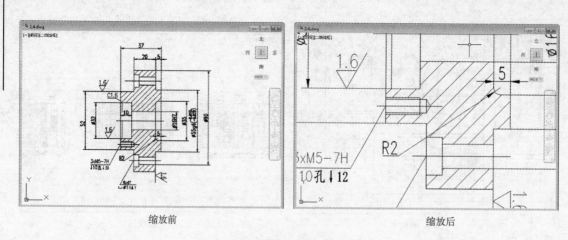

图 2-26　窗口缩放

7．缩放对象

　　选择的图形对象最大限度地显示在屏幕上，如图 2-27 所示为选择门的立面图作为缩放对象。

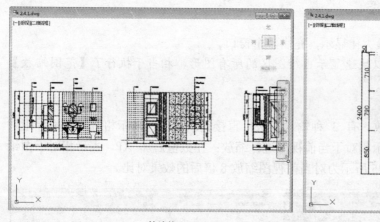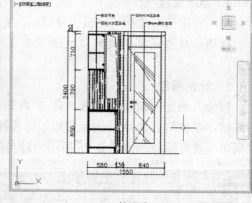

图 2-27　对象缩放

8．放大

单击该按钮一次，视图中的实体显示比当前视图大一倍。

9．缩小

单击该按钮一次，视图中的实体显示比当前视图小一倍。

技巧：滚动鼠标滚轮，可以快速地实时缩放视图。

2.3.2　视图平移

　　视图平移不改变视图的显示比例，只改变视图显示的区域，以便于观察图形的其他组成部分，如图 2-28 所示。当图形显示不全，致部分区域不可见时，就可以进行视图平移。

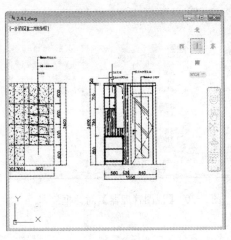
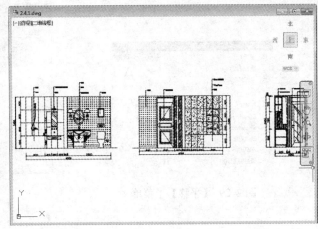

平移前　　　　　　　　　　　　　　平移后

图 2-28　视图平移前后对比

调用【平移】命令主要有以下几种方法：

➢ 菜单栏：选择【视图】|【平移】命令，然后在弹出的子菜单中选择相应的命令，如图 2-29 所示。

➢ 工具栏：单击【标准】工具栏上的【实时平移】按钮🖐。

➢ 命令行：输入"PAN/P"并按〈Enter〉键。

视图平移可以分为【实时平移】和【定点平移】两种，其含义分别如下：

➢ 实时平移：光标形状变为手形🖐时，按住鼠标左键拖动可以使图形的显示位置随鼠标向同一方向移动。

➢ 定点平移：光标形状变为十字形时，通过指定平移起始点和目标点的方式进行平移。

　　【上】、【下】、【左】、【右】四个平移命令表示将图形分别向上、下、左、右方向平移一段距离。必须注意的是，该命令并不是真的移动图形对象，也不是真正改变图形，而是通过位移对图形进行平移。

　　技巧：按住鼠标滚轮拖动，可以快速进行视图平移。

2.3.3　命名视图

　　命名视图是将某些视图范围命名保存下来，供以后随时调用。【命名视图】命令主要有以下几种方法：

➢ 菜单栏：选择【视图】|【命名视图】命令。

➢ 工具栏：单击【视图】工具栏中的【命名视图】按钮🖼。

➢ 命令行：在命令行输入"VIEW/V"并按〈Enter〉键。

　　执行该命令后，将打开如图 2-30 所示的【视图管理器】对话框，可以在其中进行视图的命名和保存操作。

图 2-29 【平移】子菜单

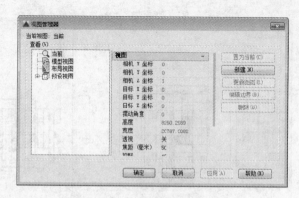

图 2-30 【视图管理器】对话框

2.3.4 重画视图

在 AutoCAD 中，某些操作完成后，其效果往往不会立即显示出来，或者在屏幕上留下了绘图的痕迹与标记。因此，需要通过刷新视图重新生成当前图形，以观察到最新的编辑效果。

【重画】命令用于快速地刷新视图，以反映当前的最新修改，调用【重画】命令方法有如下几种：

➢ 菜单栏：选择【视图】|【重画】命令。

➢ 命令行：输入"REDRAW/REDRAWALL/RA"命令。

提示：调用 REDRAWALL 命令会刷新当前图形窗口所有显示的视口，而 REDRAW 命令只刷新当前视口。

2.3.5 重生成视图

当使用【重画】命令无效时，可以使用【重生成】命令刷新当前视图。【重生成】命令由于会计算图形后台的数据，因此会耗费比较长的计算时间。

调用【重生成】命令的方法有以下几种方法：

➢ 菜单栏：选择【视图】|【重生成】菜单命令。

➢ 命令行：输入"REGEN/RE"命令。

当圆弧、圆等对象显示为直线段时，通常可重生成视图，使圆弧显示更为平滑，如图 2-31 所示。

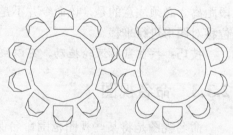

图 2-31 重生成视图

2.3.6 新建\命名视口

使用【新建视口】命令，将绘制窗口划分为若干个视口，以便于查看图形。各个视口可以独立进行平移和缩放。单击视口区域可以在不同视口间切换。

调用【新建视口】命令的方法有以下几种：

➢ 菜单栏：选择【视图】|【视口】|【新建视口】/【命名视口】命令。

> 功能区：在【视图】选项卡，单击【模型视口】面板中的【命名】按钮 📇 命名。
> 工具栏：单击【视口】工具栏中的【显示"视口"对话框】按钮 📇。
> 命令行：在命令行输入"VPORTS"命令。

执行命令后，系统将弹出【视口】对话框，如图 2-32 所示，单击【命名视口】选项卡，即可重新命名视口，如图 2-33 所示。该对话框列出了一个标准视口配置列表，可以用来创建层叠视口，还可以对视图的布局、数量和类型进行设置，最后单击【确定】按钮即可使视口设置生效。

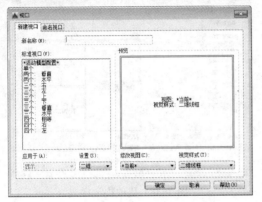

图 2-32 【新建视口】选项卡

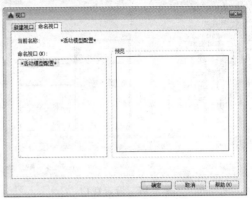

图 2-33 【命名视口】选项卡

2.3.7 实例——查看箱体并创建视口

通过查看箱体图并创建视口，读者可以熟练掌握视图缩放和视口创建等操作。

（1）打开文件。单击【快速访问】工具栏中的【打开】按钮 📂，打开"素材\第 2 章\2.3.7.dwg"素材文件，如图 2-34 所示。

（2）对象缩放图形。在命令行中输入"Z"并按〈Enter〉键，调用【缩放】命令，再根据命令行的提示输入"O"，激活【对象】选项，在绘图区选择需要缩放的对象，如图 2-35 所示。缩放结果如图 2-36 所示。

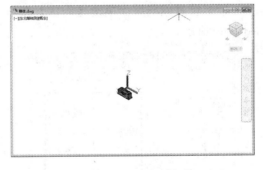

图 2-34 打开素材文件

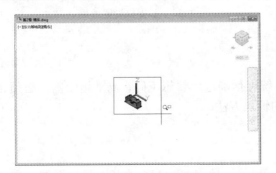

图 2-35 选择缩放对象

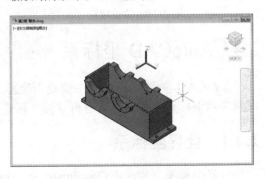

图 2-36 对象缩放结果

（3）在【视图】选项卡，单击【模型视口】面板中的【命名】按钮 [图]命名，系统会弹出【视口】对话框。

（4）切换至【新建视口】选项卡，在【标准视口】区域单击【三个：左】选项，如图 2-37 所示，将视图分割为三个视口。

（5）在【预览】框中分别单击各个视口，然后在【修改视图】列表框中选择视图方向，在【视觉样式】列表框中选择各视图的视觉样式，如图 2-38 所示。

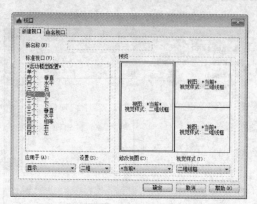

图 2-37　设置视口

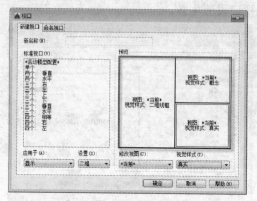

图 2-38　更改视觉样式

（6）在【设置】的下拉列表菜单中选择【三维】，然后分别选择视图之后修改视图为："东南等轴测"、"前视"、"俯视"，如图 2-39 所示。

（7）设置完成后，单击【确定】按钮，系统返回到绘图区域，绘图区视口显示效果如图 2-40 所示。

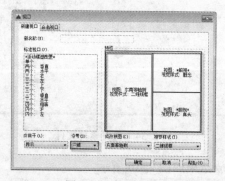

图 2-39　修改视图

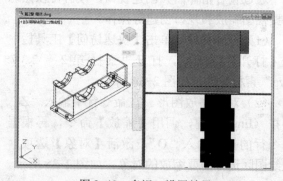

图 2-40　多视口设置效果

2.4　AutoCAD 坐标系

AutoCAD 的图形定位，主要是由坐标系统进行确定。要想正确、高效地绘图，必须先理解各种坐标系的概念，然后再掌握坐标点的输入方法。

2.4.1　世界坐标系

世界坐标系（World Coordinate System，WCS）是 AutoCAD 的基本坐标系统。它由 X、Y 和 Z 三条相互垂直的坐标轴组成，在绘制和编辑图形的过程中，它的坐标原点和坐标轴的方向是不变的。如图 2-41 所示，在默认情况下，世界坐标系 X 轴正方向水平向右，Y 轴正方向垂直向上，Z 轴正方向垂直屏幕平面方向，指向用户。坐标原点在绘图区左下角，在其上有一个方框标记，表明是世界坐标系。

2.4.2 用户坐标系

为了更好地辅助绘图，经常需要修改坐标系的原点位置和坐标方向，这时就需要使用可变的用户坐标系（User Coordinate System，USC）。在默认情况下，用户坐标系和世界坐标系重合，用户可以在绘图过程中根据具体需要来定义 UCS。

为表示用户坐标系（UCS）的位置和方向，AutoCAD 在 UCS 原点或当前视窗的左下角显示 UCS 图标，如图 2-42 所示为用户坐标系图标。

图 2-41　世界坐标系图标　　　　　图 2-42　用户坐标系图标

用户坐标系是用户自己定义并用来绘制图形的坐标系。创建并设置用户坐标系可以使用 UCS 命令进行操作。

启动 UCS 命令的方式有以下几种：

➢ 命令行：输入 UCS 命令。
➢ 菜单栏：选择【工具】|【新建 UCS】命令。
➢ 工具栏：单击【UCS】工具栏【UCS】按钮 。

执行以上任意一种操作，命令行提示如下：

> 命令: UCS
> 当前 UCS 名称: *世界*
> 指定 UCS 的原点或 [面(F)/命名(NA)/对象(OB)/上一个(P)/视图(V)/世界(W)/X/Y/Z/Z 轴(ZA)] <世界>:

命令行中各选项的含义如下：

➢ 面：用于对齐用户坐标系与实体对象的指定面。
➢ 命名：保存或恢复命名 UCS 定义。
➢ 对象：用于根据用户选取的对象快速简单地创建用户坐标系，使对象位于新的 XY 平面，X 轴和 Y 轴的方向取决于用户选择的对象类型。这个选项不能用于三维实体、三维多段线、三维网格、视口、多线、面域、样条曲线、椭圆、射线、参照线、引线和多行文字等对象。
➢ 上一个：把当前用户坐标系恢复到上次使用的坐标系。
➢ 视图：用于以垂直于观察方向（平行于屏幕）的平面，创建新的坐标系，UCS 原点保持不变。
➢ 世界：恢复当前用户坐标到世界坐标。世界坐标是默认用户坐标系，不能重新定义。
➢ X/Y/Z：用于旋转当前的 UCS 轴来创建新的 UCS。在命令行提示下输入正或负的角度以旋转 UCS，而该轴的正方向则是用右手定则来确定。

➢ Z 轴：用特定的 Z 轴正半轴定义 UCS。此时，用户必须选择两点，第一点作为新坐标系的原点，第二点则决定 Z 轴的正方向，此时，XY 平面垂直于新的 Z 轴。

2.4.3 坐标输入方式

在 AutoCAD 2016 中，根据坐标值参考点的不同，分为绝对坐标系和相对坐标系；根据坐标轴的不同，分为直角坐标系和极坐标系等。使用不同的坐标系，就可以使用不同的方法输入绘图对象的坐标点。

1．绝对直角坐标

绝对直角坐标系又称为笛卡尔坐标系，由一个原点（坐标为 0,0）和两条通过原点的、互相垂直的坐标轴构成，如图 2-43a 所示。其中，水平方向的坐标轴为 X 轴，以向右方向为其正方向；垂直方向的坐标轴为 y 轴，以向上方向为其正方向。

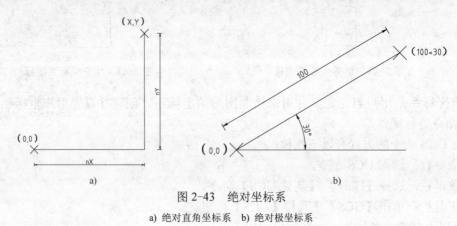

图 2-43　绝对坐标系

a) 绝对直角坐标系　b) 绝对极坐标系

绝对直角坐标的输入方法是以坐标原点(0,0)为基点来定位其他位置的所有点。

2．绝对极坐标

绝对极坐标系是由一个极点和一根极轴构成的，极轴的方向为水平向右，如图 2-43b 所示，平面上任何一点 P 都可以由该点到极点连线长度 L（>0）和连线与极轴的夹角 α（极角，逆时针方向为正）来定义，即用一对坐标值（L<a）来定义一个点，其中"<"表示角度。

该坐标方式是指相对于坐标原点的极坐标。如图 2-43b 所示，坐标（100<30）是指从 X 轴正方向逆时针旋转 30°，距离原点 100 个图形单位的点。角度按逆时针方向为正，按顺时针方向为负。

注意： AutoCAD 只能识别英文标点符号，所以在输入坐标时，中间的逗号必须是英文标点，其他的符号也必须为英文符号。

3．相对直角坐标

在绘图过程中，仅使用绝对坐标并不太方便。相对坐标是一个随参考对象不同而坐标值不同的坐标位置。

相对直角坐标的输入方法是以上一点为参考点，然后输入相对的位移坐标值来确定输入的点坐标。它与坐标系的原点无关，如图 2-44a 所示。它的输入方法与输入绝对直角坐标的方法类似，只需在绝对直角坐标前加一个"@"符号即可。相对特定坐标点（X，Y，Z）

增加（nX，nY，nZ）的坐标点的输入格式为（@nX，nY，nZ）。相对坐标输入格式为：（@X,Y），其中，@字符表示使用相对坐标输入。

提示：AutoCAD 状态栏左侧区域会显示当前光标所处位置的坐标值（前提是【动态输入】功能被开启），且用户可以控制其是显示绝对坐标还是相对坐标。

4．相对极坐标

相对极坐标以某一特定的点为参考极点，输入相对于参考极点的距离和角度来定义一个点的位置，如图 2-44b 所示。相对极坐标的输入格式为：（@A<角度），其中，A 表示指定点与特定点的距离。如图 2-44b 所示，坐标（@50<45）是指相对于前一点距离为 50 个图形单位，角度为 45°的一个点。

注意：在输入坐标的时候，要将输入法关闭，即在输入【绝对直角坐标】和【绝对极坐标】的时候要将【动态输入】关闭。

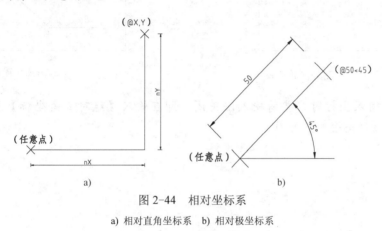

图 2-44　相对坐标系

a) 相对直角坐标系　b) 相对极坐标系

2.4.4　实例——利用坐标输入法绘制图形

（1）启动 AutoCAD 2016，在菜单栏中单击【文件】/【开始】旁边的【新图形】按钮，新建空白文件。

（2）选择【绘图】|【直线】命令，使用各种坐标定位点的方法，绘制外侧轮廓线，如图 2-45 所示，命令行操作如下：

```
命令：_line✓                                    //调用【直线】命令
指定第一个点：0,0✓                               //输入绝对直角坐标，确定 A 点位置
指定下一点或 [放弃(U)]：0,34✓                     //输入绝对直角坐标，确定 B 点位置
指定下一点或 [放弃(U)]：10,34✓                    //输入绝对直角坐标，确定 C 点位置
指定下一点或 [闭合(C)/放弃(U)]：@10<70✓           //输入相对极坐标，确定 D 点位置
指定下一点或 [闭合(C)/放弃(U)]：@7,0✓             //输入相对直角坐标，确定 E 点位置
指定下一点或 [闭合(C)/放弃(U)]：@-6<110✓          //输入相对极坐标，确定 F 点位置
指定下一点或 [闭合(C)/放弃(U)]：@17,0✓            //输入相对直角坐标，确定 I 点位置
指定下一点或 [闭合(C)/放弃(U)]：@6<70✓            //输入相对极坐标，确定 G 点位置
指定下一点或 [闭合(C)/放弃(U)]：@7,0✓             //输入相对直角坐标，确定 K 点位置
指定下一点或 [闭合(C)/放弃(U)]：@-10<110✓         //输入相对极坐标，确定 L 点位置
指定下一点或 [闭合(C)/放弃(U)]：@10,0✓            //输入相对直角坐标，确定 M 点位置
指定下一点或 [闭合(C)/放弃(U)]：@0,-34✓           //输入相对直角坐标，确定 N 点位置
```

指定下一点或 [闭合(C)/放弃(U)]: C✓　　　　　　// 激活"闭合（C）"选项

（3）选择【绘图】|【直线】命令，绘制内部轮廓线，如图 2-46 所示，命令行操作如下：

命令: _line✓　　　　　　　　　　　　　　　//调用【直线】命令
指定第一个点: 11,10✓　　　　　　　　　　　//输入绝对直角坐标，确定 A 点位置
指定下一点或 [放弃(U)]: @0,15✓　　　　　　//输入相对直角坐标，确定 B 点位置
指定下一点或 [放弃(U)]: @40,0✓　　　　　　//输入相对直角坐标，确定 C 点位置
指定下一点或 [闭合(C)/放弃(U)]: 34,10✓　　//输入绝对直角坐标，确定 D 点位置
指定下一点或 [闭合(C)/放弃(U)]:C✓　　　　　// 激活"闭合（C）"选项

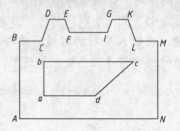

图 2-45　绘制外侧轮廓图　　　　　图 2-46　绘制内部轮廓线

提示：在输入坐标时，要将输入法关闭，即在输入【绝对直角坐标】和【绝对极坐标】时，要将【动态输入】关闭。

第二篇　二维绘图篇

第 3 章　绘制二维图形

　　任何二维图形都是由点、直线、圆、圆弧和矩形等基本元素构成的，只有熟练掌握这些基本元素的绘制方法，才能绘制出各种复杂的图形对象。通过本章的学习，读者将会对二维图形的基本绘制方法有一个全面的了解和认识，并能够熟练使用这些常用的绘图命令。

3.1　绘制点

　　点是组成图形的最基本元素，通常用来作为对象捕捉的参考点。AutoCAD 2016 提供了多种形式的点，包括单点、多点、定数等分点和定距等分点 4 种类型。

3.1.1　设置点样式

　　在 AutoCAD 中，系统默认情况下绘制的点显示为一个小黑点，不便于用户观察。因此，在绘制点之前一般要设置点样式，使其清晰明了。

　　启动【点样式】命令的方式有以下几种：

➤ 命令行：输入 DDPTYPE 命令。

➤ 菜单栏：【格式】|【点样式】命令。

➤ 功能区：在【默认】选项卡中，单击【实用工具】面板上的【点样式】按钮 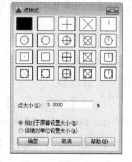。

　　执行上述任一命令后，系统弹出如图 3-1 所示的【点样式】对话框，可以在其中选择点的显示样式并更改点大小。

3.1.2　绘制单点和多点

图 3-1　【点样式】对话框

1．绘制单点

该命令执行一次只能绘制一个点。

启动【单点】命令的方式有以下几种：

➤ 命令行：输入 POINT/PO 命令。

➤ 菜单栏：选择【绘图】|【点】|【单点】命令。

　　执行以上任意一种方法，启动【单点】命令，在绘图区需要的地方绘制点，即可创建单点。

2．绘制多点

绘制多点就是指执行一次命令后可以连续绘制多个点，直到按〈Esc〉键结束命令为止。

启动【多点】命令的方式有以下几种：

➢ 菜单栏：选择【绘图】|【点】|【多点】命令。

➢ 功能区：单击【绘图】面板中的【多点】工具按钮⊡。

执行以上任意一种方法后，移动鼠标在需要添加点的地方单击，即可创建多个点。

3.1.3　绘制定数等分点

【定数等分】命令是将指定的对象以一定的数量进行等分。

启动【定数等分】命令的方式有以下几种：

➢ 命令行：输入 DIVIDE/DIV 命令。

➢ 菜单栏：选择【绘图】|【点】|【定数等分】命令。

➢ 功能区：单击【绘图】面板中的【定数等分】工具按钮⬨。

执行以上任意一种方法后，绘制轴盖上的孔，具体操作命令行如下：

```
命令: divide✓          //调用【定数等分】命令
选择要定数等分的对象:    //选择需要定数等分对象，即辅助圆
输入线段数目或 [块(B)]: 6✓ //输入等分数，按〈Enter〉键结束，如图3-2所示
```

提示：因为输入的是等分数，而不是放置点的个数，所以如果将所选非闭合对象分为 N 份，实际上只生成 N-1 个点。每次只能对一个对象操作，而不能对一组对象操作。

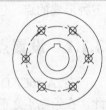

图 3-2　创建定数等分

3.1.4　绘制定距等分点

【定距等分】命令是将指定对象按确定的长度进行等分。与定数等分不同的是：因为等分后的子线段数目是线段总长除以等分距，所以由于等分距的不确定性，定距等分后可能会出现剩余线段。

启动【定距等分】命令的方式有以下几种：

➢ 命令行：输入 MEASURE/ME 命令。

➢ 菜单栏：选择【绘图】|【点】|【定距等分】命令。

➢ 功能区：单击【绘图】面板中的【定距等分】工具按钮⬨。

执行以上任意一种方法后，绘制零件图上的点，具体操作命令行如下：

```
命令: measure✓               //调用【定距等分】命令
选择要定距等分的对象:         //选择其中一条辅助线
指定线段长度或 [块(B)]: 30✓   //输入等分长度，按〈Enter〉键应用等分，如图3-3所示
```

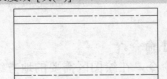

图 3-3　创建定距等分

提示：定距等分拾取对象时，光标靠近对象哪一端，就从哪一端开始等分。

3.1.5　实例——绘制飞镖标靶

（1）打开文件。单击【快速访问】工具栏中的【打开】按钮 📂，打开"素材\第 3 章 \3.1.5.dwg"文件，如图 3-4 所示。

（2）设置点样式。单击【实用工具】面板上的【点样式】按钮 🖉，在打开的【点样式】对话框中选择一种点样式，以便于观察。

（3）绘制定数等分点。在【默认】选项卡中，单击【绘图】面板中的【定数等分】按钮 🖉，根据命令行的提示，指定等分数目为 12，等分图环内圆，如图 3-5 所示。

（4）在【默认】选项卡中，单击【绘图】面板中的【直线】按钮 🖉，连接相对应的点，如图 3-6 所示。

（5）在【默认】选项卡中，单击【实用工具】面板中的【点样式】按钮，系统弹出【点样式】对话框 🖉，选择系统最初默认的点样式，单击【确定】按钮，关闭对话框，最终效果如图 3-7 所示。

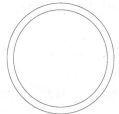 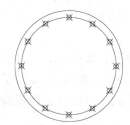 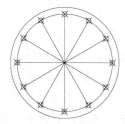 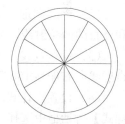

图 3-4　素材图形　　图 3-5　定数等分效果　　图 3-6　连接相对应的点　　图 3-7　完成效果图

3.2　绘制直线对象

线是图样中最常用的图形，在 AutoCAD 2016 中可以绘制直线、多段线、构造线、样条曲线等各种形式的线。在绘制这些线时，要灵活运用前面介绍的坐标输入方法，精确绘制图形。

3.2.1　绘制直线

【直线】命令在 AutoCAD 中是最基本、最常用的命令之一，绘制一条直线需要确定起始点和终止点。

启动【直线】命令的方式有以下几种：

➢ 命令行：输入 LINE/L 命令。

➢ 菜单栏：选择【绘图】|【直线】命令。

➢ 工具栏：单击【绘图】工具栏中的【直线】按钮 🖉。

➢ 功能区：单击【绘图】面板中的【直线】工具按钮 🖉。

执行以上任意一种方法后，启动直线命令绘制三角形，命令行操作如下：

| 命令: line ✓ | //调用【直线】命令 |
| 指定第一点: 0,0✓ | //指定第一点 A 点绝对直角坐标 |

指定下一点或 [放弃(U)]: 30,0↙　　//指定 B 点绝对直角坐标
指定下一点或 [放弃(U)]: @40<90↙　//指定 C 点相对极坐标
指定下一点或 [闭合(C)/放弃(U)]: C↙ //激活"闭合（C）"选项，闭合
　　　　　　　　　　　　　　　　图形，如图 3-8 所示

图 3-8　绘制三角形

3.2.2　绘制射线

【射线】命令是一条只有一个端点，另一端无限延伸的直线。

启动【射线】命令的方式有以下几种：

➢ 命令行：输入 RAY 命令。

➢ 功能区：单击【绘图】面板中的【射线】工具按钮。

在绘图区域指定出点和通过点即可绘制射线，可以绘制经过相同起点的多条射线，直到按〈Esc〉键或〈Enter〉键退出为止。

3.2.3　实例——绘制标题栏

（1）新建文件。单击【快速访问】工具栏中的【新建】按钮，新建空白文件。

（2）绘制图形。单击【绘图】功能区的【射线】按钮，在绘图区空白位置绘制水平和竖直的两条射线，如图 3-9 所示。

（3）偏移直线。单击【修改】功能区的【偏移】按钮，将水平射线向下偏移 60，竖直射线向右偏移 150，并单击【修剪】按钮修剪图形，如图 3-10 所示。

（4）设置点样式。单击【实用工具】面板上的【点样式】按钮，在打开的【点样式】对话框中选择一种点样式，以便于绘图。

（5）绘制定距等分点。在命令行输入 ME 并按〈Enter〉键，调用【定距等分】命令，根据命令行提示对两条水平直线进行定距等分，等分距指定线段长度为 50，如图 3-11 所示。

图 3-9　绘制射线　　　　图 3-10　偏移直线并修建　　　　图 3-11　绘制定距等分

（6）绘制定数等分点。在命令行输入 DIV 并按〈Enter〉键，根据命令行提示对两条竖直直线进行定数等分，指定线段数目为 3，如图 3-12 所示。

（7）绘制连接直线。单击状态栏中的【二维对象捕捉】按钮，勾选节点和交点，调用【直线】命令，捕捉节点和交点绘制如图 3-13 所示图形。

（8）设置点样式。在【默认】选项卡中，单击【实用工具】面板中的【点样式】按钮，系统弹出【点样式】对话框，默认最初的点样式，单击【确定】按钮，关闭对话框，标题栏最终效果如图 3-14 所示。

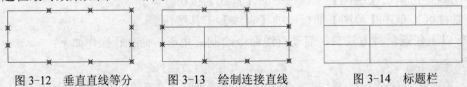

图 3-12　垂直直线等分　　　　图 3-13　绘制连接直线　　　　图 3-14　标题栏

3.2.4　绘制构造线

【构造线】是一条向两端无限延伸的直线。

启动【构造线】命令的方式有以下几种：

➢ 命令行：输入 XLINE/XL 命令。

➢ 菜单栏：输入【绘图】|【构造线】命令。

➢ 工具栏：单击【绘图】工具栏中的【构造线】按钮。

➢ 功能区：单击【绘图】面板中的【构造线】工具按钮。

执行以上任意一种方法后，命令行如下：

> 命令: xline 指定点或 [水平(H)/垂直(V)/角度(A)/二等分(B)/偏移(O)]:

命令行中各选项的含义如下：

➢ 水平(H)：绘制水平构造线。

➢ 垂直(V)：绘制垂直构造线。

➢ 角度(A)：按指定的角度创建构造线。

➢ 二等分(B)：用来创建已知角的角平分线。使用该项创建的构造线，平分两条指定线的夹角，且通过该夹角的顶点。

➢ 偏移(O)：用来创建平行于另一个对象的平行线。创建的平行线可以偏移一段距离与对象平行，也可以通过指定的点与对象平行。

3.2.5　实例——绘制角平分线

（1）单击【快速访问】|【打开】按钮，打开"素材\第 3 章\3.2.5.dwg"文件，如图 3-15 所示。

（2）打开状态栏上的【二维对象捕捉】按钮，使得绘制时能捕捉到三角形上的各顶点。

（3）在【默认】选项卡中，单击【绘图】面板中的【构造线】按钮，然后激活【二等分】选项，再指定 a 为顶点，b 为起点，c 为端点，最后按〈Enter〉键结束命令。

（4）在命令行中输入 TR 并按〈Enter〉键，调用【修剪】命令，修剪图形，如图 3-16 所示。

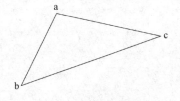

图 3-15　素材图形

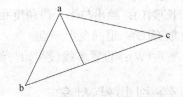

图 3-16　完成效果图

提示：在使用【对象捕捉】功能时，读者可以预先设置一下对象捕捉模式以便能轻松捕捉到三角形的各个顶点。

3.2.6 绘制多段线

多段线是由首尾相连的直线段和弧线段组成的复合对象。AutoCAD 默认这些对象为一个整体，不能单独编辑。

启动【多段线】命令的方式有以下几种：

➢ 命令行：输入 PLINE/PL 命令。
➢ 菜单栏：选择【绘图】|【多段线】命令。
➢ 工具栏：单击【绘图】工具栏中的【多段线】按钮 。
➢ 功能区：单击【绘图】面板中的【多段线】工具按钮 。

执行以上任意一种操作后，启动多段线命令绘制回形针，命令行如下：

```
命令: pline↙                                    //调用【多段线】命令
指定起点://在绘图区任意拾取一点作为起点
当前线宽为  0.0000
指定下一个点或 [圆弧(A)/半宽(H)/长度(L)/放弃(U)/宽度(W)]: @500,0↙    //输入相对直角坐标
指定下一点或 [圆弧(A)/闭合(C)/半宽(H)/长度(L)/放弃(U)/宽度(W)]: A↙
                                              //激活"圆弧（A）"选项
指定圆弧的端点或[角度(A)/圆心(CE)/闭合(CL)/方向(D)/半宽(H)/直线(L)/半径(R)/第二个点(S)/放
弃(U)/宽度(W)]:@0, 200↙                        //输入相对直角坐标
指定圆弧的端点或[角度(A)/圆心(CE)/闭合(CL)/方向(D)/半宽(H)/直线(L)/半径(R)/第二个点(S)/放
弃(U)/宽度(W)]:L↙                              //激活"直线（L）"选项
指定下一点或 [圆弧(A)/闭合(C)/半宽(H)/长度(L)/放弃(U)/宽度(W)]: @-500,0↙
                                              //输入相对直角坐标
指定下一点或 [圆弧(A)/闭合(C)/半宽(H)/长度(L)/放弃(U)/宽度(W)]: A↙
                                              //激活"圆弧（A）"选项
指定圆弧的端点或[角度(A)/圆心(CE)/闭合(CL)/方向(D)/半宽(H)/直线(L)/半径(R)/第二个点(S)/放
弃(U)/宽度(W)]: R↙                             //激活"半径（R）"选项
指定圆弧半径：90↙                               //输入半径
指定圆弧的端点或[角度(A)]: 180↙                 //输入端点角度
```

重复上述的步骤绘制圆弧及直线，最后按〈Enter〉键结束绘制，如图 3-17 所示

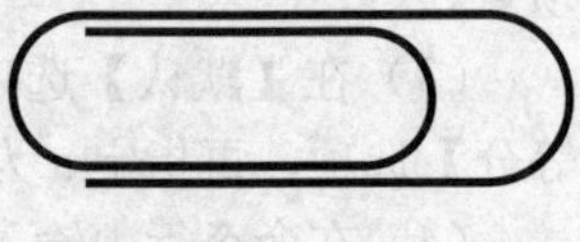

命令行中主要选项含义如下：

➢ 圆弧(A)：切换至画圆弧模式。

图 3-17 绘制回形针

➢ 半宽(H)：设置多段线起始与结束的上下部分的宽度值，即宽度的两倍。
➢ 长度(L)：绘出与上一段角度相同的线段。
➢ 放弃(U)：退回至上一点。
➢ 宽度(W)：设置多线段起始与结束的宽度值。

3.3 绘制曲线对象

在 AutoCAD 2016 中，圆、圆弧、椭圆、椭圆弧和圆环都属于曲线对象，其绘制方法相对比较复杂，在实际工程绘图过程中，需要灵活运用。

3.3.1　绘制圆

当一条线段绕着它的一个端点在平面内旋转一周时，其另一个端点的轨迹就是圆。

启动【圆】命令的方式有以下几种：

- ➤ 命令行：输入 CIRCLE/C 命令。
- ➤ 菜单栏：选择【绘图】|【圆】命令。
- ➤ 工具栏：单击【绘图】工具栏中的【圆】按钮◎。
- ➤ 功能区：单击【绘图】面板中的【圆】工具按钮◎。

AutoCAD 2016 提供了 6 种绘制圆的方式，如图 3-18 所示，具体如下：

- ➤ 圆心、半径：用圆心和半径方式绘制圆。
- ➤ 圆心、直径：用圆心和直径方式绘制圆。
- ➤ 三点(3P)：通过三个点绘制圆，系统会提示指定第一点、第二点和第三点。
- ➤ 两点(2P)：通过两个点绘制圆，系统会提示指定圆直径的第一端点和第二端点。
- ➤ 相切、相切、半径(T)：通过两个其他对象的切点和输入半径值来绘制圆。系统会提示指定圆的第一切线和第二切线上的点及圆的半径。
- ➤ 相切、相切、相切：通过 3 条切线绘制圆。

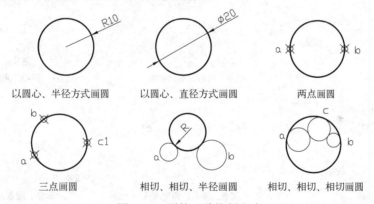

图 3-18　圆的 6 种绘制方式

执行以上任意一种方法，启动【圆】命令，绘制奥运五环，命令行如下：

命令: circle↙	//调用【圆】命令
指定圆的圆心或 [三点(3P)/两点(2P)/切点、切点、半径(T)]:	//拾取 A 点作为圆心
指定圆的半径或 [直径(D)]: 9↙	//输入半径
命令: circle	//按空格键重复命令
指定圆的圆心或 [三点(3P)/两点(2P)/切点、切点、半径(T)]: 2P	//激活"两点（2P）"
指定圆直径的第一个端点:	//利用端点捕捉拾取长度为 16 直线的端点 b
指定圆直径的第二个端点:	//拾取另一个端点 B，重复命令绘制其他的圆，如图 3-19 所示

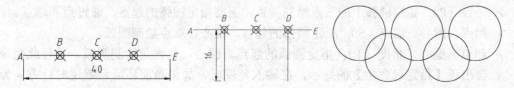

图 3-19　绘制圆

提示：如果在命令行提示要求输入半径或直径时所输入的值无效时，可以移动十字光标至合适的位置单击，系统将自动把圆心和十字光标确定的点之间的距离作为圆的半径，绘制出圆。

3.3.2 绘制圆弧

圆弧是圆上任意两点间的一部分。

启动【圆弧】命令的方式有以下几种：

➤ 命令行：输入 ARC/C 命令。

➤ 菜单栏：选择【绘图】|【圆弧】命令。

➤ 工具栏：单击【绘图】工具栏中的【圆弧】按钮 。

➤ 功能区：单击【绘图】面板中的【圆弧】工具按钮 。

提示：绘制圆弧时要注意起点与端点的前后顺序，这个决定着圆弧的朝向。

AutoCAD 2016 菜单栏上的【绘图】|【圆弧】命令中提供了 11 种绘制圆弧的子命令，如图 3-20 所示。各子命令的具体含义如下：

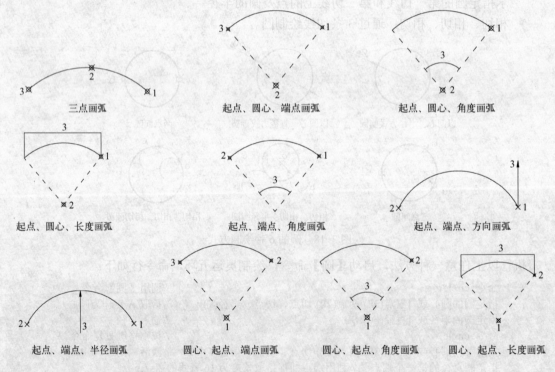

| 三点画弧 | 起点、圆心、端点画弧 | 起点、圆心、角度画弧 |

| 起点、圆心、长度画弧 | 起点、端点、角度画弧 | 起点、端点、方向画弧 |

| 起点、端点、半径画弧 | 圆心、起点、端点画弧 | 圆心、起点、角度画弧 | 圆心、起点、长度画弧 |

图 3-20　绘制圆弧的方法

➤ 三点（P）：指定圆弧上的三点绘制圆弧，需要指定圆弧的起点、通过点和端点。

➤ 起点、圆心、端点（S）：指定圆弧的起点、圆心、端点绘制圆弧。

➤ 起点、圆心、角度（T）：指定圆弧的起点、圆心、包含角绘制圆弧。执行此命令时会出现【指定包含角】的提示，在输入角度时，如果当前环境设置逆时针方向为角度正方向，且输入的是正角度值，则绘制的圆弧是从起点绕圆心沿逆时针方向绘制，反之则沿顺时针方向绘制。

➤ 起点、圆心、长度（A）：指定圆弧的起点、圆心、弦长绘制圆弧。另外在命令行提示的【指定弦长】提示信息下，如果所输入的为负值，则该值的绝对值将作为对应整圆的空缺部分圆弧的弦长。

➤ 起点、端点、角度（N）：指定圆弧的起点、端点、包含角绘制圆弧。

➤ 起点、端点、方向（D）：指定圆弧的起点、端点和圆弧的起点切向绘制圆弧。

➤ 起点、端点、半径（R）：指定圆弧的起点、端点和圆弧半径绘制圆弧。

➤ 圆心、起点、端点（C）：指定圆弧的圆心、起点、端点方式绘制圆弧。

➤ 圆心、起点、角度（E）：指定圆弧的圆心、起点、圆心角方式绘制圆弧。

➤ 圆心、起点、长度（L）：指定圆弧的圆心、起点、弦长方式绘制圆弧。

➤ 继续（O）：以上一段圆弧的终点为起点接着绘制圆弧。

执行以上任意一种操作启动【圆弧】命令，完善窗花的绘制，具体操作命令行如下：

```
命令: arc ✓                    //调用【圆弧】命令
指定圆弧的起点或 [圆心(C)]: //拾取 B 点作为起点
指定圆弧的第二个点或 [圆心(C)/端点(E)]: e✓
                              //激活"端点（E）"选项
指定圆弧的端点:                //拾取 A 点作为端点
指定圆弧的圆心或 [角度(A)/方向(D)/半径(R)]: r✓ //激活
"半径（R）"选项
指定圆弧的半径: 50✓           //输入半径
命令: ARC                     //按空格键重复命令
```

重复命令，拾取端点 CD，半径为 50，绘制圆弧如图 3-21 所示。

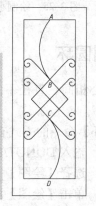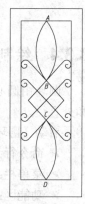

图 3-21 绘制圆弧

3.3.3 实例——绘制拱门图例

（1）单击【快速访问】|【打开】按钮，打开"素材\第 3 章\3.3.3.dwg"文件，如图 3-22 所示。

（2）单击【绘图】|【起点、圆心、端点】按钮，依次选择 B、C、D 点，绘制圆弧，如图 3-23 所示。

（3）单击【绘图】|【起点、端点、方向】按钮，在图中依次选择 A、E 点，然后把光标放在圆弧上方用以指定圆弧的方向，绘制大圆弧，如图 3-24 所示。

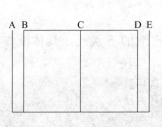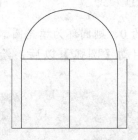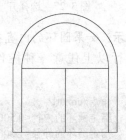

图 3-22 打开素材文件　　　　图 3-23 绘制圆弧　　　　图 3-24 绘制大圆弧

（4）单击【绘图】|【圆】按钮⊘，在左侧门上适当的位置指定圆心，以半径为 5 画圆，如图 3-25 所示。

（5）单击【修改】|【镜像】按钮 ⚖ 镜像，以左侧的圆为镜像对象，中间竖直的线为镜像标准，不删除原对象，把圆镜像到右边，如图 3-26 所示。

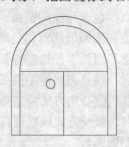

图 3-25　绘制小圆

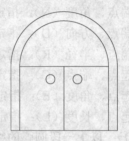

图 3-26　镜像对象

3.3.4　绘制圆环

圆环由圆心相同、直径不同的两个同心圆组成。绘制圆环的主要参数有圆心、内直径和外直径。

启动【圆环】命令的方式有以下几种方法：

➢ 命令行：输入 DONUT/DO 命令。

➢ 菜单栏：选择【绘图】|【圆环】命令。

➢ 功能区：单击【绘图】面板中的【圆环】工具按钮◎。

AutoCAD 默认情况下所绘制的圆环为填充的实心图形，使用 FILL 命令，可以控制圆环或圆的填充可见性。执行 FILL 命令，命令行如下：

> 输入模式[开（ON）/关（OFF）]<开>：

➢ 选择开（ON）模式：表示绘制的圆环和圆要填充，如图 3-27 所示。

➢ 选择关（OFF）模式：表示绘制的圆环和圆不要填充，如图 3-28 所示。

图 3-27　选择开（NO）模式

图 3-28　选择关（OFF）模式

提示：如果圆环的内直径为 0，则圆环为填充圆。

执行以上任意一种操作启动【圆弧】以后，绘制水池的下水孔，具体操作命令行如下：

命令: donut✓	//调用【圆环】命令
指定圆环的内径<0.5000>: 6✓	//输入圆环内径
指定圆环的外径<1.0000>: 8✓	//输入圆环外径
指定圆环的中心点或<退出>:	//拾取辅助线中心点为圆心，如图 3-29 所示

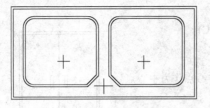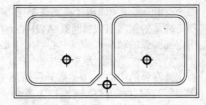

图 3-29　绘制圆环（水池下水孔）

3.3.5　绘制椭圆、椭圆弧

椭圆和椭圆弧也是比较常用的图形，在绘制轴测图时可作为轴测圆。

1．绘制椭圆

椭圆是平面上到定点距离与到指定直线间距离之比为常数的所有点的集合。

启动【椭圆】命令的方式有以下几种：

➤ 命令行：输入 DONUT/DO 命令。

➤ 菜单栏：选择【绘图】|【椭圆】命令。

➤ 工具栏：单击【绘图】工具栏中的【椭圆】按钮 。

➤ 功能区：单击【绘图】面板中的【椭圆】工具按钮 。

执行以上任意一种操作启动【椭圆】命令，完善洗脸盆的绘制，具体操作命令行如下：

命令: ellipse✓	//调用【椭圆】命令
指定椭圆的轴端点或 [圆弧(A)/中心点(C)]: c✓	//激活"中心点（C）"选项
指定椭圆的中心点:	//拾取出水孔的圆心作为中心点
指定轴的端点: @50,0✓	//输入相对直角坐标
指定另一条半轴长度或 [旋转(R)]: 30✓	//输入轴长度，如图 3-30 所示

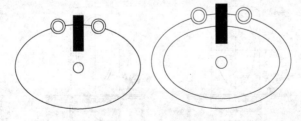

图 3-30　绘制椭圆

2．绘制椭圆弧

椭圆弧是椭圆的一部分，绘制椭圆弧需要确定的参数有椭圆弧所在椭圆的两条轴及椭圆弧的起点和终点的角度。

启动【椭圆弧】命令的方式有以下几种：

➤ 菜单栏：选择【绘图】|【椭圆】|【圆弧】命令。

➤ 工具栏：单击【绘图】工具栏中的【椭圆弧】按钮 。

➤ 功能区：单击【绘图】面板中的【椭圆弧】工具按钮 。

执行以上任意一种操作启动【椭圆弧】命令，完善门的绘制，具体操作命令行如下：

命令: ellipse↙   //调用【椭圆弧】命令
指定椭圆的轴端点或 [圆弧(A)/中心点(C)]: _a
指定椭圆弧的轴端点或 [中心点(C)]: c↙
        //激活"中心点（C）"选项
指定椭圆弧的中心点: //拾取外层矩形中心点作为中心点
指定轴的端点: //拾取 A 点作为端点
指定另一条半轴长度或 [旋转(R)]: 40↙
        //输入另一条半轴的长度
指定起点角度或 [参数(P)]: 0↙ //输入起点角度
指定端点角度或 [参数(P)/包含角度(I)]: 180↙
        //输入端点角度，如图 3-31 所示

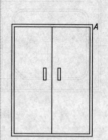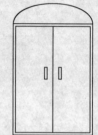

图 3-31   绘制椭圆弧

3.3.6   实例——绘制梳妆台镜子及抽屉拉手

通过绘制梳妆镜，读者可以熟练掌握绘制椭圆和椭圆弧对象的方法和过程。

绘制梳妆镜的具体步骤如下：

（1）单击【快速访问】|【打开】按钮🖿，打开"素材\第 3 章\3.3.6.dwg"文件，如图 3-32 所示。

（2）绘制镜子外轮廓。单击【绘图】面板中的【椭圆】按钮⬭，同时开启【交点】捕捉模式，绘制椭圆，捕捉中心线的交点为中心点，指定轴的端点为@0,375，指定另一条半轴长度为 200，如图 3-33 所示。

（3）绘制镜子内轮廓。单击【绘图】面板中的【椭圆弧】按钮⤷，绘制椭圆弧，激活【中心点】，中心线交点为中心点，竖直方向轴端点的坐标为@0,350，水平方向半轴的长度为 175，指椭圆弧的起始角度为 197，椭圆弧的终止角度为 163，如图 3-34 所示。

（4）完善镜子外轮廓。在命令行中输入"L"，调用【直线】命令，绘制直线，如图 3-35 所示。

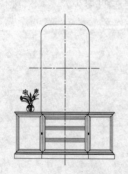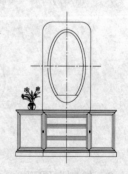

图 3-32   素材图形   图 3-33   绘制外轮廓   图 3-34   绘制内轮廓   图 3-35   完善镜子轮廓

（5）绘制辅助线及抽屉拉手。单击【修改】面板中的【偏移】按钮⬚，偏移每个抽屉上方最底下的那条线，距离为 25，并将其设置为辅助线，单击【绘图】面板中的【圆环】按钮◎，绘制圆环，内径为 20，外径为 30，如图 3-36 所示。

（6）绘制玻璃线。在命令行中输入"E"并按〈Enter〉键，调用【删除】命令，删除辅助线。再调用 L【直线】命令，开启【平行线】捕捉模式，绘制直线，模拟玻璃效果，如图 3-37 所示。

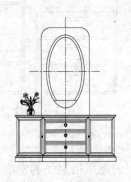

图 3-36　绘制抽屉拉手

图 3-37　绘制玻璃线

3.4　绘制矩形与多边形

矩形和多边形是由多条长度相等或相互垂直的直线组成的复合对象，它们在绘制复杂图形时比较常用。

3.4.1　绘制矩形

在绘制矩形时，可以为其设置倒角、圆角，以及宽度和厚度值等参数。

启动【矩形】命令的方式有以下几种：

- ➤ 命令行：输入 RECTANG/REC 命令。
- ➤ 菜单栏：选择【绘图】|【矩形】命令。
- ➤ 工具栏：单击【绘图】工具栏中的【矩形】按钮▢。
- ➤ 功能区：单击【绘图】面板中的【矩形】工具按钮▢。

执行以上任意一种操作启动【矩形】命令以后，绘制多层抽屉，具体操作命令行如下：

```
命令: rectang↙                                    //调用【矩形】命令
指定第一个角点或 [倒角(C)/标高(E)/圆角(F)/厚度(T)/宽度(W)]: 8,-8↙ //输入绝对直角坐标
指定另一个角点或 [面积(A)/尺寸(D)/旋转(R)]: d↙    //激活"尺寸(D)"选项
指定矩形的长度<0.0000>: 284↙                       //输入矩形长度
指定矩形的宽度<0.0000>: 90↙                        //输入矩形宽度
指定另一个角点或 [面积(A)/尺寸(D)/旋转(R)]:        //任意单击一点结束绘制
命令: rectang↙                                    //调用【矩形】命令
指定第一个角点或 [倒角(C)/标高(E)/圆角(F)/厚度(T)/宽度(W)]: C↙   //激活"倒角（C）"选项
指定矩形的第一个倒角距离<0.0000>: 2↙               //输入倒角距离
指定矩形的第二个倒角距离<2.0000>: 2↙
指定第一个角点或 [倒角(C)/标高(E)/圆角(F)/厚度(T)/宽度(W)]: 115,-28↙ //输入绝对直角坐标
指定另一个角点或 [面积(A)/尺寸(D)/旋转(R)]: D↙     //激活"尺寸（D）"选项
指定矩形的长度<284.0000>: 70↙                      //输入矩形长度
指定矩形的宽度<90.0000>: 10↙                       //输入矩形宽度
```

指定另一个角点或 [面积(A)/尺寸(D)/旋转(R)]:
//任意单击一点结束绘制，如图 3-38 所示

命令行中主要选项含义如下：

> 倒角(C)：用来绘制倒角矩形，选择该选项后可指定矩形的倒角距离。设置该选项后，执行矩形命令时此值成为当前的默认值，若不需设置倒角，则要再次将其设置为 0。

图 3-38 绘制矩形

> 圆角(F)：用来绘制圆角矩形，选择该选项后可指定矩形的圆角半径。
> 宽度(W)：用来绘制有宽度的矩形，该选项为要绘制的矩形指定线的宽度。
> 面积(A)：该选项提供另一种绘制矩形的方式，即通过确定矩形面积大小的方式绘制矩形。
> 尺寸(D)：该选项通过输入矩形的长和宽确定矩形的大小。
> 旋转(R)：选择该选项，可以指定绘制矩形的旋转角度。

提示：在绘制圆角或倒角时，如果矩形的长度和宽度太小而无法使用当前设置创建矩形时，绘制出来的矩形将不进行圆角或倒角。

3.4.2 绘制多边形

【多边形】图形是由三条或三条以上长度相等的线段首尾相连形成的闭合图形。绘制多边形需要指定的参数有边数（范围在 3～1024 之间）、位置与大小。

启动【多边形】命令的方式有以下几种：

> 命令行：输入 POLYGON/POL 命令。
> 菜单栏：选择【绘图】|【多边形】命令。
> 工具栏：单击【绘图】工具栏中的【多边形】按钮⬡。
> 功能区：单击【绘图】面板中的【多边形】工具按钮⬡。

多边形通常有唯一的外接圆和内切圆，外接/内切圆的圆心决定了多边形的位置。多边形的边长或者外接/内切圆的半径决定了多边形的大小。

根据边数、位置和大小三个参数的不同，有下列绘制多边形的方法。

1. 内接于圆的多边形

内接圆多边形的绘制方法主要通过输入多边形的边数、外接圆的圆心和半径来画多边形，多边形的所有顶点都在此圆周上，具体操作如下：

命令: polygon↙	//调用【多边形】命令
输入侧面数<4>: 6↙	//输入侧边数
指定正多边形的中心点或 [边(E)]:	//拾取圆心
输入选项 [内接于圆(I)/外切于圆(C)] <C>: I↙	//激活"内接于圆（I）"选项
指定圆的半径: 5↙	//输入圆的半径，如图 3-39 所示

2. 外切于圆的多边形

外切于圆的多边形绘制方法，主要通过输入正多边形的边数、内切圆的圆心位置和内切圆的半径来画正多边形，内切圆的半径也为正多边形中心点到各边中点的距离，具体操作如下：

```
命令: polygon↙                          //调用【多边形】命令
输入侧面数<4>: 6↙                        //输入侧边数
指定正多边形的中心点或 [边(E)]:          //拾取圆心
输入选项 [内接于圆(I)/外切于圆(C)] <I>: c↙   //激活"外切于圆（C）"选项
指定圆的半径: 10↙                        //输入圆的半径，如图 3-40 所示
```

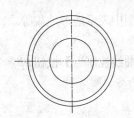 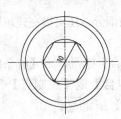 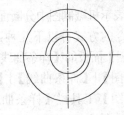 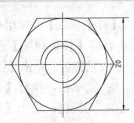

图 3-39　绘制内接于圆的多边形　　　　图 3-40　绘制外切于圆的多边形

3．边长法

如果知道正多边形的边长和边数，就可以使用边长法绘制正多边形。输入边数和某条边的起点和终点，AutoCAD 可以自动生成所需的多边形，具体操作如下：

```
命令: polygon↙          //调用【多边形】命令
输入侧面数<4>: 6↙        //输入侧边数
指定正多边形的中心点或 [边(E)]: E↙   //激活"边（E）"选项
指定边的第一个端点: 指定边的第二个端点: @10,0↙
                      //输入相对直角坐标，如图 3-41 所示
```

图 3-41　绘制多边形

3.4.3　实例——绘制洗衣机立面图

（1）选择【文件】|【打开】命令，打开"素材\第 3 章\3.4.3.dwg"文件，如图 3-42 所示。

（2）选择【绘图】|【矩形】命令，绘制洗衣机操作按钮，如图 3-43 所示。

（3）选择【修改】|【阵列】|【矩形阵列】，阵列操作按钮，阵列行数为 1，列数为 6，如图 3-44 所示。

（4）选择【绘图】|【多边形】命令，在洗衣机边角位置绘制两个内接圆半径为 20 的正六边形，如图 3-45 所示，删除辅助圆，至此洗衣机立面图完成，如图 3-46 所示。

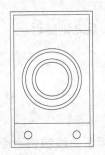 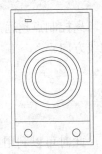 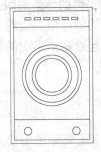 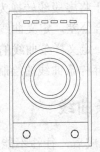 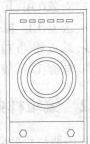

图 3-42　素材　图 3-43　绘制操作按钮　图 3-44　阵列　图 3-45　绘制正六边形　图 3-46　最终效果

3.5 绘制样条曲线

3.5.1 绘制样条曲线

【样条曲线】常常用来表示机械制图中分断面的部分，还可以在建筑图中表示地形地貌等。
启动【样条曲线】命令的方式有以下几种：

➤ 功能区：单击【绘图】面板的【样条曲线拟合】按钮 和【样条曲线控制点】按钮 。
➤ 菜单栏：执行【绘图】|【样条曲线】|【拟合】或【控制点】命令。
➤ 工具栏：单击【绘图】工具栏【样条曲线】按钮 。
➤ 命令行：在命令行中输入 SPLINE/SPL 命令。

上面任一中方式启动【样条曲线】命令后，绘制轴打断线，命令行如下：

```
命令: spline↙                                      //调用【样条曲线】命令
当前设置: 方式=拟合节点=弦
指定第一个点或 [方式(M)/节点(K)/对象(O)]:            //拾取 A 点
输入下一个点或 [起点切向(T)/公差(L)]:                //在 B 处单击鼠标左键，依次类推
输入下一个点或 [端点相切(T)/公差(L)/放弃(U)]:
输入下一个点或 [端点相切(T)/公差(L)/放弃(U)/闭合(C)]:
输入下一个点或 [端点相切(T)/公差(L)/放弃(U)/闭合(C)]:  //拾取 E 点
输入下一个点或 [端点相切(T)/公差(L)/放弃(U)/闭合(C)]: ↙ //按〈Enter〉键结束，如图 3-47 所示
```

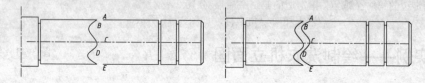

图 3-47 绘制样条曲线

命令行各选项含义如下：

➤ 方式(M)：控制样条曲线的创建方式，即选择使用拟合的方式还是控制点的方式绘制样条曲线。
➤ 节点(K)：控制样条曲线节点参数化的运算方式，以确定样条曲线中连续拟合点之间的零部件曲线如何过度。
➤ 对象(O)：用于将多段线转换为等价的样条曲线。
➤ 公差(L)：拟合公差，定义曲线的偏差值。值越大，离控制点越远，反之则越近。
➤ 端点相切(T)：定义样条曲线的起点和结束点的切线方向。
➤ 放弃(U)：放弃样条曲线的绘制。

3.5.2 编辑样条曲线

样条曲线绘制完成后，往往不能满足实际使用要求，此时可以利用样条曲线编辑命令对其进行编辑，以得到符合绘制需要的样条曲线。
启动【样条曲线】命令的方式有以下几种：

> 命令行：输入 SPLINEDIT/SPE 命令。

> 菜单栏：选择【修改】|【对象】|【样条曲线】命令。

启动样条曲线编辑命令后，命令行出现如下提示：

输入选项 [闭合(C)/合并(J)/拟合数据(F)/编辑顶点(E)/转换为多段线(P)/反转(R)/放弃(U)/退出(X)]

命令行各主要选项含义如下：

1．闭合（c）

选取该选项，可以将样条曲线封闭。

2．拟合数据（F）

修改样条曲线所通过的主要控制点。使用该选项后，样条曲线上各控制点将会被激活，命令行中会出现进一步的提示信息：

输入拟合数据选项
[添加(A)/闭合(C)/删除(D)/扭折(K)/移动(M)/清理(P)/切线(T)/公差(L)/退出(X)] <退出>:

3．编辑顶点

选择该选项后，被选择的样条曲线将显示其顶点，此时可以根据命令行提示对其进行添加、删除、提高阶数等操作。

4．转换为多段线

选择该选项后输入精度数值，被选择的样条曲线将转换为对应精度的多段线。

5．反转

该选项可以将样条曲线绘制起点与终点进行反转。

3.6 绘制多线

多线是一种由多条平行线组成的组合图形对象。多线最多可以由 16 条平行直线组成，每一条直线都是多线的一个元素。

3.6.1 创建多线样式

系统默认的多线样式称为 STANDARD 样式，用户可以根据需要创建不同的多线样式。

启动【多线样式】命令的方式有以下几种：

> 命令行：输入 MLSTYLE 命令。

> 菜单栏：执行【格式】|【多线样式】命令。

通过【多线样式】修改对话框可以新建多线样式，并对其进行修改，以及重名、加载、删除等操作，如图 3-48 所示。

图 3-48 【多线样式】对话框

单击【新建】按钮，系统弹出【创建新的多线样式】对话框，如图 3-49 所示。在文本框中输入新样式名称，单击【继续】按钮，系统弹出【新建多线样式墙体】对话框。在其中可以设置多线样式的封口、填充、元素特性等内容，如图 3-50 所示。

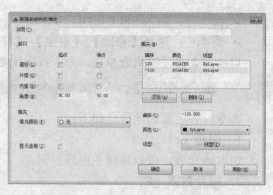

图 3-49 【创建新的多线样式】对话框　　　　图 3-50 【新建多线样式墙体】对话框

> 封口：设置多线的平行线之间两端封口的样式。
> 填充：设置封闭多线内的填充颜色，选择【无】，即为透明。
> 显示连接：显示或隐藏每条多线线段顶点处的连接。
> 图元：构成多线的元素。
> 偏移：设置多线元素从中线的偏移值，值为正表示向上偏移，值为负表示向下偏移。
> 颜色：设置组成多线元素的直线线条颜色。
> 线型：设置组成多线元素的直线线条线型。

3.6.2 绘制多线

【多线】是由多条平行线组成的图形对象。在实际工程设计中，多线的应用非常广泛。例如，建筑平面图中绘制墙体，规划设计中绘制道路，管道工程设计中绘制管道剖面等。

启动【多线】命令的方式有以下几种：

> 命令行：输入 MLINE/ML 命令。
> 菜单栏：执行【绘图】|【多线】命令。

使用以上任意一种方法启动【多线】命令后，命令行提示如下：

指定起点或 [对正(J)/比例(S)/样式(ST)]:

其中各选项的含义如下：

> 对正(J)：控制多线的对正类型，包括【上】、【无】和【下】三种类型。
> 比例(S)：控制多线的全局宽度，设置平行线宽的比例值。
> 样式(ST)：用于在多线样式库中选择当前所需用到的多线样式。

3.6.3 编辑多线

【多线】绘制完成之后，可以根据不同的需要进行编辑，除了将其【分解】后使用修剪的方式编辑多线外，还可以使用【多线编辑工具】对话框中的多种工具直接进行编辑。

启动【编辑多线】命令的方式有以下几种：

> 菜单栏：执行【修改】|【对象】|【多线】命令。
> 命令行：在命令行中输入 MLEDIT 命令。

➤ 绘图区：双击要编辑的多线对象。

执行上述任一命令后，启动【多线编辑】命令，弹出【多线编辑工具】对话框，如图 3-51 所示，修剪墙体，具体操作命令行如下：

命令: mledit   //调用【编辑多线】命令
选择第一条多线: //单击多线 A
选择第二条多线: //单击多线 B
选择第一条多线或 [放弃(U)]:   //按〈Enter〉键结束，如图 3-52 所示

图 3-51 【多线编辑工具】对话框

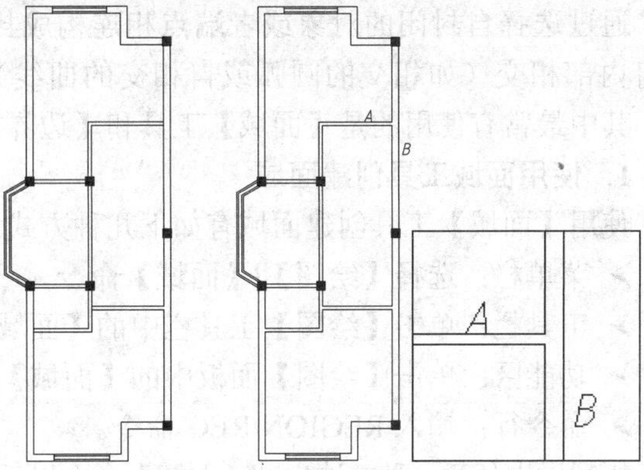

图 3-52 编辑多线

3.6.4 实例——绘制小户型墙体

（1）单击【快速访问】|【打开】按钮 📂，打开"素材\第 3 章\3.6.4.dwg"文件，如图 3-53 所示。

（2）执行菜单栏中【格式】|【多线样式】命令，将上面设置的【墙体】多线样式置为当前。

（3）选择【绘图】|【多线】命令，绘制墙体，无对正，如图 3-54 所示。

（4）按空格键重复【多线】命令，完成其他外围墙体的绘制。

（5）继续调用【多线】命令，更改【比例】参数绘制内墙线，把比例设置为 0.5，如图 3-55 所示。

（6）选择【格式】|【多线样式】命令，新建【窗户】多线样式，并在【图元】选项区域中设置【偏移】为 60 与-60，并将【窗户】设置为当前样式，沿着轴线绘制窗户图形，之后隐藏【轴线】图层，结果如图 3-56 所示。

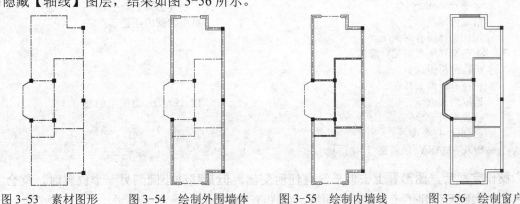

图 3-53 素材图形   图 3-54 绘制外围墙体   图 3-55 绘制内墙线   图 3-56 绘制窗户

3.7　面域

面域是具有一定边界的二维闭合区域，它是一个面对象，内部可以包含孔特征。在三维建模状态下，面域也可以用作构建实体模型的特征截面。

3.7.1　创建与编辑面域

通过选择自封闭的对象或者端点相连构成封闭的对象，可以快速创建面域。如果对象自身内部相交（如相交的圆弧或自相交的曲线），就不能生成面域。创建面域的方法有多种，其中最常有使用的是【面域】工具和【边界】工具两种。

1. 使用面域工具创建面域

使用【面域】工具创建面域有如下几种方式：

➢ 菜单栏：选择【绘图】|【面域】命令。

➢ 工具栏：单击【绘图】工具栏中的【面域】按钮。

➢ 功能区：单击【绘图】面板中的【面域】工具按钮。

➢ 命令行：输入 REGION/REG 命令。

执行以上任意一种方法启动【面域】命令以后，创建垫片的面域，具体操作命令行如下：

```
命令: region↙            //调用【面域】命令
选择对象: 找到 25 个      //拾取零件图
选择对象: ↙              //按〈Enter〉键创建面域
已提取 2 个环。
已创建 2 个面域，如图 3-57 所示
```

图 3-57　使用面域工具创建面域

2. 使用边界工具创建面域

使用【边界】工具创造面域有如下几种方式：

➢ 命令行：输入 BOUNDARY/BO。

➢ 菜单栏：选择【绘图】|【边界】命令。

➢ 功能区：单击【绘图】面板中的【边界】工具按钮。

执行以上任意一种方法启动【面域】命令以后，使用边界创建面域，具体操作命令行如下：

```
命令: boundary↙                          //调用【边界】命令
拾取内部点:                               //单击大圆内任意一点
正在选择所有对象...
正在选择所有可见对象...
正在分析所选数据...
正在分析内部孤岛...
拾取内部点:↙                             //按〈Enter〉键结束创建
已提取 1 个环。
已创建 1 个面域。
BOUNDARY 已创建 1 个面域
```

操作完成后，图形看上去似乎没有任何变化。但是移动小圆到另一个位置时，就会发现内部的大圆新创建了一个封闭的面域，如图 3-58 所示。

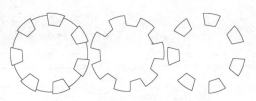

图 3-58　使用边界工具创建面域

3.7.2　面域的布尔运算

布尔运算是数学中的一种逻辑运算，它可以对实体和共面的面域进行剪切、添加以及获取交叉部分等操作，而对于普通的线框和未形成面域或多段线的线框，则无法执行布尔运算。

布尔运算主要有【并集】、【差集】、与【交集】三种运算方式。

1．并集

【并集】命令可以合并多个面域，即创建多个面域的和集。

启动【并集】命令有如下几种方式：

➢ 命令行：输入 UNION/UNI 命令。

➢ 菜单栏：选择【修改】|【实体编辑】|【并集】命令。

➢ 工具栏：单击【实体编辑】工具栏中的【并集】按钮◎。

➢ 功能区：在【三维基础】或【三维建模】空间，单击【编辑】面板中的【并集】工具按钮◎。

执行以上任意一种操作启动【并集】命令以后，完成零件的并集运算，具体操作命令行如下：

```
命令：union✓　//调用【并集】命令
选择对象：找到 1 个
选择对象：找到 1 个，总计 3 个　//选择全部面域
选择对象：✓　//按〈Enter〉键，完成合并，如图 3-59 所示
```

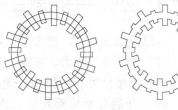

提示：在进行布尔运算之前，必须确定图形是面域对象。

图 3-59　并集运算

2．差集

【差集】命令是将一个面域从另一个面域中去除，即两个面域的求差。

启动【差集】命令有如下几种方式：

➢ 命令行：输入 SUBTRACT/SU 命令。

➢ 菜单栏：选择【修改】|【实体编辑】|【差集】命令。

➢ 工具栏：单击【实体编辑】工具栏中的【差集】按钮◎。

➢ 功能区：在【三维基础】或【三维建模】空间，单击【编辑】面板中的【差集】工具按钮◎。

执行以上任意一种操作启动【差集】命令以后，完成扳手的绘制，具体操作命令行如下：

```
命令：subtract ✓                    //调用【差集】命令
选择要从中减去的实体、曲面和面域…
选择对象：找到 1 个✓                //选取需要被去除的面域
选择对象： 选择要减去的实体、曲面和面域…
```

| 选择对象: 找到 1 个 | //选择去除的面域 |
| 选择对象: ↙ | //按〈Enter〉键，完成求差，如图 3-60 所示 |

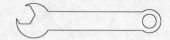

图 3-60　差集运算

3. 交集

【交集】命令获取多个面域之间的公共部分面域，即交叉部分面域。

启动【交集】命令有如下几种方式：

➢ 命令行：输入 INTERSECT/IN。

➢ 菜单栏：选择【修改】|【实体编辑】|【交集】命令。

➢ 工具栏：单击【实体编辑】工具栏中的【交集】按钮◎。

➢ 功能区：在【三维基础】或【三维建模】空间，单击【编辑】面板中的【交集】工具按钮◎。

执行以上任意一种操作启动【交集】命令，完成窗花的绘制，具体操作命令行如下：

| 命令: intersect　//调用【交集】命令 |
| 选择对象: 找到 1 个　//先选择多边形 |
| 选择对象: 找到 1 个，总计 2 个　//再拾取圆 |
| 选择对象: //按〈Enter〉键，完成求交，如图 3-61 所示 |

图 3-61　交集运算

3.7.3　实例——绘制三角铁

通过绘制三角铁，读者可以熟练掌握面域的布尔运算。

（1）绘制正三角形。在命令行输入 POL 并按〈Enter〉键，调用【多边形】命令，绘制一个内接与半径为 60 圆的正三角形，如图 3-62 所示。

（2）开启对象捕捉功能。右击状态栏中的【对象捕捉】按钮□ ▾，开启【中点】和【端点】捕捉模式。

（3）绘制圆。在命令行输入“C”，调用【圆】命令，以正三角形的各顶点和各边的中点为圆心，分别绘制半径为 10 的圆形，如图 3-63 所示。

（4）创建面域。在命令行输入“REG”，调用【面域】命令，将绘制的三角形和圆分别创建成面域。

（5）并集运算。在命令行输入“UNI”，调用【并集】命令，将三个顶点上的圆与三角形进行并集运算，如图 3-64 所示。

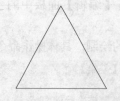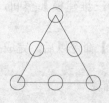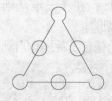

图 3-62　绘制正三角形　　　　图 3-63　绘制圆　　　　图 3-64　并集运算

（6）差集运算。在命令行输入"SUBTRACT"，调用【差集】命令，将三个三角形边上的圆与三角形进行差集运算，如图 3-65 所示。

（7）在状态栏中单击打开线宽显示，完成绘制操作，最终效果如图 3-66 所示。

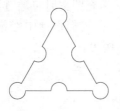

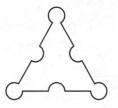

图 3-65　差集后　　　　　　　　　　图 3-66　三角铁

3.8　图案填充

在工程制图中，填充图案主要被用于表达各种不同的工程材料，例如在建筑剖面图中，为了清楚表现物体中被剖切的部分，在横断面上应该绘制表示建筑材料的填充图案；在机械零件的剖视图和剖面图上，为了分清零件的实心和空心部分，国标规定被剖切到的部分应绘制填充图案，不同的材料应采用不同的填充图案。

3.8.1　基本概念

1．图案边界

在进行图案填充的时候，首先得确定填充图案的边界，边界由构成封闭区域的对象来确定，而且作为边界的对象在当前图层上必须全部可见。

2．孤岛

图案填充时，我们通常将位于一个已定义好的填充区域内的封闭区域称为孤岛，如图 3-67 所示。在调用图案填充命令时，AutoCAD 系统允许用户以拾取点的方式确定填充边界，即在所要填充的区域内任意拾取一点，系统就会自动确定填充边界，同时也确定该边界内的孤岛。如果用户以选择对象的方式确定填充边界，则必须确切地选取这些孤岛。

3．填充方式

在进行图案填充时，需要控制填充的范围，AutoCAD 2016 系统为用户设置了如图 3-68 所示的 3 种填充方式以实现对填充范围的控制。

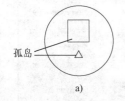

图 3-67　孤岛　　　　　　　　　　　图 3-68　填充方式

➢ 普通：如图 3-68a 所示，从外部边界向内填充。如果遇到内部孤岛，填充将关闭，直到遇到孤岛中的另一个孤岛。

- 外部：如图 3-68b 所示，从外部边界向内填充。此选项仅填充指定的区域，不会影响内部孤岛。
- 忽略：如图 3-68c 所示，忽略所有内部的对象，填充图案时将通过这些对象。

图案填充是指用某种图案充满图形中指定的区域，在工程设计中经常使用图案填充表示机械和建筑剖面，或者建筑规划图中的林地、草坪图例等。

3.8.2　图案填充

使用【图案填充】命令可以创建图案，启动该命令有如下几种方式：

- 命令行：输入 BHATCH/BH/H 命令。
- 菜单栏：选择【绘图】|【图案填充】命令。
- 工具栏：单击【绘图】工具栏中的【图案填充】按钮。
- 功能区：单击【绘图】面板中的【图案填充】工具按钮。

通过以上任意一种方法执行【图案填充】命令后，功能区如图 3-69 所示，命令行提示如下：

拾取内部点或 [选择对象(S)/放弃(U)/设置(T)]:

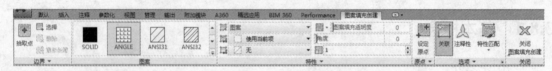

图 3-69　创建图案填充

其中各选项的含义如下：

- 选择对象(S)：根据构成封闭区域的选定对象确定边界。
- 放弃(U)：放弃对已经选择对象的操作。
- 设置(T)：弹出【图案填充和渐变色】对话框，如图 3-70 所示。

【图案填充和渐变色】对话框中各参数含义如下：

- 【类型和图案】组合框：指定图案填充的类型和图案。
- 【角度和比例】组合框：指定选定填充图案的角度和比例。
- 【图案填充原点】组合框：控制填充图案生成的起始位置。某些图案填充需要与图案填充边界上的一点对齐。默认情况下，所有图案填充原点都对应于当前的 UCS 原点。
- 【边界】组合框：设置拾取点和填充区域的边界。

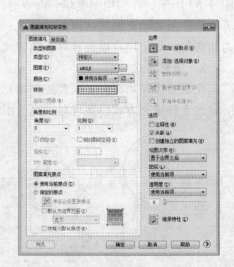

图 3-70　【图案填充和渐变色】对话框

➢ 【选项】组合框：控制几个常用的图案填充或填充选项。

➢ 【继承特性】按钮：使用选定图案填充对象的特性对指定的边界进行填充。

3.8.3 编辑填充的图案

图形填充了图案后，如果对填充效果不满意，还可以通过图案填充编辑命令对其进行编辑。编辑内容包括填充比例、旋转角度和填充图案等方面。

在 AutoCAD 2016 中可以通过以下几种方法启动编辑填充图案的命令：

➢ 菜单栏：执行【修改】|【对象】|【图案填充】命令。

➢ 绘图区：在绘图区双击图案填充对象。

➢ 命令行：在命令行中输入 HATCHEDIT 命令。

➢ 功能区：在【默认】选项卡中，单击【修改】面板中的【编辑填充图案】按钮。

➢ 工具栏：单击【修改 II】工具栏中的【编辑填充图案】按钮。

➢ 右键快捷方式：选中要编辑的对象，单击鼠标右键，在弹出的右键快捷菜单中选择【图案填充编辑】选项。

图 3-71 【图案填充编辑】对话框

使用以上任意一种方法启动调用编辑填充图案命令，选择图案填充对象后，将会出现【图案填充编辑】对话框，如图 3-71 所示。在该对话框中，只有亮显的选项才可以对其进行操作。该对话框中各项含义与图 3-70 所示的【图案填充和渐变色】对话框中各项的含义相同，可以对已填充的图案进行一系列的编辑修改。

当图形中填充的图案显示比较密集时，可以通过【图案填充编辑】工具对填充图案的比例编辑设置，调整填充图案的显示效果。

3.8.4 实例——图案填充及编辑

（1）单击【快速访问】工具栏中的【打开】按钮，打开"素材\第 3 章\3.8.4.dwg"文件，如图 3-72 所示。

（2）单击【绘图】面板中的【图案填充】工具按钮，在弹出的选项卡中，单击【图案】面板中的【ANSI31】，在【边界】面板中，单击【拾取点】按钮，在圆内拾取点，设置【图案填充比例】为 1，如图 3-73 所示。

（3）在【默认】选项卡中，单击【修改】面板中的【编辑图案填充】按钮，根据命令行的提示选择左上角的填充图案，弹出【图案填充编辑】对话框，设置【比例】为 2，如图 3-74 所示。

（4）单击【确定】按钮，完成比例重设置，最终效果如图 3-75 所示。

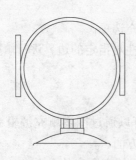

图 3-72　素材图形

图 3-73　图案填充

图 3-74　【图案填充编辑】对话框

图 3-75　最终效果

3.8.5　渐变色填充

在 AutoCAD 2016 中，可以使用一种或两种颜色形成的渐变色来填充图形。

启动【渐变色】命令有以下几种方法：

➤ 命令行：在命令行中输入 GRADIENT/GD 命令。

➤ 菜单栏：执行【绘图】|【渐变色】命令。

➤ 工具栏：单击【绘图】工具栏中的【渐变色】按钮。

➤ 功能区：在【默认】选项卡中，单击【绘图】面板中的【渐变色】工具按钮。

通过以上任意一种方法执行【渐变色】命令后，将打开【图案填充和渐变色】对话框中的【图案填充创建】选项卡，通过该选项卡可设置渐变色颜色类型、填充样式以及方向，以获得绚丽多彩的渐变色填充效果，如图 3-76 所示。

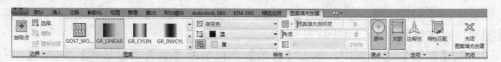

图 3-76　【图案填充创建】选项卡

3.8.6　实例——绘制叶子渐变色

（1）选择【文件】|【打开】命令，打开"素材\第 3 章\3.8.6.dwg"文件，如图 3-77 所示。

（2）选择【绘图】|【图案填充】命令，在【渐变色】选项卡的【颜色】选项组中选择【双色】单选按钮，设置【颜色 1】为【索引颜色：2】，设置【颜色 2】为【索引颜色：3】。

（3）单击【边界】选项组中的【添加：拾取点（K）】按钮 ，在树叶内部单击拾取一点，再按〈Enter〉键返回【图案填充和渐变色】对话框，单击【确定】按钮关闭对话框，渐变色填充效果如图 3-78 所示。

图 3-77　素材图形　　　　　　　　　　　　图 3-78　填充渐变色

第4章　编辑二维图形

在 AutoCAD 中，单纯地使用绘图命令或绘图工具只能绘制一些基本的图形，为了绘制复杂图形，很多情况下都必须借助图形编辑命令。AutoCAD 2016 提供了丰富的图形编辑命令，如复制、移动、镜像、偏移、阵列、拉伸、修剪等。使用这些命令能够方便地改变图形的大小、位置、方向、数量及形状，从而绘制出更为复杂的图形。

4.1　选择对象

对图形进行任何编辑和修改操作的时候，必须先选择图形对象。针对不同的情况，采用最佳的选择方法，能大幅提高图形的编辑效率。选择对象的过程，就是建立选择集的过程，通过各种选择模式将图形对象添加进选择集，或从选择集中删除。

4.1.1　选择单个对象

如果选择的是单个图形对象，可以使用点选的方法。直接将拾取光标移动到选择对象上方，此时该图形对象会以虚线亮显表示，单击鼠标左键，即可完成单个对象的选择。

点选方式一次只能选中一个对象，连续单击需要选择的对象，可以同时选择多个对象。

在未调用任何命令的情况下，选择对象呈夹点编辑状态，如图 4-1 所示。调用编辑命令之后选择对象，选择的图形呈虚线显示状态，如图 4-2 所示。

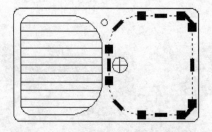 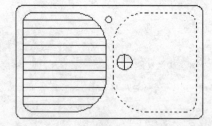

图 4-1　未调用命令选择对象　　　　　图 4-2　根据命令选择对象

提示：按下〈Shift〉键并再次单击已经选中的对象，可以将这些对象从当前选择集中删除。按〈Esc〉键，可以取消选择对当前全部选定对象的选择。

4.1.2　选择多个对象

如果需要同时选择多个或者大量的对象，再使用点选的方法不仅费时费力，而且容易出错。此时，宜使用 AutoCAD 2016 提供的窗口、窗交、栏选等选择方法。

在命令行中输入 SELECT 命令，在"选择对象："提示下输入"？"并按〈Enter〉键，即可查看 AutoCAD 所有的选择方法选项。

> 命令: SELECT↙ //调用【选择】命令
> 选择对象: ？↙
> *无效选择*
> 需要点或窗口(W)/上一个(L)/窗交(C)/框(BOX)/全部(ALL)/栏选(F)/圈围(WP)/圈交(CP)/编组(G)/添加(A)/删除(R)/多个(M)/前一个(P)/放弃(U)/自动(AU)/单个(SI)/子对象(SU)/对象(O)

命令行选择模式主要备选项含义如下。

1. 窗口选择（W）

窗口选择是一种通过定义矩形窗口选择对象的方法。利用该方法选择对象时，从左往右拉出矩形窗口，只有全部位于矩形窗口中的图形对象才会被选中，如图 4-3 所示。

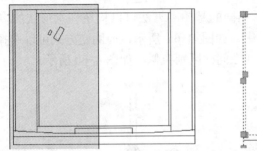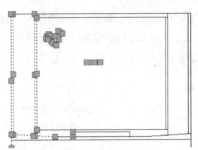

图 4-3　窗口选择

2. 交叉窗口选择（C）

窗交选择方式与窗口选择方式相反，它需要从右往左拉出矩形窗口，无论是全部还是部分位于窗口中的图形对象都将被选中，如图 4-4 所示。

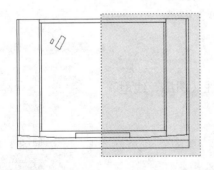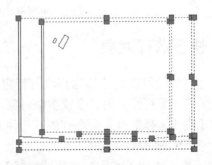

图 4-4　窗交选择

提示：窗口选择时拉出的选择窗口为实线框，窗口的颜色为蓝色，窗交选择时拉出的选择窗口为虚线框，窗口的颜色为绿色。

3. 栏选（F）

栏选方式通过绘制不闭合的栏选线选择对象。使用该方式选择图形时，先拖出任意折线，凡是与折线相交的图形对象均被选中，如图 4-5 所示。使用该方式选择连续性对象非常方便，但栏选线不能封闭或相交。

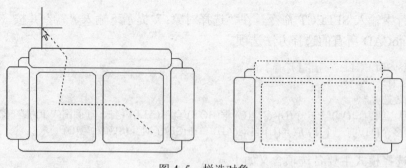

图 4-5　栏选对象

4．不规则窗口选择

不规则窗口选择通过创建不规则形状的多边形选择窗口来选择对象，包括圈围（WP）和圈交（CP）两种方式。

圈围与窗口选择对象的方法类似，不同的是圈围方法可以构造任意形状的多边形，完全包含在多边形窗口内的对象才能被选中，如图 4-6a 所示，而圈交方式可以选择包含在内或相交的对象，这与窗口和窗交选择方式之间的区别类似，如图 4-6b 所示。

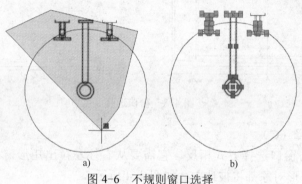

a)　　　　　　　　　　　　b)

图 4-6　不规则窗口选择

a) 圈围方式　b) 圈交方式

4.1.3　快速选择对象

快速选择功能可以快速筛选出具有特定属性（图层、线型、颜色、图案填充等特性）的一个或多个对象。

启动【快速选择】对象命令有如下几种方法：

➢ 命令行：输入 QSELECT 命令。

➢ 菜单栏：选择【工具】|【快速选择】命令。

执行该命令后，系统将弹出【快速选择】对话框，如图 4-7 所示，根据需要设置过滤条件，即可快速选择满足该条件的所有图形对象。

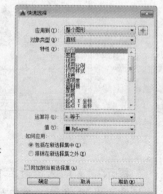

图 4-7　【快速选择】对话框

4.1.4　套索选择

套索选择是框选命令的一种延伸，使用方法跟以前版本的"框选"命令类似。只是当将鼠标围绕对象拖动时，将生成不规则的套索选区，使用起来更加人性化。根据拖动方向的不同，套索选择分为窗口套索和窗交套索两种。顺时针方向拖动为窗口套索选择效果，如图 4-8 所示，逆时针拖动则为窗交套索选择效果，如图 4-9 所示。

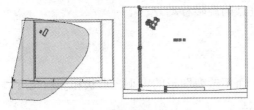

图 4-8　窗口套索选择效果

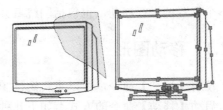

图 4-9　窗交套索选择效果

4.1.5　实例——修改图形属性

（1）单击【快速访问】工具栏中的【打开】按钮，打开"素材\第 4 章\4.1.5.dwg"文件，如图 4-10 所示。

（2）在命令行中输入 QSELECT 命令，系统弹出【快速选择】对话框，在【特性】列表框中选择【图层】，在【值】列表框中选择【细实线】，如图 4-11 所示。

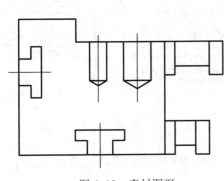

图 4-10　素材图形

图 4-11　【快速选择】对话框

（3）单击【确定】按钮，系统自动筛选出所有位于【细实线】图层中的图形，如图 4-12 所示。

（4）单击【常用】面板中的【图层】|【图层】按钮，将所有选择的图形转移到【中心线】图层，如图 4-13 所示，这些图形自动继承【中心线】图层的线型、线宽等相关特性。从而快速完成图形的修改。

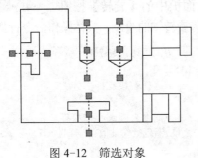

图 4-12　筛选对象

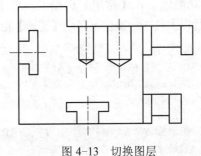

图 4-13　切换图层

4.2 移动图形

对于已经绘制好的图形对象，有时需要移动它们的位置。这种移动包括从一个位置到另一个位置的平行移动，也包括围绕着某点进行的旋转移动。

4.2.1 移动图形

使用【移动】命令，可以重新定位图形，而不改变图形的大小、形状和倾斜角度。

启动【移动】命令的方式有如下几种方法：

➢ 命令行：输入 MOVE/M 命令。

➢ 菜单栏：选择【修改】|【移动】命令。

➢ 工具栏：单击【修改】工具栏中的【移动】按钮 ✛ 移动 。

➢ 功能区：在【常用】选项卡，单击【修改】面板中的【移动】按钮 ✛ 移动 。

执行以上任一种操作，启动【移动】命令后，完善吊灯的绘制，具体操作命令行如下：

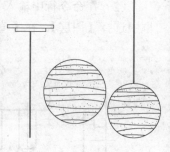

图 4-14　移动图形

```
命令: move✓ //调用【移动】命令
选择对象: 指定对角点: 找到 12 个，总计 12 个
        //使用窗口选择方式选择灯罩作为移动对象
选择对象: ✓
指定基点或 [位移(D)] <位移>:
        //捕捉灯罩外轮廓圆的 90°象限点作为移动基点
指定第二个点或<使用第一个点作为位移>:
        //捕捉灯杆下侧端点作为目标点，完成灯罩的移动，如图 4-14
        所示
```

4.2.2 旋转图形

【旋转】命令同样也是改变图形的位置，但与【移动】不同的是，旋转是围绕着一个固定的点将图形对象旋转一定的角度。

启动【旋转】命令的方式有如下几种方法：

➢ 命令行：输入 ROTATE/RO 命令。

➢ 菜单栏：选择【修改】|【旋转】命令。

➢ 工具栏：单击【修改】工具栏中的【旋转】按钮 ○ 旋转 。

➢ 功能区：在【常用】选项卡，单击【修改】面板中的【旋转】按钮 ○ 旋转 。

执行以上任一种操作，启动【旋转】命令后，完善旋转轴的绘制，具体操作命令行如下：

```
命令: rotate✓                                      //调用【旋转】命令
UCS 当前的正角方向: ANGDIR=逆时针  ANGBASE=0
选择对象: 指定对角点: 找到 3 个，总计 3 个          //选择右边支杆部分
选择对象: ✓
指定基点:                                          //捕捉大圆圆心作为旋转基点
指定旋转角度，或 [复制(C)/参照(R)] <249>:C✓        //激活"复制(C)"选项
旋转一组选定对象。
```

指定旋转角度，或 [复制(C)/参照(R)] <249>:60↙　　//输入旋转角度，完成支架图形的旋转复
制，如图 4-15 所示

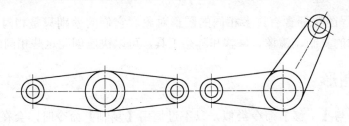

图 4-15　支架图形的旋转复制

命令行中主要选项含义如下：

➤ 复制(C)：创建要旋转的对象的副本，即保留源对象。

➤ 参照(R)：按参照角度和指定的新角度旋转对象。

提示：在输入旋转角度时，逆时针旋转的角度为正值，顺时针旋转的角度为负值。

4.2.3　实例——完善吊灯图形

（1）单击【快速访问】工具栏中的【打开】按钮，打开"素材\第 4 章\4.2.3.dwg"文
件，如图 4-16 所示。

（2）在【常用】选项卡，单击【修改】面板中的【移动】按钮，选择小灯盘作为
移动对象，将圆心作为移动的基点，将其移动至灯杆的下方，并调用【修剪】命令，修剪多
余的图形，如图 4-17 所示。

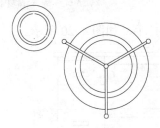
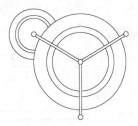

图 4-16　素材图形　　　　　　　　　图 4-17　小灯盘移动后

（3）在【常用】选项卡中，单击【修改】面板中的【旋转】按钮，旋转复制小
灯，捕捉大圆圆心作为旋转基点，旋转角度-120，如图 4-18 所示，重复旋转操作，以完善
吊灯图形，如图 4-19 所示。

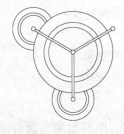
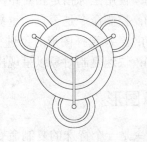

图 4-18　小灯盘旋转后　　　　　　　　图 4-19　吊灯

4.3　复制图形

任何一份工程图样都含有许多相同的图形对象，它们的差别只是相对位置的不同。使用 AutoCAD 提供的复制、镜像、偏移和阵列工具，可以快速创建这些相同的对象。

4.3.1　复制图形

【复制】命令与【平移】命令类似，只不过调用【复制】命令时，会在源图形位置处创建一个副本。

启动【复制】命令的方式有如下几种方法：

➢ 命令行：输入 COPY/CO 命令。

➢ 菜单栏：选择【修改】|【复制】命令。

➢ 工具栏：单击【修改】工具栏中【复制】按钮 ⊡复制 。

➢ 功能区：在【常用】选项卡，单击【修改】面板中的【复制】按钮 ⊡复制 。

执行以上任一种操作，启动【复制】命令后，绘制办公桌抽屉，具体操作命令行如下：

```
命令: copy✓                                        //调用【复制】命令
选择对象: 指定对角点: 找到 4 个，总计 4 个          //选择底下的抽屉拉手
选择对象:✓                                         //按〈Enter〉键结束选择
当前设置:  复制模式 = 单个
指定基点或 [位移(D)/模式(O)/多个(M)] <位移>:       //利用【端点捕捉】选择拉手小矩形的左下端点
                                                     为基点
指定第二个点或 [阵列(A)] <使用第一个点作为位移>: 600✓  //光标竖直向上，输入距离，按
                                                     〈Enter〉键完成复制
```

按空格键确定，重复上一操作，绘制出顶层抽屉的拉手，如图 4-20 所示。

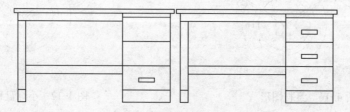

图 4-20　复制抽屉拉手

命令行中主要选项含义如下：

➢ 位移(D)：使用坐标指定相对距离和方向。

➢ 模式(O)：控制命令是否自动重复（COPYMODE 系统变量）。

➢ 多个(M)：一次选择图形对象进行多次复制。

➢ 阵列(A)：快速复制对象以呈现出指定数目和角度的效果。

4.3.2　镜像图形

【镜像】命令是一个特殊的复制命令。通过镜像生成的图形对象与源对象相对于对称轴

呈对称的关系。

启动【镜像】命令的方式有如下几种方法：

➤ 命令行：输入 MIRROR/MI 命令。

➤ 菜单栏：选择【修改】|【镜像】命令。

➤ 工具栏：单击【修改】工具栏中的【镜像】按钮 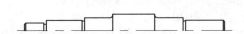。

➤ 功能区：在【常用】选项卡，单击【修改】面板中的【镜像】按钮 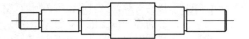。

执行以上任一种操作，启动【镜像】命令后，绘制低速轴，具体操作命令行如下：

命令: mirror✓	//调用【镜像】命令
选择对象: 指定对角点: 找到 25 个	//选择轴上半部分图形
选择对象:✓	//按〈Enter〉键结束选择
指定镜像线的第一点:	//利用【端点捕捉】功能捕捉中心线的端点
指定镜像线的第二点:	//利用【端点捕捉】功能捕捉中心线的另一端点
要删除源对象吗? [是(Y)/否(N)] <N>: N✓	//激活"否(N)"选项，完成镜像操作，如图 4-21 所示

图 4-21　镜像

技巧：如果是水平或者竖直方向镜像图形，可以使用【正交】功能快速指定镜像图形。

4.3.3　实例——绘制图形装饰

（1）单击【快速访问】工具栏中的【打开】按钮，打开"素材\第 4 章\4.3.3.dwg"文件，如图 4-22 所示。

（2）在【常用】选项卡中，单击【修改】面板中的【镜像】按钮，镜像门页装饰上半部分，将水平的中线作为镜像线，依次选择中线的两个端点，然后在命令行中激活"否(N)"选项，如图 4-23 所示。

（3）在【常用】选项卡中，单击【修改】面板中的【复制】按钮，复制门页装饰图形，利用【端点捕捉】捕捉 A 点作为复制基点，向右位移 689，按〈Enter〉键完成复制，如图 4-24 所示。

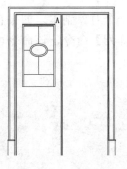

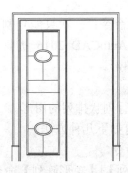

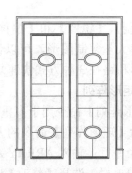

图 4-22　素材图形　　　　图 4-23　镜像图形　　　　图 4-24　复制图形

4.3.4 偏移图形

【偏移】命令采用复制的方法生成等距离的图形。偏移的对象包括直线、圆弧、圆、椭圆、椭圆弧等。

启动【偏移】命令的方式有如下几种方法：

➤ 命令行：输入 OFFSET/O 命令。

➤ 菜单栏：选择【修改】|【偏移】命令。

➤ 工具栏：单击【修改】工具栏中的【偏移】按钮 ⚬。

➤ 功能区：在【常用】选项卡，单击【修改】面板中的【偏移】按钮 ⚬。

执行以上任一种操作，启动【偏移】命令后，绘制零件图，具体操作命令行如下：

```
命令: offset✓                                          //调用【偏移】对象
当前设置: 删除源=否图层=源   OFFSETGAPTYPE=0
指定偏移距离或 [通过(T)/删除(E)/图层(L)] <0.0000>:20✓   //指定偏移距离
选择要偏移的对象，或 [退出(E)/放弃(U)] <退出>:           //选择支架左边的轮廓
指定要偏移的那一侧上的点，或 [退出(E)/多个(M)/放弃(U)] <退出>:  //向上移动鼠标指定偏移的点
选择要偏移的对象，或 [退出(E)/放弃(U)] <退出>:✓  //按〈Enter〉键结束偏移，如图4-25 所示
```

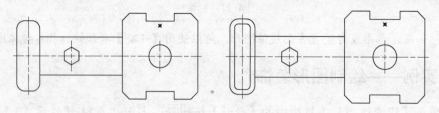

图 4-25 偏移

命令行中主要选项含义如下：

➤ 通过(T)：创建通过指定点的偏移对象。

➤ 删除(E)：偏移源对象后将其删除。

➤ 图层(L)：确定将偏移对象创建在当前图层上还是源对象所在的图层上。

4.3.5 阵列图形

【复制】、【镜像】和【偏移】等命令，一次只能复制得到一个对象副本。如果想要按照一定规律大量复制图形，可以使用 AutoCAD 2016 提供的【阵列】命令，该命令可以按矩形、环形和路径 3 种方式快速复制图形。

1. 矩形阵列

【矩形阵列】命令用于多重复制行列状排列的图形。

启动【矩形阵列】命令的方式有如下几种方法：

➤ 命令行：输入 ARRAY/AR 命令。

➤ 菜单栏：选择【修改】|【阵列】|【矩形阵列】命令。

➤ 工具栏：单击【修改】工具栏中的【矩形阵列】按钮 ▦ 阵列。

➤ 功能区：在【常用】选项卡，单击【修改】面板中的【矩形阵列】按钮 ▦ 阵列。

执行以上任一种操作启动【矩形阵列】命令后，系统弹出【阵列创建】选项卡如图 4-26 所示，矩形阵列圆孔，具体操作命令行如下：

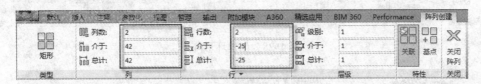

图 4-26　创建矩形阵列

命令：ARRAY　　　　　　　　　　　　　//调用【阵列】命令
选择对象：　　　　　　　　　　　　　　//选择阵列对象
输入阵列类型[矩形(R)/路径(PA)/极轴(PO)]：R✓//激活【矩形】选项
选择夹点以编辑阵列或[关联(AS)/基点(B)/计数(COU)/间距(S)/列数(COL)/行数(R)/层数(L)/退出(X)] <退出>：✓
　　　　　　　　　　　　　　　　　　　　//设置阵列参数，按〈Enter〉键退出，如图4-27所示

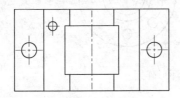 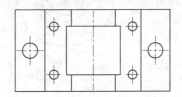

图 4-27　矩形阵列

命令行中主要选项含义如下：

➤ 关联(AS)：指定阵列中的对象是关联的还是独立的。
➤ 基点(B)：定义阵列基点和基点夹点的位置。
➤ 计数(COU)：指定行数和列数并使用户在移动光标时可以动态观察阵列结果。
➤ 间距(S)：指定行间距和列间距并使用户在移动光标时可以动态观察结果。
➤ 列数(COL)：编辑列数和列间距。
➤ 行数(R)：指定阵列中的行数、它们之间的距离以及行之间的增量标高。
➤ 层数(L)：指定三维阵列的层数和层间距。

提示：在矩形阵列的过程中，如果希望阵列的图形往相反的方向复制时，在列数或行数前面加"-"符号即可。

2．环形阵列

【环形阵列】命令用于沿中心点的四周均匀排列成环形的图形对象。

启动【环形阵列】命令的方式有如下几种方法：

➤ 命令行：输入 ARRAY/AR 命令。
➤ 菜单栏：选择【修改】|【阵列】|【环形阵列】命令。
➤ 工具栏：单击【修改】工具栏中的【环形阵列】按钮 阵列。
➤ 功能区：在【常用】选项卡，单击【修改】面板中的【环形阵列】按钮 阵列。

执行以上任一种操作启动【环形阵列】后，系统弹出【阵列创建】选项卡，如图 4-28 所示，阵列圆孔，具体操作命令行如下：

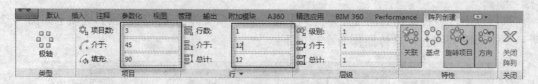

图 4-28　创建环形阵列

命令: ARRAY✓　　　　//调用【阵列】命令
选择对象: 找到 1 个　　　//选择阵列对象圆孔
选择对象:　输入阵列类型 [矩形(R)/路径(PA)/极轴(PO)] <极轴>: po✓ //激活【极轴】选项
类型 = 极轴关联 = 是
指定阵列的中心点或 [基点(B)/旋转轴(A)]: //以水平、竖直中心线的交点为中心点，如图 4-29 所示

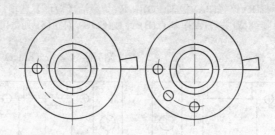

图 4-29　环形阵列

命令行中主要选项含义如下:

➢ 基点(B): 指定阵列的基点。
➢ 填充角度: 对象环形阵列的总角度。
➢ 旋转项目: 控制阵列项时是否旋转项。

3. 路径阵列

路径阵列可沿曲线阵列复制图形，通过设置不同的基点，能得到不同的阵列结果。在园林设计中，使用路径阵列可快速复制园路与街道旁的树木，或者草地中的汀步图形。

启动【路径阵列】命令的方式有如下几种方法:

➢ 命令行: 输入 ARRAY/AR 命令。
➢ 菜单栏: 选择【修改】|【阵列】|【路径阵列】命令。
➢ 工具栏: 单击【修改】工具栏中的【路径阵列】按钮 ┌ 阵列 。
➢ 功能区: 在【常用】选项卡，单击【修改】面板中的【路径阵列】按钮 ┌ 阵列 。

执行以上任一种操作，启动【路径阵列】命令后，沿路径阵列圆孔，具体操作命令行如下:

命令: AR✓　　　　　　　　　　　　　　　　　　　//调用【阵列】命令
选择对象: 找到 1 个
选择对象:　输入阵列类型 [矩形(R)/路径(PA)/极轴(PO)] <矩形>: pa✓ //激活【路径】选项
类型 = 路径关联 = 否
选择路径曲线:　　　　　　　　　　　　　　　　//选择圆弧为阵列路径
选择夹点以编辑阵列或 [关联(AS)/方法(M)/基点(B)/切向(T)/项目(I)/行(R)/层(L)/对齐项目(A)/Z方向(Z)/退出(X)] <退出>: I✓　　　　　　　　//激活【项目】选项
指定沿路径的项目之间的距离或 [表达式(E)] <15.0000>: 20✓ //输入项目间的距离

最大项目数 ＝6
指定项目数或 [填写完整路径(F)/表达式(E)] <6>: 6↙   //输入项目数
选择夹点以编辑阵列或 [关联(AS)/方法(M)/基点(B)/切向(T)/项目(I)/行(R)/层(L)/对齐项目(A)/Z
方向(Z)/退出(X)] <退出>:   //按〈Enter〉键结束操作，如图 4-30
　　　　　　　　　　　　　　　　　　　　　　　　　　　　所示

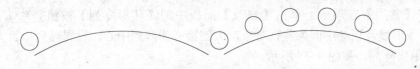

图 4-30 路径阵列

命令行中主要选项含义如下：

➢ 关联(AS)：指定是否创建阵列对象，或者是否创建选定对象的非关联副本。

➢ 方法(M)：控制如何沿路径分布项目。

➢ 基点(B)：定义阵列的基点。路径阵列中的项目相对于基点放置。

➢ 切向(T)：指定阵列中的项目如何相对于路径的起始方向对齐。

➢ 项目(I)：根据"方法"设置，指定项目数或项目之间的距离。

➢ 对齐项目(A)：指定是否对齐每个项目以与路径的方向相切。对齐相对于第一个项目的方向。

➢ Z 方向(Z)：控制是否保持项目的原始 Z 方向或沿三维路径自然倾斜项目。

技巧：在路径阵列过程中，设置不同的切向，阵列对象将按不同的方向沿路径排列。

4.3.6 实例——绘制马桶

（1）单击【快速访问】工具栏中的【打开】按钮 ，打开"素材\第 4 章\4.3.6.dwg"文件，如图 4-31 所示。

（2）在【常用】选项卡，单击【修改】面板中的【偏移】按钮 ，偏移马桶座体外轮廓，指定偏移距离 21，选择马桶外轮廓为对象，向上移动鼠标指定偏移的点，按〈Enter〉键结束偏移，如图 4-32 所示。

（3）在【常用】选项卡，单击【修改】面板中的【矩形阵列】按钮 ，阵列马桶上的小孔，设置行数和列数都为 2，列数距离为-370，行数距离为-65，按〈Enter〉键结束阵列，如图 4-33 所示。

图 4-31 素材图形　　　　图 4-32 偏移图形　　　　图 4-33 阵列对象

4.3.7 实例——阵列生成汀步

（1）单击【快速访问】工具栏中的【打开】按钮，打开"素材\第 4 章\4.3.7.dwg"文件，如图 4-34 所示。

（2）在【常用】选项卡，单击【修改】面板中的【环形阵列】按钮，阵列外轮廓，选择两条曲线及顶端小圆为阵列对象，大圆圆心为阵列中心，设置阵列项目为"5"，按〈Enter〉键退出阵列，如图 4-35 所示。

（3）在【常用】选项卡中，单击【修改】面板中的【路径阵列】按钮，阵列汀步图形，选择右边的圆为阵列对象，选择长曲线为路径，依次指定 A、B 两点作为指定切向矢量的点，激活"项目(I)"选项，指定距离为"500"，输入项目数为"7"，按〈Enter〉键完成阵列，如图 4-36 所示。

 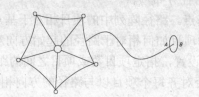 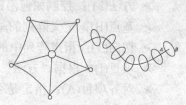

图 4-34　素材图形　　　　　　图 4-35　环形阵列　　　　　　图 4-36　路径阵列

4.4 图形修整

前面的几组修改命令主要是将已有图形对象作为一个整体进行修改。这一组命令将对图形对象进行局部修整，包括修剪、延伸和断开等。

4.4.1 修剪对象

使用【修剪】命令，可以准确地以某一线段为边界删除多余线段。

启动【修剪】命令的方式有如下几种方法：

➢ 命令行：输入 TRIM/TR 命令。

➢ 菜单栏：选择【修改】|【修剪】命令。

➢ 工具栏：单击【修改】工具栏中的【修剪】按钮。

➢ 功能区：在【常用】选项卡，单击【修改】面板中的【修剪】按钮。

执行以上任一种操作，启动【修剪】命令后，修剪组合沙发线条，具体操作命令行如下：

```
命令: trim↙                               //调用【修剪】命令
当前设置:投影=UCS，边=无
选择剪切边...
选择对象或<全部选择>: 找到 4 个，总计 4 个    //选择整个图形作为修剪边界
选择对象:↙
选择要修剪的对象，或按住〈Shift〉键选择要延伸的对象，或
[栏选(F)/窗交(C)/投影(P)/边(E)/删除(R)/放弃(U)]:    //单击选择需要修剪的线段1
```

选择要修剪的对象，或按住〈Shift〉键选择要延伸的对象，或
[栏选(F)/窗交(C)/投影(P)/边(E)/删除(R)/放弃(U)]:✓   //按〈Enter〉键结束修剪，如图 4-37 所示

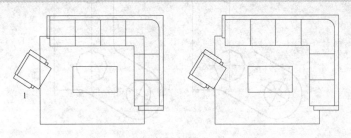

图 4-37　修剪对象

命令行中主要选项含义如下：

➢ 栏选(F)：选择与选择栏相交的所有对象。选择栏是一系列临时线段，它们是用两个
或多个栏选点指定的。选择栏不构成闭合环。
➢ 窗交(C)：选择矩形区域（由两点确定）内部或与之相交的对象。
➢ 投影(P)：指定修剪对象时使用投影方式。
➢ 边(E)：确定对象是在另一对象的延长边处进行修剪，还是仅在三维空间中与该对象
相交的对象处进行修剪。
➢ 删除(R)：删除选定的对象。此选项提供了一种用来删除不需要的对象的简便方式，
而无需退出 TRIM 命令。

4.4.2　延伸对象

【延伸】命令是以某些图形为边界，将线段延伸至图形边界处。
启动【延伸】命令的方式有如下几种方法：

➢ 命令行：输入 EXTEND/EX 命令。
➢ 菜单栏：选择【修改】|【延伸】命令。
➢ 工具栏：单击【修改】工具栏上的【延伸】按钮 -/ 延伸。
➢ 功能区：在【常用】选项卡，单击【修改】面板中的【延伸】按钮 -/ 延伸。

执行以上任一种操作，启动【延伸】命令后，编辑零件图，具体操作命令行如下：

命令: extend✓   //调用【延伸】命令
当前设置:投影=UCS，边=无
选择边界的边...
选择对象或<全部选择>:　找到 1 个   //选择上面的水平线作为延伸边界
选择对象: ✓
选择要延伸的对象，或按住〈Shift〉键选择要修剪的对象，或分别单击需要延伸的线段，如
L1、L2 等
[栏选(F)/窗交(C)/投影(P)/边(E)/放弃(U)]:
选择要延伸的对象，或按住〈Shift〉键选择要修剪的对象，或 [栏选(F)/窗交(C)/投影(P)/边(E)/
放弃(U)]:✓   //按〈Enter〉键结束延伸

按空格键确定，重复上一操作，延伸凹槽的线条，如图 4-38 所示。

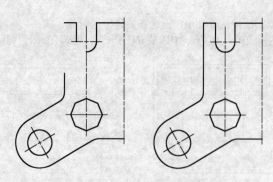

图 4-38　延伸对象

提示：想往哪边延伸，则在靠近边界的那端单击鼠标。

技巧：自 AutoCAD 2002 开始，【修剪】和【延伸】命令已经可以开始联用。在使用【修剪】命令时，选择修剪对象时按住〈shift〉键，可以将该对象向边界延伸。在使用【延伸】命令时，选择延伸对象时按住〈shift〉键，可以将该对象超过边界部分修剪删除。

4.4.3　实例——修剪图案

（1）单击【快速访问】工具栏中的【打开】按钮😑，打开"素材\第 4 章\4.4.3.dwg"文件，如图 4-39 所示。

（2）在【常用】选项卡，单击【修改】面板中的【延伸】按钮——/ 延伸，延伸线段至圆，如图 4-40 所示。

（3）在【常用】选项卡中，单击【修改】面板中的【修剪】按钮-/- 修剪，以外侧沙发轮廓为边界修剪多余线段，如图 4-41 所示命令行操作如下：

图 4-39　素材图形　　　　　图 4-40　延伸后　　　　　图 4-41　修剪后

4.4.4　拉长对象

拉长命令是指改变原图形的长度，可以将原图形拉长，也可以将其缩短。

在 AutoCAD 2016 中可以通过以下几种方法启动拉长命令：

➢ 菜单栏：执行【修改】|【拉长】命令。

➢ 命令行：在命令行中输入 LENGTHEN/LEN 命令。

➢ 功能区：在【默认】选项卡中，单击【修改】面板中的【拉长】按钮🖍。

执行以上任意一种操作启动【拉长】命令后，编辑零件图，具体操作命令行如下：

命令: LENGTHEN　　　　　　　　　　　　　　　　　　//调用【拉长】命令
选择对象或 [增量(DE)/百分数(P)/总计(T)/动态(DY)]: t↙　　//激活【总计】选项
指定总长度或 [角度(A)] <1.00>: a↙　　　　　　　　　//激活【角度】选项
指定总角度<57.30>: 180↙　　　　　　　　　　　　　　//输入角度值 180
选择要修改的对象或 [放弃(U)]:　　　　　　　　　　//单击圆弧下方一处
选择要修改的对象或 [放弃(U)]:　　　　　　　　　　//按空格键退出拉长命令，如图 4-42 所示

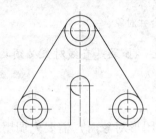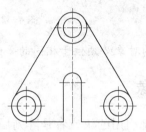

图 4-42　拉长对象

其中各选项的含义如下：

➤ 增量（DE）：表示以增量方式修改对象的长度，可以直接输入长度增量来拉长直线
或者圆弧，长度增量为正时表示拉长对象，为负时表示缩短对象。也可以输入 A，
通过指定圆弧的包含角增量来修改圆弧的长度。

➤ 百分数（P）：通过输入百分比来改变对象的长度或圆心角大小。百分比的数值以原
来长度为参照。

➤ 全部（T）：通过输入对象的总长度来改变对象的长度或角度。

➤ 动态（DY）：用动态模式拖动对象的一个端点来改变对象的长度或角度。

4.4.5　合并对象

使用【合并】命令可将相似的对象合并为一个对象，用户也可以用【合并】命令将圆
弧、椭圆弧合并为圆和椭圆。

启动【合并】命令的方式有如下几种方法：

➤ 命令行：输入 JOIN/J 命令。

➤ 菜单栏：选择【修改】|【合并】命令。

➤ 工具栏：单击【修改】工具栏中的【合并】按钮┿。

➤ 功能区：在【常用】选项卡，单击【修改】面板中的【合并】按钮┿。

执行以上任意一种操作启动【合并】命令后，合并办公桌边，具体操作命令行如下：

命令: join↙　　　　　　　　　　　　　　　　　　　//调用【合并】命令
选择源对象或要一次合并的多个对象: 找到 1 个　　//选择线段 L1
选择要合并的对象: 找到 1 个，总计 2 个　　　　　//选择线段 L2
选择要合并的对象: ↙　　　　　　　　　　　　　　//按〈Enter〉键合并对象，如图 4-43 所示
2 条直线已合并为 1 条直线

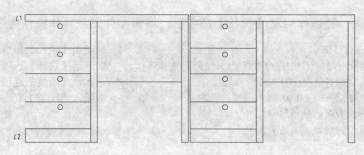

图 4-43　合并对象

提示：要合并的对象必须位于相同的平面上，如果是直线对象必须共线。

4.4.6　分解对象

再次编辑从外部引用的块或者是阵列后的图形对象时，需要先调用【分解】命令分解图形，才能调用其他命令进行编辑。

启动【分解】命令有如下几种方法：

➢ 命令行：输入 EXPLODE/X 命令。

➢ 菜单栏：选择【修改】|【分解】命令。

➢ 工具栏：单击【修改】工具栏中的【分解】按钮 📶。

➢ 功能区：在【常用】选项卡，单击【修改】面板中的【分解】按钮 📶。

执行以上任意一种操作启动【分解】命令后，对矩形进行分解，具体操作命令行如下：

```
命令: explode✓                      //调用【分解】命令
选择对象: 指定对角点: 找到 1 个      //选择需要分解的对象
选择对象: ✓                         //按〈Enter〉键分解对象，如图 4-44 所示
```

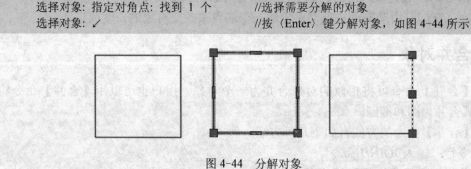

图 4-44　分解对象

4.4.7　打断对象

【打断】命令用于将直线或弧段分解成多个部分，或者删除直线或弧段的某个部分。

调用【打断】命令有如下几种方法：

➢ 命令行：输入 BREAK/BR 命令。

➢ 菜单栏：选择【修改】|【打断】命令。

➢ 工具栏：单击【修改】工具栏中的【打断】按钮 🖭。

➢ 功能区：在【常用】选项卡，单击【修改】面板中的【打断】按钮 🖭。

执行以上任意一种操作启动【打断】命令后，对零件图进行打断，具体操作命令行如下：

命令: break↙	//调用【打断】命令
选择对象:	//选择需要打断的直线
指定第二个打断点或 [第一点(F)]: F↙	//激活"第一点(F)"选项
指定第一个打断点:	//捕捉交点 A 作为第 1 打断点
指定第二个打断点:	//捕捉交点 B 作为第 2 打断点，完成打断，如图 4-45 所示

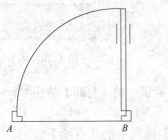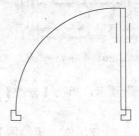

图 4-45　打断对象

提示：默认情况下，【打断】命令以选择打断对象时单击的位置为第一打断点。

4.4.8　实例——编辑装饰图案

（1）单击【快速访问】工具栏中的【打开】按钮，打开"素材\第 4 章\4.4.8.dwg"文件，如图 4-46 所示。

（2）此时的图形为一个整体，只能单击选择整个图块，如图 4-47 所示，而无法对图形某个部分进行单独编辑，因此需要进行分解。

（3）在【默认】选项卡，单击【修改】面板中的【分解】按钮，分解图形，可任意选择其中的某个部分，如图 4-48 所示。

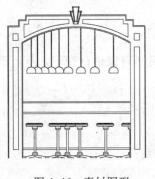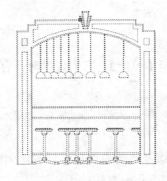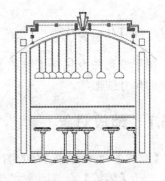

图 4-46　素材图形　　　　图 4-47　选择图块　　　　图 4-48　分解后

（4）在【常用】选项卡，单击【修改】面板中的【删除】按钮，删除选择的图形，结果如图 4-49 所示。

（5）在【常用】选项卡，单击【修改】面板中的【合并】按钮，合并直线，如图 4-50 所示。

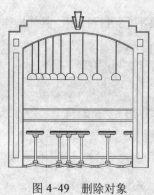
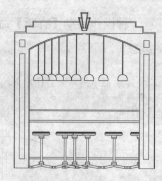

图 4-49　删除对象　　　　　　　　　　图 4-50　合并后

（6）在【常用】选项卡，单击【修改】面板中的【打断】按钮 ，打断线段，如图 4-51 所示。

（7）在【默认】选项卡，单击【绘图】面板中的【直线】按钮 ，绘制直线，并修剪完成图形的编辑，最终效果如图 4-52 所示。

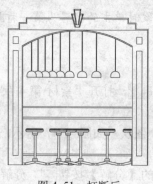
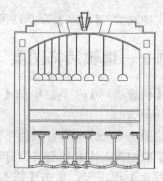

图 4-51　打断后　　　　　　　　　　图 4-52　装饰图案

4.5　图形变形

图形变形命令包括【缩放】和【拉伸】，它们可以对已有图形对象进行变形，从而改变图形的尺寸或形状。

4.5.1　缩放对象

【缩放】命令是将已有的图形以基点为参照，进行等比例缩放。

启动【缩放】命令的方式有如下几种方法：

➢ 命令行：输入 SCALE/SC 命令。

➢ 菜单栏：选择【修改】|【缩放】命令。

➢ 工具栏：单击【修改】工具栏上的【缩放】按钮 缩放。

➢ 功能区：在【常用】选项卡，单击【修改】面板中的【缩放】按钮 缩放。

执行以上任意一种操作启动【缩放】命令后，对饮水机上的水桶进行缩放，具体操作命令行如下：

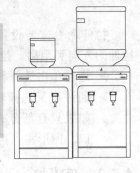

```
命令: scale↙                    //调用【缩放】命令
选择对象: 找到 1 个
选择对象: 找到 1 个，总计 4 个      //选择水桶桶身部分
选择对象: ↙
指定基点:                       //利用【中点捕捉】功能捕捉中心点 A 点
指定比例因子或 [复制(C)/参照(R)]: 2↙   //输入比例因子，如图 4-53
                                所示
```

图 4-53　缩放对象

【缩放】命令需要确定的参数有缩放对象、基点和比例因子。比例因子也就是缩小或放大的比例值。其中各选项的含义如下：

> 比例因子：缩小或放大的比例值，比例因子大于 1 时，缩放结果是放大图形；比例因子小于 1 时，缩放结果是缩小图形；比例因子为 1 时图形不变。

> 复制(C)：创建要缩放的对象的副本，即保留源对象。

> 参照(R)：按参照长度和指定的新长度缩放所选对象

提示：比例因子大于 1 的时候为放大，小于 1 的时候为缩小。

4.5.2　拉伸对象

使用【拉伸】命令，可以拉伸和压缩图形对象。

调用【拉伸】命令有如下几种方法：

> 命令行：输入 STRETCH/S 命令。

> 菜单栏：选择【修改】|【拉伸】命令。

> 工具栏：单击【修改】工具栏中的【拉伸】按钮 [拉伸 。

> 功能区：在【常用】选项卡，单击【修改】面板中的【拉伸】按钮 [拉伸 。

执行以上任意一种操作启动【拉伸】命令后，对吊篮进行拉伸，具体操作命令行如下：

```
命令: stretch↙                    //调用【拉伸】命令
以交叉窗口或交叉多边形选择要拉伸的对象...
选择对象: 指定对角点: 找到 17 个   //使用窗交选择方式选择红色区域内的图形
选择对象: ↙
指定基点或 [位移(D)] <位移>:        //任意指定一点
指定第二个点或<使用第一个点作为位移>:            //向下移动鼠标
指定第二个点或<使用第一个点作为位移>: @0,-150↙   //输入相对直角坐标，完成拉伸，如
                                               图 4-54 所示
```

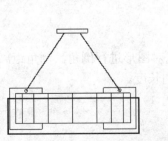
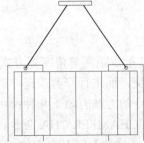

图 4-54　拉伸对象

拉伸命令需要设置的参数有拉伸对象、拉伸基点的起点和拉伸位移。拉伸位移决定了拉伸的方向和距离。拉伸遵循以下原则：

➤ 通过单击选择和窗口选择获得的拉伸对象将只被平移，不被拉伸。

➤ 通过交叉选择获得的拉伸对象，如果所有夹点都落入选择框内，图形将发生平移；如果只有部分夹点落入选择框，图形将沿拉伸位移拉伸；如果没有夹点落入选择窗口，图形将保持不变。

4.5.3 实例——编辑轴

（1）打开文件。单击【快速访问】|【打开】按钮，打开"素材\第 4 章\4.5.3.dwg"文件，如图 4-55 所示。

（2）调用【缩放】命令。在命令行输入"SC"并按〈Enter〉键，光标变成小方块。框选选中素材图形中的局部图形对象，按空格键结束缩放对象的选择。

（3）调用【拉伸】命令。在命令行输入"S"并按〈Enter〉键，光标变成小方块。框选选中素材图形中的吊耳右边，按空格键结束拉伸对象的选择，按空格键再次调用拉伸命令，分别选择左边凸出图形对象为拉伸对象，最终效果图如图 4-56 所示。

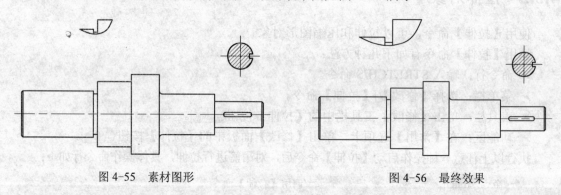

图 4-55　素材图形　　　　　　　　　　　图 4-56　最终效果

4.6　倒角与圆角

倒角与圆角是机械设计中常用的工艺，可使工件相邻两表面在相交处以斜面或圆弧面过渡。以斜面形式过渡的称为倒角，以圆弧面形式过渡的称为圆角。在二维平面上，倒角和圆角分别用直线和圆弧过渡表示。

4.6.1　倒角

【倒角】命令通过指定距离与角度等方式对图形进行倒角。倒角距离是每个对象与倒角相接或与其他对象相交，而进行修剪或延伸的长度。

启动【倒角】命令的方法有如下几种：

➤ 命令行：输入 CHAMFER/CHA 命令。

➤ 菜单栏：选择【修改】|【倒角】命令。

➤ 工具栏：单击【修改】工具栏中的【倒角】按钮。

➢ 功能区：在【常用】选项卡，单击【修改】面板中的【倒角】按钮 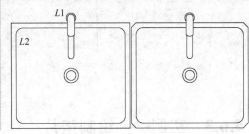。

执行以上任意一种方法启动【倒角】命令后，对水槽边角进行倒角，具体操作命令行如下：

> 命令: chamfer↙   //调用【倒角】命令
> ("修剪"模式) 当前倒角长度 = 0.0000，角度 = 0
> 选择第一条直线或 [放弃(U)/多段线(P)/距离(D)/角度(A)/修剪(T)/方式(E)/多个(M)]: A↙
>   //激活"角度(A)"选项
> 指定第一条直线的倒角长度<0.0000>: 20↙   //输入第一条直线倒角长度
> 指定第一条直线的倒角角度<0>: 45↙
>   //输入第一条直线倒角角度
> 选择第一条直线或 [放弃(U)/多段线(P)/距离(D)/
> 角度(A)/修剪(T)/方式(E)/多个(M)]:
>   //选择直线 L1
> 选择第二条直线，或按住〈Shift〉键选择直线
> 以应用角点或 [距离(D)/角度(A)/方法(M)]:
>   //选择直线 L2，完成倒角，如图 4-57 所示

命令行中主要选项含义如下：

图 4-57　倒角

➢ 多段线(P)：对整个二维多段线倒角。相交
多段线线段在每个多段线顶点被倒角，倒角成为多段线的新线段。

➢ 距离(D)：设定倒角至选定边端点的距离。如果将两个距离均设定为 0，CHAMFER
将延伸或修剪两条直线，以使它们终止于同一点。

➢ 角度(A)：用第一条线的倒角距离和第二条线的角度设定倒角距离。

➢ 修剪(T)：控制 CHAMFER 是否将选定的边修剪到倒角直线的端点。

➢ 方式(E)：控制 CHAMFER 使用两个距离还是一个距离和一个角度来创建倒角。

➢ 多个(M)：为多组对象的边倒角。

提示：不能倒角或看不出倒角差别时，说明倒角距离或者角度过大或者过小。

4.6.2　圆角

【圆角】命令与【倒角】命令相似，只是【圆角】命令是以圆弧进行过渡。

启动【圆角】命令的方式有如下几种：

➢ 命令行：输入 FILLET/F 命令。

➢ 菜单栏：选择【修改】|【圆角】命令。

➢ 工具栏：单击【修改】工具栏中的【圆角】按钮 ⬜ 圆角。

➢ 功能区：在【常用】选项卡中，单击【修改】面板中的【圆角】按钮 ⬜ 圆角。

执行以上任意一种操作启动【圆角】命令后，对床的边缘轮廓进行圆角，具体操作命令行如下：

> 命令: fillet↙   //调用【圆角】命令
> 当前设置：模式 = 修剪，半径 = 0.0000
> 选择第一个对象或 [放弃(U)/多段线(P)/半径(R)/修剪(T)/多个(M)]: R↙ //激活"半径(R)"选项
> 指定圆角半径<0.0000>: 10↙ //输入圆角半径
> 选择第一个对象或 [放弃(U)/多段线(P)/半径(R)/修剪(T)/多个(M)]:   //选择一条外轮廓直线

选择第二个对象，或按住〈Shift〉键选择对象以应用角点或 [半径(R)]: //选择相邻的另一条输入直线

重复调用【圆角】命令，完成其他轮廓圆角，如图 4-58 所示。

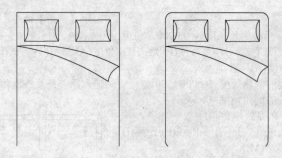

图 4-58　圆角

4.6.3　实例——绘制垫片

（1）新建文件。单击【快速访问】工具栏中的【新建】按钮 ，新建空白文件。

（2）调用 REC【矩形】命令，绘制尺寸为 600×400 的矩形，调用 O【偏移】命令，将矩形向内偏移 70，如图 4-59 所示。

（3）调用 F【圆角】命令，设置圆角半径为 50，对外侧四个尖角处进行圆角处理，如图 4-60 所示。

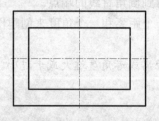

图 4-59　素材图形

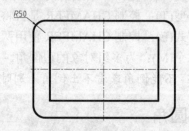

图 4-60　圆角结果

（4）调用 CHA【倒角】命令，设置倒角距离为 20，对图形内侧矩形进行倒角操作，如图 4-61 所示。

（5）调用 C【圆】命令，分别以四个圆弧的圆心为圆心绘制半径为 25 的圆，至此，垫片绘制完毕，如图 4-62 所示。

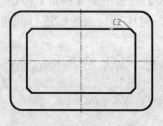

图 4-61　倒角结果

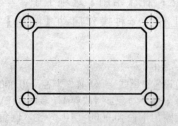

图 4-62　垫片

4.7 夹点编辑图形

在 AutoCAD 中，夹点编辑是一种集成的编辑模式，利用夹点对图形的大小、位置、方向等进行编辑。其所谓"夹点"其实就是图形对象上的一些特征点，如端点、顶点、中点、中心点等，图形的位置和形状通常是由夹点的位置决定的。激活夹点变为"热夹点"时，被激活的夹点才能编辑图形。夹点编辑遵循"先选择，后操作"的操作方式。

夹点编辑类似常用编辑命令的综合版，集合了【移动】、【拉伸】、【复制】、【缩放】、【旋转】五种命令于一身。用户不需要调用命令直接可以对图形进行相关编辑。

4.7.1 关于夹点

在夹点模式下，图形对象以虚线显示，图形上的特征点显示为蓝色小方框，这些小方框即为夹点，如图 4-63 所示。

夹点有未激活和被激活两种状态。蓝色小方框显示的夹点处于未激活状态，也就是冷态；单击某个未激活夹点，该夹点以红色小方框显示，处于被激活状态，也就是热态。

提示：选择【工具】|【选项】命令，在【选项集】选项卡中可以对夹点颜色、显示大小等参数进行设置，如图 4-64 所示。

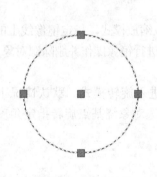

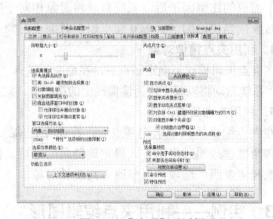

图 4-63　图形夹点　　　　　　　　　图 4-64　【选项】对话框

技巧：激活热夹点时按住〈shift〉键，可以选择激活多个热夹点。

4.7.2 利用夹点修整图形对象

1. 利用夹点拉伸对象

在不执行任何命令的情况下选择对象，显示夹点。随后单击一个夹点，进入夹点编辑状态。

系统自动执行默认的夹点拉伸模式，将其作为拉伸的基点，进入"拉伸"编辑模式，命令行提示信息有【基点】、【复制】、【放弃】和【退出】，其选项介绍如下：

➤ 基点（B）：指重新确定拉伸基点。

➤ 复制（C）：指允许确定一系列的拉伸点，以实现多次拉伸。

➤ 放弃（U）：指取消上一次操作。

➤ 退出（X）：指退出当前操作。

通过移动夹点，可以将图形对象拉伸至新位置，如图 4-65 所示。

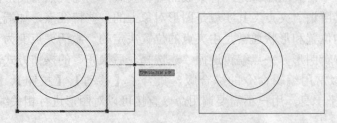

图 4-65　利用夹点拉伸对象

技巧： 在夹点编辑中，可按〈Enter〉或者空格键切换夹点编辑模式。

2．利用夹点移动对象

在夹点编辑模式下确定基点后，在命令行输入"MO"进入移动模式，通过输入点的坐标或拾取点的方式来确定平移对象的终点位置，从而将所选对象平移至新位置。

3．利用夹点缩放对象

在夹点编辑模式下确定基点后，在命令行输入"SC"进入缩放模式，默认情况下，当确定了缩放的比例因子后，系统自动将对象相对于基点进行缩放操作。当比例因子大于 1 时放大对象；当比例因子大于 0 而小于 1 时缩小对象。

4．利用夹点镜像对象

在夹点编辑模式下确定基点后，在命令行输入"MI"进入缩放模式，指定镜像线上的第二点后，系统自动将以基点作为镜像线上的第一点，对图形对象进行镜像操作并删除源对象。

5．利用夹点旋转对象

在夹点编辑模式下确定基点后，在命令行输入"RO"进入旋转模式。默认情况下，输入旋转角度值或通过拖动方式确定旋转角度之后，便可将所选对象绕基点旋转指定角度。也可以选择"参照"选项，以参照方式旋转对象。

4.7.3　实例——利用夹点编辑图形

（1）单击【快速访问】工具栏中的【打开】按钮，打开"素材\第 4 章\4.7.3.dwg"文件，并选择中间小圆，使之呈现夹点状态，如图 4-66 所示。

（2）选择圆心的夹点，按〈Enter〉键确认，进入【移动】模式，配合【交点捕捉】功能移动圆至辅助线交点处，如图 4-67 所示。

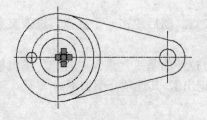

图 4-66　夹点状态 1

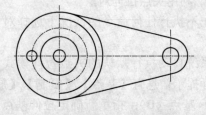

图 4-67　移动图形

（3）选择中心处小圆，使之呈现夹点状态，如图 4-68 所示。

（4）选择圆心的夹点，按〈Enter〉键确认，进入【缩放】模式，缩放小圆，输入缩放比例为 2，如图 4-69 所示。

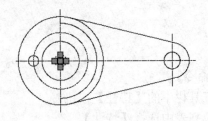
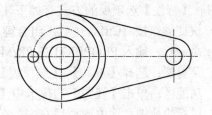

图 4-68　夹点状态 2　　　　　　　　　　　图 4-69　缩放图形

（5）选择外侧圆弧与直线，使之呈现夹点状态，如图 4-70 所示。选择中间的夹点，按〈Enter〉键确认，进入【镜像】模式，镜像外轮廓，如图 4-71 所示。

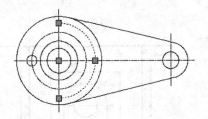
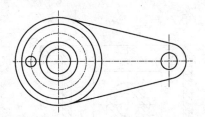

图 4-70　夹点状态 3　　　　　　　　　　　图 4-71　镜像图形

（6）选择左侧小圆，使之呈夹点状态，如图 4-72 所示。选择圆心的夹点，按〈Enter〉键确认，进入【旋转】模式，旋转复制得到其他圆，拾取中心点 O，依次选择得到三个圆，如图 4-73 所示。

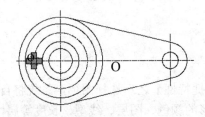
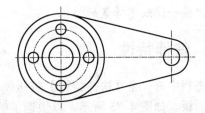

图 4-72　夹点状态 4　　　　　　　　　　　图 4-73　旋转图形

4.8　对象特征查询、编辑与匹配

在 AutoCAD 中，绘制的每个对象都具有自己的特性，有些特性是基本特性，适用于多数对象，例如图层、颜色、线型和打印样式。有些特性是专用于某个对象的特性，例如圆的特性包括半径和面积，直线的特性包括长度和角度等。改变对象特性值，实际上就改变了相应的图形对象。

4.8.1 【特性】选项板

通过【特性】选项板，可以查询、修改对象或对象集的所有特性。

调取【特性】选项板的方式有如下几种：

➢ **快捷键**：按〈Ctrl〉+〈1〉组合键。

➢ **命令行**：输入 PROPERTIES/PR/MO 命令。

➢ **菜单栏**：选择【工具】|【选项板】|【特性】命令。

➢ **功能区**：单击【视图】选项卡中【选项板】工具栏中的【特性】按钮。

➢ **鼠标快捷键**：选中图形后右击，在弹出的下拉列表中选择【特性】。

执行以上任意一种方法启动【特性】命令后，弹出【特性】对话框，在对话框的【常规】选项板下【线宽】选项下拉列表中选择 0.3mm 线宽，更改线宽效果如图 4-74 所示。

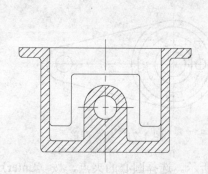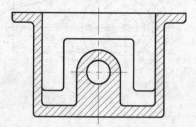

图 4-74　修改特性

　　技巧：单击选项板右上角的各工具按钮，可以选择多个对象或创建符合条件的选择集，以便统一修改选择集的特性。

4.8.2　快捷特性

状态栏中有一个【快捷特性】按钮，开启【快捷特性】之后选择图形，系统将自动弹出属性面板，如图 4-75 所示，以快速了解和修改图形的颜色、图层、线型、长度等属性。

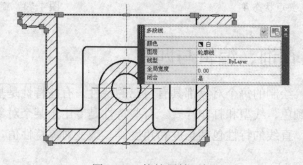

图 4-75　快捷属性面板

4.8.3　特性匹配

特性匹配类似于 Office 软件中的格式刷，用于将一个图形对象的属性完全复制到另一个图形上。可以复制的特性类型有【颜色】、【线型】、【线宽】、【图层】、【线型比例】等。

启动【特性匹配】命令的方式有如下几种：

➢ 命令行：输入 MATCHPROP/MA 命令。

➢ 菜单栏：选择【修改】|【特性匹配】命令。

➢ 工具栏：单击【标准】工具栏中的【特性匹配】按钮。

➢ 功能区：在【常用】选项卡，单击【剪贴板】面板中的【特性匹配】按钮。

执行以上任意一种操作启动【特性】命令后，更改零件的线宽，具体操作命令行如下：

```
命令:'_matchprop↙              //调用【特性匹配】命令
选择源对象:                     //选择左侧图形的轮廓粗线
当前活动设置: 颜色图层线型线型比例线宽透明度厚度打印样式标注文字图案填充多段线视口
表格材质阴影显示多重引线
选择目标对象或 [设置(S)]:↙      //选择右侧图形的线段，按〈Enter〉键结束命令，如图 4-76 所示
```

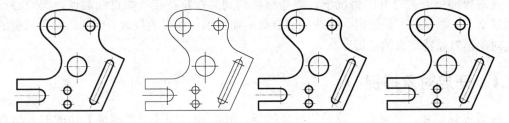

图 4-76　【特性匹配】线宽

选择命令行中的【设置】选项，可以打开【特性设置】对话框，以设置【特性匹配】的选项，如图 4-77 所示。

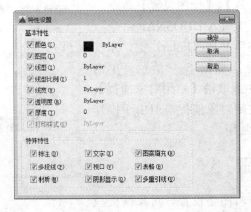

图 4-77　【特性设置】对话框

第三篇　效率提升篇

第 5 章　精确绘制图形

为了快速而又准确地绘制图形，AutoCAD 2016 提供了多种辅助绘图工具，如正交、捕捉、对象追踪和对象约束等。利用这些工具，不仅可以提高绘图效率，而且还能更好地保证绘制图形的质量。

5.1　对象捕捉

在对象捕捉开关打开的情况下，将光标移动到某些特征点（如直线端点、圆中心点、两直线交点、垂足等）附近时，系统能够自动地捕捉到这些点的位置。因此，对象捕捉的实质是对图形对象特征点的捕捉。

5.1.1　开启对象捕捉

根据实际需要，可以打开或关闭对象捕捉，开启和关闭【对象捕捉】功能的方法有如下几种：

> 状态栏：单击状态栏中的【对象捕捉】按钮 □ ▾。
> 快捷键：按〈F3〉快捷键。
> 菜单栏：执行【工具】|【绘图设置】命令。
> 命令行：在命令行中输入 DDOSNAP 命令。

在命令行中输入 "DS" 并按〈Enter〉键，系统弹出【草图设置】对话框，如图 5-1 所示。单击【对象捕捉】选项卡，选中或取消【启用对象捕捉】复选框，也可以打开或关闭对象捕捉，但由于操作麻烦，在实际工作中并不常用。

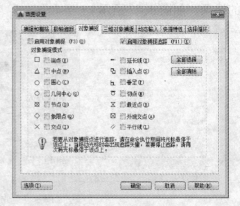

图 5-1　【草图设置】对话框

5.1.2　对象捕捉设置

在使用对象捕捉之前，需要设置好对象捕捉模式，也就是确定当探测到对象特征点时，哪些点捕捉，哪些点可以忽略，从而避免视图混乱。对象捕捉模式的设置在【草图设置】对话框中进行。

在 AutoCAD 2016 中可以通过以下几种方法启动对象捕捉设置命令：

➤ 命令行：在命令行中输入 DDOSNAP。
➤ 菜单栏：执行【工具】|【绘图设置】命令。
➤ 工具栏：单击【对象捕捉】工具栏中的【对象捕捉设置】按钮 。
➤ 快捷菜单：右键单击状态栏的【对象捕捉】按钮 ，选择【对象捕捉设置】选项，如图 5-2 所示。

在命令行中输入"DS"并按〈Enter〉键，系统将弹出【草图设置】对话框，选择【对象捕捉】选项卡，如图 5-3 所示，在此对话框的选项卡中对对象捕捉方式进行设置。

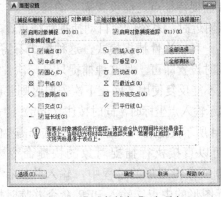

图 5-2　快捷菜单　　　　　　图 5-3　【对象捕捉】选项卡

该选项卡中共列出 13 种对象捕捉点和对应的捕捉标记，其含义如下：

➤ 端点（E）：捕捉直线或是曲线的端点。

➤ 中点（M）：捕捉直线或是弧段的中心点。

➤ 圆心（C）：捕捉圆、椭圆或弧的中心点。

➤ 节点（D）：捕捉用 POINT 命令绘制的点对象。

➤ 象限点（Q）：捕捉位于圆、椭圆或是弧段上 0°、90°、180° 和 270° 处的点。

➤ 交点（I）：捕捉两条直线或是弧段的交点。

➤ 延长线（X）：捕捉直线延长线路径上的点。

➤ 插入点（S）：捕捉图块、标注对象或外部参照的插入点。

➤ 垂足（P）：捕捉从已知点到已知直线的垂线的垂足。

➤ 切点（N）：捕捉圆、弧段及其他曲线的切点。

➤ 最近点（R）：捕捉处在直线、弧段、椭圆或样条曲线上，而且距离光标最近的特征点。

➤ 外观交点（A）捕捉两个对象在视图平面上的交点。若两个对象没有直接相交，则系统自动计算其延长后的交点；若两对象在空间上为异面直线，则系统计算其投影方向上的交点。

➤ 平行线（L）：选定路径上的一点，使通过该点的直线与已知直线平行。

其中【对象捕捉】选项卡的各项含义如下：

➤ 【启用对象捕捉】复选框：勾选该复选项，在【对象捕捉模式】选项组中勾选的捕捉模式处于激活状态。

➤ 【启用对象捕捉追踪】复选框：用于打开或关闭自动追踪功能。

➤ 【对象捕捉模式】选项组：此选项组中列出各种捕捉模式的复选框，被勾选的复选框处于激活状态。单击【全部清除】按钮，则所有模式均被清除。单击【全部选择】按钮，则所有模式均被选中。

提示：如果命令行并没有提示输入点位置，则【对象捕捉】功能是不会生效的。因此，【对象捕捉】实际上是通过捕捉特征点的位置，来代替命令行输入特征点的坐标。

5.1.3 自动捕捉和临时捕捉

AutoCAD 提供了两种捕捉模式：自动捕捉和临时捕捉。自动捕捉需要用户在捕捉特征点之前设置需要的捕捉点，当鼠标移动到这些对象捕捉点附近时，系统就会自动捕捉特征点。

临时捕捉是一种一次性捕捉模式，这种模式不需要提前设置，当用户需要时临时设置即可。且这种捕捉只是一次性的，就算是在命令未结束时也不能反复使用。而在下次需要时则要再一次调出。

在命令行提示输入点坐标时，同时按住〈shift〉键+鼠标右键，系统会弹出如图 5-4 所示快捷菜单。在其中可以选择需要的捕捉类型。

此外，也可以直接执行捕捉对象的快捷命令来选择捕捉模式。例如在绘制或编辑图形的过程中，输入并执行 MID 快捷命令，将临时捕捉图形的中点，输入 PER 命令并临时捕捉垂足点。

图 5-4　对象捕捉快捷菜单

AutoCAD 常用对象捕捉模式及快捷命令见表 5-1。

表 5-1　特殊位置点捕捉

捕 捉 模 式	快 捷 命 令	含　义
临时追踪点	TT	建立临时追踪点
两点之间的中点	M2P	捕捉两个独立点之间的中点
捕捉自	FRO	与其他的捕捉方式配合使用，建立一个临时参考点，作为指出后续点的基点
端点	ENDP	捕捉直线或曲线的端点
中点	MID	捕捉直线或弧段的中间点
圆心	CEN	捕捉圆、椭圆或弧的中心点
节点	NOD	捕捉用 POINT 或 DIVIDE 等命令绘制的点对象
象限点	QUA	捕捉位于圆、椭圆或弧段上 0°、90°、180°和270°处的点
交点	INT	捕捉两条直线或弧段的交点
延长线	EXT	捕捉对象延长线路径上的点
插入点	INS	捕捉图块、标注对象或外部参照等对象的插入点
垂足	PER	捕捉从已知点到已知直线的垂线的垂足
切点	TAN	捕捉圆、弧段及其他曲线的切点
最近点	NEA	捕捉处在直线、弧段、椭圆或样条线上，而且距离光标最近的特征点
外观交点	APP	在三维视图中，从某个角度观察两个对象可能相交，但实际并不一定相交，可以使用【外观交点】捕捉对象在外观上相交的点
平行	PAR	选定路径上一点，使通过该点的直线与已知直线平行
无	NON	关闭对象捕捉模式
对象捕捉设置	OSNAP	设置对象捕捉

5.1.4　三维捕捉

【三维捕捉】是建立在三维绘图的基础上的一种捕捉功能，与【对象捕捉】功能类似。
开启与关闭【三维捕捉】功能的方法有如下几种：

- ➢ 快捷键：按〈F4〉键（限于切换开、关状态）。
- ➢ 状态栏：单击状态栏上的【三维捕捉】按钮 🐾 ▾（限于切换开、关状态）。
- ➢ 命令行：在命令行中输入 DDOSNAP。
- ➢ 菜单栏：执行【工具】|【绘图设置】命令。
- ➢ 工具栏：单击【对象捕捉】工具栏中的【对象捕捉设置】按钮 🔒。
- ➢ 快捷菜单：右键单击状态栏的【三维捕捉】按钮 🐾 ▾，选择【对象捕捉设置】选项。

鼠标移动到【三维捕捉】按钮上并单击右键，在弹出快捷菜单中选择【设置】选项，
如图 5-5 所示。系统自动弹出【草图设置】对话框，勾选需要的选项即可，如图 5-6 所示。

图 5-5　快捷菜单

图 5-6　【草图设置】对话框

对话框中共列出 6 种三维捕捉点和对应的捕捉标记，各选项的含义如下：

- ➢ 顶点：捕捉到三维对象的最近顶点。
- ➢ 边中点：捕捉到面边的中点。
- ➢ 面中心：捕捉到面的中心。
- ➢ 节点：捕捉到样条曲线上的节点。
- ➢ 垂足：捕捉到垂直于面的点。
- ➢ 最靠近面：捕捉到最靠近三维对象面的点。

5.1.5　实例——绘制窗花图案

（1）在【默认】选项卡中，单击【绘图】面板中的【多边形】按钮 ⬡，绘制一个外切
于圆的正五边形，圆的半径为 70，如图 5-7 所示。

（2）单击状态栏中的【对象捕捉】按钮 ▢ ▾，开启对象捕捉，在弹出的快捷菜单中选择
【中点】和【端点】选项。

（3）在【默认】选项卡中，单击【绘图】面板中的【直线】按钮 ╱，配合【中点捕
捉】和【端点捕捉】功能，捕捉各边中点绘制直线，如图 5-8 所示。

（4）单击【修改】工具栏中的【修剪】按钮 ⊹ 修剪，修剪图形，最终效果如图 5-9 所示。

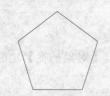

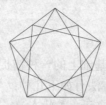

图 5-7　绘制正五边形　　　图 5-8　绘制直线　　　图 5-9　修剪图形

5.2　栅格、捕捉和正交

正交功能可以保证绘制的直线完全呈水平或垂直状态。捕捉经常与栅格联用，以控制光标点移动的距离。

5.2.1　栅格

栅格是一些按照相等间距排布的网格，就像传统的坐标纸一样，能直观地显示图形界限的范围，如图 5-10 所示。用户可以根据绘图的需要，开启或关闭栅格在绘图区的显示，并在【草图设置】对话框中设置栅格的间距大小，如图 5-11 所示，从而达到精确绘图的目的。栅格不属于图形的一部分，打印时不会被输出。

开启与关闭【栅格】功能的方法有如下几种：

- ➤ 菜单栏：执行【工具】|【绘图设置】命令，系统弹出【草图设置】对话框，在【捕捉和栅格】选项卡中勾选【启用栅格】复选框。
- ➤ 状态栏：单击状态栏上【显示图形栅格】按钮▦（仅限于打开与关闭）。
- ➤ 命令行：在命令行输入 GRID 或 SE 命令。
- ➤ 快捷键：按〈F7〉快捷键（仅限于打开与关闭）。

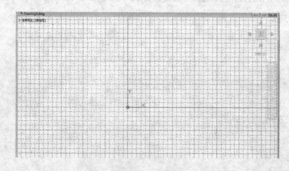

图 5-10　显示栅格　　　　　　图 5-11　【草图设置】对话框

技巧：在【栅格 X 轴间距】和【栅格 Y 轴间距】文本框中输入数值时，若在【栅格 X 轴间距】文本框中输入一个数值后按〈Enter〉键，系统将自动传送这个值给【栅格 Y 轴间距】，这样可减少工作量。

5.2.2　捕捉

【捕捉】功能可以控制光标移动的距离。它经常和【栅格】功能联用。打开【捕捉】功能，光标只能停留在栅格上，此时只能移动栅格间距整数倍的距离。

在 AutoCAD 2016 中可以通过以下几种方法控制【捕捉模式】功能：

> 快捷键：按〈F9〉键（限于切换开、关状态）。
> 状态栏：单击状态栏上的【捕捉到图形栅格】按钮 ▦ ▾（限于切换开、关状态）。
> 菜单栏：执行【工具】|【绘图设置】命令，在系统弹出的【草图设置】对话框中选择【捕捉与栅格】选项卡，勾选【启用捕捉】复选框。
> 命令行：在命令行中输入 DDOSNAP 命令。

在命令行中输入"DS"并按〈Enter〉键，系统弹出【草图设置】对话框，选择【捕捉与栅格】选项卡，勾选【启用捕捉】复选框，如图 5-12 所示，即可启用【捕捉模式】功能。

图 5-12 【捕捉和栅格】选项卡

其中与【捕捉模式】有关的各选项含义如下：

> 【启用捕捉】复选框：用于控制捕捉功能的开闭。
> 【捕捉间距】选项组：用于设置捕捉参数，其中【捕捉 X 轴间距】与【捕捉 Y 轴间距】文本框用于确定捕捉栅格点在水平和垂直两个方向上的间距。
> 【捕捉类型】选项组：用于设置栅格垂直方向上的间距。设置捕捉类型和样式，其中捕捉类型包括【栅格捕捉】和【PolarSnap】（极轴捕捉）。【栅格捕捉】是指按正交位置捕捉位置点，【PolarSnap】是指按设置的任意极轴角捕捉位置点。
> 【极轴间距】选项区域：该选项只有在选择【PolarSnap】捕捉类型时才可用。既可在【极轴距离】文本框中输入距离值，也可在命令行输入"SNAP"，设置捕捉的有关参数。

5.2.3 正交

无论是机械制图还是建筑制图，有相当一部分直线是水平或垂直的。针对这种情况，AutoCAD 提供了一个正交开关，以方便绘制水平或垂直直线。

开启与关闭【正交】功能的方法有如下几种：

> 快捷键：按〈F8〉快捷键，可在开、关状态间切换。
> 状态栏：单击状态栏上【正交】按钮 ∟。
> 命令行：在命令行输入 ORTHO 命令。

因为【正交】功能限制了直线的方向，打开正交模式后，系统就只能画出水平或垂直的直线。更方便的是，由于正交功能已经限制了直线的方向，所以在绘制一定长度的直线时，用户只需要输入直线的长度即可。如图 5-13 所示为使用正交模式绘制的楼梯图形。

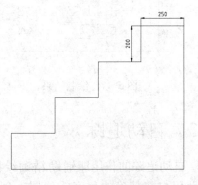

图 5-13 正交模式绘制楼梯

5.2.4 实例——绘制垫片

通过如图 5-14 所示异形垫片的绘制，使读者熟练使用之前介绍的正交、栅格等辅助工具绘图的方法，同时也巩固了正交、栅格等参数的设置。

（1）单击【快速访问】工具栏中的【新建】按钮，新建空白文件。

（2）鼠标右击状态栏上的【捕捉到图形栅格】按钮，选择【捕捉设置】选项，如图 5-15 所示，系统弹出【草图设置】对话框。

（3）在对话框中勾选【启用捕捉】和【启用栅格】复选框，在【捕捉间距】选项区域改捕捉 X 轴间距为 5，捕捉 Y 轴间距为 5；在【栅格间距】选项区域，改栅格 X 轴间距为 1，栅格 Y 轴间距为 1，每条主线之间的栅格数为 10，如图 5-16 所示。

（4）单击【确定】按钮，完成栅格的设置。

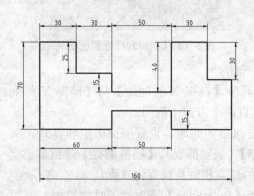

图 5-14 异形垫片　　　　图 5-15 设置选项　　　　图 5-16 设置参数

（5）在命令行中输入"L"，调用【直线】命令，配合【正交】和【栅格】等绘图辅助工具，在绘图区空白处随意捕捉第一个点，按照每个方格边长为 10，捕捉各点绘制零件图。绘制结果如图 5-17 所示。

（6）按〈F7〉键关闭栅格，最终效果如图 5-18 所示。

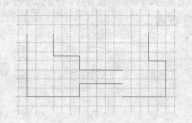
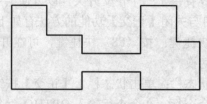

图 5-17 绘制结果　　　　　　　　图 5-18 最终效果图

5.3 自动追踪

自动追踪的作用即辅助精确绘图。制图时，自动追踪能够显示出许多临时辅助线，帮助用户在精确的角度或位置上创建图形对象。自动追踪包括极轴追踪和对象捕捉追踪两种模式。

5.3.1 极轴追踪

【极轴追踪】功能实际上是极坐标的一个应用。该功能可以使光标沿着指定角度移动，从而找到指定点。

开启与关闭【极轴追踪】功能的方法有如下几种：

➢ 快捷键：按〈F10〉键（限于切换开、关状态）。

➢ 状态栏：单击状态栏上的【极轴追踪】按钮 （限于切换开、关状态）。

➢ 菜单栏：执行【工具】|【绘图设置】命令。

➢ 命令行：在命令行中输入 DDOSNAP 命令。

在命令行中输入"DS"并按〈Enter〉键，系统弹出【草图设置】对话框，选择【极轴追踪】选项卡，勾选【启用极轴追踪】复选框，如图 5-19 所示，即可启用【极轴追踪】功能。

其中与【极轴追踪】有关的各选项含义如下：

➢ 【启用极轴追踪】复选框：勾选该复选项，即启用极轴追踪功能。

➢ 【极轴角设置】选项组：用于设置极轴角的值。

图 5-19 【极轴追踪】选项卡

➢ 【对象捕捉追踪设置】选项组：用于选择对象追踪模式。用户选中【仅正交追踪】单选项时，仅追踪沿栅格 X、Y 方向相互垂直的直线；用户选中【用所有极轴角设置追踪】单选项时，将根据极轴角设置进行追踪。

➢ 【极轴角测量】选项组：用于计算极轴角。选中【绝对】选项时，以当前坐标系为基准计算极轴角；选中【相对上一段】选项时，则以最后创建的线段为基准计算极轴角。

5.3.2 对象捕捉追踪

【对象捕捉追踪】是在【对象捕捉】功能的基础上发展起来的，该功能可以使光标从对象捕捉点开始，沿着对齐路径进行追踪，并找到需要的精确位置。对齐路径是指和对象捕捉点水平对齐、垂直对齐、或者按设置的极轴追踪角度对齐的方向。

【对象捕捉追踪】应与【对象捕捉】功能配合使用。且使用【对象捕捉追踪】功能之前，需要先设置好对象捕捉点。

开启与关闭【对象捕捉追踪】功能的方法有如下几种：

➢ 快捷键：按〈F11〉键（限于切换开、关状态）。

➢ 状态栏：单击状态栏上的【显示捕捉参照线】按钮 （限于切换开、关状态）。

➢ 菜单栏：执行【工具】|【绘图设置】命令。

➢ 命令行：在命令行中输入 DDOSNAP 命令。

在命令行中输入"DS"并按〈Enter〉键，系统弹出【草图设置】对话框，选择【对象捕捉】选项卡，勾选【启用对象捕捉追踪】复选框，如图 5-20 所示，即可启用【对象捕捉追

图 5-20 【对象捕捉】选项卡

踪】功能。

开启【对象捕捉追踪】功能后，在绘图时如果捕捉到了某一特征点，当水平、垂直或按照某追踪角度进行光标的移动时，此时会追踪出一条虚线，进行特性关系位置的参考定位。

5.3.3 实例——绘制床头柜

（1）在【默认】选项卡中，单击【绘图】面板中的【矩形】按钮□，绘制一个 600×600 的矩形，如图 5-21 所示。

（2）在【默认】选项卡中，单击【绘图】面板中的【偏移】按钮△，将矩形向内偏移 50 的距离，如图 5-22 所示。

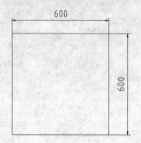

图 5-21　绘制矩形　　　　　　　　　　图 5-22　偏移矩形

（3）单击状态栏的【对象捕捉】按钮□ ▾，勾选其中的【几何中心】。

（4）在【默认】选项卡中，单击【绘图】面板中的【圆】按钮◯，捕捉矩形几何中心，如图 5-23 所示，绘制圆半径为 140，如图 5-24 所示。

（5）在【默认】选项卡中，单击【绘图】面板中的【偏移】按钮△，将圆向内偏移 20 的距离，如图 5-25 所示。

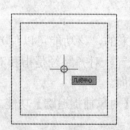

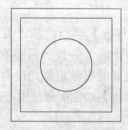

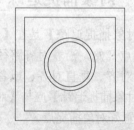

图 5-23　捕捉几何中心点　　　图 5-24　绘制圆　　　图 5-25　偏移圆

（6）单击状态栏【对象捕捉】按钮□ ▾，在弹出的列表中单击选择【圆心】捕捉模式，在命令行输入 L 命令，通过【圆心捕捉】与【对象捕捉追踪】绘制直线，如图 5-26 所示。

（7）设置对象捕捉模式。在命令行输入 SE 命令，打开【草图设置】对话框，激活【极轴追踪】选项卡，在其中设置参数，勾选【启用极轴追踪】选项，设置【增量角】为 45°，如图 5-27 所示。

（8）绘制图形。在【默认】选项卡，单击【绘图】面板中的【多段线】按钮⤵，配合捕捉中点的模式，绘制四边形，如图 5-28 所示，至此，床头柜绘制完成。

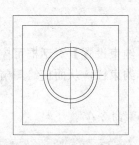

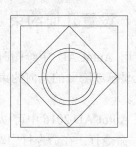

图 5-26　绘制直线　　　　图 5-27　设置追踪角度　　　　图 5-28　床头柜

5.4　几何约束

约束能够精准地控制草图中的对象。草图约束有两种类型：几何约束和尺寸约束。几何约束可以建立草图对象的几何特性，或是两个甚至更多草图对象的关系类型；尺寸约束则建立草图对象的大小，或是两对象之间的关系。

5.4.1　建立几何约束

利用几何约束工具可以指定草图对象必须遵守的条件，或是草图对象之间必须维持的关系。

在 AutoCAD 2016 中可以通过以下几种方法启动建立几何约束的命令：

➢ 功能区：在【参数化】选项卡中，单击【几何约束】按钮选项。

➢ 菜单栏：执行【参数】|【几何约束】命令。

➢ 工具栏：单击【几何约束】工具栏的几何约束按钮。

其主要几何约束类型如下：

➢ 重合：约束两个点使其重合，或者约束一个点使其位于对象或对象延长线部分的任意位置。

➢ 共线：约束两条直线使其位于同一无限长的线上。

➢ 同心：约束选定的圆、圆弧或椭圆使其有相同的圆心点。

➢ 固定：约束一个点或一条曲线使其固定在相对于世界坐标系的特定位置和方向上。

➢ 平行：约束两条直线使其具有相同的角度。

➢ 垂直：约束两条直线或多段线线段，使其夹角始终保持为 90°。

➢ 水平：约束一条直线或一对点，使其与当前的 UCS 坐标系的 X 轴平行。

➢ 竖直：约束一条直线或一对点，使其与当前的 UCS 坐标系的 Y 轴平行。

➢ 相切：约束两条曲线，使其彼此相切或延长线彼此相切。

➢ 平滑：约束一条样条曲线，使其与其他样条曲线、直线、圆弧或多段线彼此相连并保持连续性。

➢ 对称：约束对象上的两条曲线或两个点，使其以选定直线为对称轴彼此对称。

➢ 相等：约束两条直线或多段线线段，使其具有相同的长度，或约束圆弧和圆具有相同半径值。

5.4.2 设置几何约束

在用 AutoCAD 中绘图时,可以控制约束栏的显示,利用【约束设置】对话框可控制约束栏上显示或隐藏的几何约束类型。单独或全局显示几何约束和约束栏,从而使绘图精确、参数化。

在 AutoCAD 2016 中可以通过以下几种方法启动设置几何约束命令:

> 命令行:在命令行中输入 CSETTINGS。
> 菜单栏:执行【参数】|【约束设置】命令。
> 工具栏:单击【参数化】工具栏中的【约束设置】按钮 。
> 功能区:单击【参数化】选项卡中的【约束设置,几何】按钮 。

执行以上任意一种操作后,系统将弹出【约束设置】对话框,单击【几何】选项卡,如图 5-29 所示,在此对话框控制约束栏上几何约束类型的显示。

其中【约束设置】对话框中各选项的含义如下:

图 5-29 【约束设置】对话框

> 【约束栏显示设置】选项组:此选项组控制图形编辑器中是否为对象显示约束栏或约束点标记。
> 【全部选择】按钮:选择全部几何约束类型。
> 【全部清除】按钮:清除所有选中的几何约束类型。
> 【仅为处于当前平面中的对象显示约束栏】复选框:仅为当前平面上受几何约束的对象显示约束栏。
> 【约束栏透明度】选项组:设置图形中约束栏的透明度。
> 【将约束应用于选定对象后显示约束栏】复选框:手动应用约束或使用"AUTOCONSTRAIN"命令时,显示相关约束栏。

5.4.3 实例——添加几何约束

本小节通过具体的实例,对之前学习的几何约束创建进行进一步地了解,熟练参数化绘图。

(1)单击【快速访问】工具栏中的【打开】按钮 ,打开"素材\第 5 章\5.4.3.dwg"素材文件,如图 5-30 所示。

(2)在【参数化】选项卡中单击【几何】面板中的【对称】按钮 ,根据命令行的提示,以中心线为对称中心线,对图形中的两个小圆进行对称约束,如图 5-31 所示。

(3)单击【几何】面板中的【重合】按钮 ,根据命令行的提示,对图形中的各个端点进行重合约束,如图 5-32 所示。

(4)单击【几何】面板中的【同心】按钮 ,对图形上侧的两个圆弧,分别以两个小圆为基准,进行同心约束;对图形中的大圆以大圆弧为基准进行同心约束,如图 5-33 所示。

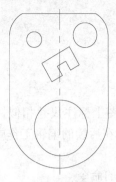

图 5-30　素材图形

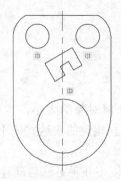

图 5-31　对称约束

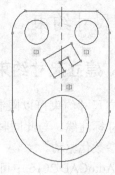

图 5-32　重合约束

（5）单击【几何】面板中的【相切】按钮 ，对图形中的圆弧，以水平直线和竖直直线为基准，进行相切约束，如图 5-34 所示。

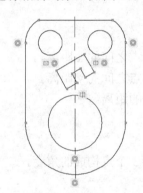

图 5-33　同心约束

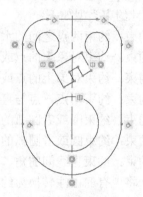

图 5-34　相切约束

（6）单击【几何】面板中的【竖直】按钮 ，对图形内部最左侧的斜线进行竖直约束，如图 5-35 所示。

（7）单击【几何】面板中的【垂直】按钮 ，对图形内部的线段依次进行垂直约束，如图 5-36 所示。

（8）重复调用【对称】命令，以中心线为对称中心线，对图形内部的线段进行对称约束，如图 5-37 所示。

（9）至此，完成图形几何约束的添加。

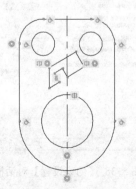

图 5-35　竖直约束

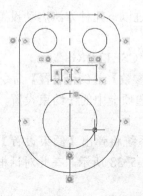

图 5-36　垂直约束

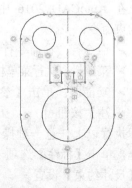

图 5-37　重复调用对称约束

5.5 尺寸约束

5.5.1 建立尺寸约束

建立尺寸约束可以限制图形几何对象的大小，也就是与在草图上标注尺寸相似，同样设置尺寸标注线，与此同时也会建立相应的表达式，不同的是可以在后续的编辑工作中实现尺寸的参数化驱动。

在 AutoCAD 2016 中可以通过以下几种方法启动建立尺寸约束的命令：

➤ 功能区：在【参数化】选项卡中，单击【标注约束】按钮选项。

➤ 菜单栏：执行【参数】|【标注约束】命令。

➤ 工具栏：单击【标注约束】工具栏的标注约束按钮。

其主要尺寸约束类型如下：

➤ 线性约束：约束两点之间的水平或竖直距离。

➤ 水平约束：约束对象上的点或者不同对象上两个点之间的 x 距离。

➤ 竖直约束：约束对象上的点或者不同对象上两个点之间的 y 距离。

➤ 对齐约束：约束两点、点与直线、直线与直线间的距离。

➤ 半径约束：约束圆或者圆弧的半径。

➤ 直径约束：约束圆或者圆弧的直径。

➤ 角度约束：约束直线间的角、圆弧的圆心角或由 3 个点构成的角度。

➤ 转换：将现有的标注转换为约束标注。

在生成尺寸约束时，用户可以选择草图曲线、边、基准平面或基准轴上的点，以生成水平、竖直、平行、垂直和角度尺寸。生成尺寸约束后，系统会生成一个表达式，其名称和值显示在一个文本框中，用户可以在其中编辑该表达式的名和值。

5.5.2 设置尺寸约束

在用 AutoCAD 中绘图时，通过对尺寸约束的设置，可控制显示标注约束时的系统配置，控制对象之间或对象上点之间的距离和角度，以确保设计符合特定要求。

在 AutoCAD 2016 中可以通过以下几种方法启动设置尺寸约束命令：

➤ 命令行：在命令行中输入"CSETTINGS"。

➤ 菜单栏：执行菜单栏中的【参数】|【约束设置】命令。

➤ 功能区：单击【参数化】选项卡中的【约束设置，标注】按钮⊿。

执行以上任意一种操作后，系统将弹出【约束设置】对话框，单击【标注】选项卡，如图 5-38 所示，在此对话框进行【尺寸约束】设置。

其中【约束设置】对话框中各选项的含义如下：

图 5-38 【约束设置】对话框

➤ 【标注约束格式】选项组：此选项组内可以设置标注名称格式和锁定图标的显示。

➤ 【标注名称格式】下拉列表框：为应用标注约束时显示的文字指定格式。

➤ 【为注释性约束显示锁定图标】复选框：针对已应用注释性约束的对象显示锁定图标。

➤ 【为选定对象显示隐藏的动态约束】复选框：显示选定时已设置为隐藏的动态约束。

5.5.3 实例——添加尺寸约束

本小节通过具体的实例，熟练掌握尺寸约束添加的方法。

（1）单击【快速访问】工具栏中的【打开】按钮 🖿，打开"素材\第 5 章\5.5.3.dwg"素材文件，如图 5-39 所示。

（2）在【参数化】选项卡中单击【标注】面板中的【水平】按钮 🖾，对图形进行水平尺寸约束，修改参数值分别为 60、40、15，如图 5-40 所示。

（3）单击【标注】面板中的【竖直】按钮，对图形进行竖直尺寸约束 🖾，修改参数值分别为 30、30、30、100 和 15，如图 5-41 所示。

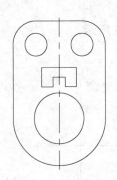
图 5-39 素材图形

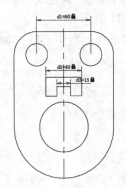
图 5-40 水平尺寸约束

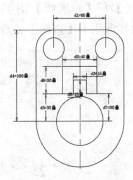
图 5-41 竖直尺寸约束

（4）单击【标注】面板中的【直径】按钮 🖾，对图中的圆形进行直径尺寸约束，并分别修改直径为 20 和 50，如图 5-42 所示。

（5）单击【标注】面板中的【半径】按钮 🖾，对图形中的小圆弧进行半径尺寸约束，修改半径值为 20，如图 5-43 所示。

（6）至此，完成图形尺寸约束的添加。

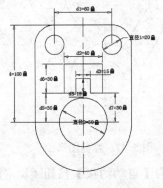
图 5-42 直径尺寸约束

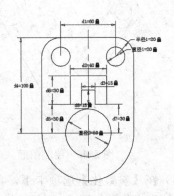
图 5-43 半径尺寸约束

5.5.4 编辑约束

添加几何约束后，在对象附近就会出现约束图标。将光标移动到图标或者图形对象上，AutoCAD 将高亮显示相关的对象及约束图标。可以对已经添加到图形上的约束进行显示、隐藏或删除的操作。

单击【功能区】相关面板或【参数化】工具栏中的【删除约束】按钮，然后在【绘图区】选择要删除的【几何约束】或【标注约束】，单击鼠标右键或按〈Enter〉键，即完成删除约束的操作。

5.5.5 实例——参数化绘图

本小节通过具体的实例，对之前学习的参数化绘图的方法进行巩固，熟练掌握各类约束的创建方法、过程。

（1）单击【快速访问】|【新建】按钮，新建文件。调用 LA【图层特性】命令，新建【中心线】和【轮廓线】图层，如图 5-44 所示。

（2）调用 L【直线】命令，绘制水平和竖直中心线，如图 5-45 所示。

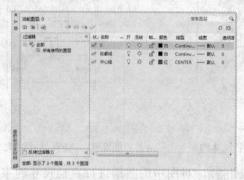

图 5-44　新建图层　　　　　　　　　　　　图 5-45　绘制中心线

（3）分别调用 L【直线】命令、C【圆】命令，绘制如图 5-46 所示图形。

（4）调用 TR【修剪】命令，修剪图形，如图 5-47 所示。

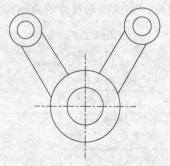

图 5-46　绘制图形　　　　　　　　　　　图 5-47　修剪图形

（5）在【参数化】选项卡下，单击【几何】面板中的【自动约束】按钮，对图形进行自动约束操作，如图 5-48 所示。

（6）单击【几何】面板中的【相等】按钮 **=**，对图形上侧的圆进行相等约束，如图 5-49 所示。

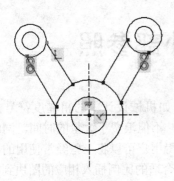

图 5-48　自动约束

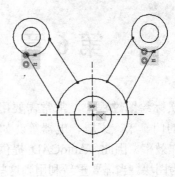

图 5-49　相等约束

（7）单击【几何】面板中的【相切】按钮 δ，对图形进行相切约束，如图 5-50 所示。

（8）单击【几何】面板中的【对称】按钮 **[]**，对图形进行对称约束，如图 5-51 所示。

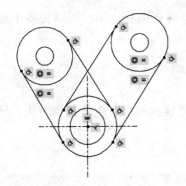

图 5-50　相切约束

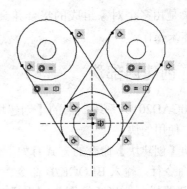

图 5-51　对称约束

（9）单击【标注】面板中的【直径】按钮，对图形中的圆形进行直径约束，并修改直径值分别为 30、50、50 和 100，如图 5-52 所示。

（10）单击【标注】面板中的【角度】按钮，对图形进行角度约束，修改角度值为 120，如图 5-53 所示。

（11）至此，完成图形的绘制。

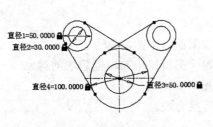

图 5-52　直径约束

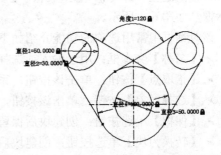

图 5-53　角度约束

第 6 章 图块与外部参照

在实际绘图过程中，常常需要用到同样的图形，例如机械设计中的粗糙度符号，室内设计中的门、床、家居、电器等。如果每次都重新绘制，不但浪费了大量的时间，同时也降低了工作效率。因此，AutoCAD 提供了图块的功能，使得用户可以将一些经常使用的图形对象定义为图块。当需要重新利用到这些图形时，只需要按合适的比例插入相应的图块到指定的位置即可。灵活使用图块可以避免大量重复性的绘图工作，从而提高 AutoCAD 绘图的效率。

6.1 创建块

图块是由多个对象组成的集合并具有块名。通过建立图块，用户可以将多个对象作为一个整体来操作。

6.1.1 创建内部块

AutoCAD2016 系统默认的【创建块】命令，是创建内部块，也就是临时块，只能在当前文件中使用的块。

启动【创建块】命令的方式有如下几种：

➤ 命令行：输入 BLOCK/B 命令。

➤ 菜单栏：选择【绘图】|【块】|【创建】命令。

➤ 工具栏：单击【绘图】中的【创建块】按钮 🔲 。

➤ 功能区：在【默认】选项卡，单击【块】面板中的【创建块】按钮 🔲 创建。

执行上述任一命令后，系统弹出【块定义】对话框，如图 6-1 所示。

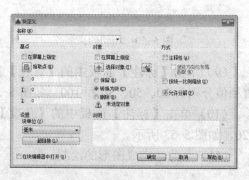

图 6-1 【块定义】对话框

该对话框中常用选项的功能介绍如下：

➤ 【名称】文本框：用于输入或选择块的名称。

➤ 【拾取点】按钮：单击该按钮，系统切换到绘图窗口中拾取基点。

➤ 【选择对象】按钮：单击该按钮，系统切换到绘图窗口中拾取创建块的对象。

➤ 【保留】单选按钮：创建块后保留源对象不变。

➤ 【转换为块】单选按钮：创建块后将源对象转换为块。

➤ 【删除】单选按钮：创建块后删除源对象。

> 【允许分解】复选框：勾选该选项，允许块被分解。

要定义一个新的图块，首先要用绘图和修改命令绘制出组成图块的所有图形对象，然后再用块定义命令定义块。下面通过具体实例，讲解创建内部块的方法。

6.1.2 实例——绘制门并创建为块

（1）单击【快速访问】工具栏中的【新建】按钮□，新建文件。

（2）在【默认】选项卡中，单击【绘图】面板中的【矩形】按钮□，绘制一个 40×1000 的矩形，如图 6-2 所示。

（3）分别单击打开状态栏中的【极轴】和【对象捕捉】按钮，开启 AutoCAD 的极轴追踪和对象捕捉功能。

（4）在【默认】选项卡中，单击【绘图】面板中的【圆弧】按钮╱，以矩形的右下角点为圆心，半径为1000，绘制四分之一的圆弧，如图 6-3 所示。

（5）在【默认】选项卡中，单击【块】面板中的【创建】按钮□ 创建，系统弹出【块定义】对话框。设置名称为【门】，单击【拾取点】按钮圆，配合【对象捕捉】功能拾取圆弧圆心为基点。单击【选择对象】按钮➕，拾取整个图形，单击【确定】按钮完成块创建，如图 6-4 所示。

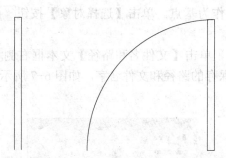

图 6-2　绘制矩形　　　图 6-3　绘制圆弧　　　　　图 6-4　【块定义】对话框

技巧：删除内部块可以在命令行中输入 PU【清除】命令。

插入基点是插入图块实例时的参照点。插入块时，可通过确定插入基点的位置将整个块实例放置到指定的位置上。理论上，插入基点可以是图块的任意点。但为了方便定位，经常选取端点、中点、圆心等特征点作为插入基点。

6.1.3 创建外部块

内部块仅限于在创建块的图形文件中使用，当其他文件中也需要使用时，则需要创建外部块，也就是永久块。调用 W【写块】命令，系统弹出如图 6-5 所示的【写块】对话框，根据提示创建外部块。创建外部块又称为写块，定义外部块的过程，实质上就是将图块保存为一个单独的 DWG

图 6-5　【写块】对话框

图形文件，因为 DWG 文件可以被其他 AutoCAD 文件使用。同样的，其他未被定义为块的 DWG 文件也可以当作外部块使用。

【写块】对话框常用选项介绍如下：

（1）【源】选项组

➢ 【块】：将已定义好的块保存，可以在下拉列表中选择已有的内部块，如果当前文件中没有定义的块，则该单选按钮不可用。

➢ 【整个图形】：将当前工作区中的全部图形保存为外部块。

➢ 【对象】：选择图形对象定义为外部块。该项为默认选项，一般情况下选择此项即可。

（2）【目标】选项组

➢ 用于设置块的保存路径和块名。单击该选项组【文件名和路径】文本框右边的按钮 ，可以在打开的对话框中选择保存路径。

其他选项与【块定义】对话框的相同。

6.1.4 实例——创建圆椅为外部块

（1）单击【快速访问】工具栏中的【打开】按钮 ，打开"素材\第 6 章\6.1.4.dwg"文件，如图 6-6 所示。

（2）在命令行中输入【W】命令，打开【写块】对话框。该对话框用于创建外部块。

（3）单击【拾取点】按钮 ，捕捉圆椅圆心作为基点。单击【选择对象】按钮 ，选取整个圆椅图形。

（4）外部块还需要设置保存的路径和文件名。单击【文件名和路径】文本框右侧 按钮，打开【浏览图形文件】对话框，指定外部块保存的路径和文件名字，如图 6-7 所示。单击【确定】按钮，即完成外部块创建。

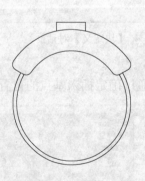

图 6-6　圆椅

图 6-7　【写块】对话框

从上述操作可以明显看出，外部块由于保存在指定路径的单独文件中，因此可以随时找到该文件进行调用。而临时块只存在当前图形文件中，不能在其他图形中单独调用。

提示：图块可以嵌套，即在一个块定义的内部还可以包含其他块定义。但不允许"循环嵌套"，也就是说，在图块嵌套过程中不能包含图块自身，而只能嵌套其他图块。

6.2 插入块

创建完图块之后，即可根据绘图需要插入块。在插入块时可以缩放块的大小，设置块的旋转角度以及插入块的位置。

6.2.1 插入图块

启动【插入块】命令的方式有如下几种：

➢ 命令行：输入 INSERT/I 命令。

➢ 菜单栏：选择【插入】|【块】命令。

➢ 工具栏：单击【绘图】工具栏中的【插入块】按钮。

➢ 功能区：在【默认】选项卡，单击【块】面板中的【插入】按钮。

执行上述任意一个命令后，系统弹出【插入】对话框，如图 6-8 所示。

图 6-8 【插入】对话框

【插入】对话框中常用选项介绍如下：

➢ 【名称】下拉列表框：选择需要插入的块的名称。当插入的块是外部块时，则需要单击其右侧的【浏览】按钮，在弹出的对话框中选择外部块。

➢ 【插入点】选项组：插入基点坐标。可以直接在 X、Y、Z 三个文本框中输入插入点的绝对坐标；更简单的方式是通过勾选【在屏幕上指定】复选框，用对象捕捉的方法在绘图区内直接捕捉确定。

➢ 【比例】选项组：设置块实例相对于块定义的缩放比例。可以直接在 X、Y、Z 三个文本框中输入三个方向上的缩放比例。也可以通过勾选【在屏幕上指定】复选框，在绘图区内动态确定缩放比例。勾选【统一比例】复选框，则在 X、Y、Z 三个方向上的缩放比例相同。

➢ 【旋转】选项组：设置块实例相对于块定义的旋转角度。可以直接在【角度】文本框中输入旋转角度值；也可以通过勾选【在屏幕上指定】复选框，在绘图区内动态确定旋转角度。

➢ 【分解】复选框：设置是否在插入块的同时分解插入的块。

6.2.2 实例——小户型插入圆椅

（1）单击【快速访问】工具栏中的【打开】按钮，打开"素材\第 6 章\6.2.1.dwg"文件，如图 6-9 所示。

（2）在【默认】选项卡，单击【块】面板中的【插入】按钮，系统弹出【插入】对话框。

（3）单击【浏览】按钮，找到"第 6 章\6.1.4.dwg"外部块文件，勾选【统一比例】选项，设置缩放比例为"4.5"，如图 6-10 所示。

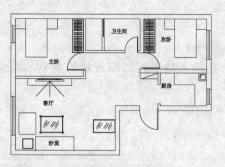

图 6-9　素材文件

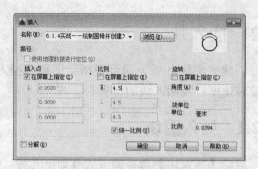

图 6-10　【插入】对话框

（4）单击【确定】按钮，返回到绘图区域，在餐桌一侧的合适的位置插入图块，如图 6-11 所示。

（5）按〈Enter〉键，再次调用【插入】块命令，仍然选择圆椅图块，设置【比例】为 "4.5"，【角度】为 "-180"，如图 6-12 所示。

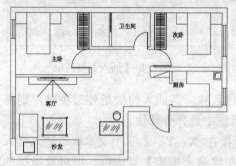

图 6-11　插入圆椅图块

图 6-12　设置插入块参数

（6）单击【确定】按钮，返回到绘图区域，在餐桌的另一侧插入圆椅图块，如图 6-13 所示。

（7）调用【镜像】命令，对圆顶进行镜像复制，完成餐桌两侧坐椅的布置，最终效果如图 6-14 所示。

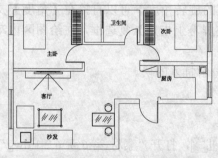

图 6-13　插入另一侧圆椅

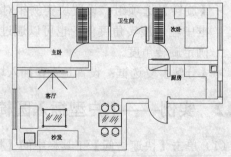

图 6-14　镜像圆椅

6.3　编辑图块

图块操作的一个特点是便于修改。因为文档中插入的所有块实例都是根据相应的块定义建立起来的，所以通过重新定义块，可以自动更新所有与之关联的内部块实例。

6.3.1 修改块说明

图块的插入基点并不是适用于所有情况，用户可以根据绘图需要重新定义基点位置。修改块的标准可以通过重定义功能来实现。

启动【块说明】命令的方式有以下几种：

➤ 命令行：输入 BLOCK/B 命令。

➤ 菜单栏：选择【修改】|【对象】|【块说明】命令。

在命令行中输入命令之后，系统弹出的【块定义】对话框，可以在【说明】区域中新输入备注，如图 6-15 所示。单击【确定】按钮关闭对话框，单击【块】面板中的【块编辑器】按钮，对话框中即可显示图块的说明，如图 6-16 所示。

图 6-15 【块定义】对话框

图 6-16 【编辑块定义】对话框

6.3.2 重新编辑块

在【默认】选项卡中，单击【块】面板中的【块编辑器】按钮，通过系统弹出的【编辑块定义】对话框，定义重新需要编辑的块。

6.3.3 实例——编辑块

（1）单击【快速访问】工具栏中的【打开】按钮，打开"素材\第 6 章\6.3.3.dwg"文件，如图 6-17 所示。

（2）在【默认】选项卡，单击【块】面板中的【编辑】按钮，系统弹出【编辑块定义】对话框，在【要创建或编辑的块】中选择【电风扇】，如图 6-18 所示，单击【确定】按钮。系统弹出【块编写选项板-所有选项板】对话框，如图 6-19 所示。

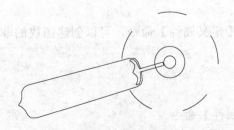

图 6-17 素材图形

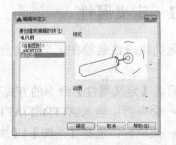

图 6-18 【编辑块定义】对话框

（3）在【默认】选项卡中调用【环形阵列】命令，配合【圆心捕捉】，阵列图形，指定圆心为阵列中心点，激活【项目（I）】选项，并输入项目数为 5，如图 6-20 所示。

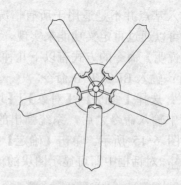

图 6-19 【块编写选项板-所有选项板】对话框   图 6-20 阵列对象

（4）在系统弹出【块编辑器】选项卡，单击【关闭块编辑器】按钮，在弹出的【块-未保存更改】对话框中选择【将更改保存到电风扇】，如图 6-21 所示。

（5）自动返回到绘图区域，这时已经更新为编辑之后的块了，如图 6-22 所示。

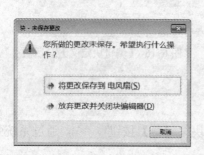

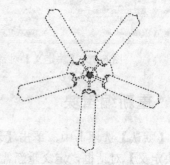

图 6-21 【块-未保存更改】对话框   图 6-22 编辑后的块

6.4 图块属性

图块包含的信息可以分为两类：图形信息和非图形信息。块属性指的是图块的非图形信息，是块的组成部分，是特定的可包含在块定义中的文字对象。如机械设计中的粗糙度的数值，这些文字信息是在插入块的过程中由用户根据具体情况自行输入。

6.4.1 定义属性

定义块属性必须在定义块之前进行。调用【定义属性】命令，可以创建图块的非图形信息。

启动【定义属性】命令的方式有如下几种：

➢ 命令行：输入 ATTDEF/ATT 命令。

➢ 菜单栏：选择【绘图】|【块】|【定义属性】命令。

➢ 功能区：在【默认】选项卡，单击【块】面板中的【定义属性】按钮 📎。

执行命令后，系统弹出【属性定义】对话框，如图
6-23 所示。

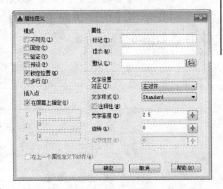

图 6-23 【属性定义】对话框

【属性定义】对话框中常用选项含义如下：

➤ 【模式】选项组：用于设置属性的模式。【不可见】复选框表示插入块后是否显示属性值；【固定】复选框表示属性是否是固定值，为固定值则插入后块属性值不再发生变化；【验证】复选框用于验证所输入的属性值是否正确；【预设】复选框表示是否将属性值直接设置成它的默认值；【锁定位置】复选框用于固定插入块的坐标位置，一般选择此项；【多行】复选框表示使用多段文字来标注块的属性值。

➤ 【属性】选项组：用于定义块的属性。【标记】文本框中可以输入属性的标记，标识图形中每次出现的属性；【提示】文本框用于在插入包含该属性定义的块时显示的提示；【默认】文本框用于输入属性的默认值。

➤ 【插入点】选项组：用于设置属性值的插入点。

➤ 【文字设置】选项组：用于设置属性文字的格式。

6.4.2 创建属性块

定义完块的属性之后就需要创建带有属性的块。这里的创建属性块与普通的创建块的过程是一样，同样也分为外部块与内部块。

6.4.3 实例——插入标高

（1）单击【快速访问工具栏】中的【打开】按钮，打开"素材\第 6 章\6.4.3.1.dwg"文件，如图 6-24 所示。

（2）在【常用】选项卡，单击【块】面板中的【定义属性】按钮，系统弹出【属性定义】对话框，按照如图 6-25 所示输入属性与文字高度。

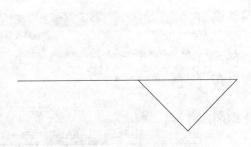

图 6-24 素材图形

图 6-25 【属性定义】对话框

（3）单击【确定】按钮，根据命令行的提示在合适的位置输入属性，如图 6-26 所示。

（4）单击【快速访问工具栏】中的【打开】按钮，打开"素材\第 6 章\6.4.3.2.dwg"文件，如图 6-27 所示。

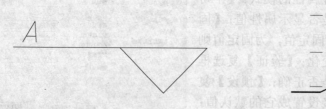

图 6-26　定义属性

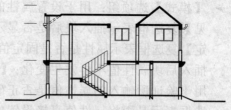

图 6-27　素材文件

（5）在【插入】选项卡，单击【块】面板中的【插入】按钮。系统弹出【插入】对话框，单击【浏览】按钮，找到上一步创建的块，如图 6-28 所示。

（6）根据命令行的提示，输入数字并在合适的位置插入标高，最终效果如图 6-29 所示。

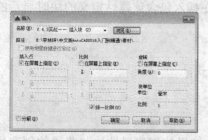

图 6-28　【插入】对话框

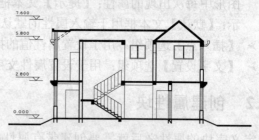

图 6-29　插入块效果

6.4.4　编辑图块属性

块属性与其他图形对象一样，也可以根据实际绘图需要进行编辑。

修改属性的方法有以下 4 种：

➤ 命令行：输入 EATTEDIT 命令。

➤ 菜单栏：选择【修改】|【对象】|【属性】|【单一】命令。

➤ 功能区：在【默认】选项卡，单击【块】面板中的【单个】按钮。

➤ 绘图区：直接双击插入的块。

执行上是任一操作后，系统弹出【增强属性编辑器】对话框，如图 6-30 所示。

【增强属性编辑器】对话框中各选项介绍如下：

➤ 【属性】选项卡：选中某个属性值，可以在【值】文本框中输入修改后的新值。

➤ 【文字选项】选项卡：可以设置属性文字的格式。

➤ 【特性】选项卡：可以设置属性文字所在的图层、线型、颜色、线宽等显示控制属性。

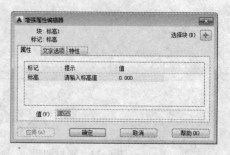

图 6-30　【增强属性编辑器】对话框

6.5 外部参照

使用外部参照，就像把一个图形放置在另外一个图形的上面，但附着的外部参照不同于块。

6.5.1 附着外部参照

下面介绍 4 种【附着】外部参照的方法：

➤ 命令行：输入 XATTACH/XA 命令。

➤ 菜单栏：选择【插入】|【DWG 参照】命令。

➤ 工具栏：单击【插入】工具栏中的【附着】按钮。

➤ 功能区：在【插入】选项卡，单击【参照】面板中的【附着】按钮。

执行【附着】命令，选择一个 DWG 文件打开后，弹出【附着外部参照】对话框如图 6-31 所示。

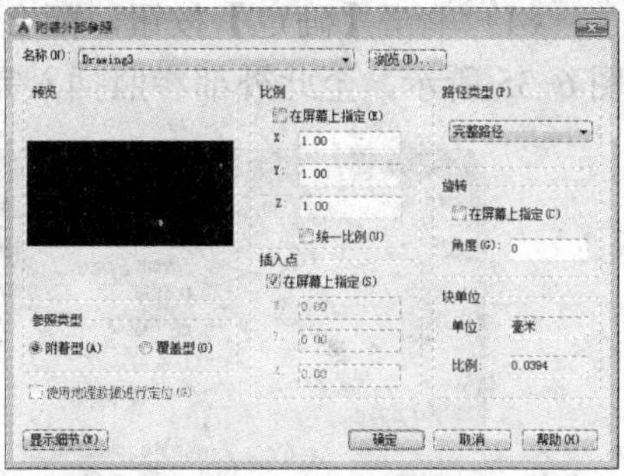

【附着外部参照】对话框各选项介绍如下：

➤ 【参照类型】选项组：选择【附着型】单选按钮表示显示出嵌套参照中的嵌套内容；选择【覆盖型】单选按钮表示不显示嵌套参照中的嵌套内容。

图 6-31 【附着外部参照】对话框

➤ 【路径类型】选项组："完整路径"，使用此选项附着外部参照时，外部参照的精确位置将保存到主图形中，此选项的精确度最高，但灵活性最小，如果移动工程文件，AutoCAD 将无法融入任何使用完整路径附着的外部参照；"相对路径"，使用此选项附着外部参照时，将保存外部参照相对于主图形的位置，此选项的灵活性最大，如果移动工程文件夹，AutoCAD 仍可以融入使用相对路径附着的外部参照，只要此外部参照相对主图形的位置未发生变化；"无路径"，在不使用路径附着外部参照时，AutoCAD 首先在主图形中的文件夹中查找外部参照，当外部参照文件与主图形位于同一个文件夹中时，此选项非常有用。

6.5.2 实例——【附着】外部参照

（1）单击【快速访问工具栏】中的【打开】按钮，打开"素材\第 6 章\6.5.1.dwg"文件，如图 6-32 所示。

（2）在【插入】选项卡，单击【参照】面板中的【附着】按钮，系统弹出【选择参照文件】对话框。在【文件类型】下拉列表中选择"图形（*.dwg）"，并找到"素材\第 6 章\6.5.1.dwg"文件，如图 6-33 所示。

（3）单击【打开】按钮，系统弹出【附着外部参照】对话框，如图 6-34 所示。

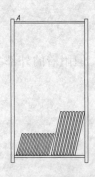

图 6-32　素材图形

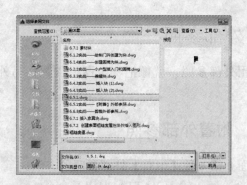

图 6-33　【选择参照文件】对话框

（4）单击【确定】按钮，配合【端点捕捉】功能捕捉书架左上角 A 点作为插入点，如图 6-35 所示，至此外部参照插入完成。

图 6-34　【附着外部参照】对话框

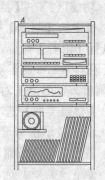

图 6-35　插入完成

　　技巧：创建外部参照的插入点是根据原点坐标来确定的。

6.6　编辑外部参照

外部参照与图块一样，可以根据需要进行二次编辑。

6.6.1　拆离外部参照

想删除插入的外部参照，可以使用拆离命令。

下面介绍 2 种拆离外部参照的方法：

➢ 命令行：输入 XREF/XR 命令。

➢ 菜单栏：选择【插入】|【外部参照】命
令。

在命令行中输入命令之后，系统弹出【外部参照】选项板，选择外部参照之后单击鼠标右键，在快捷菜单中选择"拆离"选项，即可拆离外部参照，如图 6-36 所示。

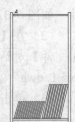

图 6-36　拆离外部参照

6.6.2 剪裁外部参照

剪裁外部参照可以去除多余的参照部分，而无需更改原参照图形。

下面介绍 3 种【剪裁】外部参照的方法：

➤ 命令行：输入 CLIP 命令。

➤ 菜单栏：选择【修改】|【剪裁】|【外部参照】命令。

➤ 功能区：在【插入】选项板，单击【参照】面板中的【剪裁】按钮。

6.6.3 实例——编辑外部参照

（1）单击【快速访问工具栏】中的【打开】按钮，打开"素材\第 6 章\6.6.3.dwg"文件，如图 6-37 所示。

（2）在【插入】选项卡，单击【参照】面板中的【剪裁】按钮，根据命令行的提示修剪参照，如图 6-38 所示，命令行操作如下：

```
命令: _clip ↙//调用【剪裁】命令
选择要剪裁的对象: 找到 1 个//选择外部参照
输入剪裁选项
[开(ON)/关(OFF)/剪裁深度(C)/删除(D)/生成多段线(P)/新建边界(N)] <新建边界>: ON↙//激活
"开(ON)"选项
输入剪裁选项
[开(ON)/关(OFF)/剪裁深度(C)/删除(D)/生成多段线(P)/新建边界(N)] <新建边界>: N↙//激活"新
建边界(N)"选项
外部模式 - 边界外的对象将被隐藏。
指定剪裁边界或选择反向选项:
[选择多段线(S)/多边形(P)/矩形(R)/反向剪裁(I)] <矩形>: P↙//激活"多边形(P)"选项
指定第一点:    //围着 A、B、C、D 点指定剪裁边界，如图 6-37 所示
指定下一点或 [放弃(U)]:
指定下一点或 [放弃(U)]:
指定下一点或 [放弃(U)]:
指定下一点或 [放弃(U)]: ↙//按〈Enter〉键完成剪裁
```

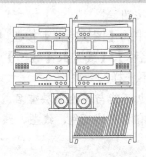

图 6-37 剪裁参照

图 6-38 剪裁效果图

提示：【剪裁】命令修剪是边界之外的外部参照，即从当前显示图形中裁剪掉剪裁范围以外的外部参照。

第四篇　图形管理篇

第7章　图层管理

图层是用户管理图样强有力的工具。对于复杂的机械装配图、室内装潢施工图和建筑图样而言，合理的划分图层，可使图形信息更清晰、有序。对以后图形的修改、观察、打印也更加方便、快捷。

7.1　图层特性管理器

7.1.1　认识图层管理

AutoCAD 图层相当于传统图样绘图中使用的重叠图样。它就如同一张张透明的图样，整个 AutoCAD 文档就是由若干透明图样上下叠加的结果。例如：第一张图样上绘制中心线，第二张图样上绘制外轮廓，第三张图样上绘制剖面线。三张图样叠加在一起就是一张完整的机械图。

图层新建和设置在【图层特性管理器】选项板进行，包括组织图层结构和设置图层属性和状态。

打开【图层特性管理器】选项板有如下 4 种方法：

➢ 命令行：输入 LAYER/LA 命令。
➢ 菜单栏：选择【格式】|【图层】命令。
➢ 工具栏：单击【图层】工具栏中的【图层特性】按钮。
➢ 功能区：在【默认】选项卡，单击【图层】面板中的【图层特性】按钮。

每一个图层都有自身相对应的【状态】、【颜色】、【名称】、【线宽】、【线型】等属性项。正是因为这些不同的属性项，使得图层在图样上显示出不一样的效果。

提示： 图层名称不能包含通配符（*和?）和空格，也不能与其他图层重名。若先选择一个图层再新建另一个图层，则新图层与被选择的图层应具有相同的颜色、线型、线宽等设置。

7.1.2　实例——创建建筑样板图层

（1）单击【快速访问】工具栏中的【新建】按钮，新建空白图形文件。

（2）在【默认】选项卡中，单击【图层】面板中的【图层管理器】按钮。系统弹出【图层特性管理器】选项板，单击【新建】按钮，新建一个图层，如图 7-1 所示。

（3）双击【图层1】名称项，更改图层名称为【轴线】，如图 7-2 所示。

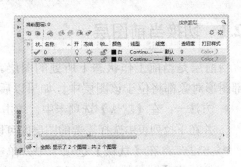

图 7-1 【图层特性管理器】选项板　　　　　　　图 7-2 重命名图层

（4）单击【颜色】属性项，打开【选择颜色】对话框，选择【索引颜色：1】，如图 7-3 所示。

（5）单击【确定】按钮，返回【图层特性管理器】选项板，如图 7-4 所示。

（6）单击【线型】属性项，弹出【选择线型】对话框。单击【加载】按钮，在弹出的【加载或重载线型】对话框中选择加载【CENTER】线型，如图 7-5 所示。

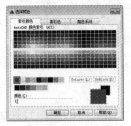

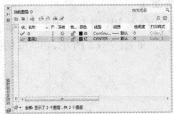

图 7-3 【选择颜色】对话框　　　　图 7-4 设置图层颜色　　　　图 7-5 加载新线型

（7）单击【确定】按钮返回弹出【选择线型】对话框，选择【CENTER】线型作为【轴线】图层线型，单击【确定】按钮，如图 7-6 所示。

（8）单击【确定】按钮，返回【图层特性管理器】选项板，查看图层属性设置效果如图 7-7 所示。

（9）使用同样的方法，新建【窗户】图层，设置【颜色】为【索引颜色：5】；新建【墙体】图层，设置【线宽】为 0.3mm，最终效果如图 7-8 所示。

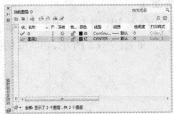
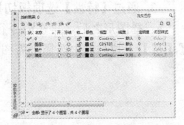

图 7-6 选择轴线线型　　　　图 7-7 图层属性设置结果　　　　图 7-8 新建并设置其他图层

7.2 使用图层

创建好图层之后，就可以在不同的图层内绘制图形了。灵活地使用图层，能够使图面清晰、简洁，同时也能为绘图和打印带来便利。

7.2.1　切换当前图层

当前层是当前工作状态下所处的图层。当设定某一图层为当前层后，接下来所绘制的全部图形对象都将位于该图层中。如果以后想在其他图层中绘图，就需要更改当前层设置。

- ➢ 方法一：在【默认】选项卡中，单击【图层】面板中【图层】按钮 ♀ ☆ ⚏ ■ 0 ▼，并在下拉列表中选择需要的图层即可切换为当前图层，如图 7-9 所示。
- ➢ 方法二：在【默认】选项卡中，单击【图层】面板中的【图层管理器】按钮，系统弹出【图层特性管理器】。双击某图层的【状态】属性项，使该图层显示为勾选状态，即为当前图层。如图 7-10 所示。

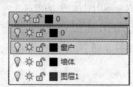

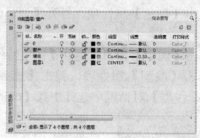

图 7-9　图层列表

图 7-10　当前图层

7.2.2　切换图形所在图层

在 AutoCAD 2013 中还可以十分灵活地进行图层转换，即将某一图层内的图形转换至另一个图层，同时使其颜色、线型、线宽等特性发生改变。

1. 通过【快捷特性】选项板切换图层

选择需要切换图层的图形，右击图形，在快捷菜单中选择【快捷特性】命令，选择【图层】下拉列表中所需的图层即可切换图形所在图层，如图 7-11 所示。

2. 通过【图层控制】列表切换图层

选择图形对象后，在【图层控制】下拉列表选择所需图层。操作结束后，列表框自动关闭，被选择的图形对象则转移到刚选择的图层上。

3. 通过【特性】选项板切换图层

选择图形之后，再在命令行中输入 PR 并按〈Enter〉键，系统弹出【特性】选项板。在【图层】下拉列表中选择所需图层，如图 7-12 所示，即可切换图层。

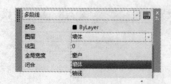

图 7-11　切换为【墙体】图层

图 7-12　【特性】选项板

7.2.3　实例——转换剖面线所在图层

（1）单击【快速访问】工具栏中的【打开】按钮，打开"素材\第 7 章\7.2.3.dwg"文件，如图 7-13 所示。

（2）单击选择剖面填充图案，展开【图层】面板图层下拉列表，选中【剖面线】图层作为目标图层，如图 7-14 所示。

（3）填充图案即继承【剖面线】图层的相关特性，包括线宽、颜色等，效果如图 7-15 所示。

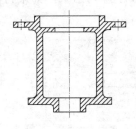

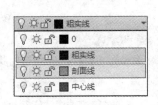

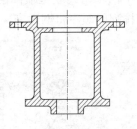

图 7-13　素材图形　　　　图 7-14　选择目标图层　　　　图 7-15　转换图层后

7.2.4　控制图层状态

图层状态是用户对图层整体特性的开/关设置，包括开/关、冻结/解冻、锁定/解锁、打印/不打印等。对图层的状态进行控制，可以更好地管理图层上的图形对象。

图层状态设置在【图层特性管理器】选项板中进行，首先选择需要设置图层状态的图层，然后单击相关的状态图标，即可控制其图层状态。

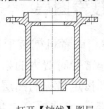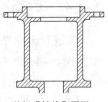

打开【轴线】图层　　　关闭【轴线】图层

图 7-16　打开与关闭图层

- ➢ 打开与关闭：单击【开/关图层】图标，即可打开或关闭图层。打开的图层可见，可被打印。关闭的图层为不可见，不能被打印，如图 7-16 所示。

- ➢ 冻结与解冻：单击【在所有视口中冻结/解冻】图标，即可冻结或解冻某图层。冻结长期不需要显示的图层，可以提高系统运行速度，减少图形刷新时间。与关闭图层一样，冻结图层不能被打印。

- ➢ 锁定与解锁：单击【锁定/解锁图层】图标，即可锁定或解锁某图层。被锁定的图层不能被编辑、选择和删除，但该图层仍然可见，而且可以在该图层上添加新的图形对象。

- ➢ 打印与不打印：单击【打印】图标，即可设置图层是否被打印。指定某图层不被打印，该图层上的图形对象仍然在图形窗口可见。

技巧：展开【图层】面板或工具栏的图层下拉列表，单击状态图标，可在不打开【图层特性管理器】的情况下，快速设置图层的状态。

提示：图层的不打印设置只针对打开且没有被冻结的图层。

7.3 管理图层

图层管理包括删除图层、排序图层、重命名图层和图层过滤等操作。

7.3.1 排序图层

在【图层特性管理器】中，单击图层列表框顶部的标题，可以将图层按状态、名称、颜色、线型、线宽、开/关等属性进行排序，以方便图层的查看和查找。在【图形特性管理器】中，单击列表框顶部的【名称】标题，图层将以首字母的顺序排列出来，如果再次单击，排列的顺序将倒过来，如图 7-17 所示。

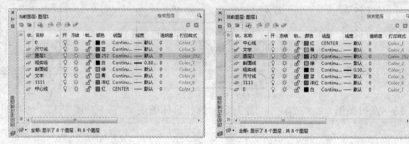

排序前　　　　　　　　　　　　　　　排序后

图 7-17　排序图层效果图

7.3.2 按名称搜索图层

在进行复杂的建筑或者机械装配设计时，工程图会包含大量的图层，如果要从中找出某个图层，将是一件非常费时费力的事情。使用【图层特性管理器】选项板中的【搜索图层】功能，可以快速找到指定名称的图层，大大提高了工作效率。

【图层特性管理器】选项板右上角有一个搜索文本框，在其中输入关键字，即可快速查找到图层名称中含有关键字的所有图层，如图 7-18 所示

技巧：搜索名称中可含"*"和"?"。"*"可以表示任意数目字符，而"?"可以替代任意一个字符。

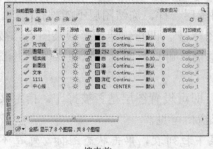

搜索前　　　　　　　　　　　　　　　搜索后

图 7-18　搜索剖面线图层效果图

7.3.3 图层特性过滤器

图层特性过滤器可以根据名称、线型、颜色、打开与关闭、冻结与解冻等来搜索、过滤图层。

在【图层特性管理器】面板中，单击【新建特性过滤器】按钮，在对话框中更改名称为【颜色过滤器】，设置【颜色】属性项为：红（索引颜色：1），如图 7-19 所示，在【过滤器预览】列表框中即可看到所有图层颜色为红色的图层，单击【确定】按钮，返回【图层过滤器特性】对话框，即可看到新建的过滤器与过滤之后的图层，如图 7-20 所示。

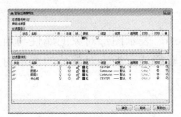

过滤前   过滤后

图 7-19 【图层过滤器特性】对话框   图 7-20 过滤图层前后

7.3.4 图层组过滤器

可以使用图层组过滤器将常用的图层定义为图层组，以方便找寻、管理图层。单击【图层特性管理器】选项板左上角的【新建组过滤器】按钮，新建【组过滤器 1】，更改【组过滤器 1】为所需的图层组名，然后在【所有使用的图层】列表中选中需要的图层，将其拖至新建图层组即可。

提示：如果想删除图层组，只需选中图层组并单击鼠标右键，在弹出的快捷菜单中选择【删除】选项即可。

7.3.5 保存、恢复图层设置

图层的设置包括图层特性（如颜色、线型等）和图层状态（如打开、冻结等）。用户可将当前图层设置命名并保存，方便以后需要时根据图层设置的名称恢复以前设置。

7.3.6 删除图层

及时清理图形中不需要的图层，可以简化图形，删除不需要的图层，删除图层方法如下：

➢ 在【图层特性管理器】对话框中选择图层名称，然后单击按钮即可。

➢ 在【图层特性管理器】对话框中选择需删除的图层，单击右键，在弹出的快捷菜单中选择【删除图层】命令，即可删除所选择的图层。

提示：当前层、0 层、定义点层（Defpoints）及包含图形对象的层不能删除。

7.3.7 重命名图层

重命名图层有助于用户对图层进行管理，使用户操作更加方便。重命名图层的方法如下：

➢ 打开【图层特性管理器】对话框，选中要修改的图层名称，单击右键，在弹出的快捷菜单中选择【重命名图层】命令或按快捷键〈F2〉，然后输入新的图层名称即可。

➢ 打开【图层特性管理器】对话框，选中要修改的图层名称，双击其名称，然后输入其名称即可。

7.4 修改颜色、线宽及线型

一般情况下，图形对象的显示特性都是"随层"(ByLayer)，表示图形对象的属性与所在当前层的图层特性相同。除此之外，还可以通过【特性】工具栏或面板，对具体的图形对象单独进行颜色、线型、线宽和打印样式等特性设置。

7.4.1 修改颜色

修改颜色可以针对图层或者某个单独图形对象分别进行。

修改图层颜色的方式有以下两种：

➢ 功能区：在【默认】选项卡中，单击【图层】面板中的【图层特性】按钮，系统弹出【图层特性管理器】对话框，单击图层颜色，弹出【图层颜色】属性项，选择相应颜色即可。

➢ 工具栏：单击【图层】中的【图层控制】下拉列表，单击图层颜色，弹出【图层颜色】属性项，选择相应颜色即可。

若只想修改单一对象图层的颜色，有以下两种方法：

➢ 选取需要修改颜色的对象，在【特性】面板上打开【选择颜色】对话框，更改颜色即可。

➢ 选取需要修改颜色的对象，在命令行中输入"PR"或者双击选取对象，在弹出的【特性】选项板中【常规】选项区，更改【颜色】即可更改对象的颜色。

7.4.2 修改线宽

修改线宽与颜色设置一样，可分别修改图层或者单一图形对象的线宽。

1. 修改图层线宽

修改图层线宽只能通过【图层特性管理器】选项板进行设置。

2. 修改对象线宽

通过【特性】选项板和【线宽】下拉列表都可以修改单一对象的线宽，与修改对象颜色一样，选中图形对象后在【特性】选项板或【线宽】下拉列表中修改线宽即可。

7.4.3 修改线型

线型是沿图形显示的线、点和间隔（窗格）组成的图样。在绘制对象时，将对象设置为不同的线型，可以方便对象间的相互区分，而且使图形也易于观看。AutoCAD 的线型定义保存在"*.lin"的线型库文件中，其自带的线型库文件为"acad.lin"和"acadiso.lin"。一个 LIN 文件可以包含多个线型的定义。用户可以将新线型添加到现有的 LIN 文件中，也可以创建自己的 LIN 文件。

1. 修改图层线型

修改图层线型的方法与修改图层颜色相同，用户可参照修改图层颜色的方法进行设置。

2. 修改对象线型

单独修改某个图形对象的线型，可以使用【特性】选项板、【快捷特性】选项板和【线型】下拉列表。步骤与方法与修改【颜色】和【线宽】完全相同，这里不再赘述。

7.4.4 实例——修改零件图形特征

（1）单击【快速访问】工具栏中的【打开】按钮📂，打开"第 7 章\7.4.4.dwg"文件，如图 7-21 所示。

（2）在【默认】选项卡中，单击【图层】面板中的【图层特性】按钮📇，打开【图形特性管理器】选项板，如图 7-22 所示。

（3）单击【中心线】图层中的【颜色】属性项，弹出【选择颜色】对话框，选择【索引颜色：9】作为图层颜色，如图 7-23 所示。

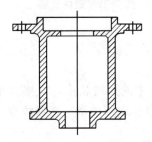
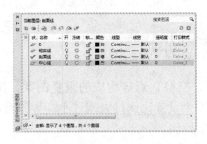
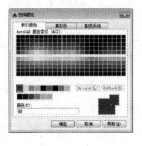

图 7-21　素材图形　　　　图 7-22　【图层特性管理器】选项板　　图 7-23　【选择颜色】对话框

（4）单击【确定】按钮，返回【图层特性管理器】选项板，即可看到图层颜色属性已被更改。

（5）单击【中心线】图层的【线型】属性项，打开【选择线型】对话框，单击【加载】按钮，弹出【加载或重载线型】对话框，选择【CENTER】线型，如图 7-24 所示。

（6）单击【确定】，返回【选择线型】对话框，选择【CENTER】线型作为中心线图层线型，单击【确定】按钮，返回【图层特性管理器】选项板，即可看出【线型】属性项被修改，如图 7-25 所示。

图 7-24 【加载或重载线型】对话框

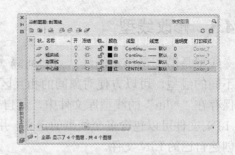

图 7-25 修改线型后的中心线图层

（7）单击【粗实线】图层的【线宽】属性项，打开【线宽】对话框，选择【0.30mm】线宽，如图 7-26 所示。

（8）单击【确定】按钮，返回【图层特性管理器】选项板，即可看到【线宽】属性项被修改，如图 7-27 所示。

（9）关闭选项板，【轮廓线】图层所有图形即更新为新的线宽，效果如图 7-28 所示。

图 7-26 【线宽】对话框

图 7-27 修改线宽后

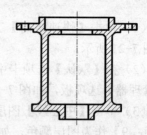

图 7-28 最终效果

7.5 修改非连续线型外观

非连续线型是由短横线、空格、点等构成的重复图案，图案中的短线长度、空格大小由线型比例来控制。有时会因为设置比例过大或过小，导致看起来非连续线型与连续线型一样，此时就需要重新设置线型比例。

7.5.1 改变全局线型比例因子

LTSCALE/LTS 命令用于控制线型的全局比例因子，它影响图形中所有非连续线型的外观。LTSCALE 比例因子越小，非连续线型越密。LTSCALE 比例因子越大，非连续线型越稀疏。图 7-29 是线型比例因子分别为 1、2.5 和 5 时的不连续线型显示效果。

图 7-29 不同比例因子线型显示效果

7.5.2 改变当前对象线型比例

有时只需要针对一种线型进行设置，这时可以单独更改某图形对象的线型比例。同样是通过【线型管理器】对话框进行设置。

首先在图形窗口中选择需要设置比例的线型，然后在【当前对象缩放比例】文本框中输入比例数值，设置完成后，已经绘制的图形的线型比例不会发生任何变化。发生改变的只是设置线型之后绘制的图形对象。

提示：如果用户要单独修改某个对象的线型比例，可以在选择该对象后按下〈Ctrl〉+〈1〉快捷键，打开【特性】选项板，在【线型比例】框中输入适当数值即可。

7.5.3 实例——改变图形比例因子

（1）单击【快速访问】工具栏中的【打开】按钮，打开"素材\第7章\7.5.3.dwg"文件，如图 7-30 所示。

（2）在【默认】选项卡中，单击【特性】面板中的【线型】下拉列表中的【其他】选项，如图 7-31 所示。

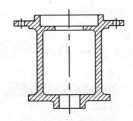

图 7-30　素材图形　　　　　　　　　　图 7-31　【线型】下拉列表

（3）系统弹出【线型管理器】对话框，设置【全局比例因子】为"0.5"，如图 7-32 所示。

（4）单击【确定】按钮，图形中的所有非连续线型比例自动更新，效果如图 7-33 所示。

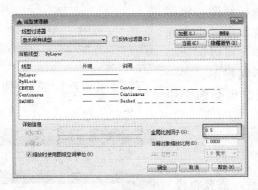

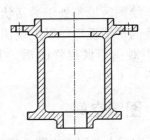

图 7-32　【线型管理器】对话框　　　　　　　图 7-33　线型比例修改效果

第 8 章　AutoCAD 图形输出及设计中心

AutoCAD 绘制和编辑图形都是在某个空间中进行的，它主要包含两种绘图空间：即模型空间（Model Space）和图纸空间（Paper Space）。在 AutoCAD 中完成绘图工作之后，就需要将图形文件通过绘图仪或打印机输出图纸。

AutoCAD 设计中心（AutoCAD Design Center，ADC）为用户提供了一个直观且高效的工具。它与 Windows 操作系统中的资源管理器类似。通过设计中心可管理众多的图形资源。

8.1　模型空间和图纸空间

AutoCAD 有模型空间打印和图纸空间打印两种方式，用户可以针对实际情况选择不同的空间作为打印模板。

8.1.1　模型空间

模型空间用于建模。在模型空间中，可以绘制全比例的二维图形和三维模型，还可以添加标注、注释等内容，模型空间是一个没有界限的三维空间，并且永远是按照 1∶1 的比例的实际尺寸进行绘图。模型空间对应的窗口称模型窗口，在模型窗口中，十字光标在整个绘图区域都处于激活状态，并且可以创建多个不重叠的平铺视口，以展现图形的不同视图。在一个视口中对图形做出修改后，其他视口也会随之更新，如图 8-1 所示。

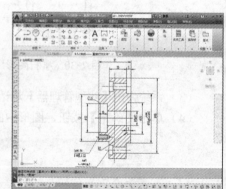

图 8-1　模型空间

8.1.2　图纸空间

图纸空间主要用于出图。模型建立后，需要将模型打印在纸面上形成图样。在图纸空间中，只能显示二维图形，图纸空间是一个有界限的二维空间，要受到所选输出图样大小的限制，在图纸空间中需要通过比例尺实现图形尺寸从模型空间到图纸空间的转化，从而完成出图，如图 8-2 所示。

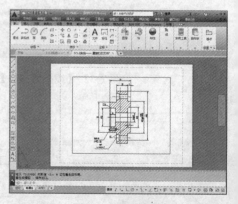

图 8-2　图纸空间

8.1.3　空间的切换

切换模型空间和图纸空间的方法为：在 AutoCAD 的工作界面最下方有个【模型】按钮 **模型**，单击即可在模型空间和图纸空间之间进行切换。

8.2　布局

在正式出图之前，需要在布局窗口中创建好布局图，并对绘图设备、打印样式、纸张、比例尺和视口等进行设置。布局图显示的效果，就是图样打印的实际效果，出图时直接打印需要的布局图即可。

8.2.1　新建布局

打开一个新的 AutoCAD 文档时，就已经存在了两个布局图【布局 1】和【布局 2】。当默认的布局图不能满足绘图需要时，可以创建新的布局空间。

新建布局方法有以下几种：

➤ 右击绘图窗口下的【模型】或【布局】选项卡，在弹出的快捷菜单中，选择【新建布局】命令。

➤ 选择【工具】|【向导】|【创建布局】命令。

通过上面的两种方法都可以创建新的布局，不同的是：第一种方法创建的布局，其页面的大小是系统默认的（系统默认为 A4）。而通过布局向导创建的布局，在其创建过程中就可以进行页面大小的设置。

此外，通过如图 8-3 所示快捷菜单，也可以对已经创建的布局图进行重命名、删除、复制等操作。

图 8-3　布局操作快捷菜单

8.2.2　布局调整

创建好一个新的布局图后，接下来的工作就是对布局图中的图形位置和大小进行调整和布置。如图 8-4 所示，布局图中存在着三个边界。最外层的是纸张边界，它是通过【纸张设置】中的纸张类型和打印方向确定的。靠内的一个虚线线框是打印边界，其作用就如同 Word 文档中的页边距一样，只有位于打

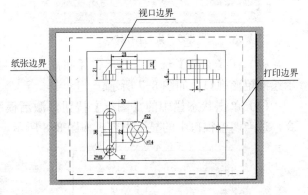

图 8-4　布局图

印边界内部的图形才会被打印出来。在出图时，打印边界不会被打印，但视口边界是会被当作普通图形打印出来的。如果希望不打印视口边界，可以把视口边界放置到一个单独的图层中，在打印之前将视口边界所在的图层隐藏即可。

视口的大小和位置是可以调整的。视口边界实际上是在图纸空间中自动创建的一个矩

形图形对象。单击视口边界，四个角点上出现夹点，可以利用夹点拉伸的方法调整视口。

技巧：如果在出图时只需要一个视口，通常可以调整视口边界到充满整个打印边界。

8.2.3　多视口布局

无论在模型窗口，还是在布局窗口，都可以将当前的工作区由一个视口分成多个视口。在各个视口中，可以用不同的比例、角度和位置来显示同一个模型。

创建多视口布局的方法有如下几种：

➢ 命令行：VPORTS。

➢ 菜单栏：选择【视图】|【视口】子菜单命令。

➢ 功能区：在【布局】选项卡，单击【布局视口】中的各按钮。

下面通过具体实例，讲解在布局窗口中创建多视口布局的方法。

8.2.4　实例——创建多视口布局

（1）单击【快速访问】工具栏中的【打开】按钮，打开"素材\第 8 章\8.2.4.dwg"文件，如图 8-5 所示。

（2）切换至【布局2】布局窗口，选择删除所有视口，如图 8-6 所示。

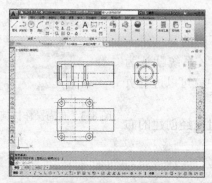

图 8-5　素材图形

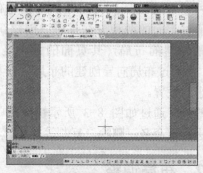

图 8-6　删除所有视口

（3）在【布局】选项卡，单击【布局视口】中的【视口矩形】按钮。根据命令行提示绘制矩形视口，如图 8-7 所示。

（4）单击状态栏中的【图纸】按钮，激活模型空间，调用【平移】、【缩放】等视图命令，适当调整视口中的显示内容，如图 8-8 所示。

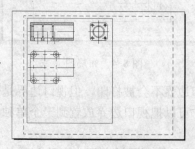

图 8-7　绘制矩形视口

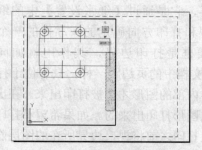

图 8-8　调整视口显示内容

（5）单击状态栏中的【模型】按钮，退出模型空间。再用同样的方法绘制另外的一个视口，如图 8-9 所示。

（6）单击状态栏中的【图纸】按钮，激活模型空间之后适当的调整显示内容，如图 8-10 所示。

（7）单击状态栏中的【模型】按钮，退出模型空间。至此，新视口设置完成，如图 8-11 所示。

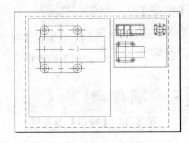 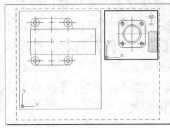 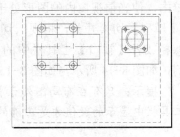

图 8-9　创建另一个新视口　　　　图 8-10　调整显示内容　　　　图 8-11　视口设置效果

技巧：在布局空间状态下，在视口边界内双击鼠标，也可换到在模型空间状态下的布局窗口。

8.2.5　插入图框

机械零件图或是机械装配图都需要用到图框，进入布局空间之后，删除所有视口。然后在命令行中输入 I 命令，激活【插入】命令，将图框以块的形式插入布局空间，如图 8-12 所示。然后在调用【视口，矩形】命令，创建一个新视口，适当调整视口内容即可，如图 8-13 所示。

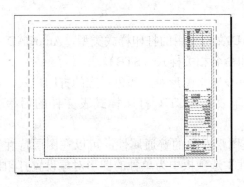 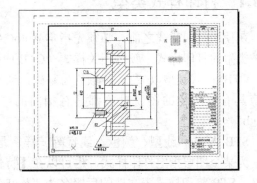

图 8-12　插入图框　　　　　　　　　图 8-13　调整视口内容

8.2.6　设置图形比例

设置比例尺是出图过程中最重要的一个步骤。任何一张工程图样的标题栏都需要填写"比例"栏。该比例尺反映了图上距离和实际距离的换算关系。

AutoCAD 制图和传统纸面制图在设置比例尺这一步骤上有很大的不同。传统制图的比例尺一开始就已经确定，并且绘制的是经过比例换算后的图形。而在 AutoCAD 建模过程中，在模型空间中始终按照 1:1 的实际尺寸绘图。只有在出图时，才按照比例尺将模型缩小到布局图上，进行出图。

如果需要观看或者设置当前布局图的比例尺，首先应在视口内部单击，使当前视口内的图形处于激活状态，然后单击状态栏【图纸】/【模型】切换开关，将视口切换到模型空间状态，最后才能通过状态栏或者【视口】工具栏中的【视口比例】列表框察看或者设置比例，如图 8-14 所示与如图 8-15 所示。

图 8-14　状态栏【视口比例】列表框

提示： 只有在布局图处于模型空间状态下，【视口】工具栏中显示的数值才是正确的比例尺。

图 8-15　【视口】工具栏

8.3　打印样式

在建模过程中，AutoCAD 可以为图层或单个的图形对象设置颜色、线型、线宽等属性，这些样式可以在屏幕上直接显示出来。在出图时，有时用户希望打印出的图样和绘图时图形所显示的属性有所不同，例如在绘图时一般会使用各种颜色的线型，但打印时仅以灰度打印。

打印样式的作用就是在打印时修改图形的外观。当某图层或布局图设置打印样式以后，能在打印时用该样式替代图形对象原有的属性。每种打印样式都有其样式特性，包括端点、连接、填充图案以及抖动、灰度、笔指定和淡显等打印效果。

8.3.1　打印样式类型

在使用打印样式之前，必须先指定 AutoCAD 文档使用的打印样式类型，AutoCAD 中有两种类型的打印样式：颜色相关样式（CTB）和命名相关样式（STB）。

CTB 样式类型以 225 种颜色为基础，通过设置与图形对象颜色对应的打印样式，使得所有具有该颜色的图新对象都具有相同的打印效果。CTB 打印样式表文件的后缀名为"*.ctb"。

STB 样式和线型、颜色、线宽等一样，是图形对象的普通属性。可以在图层特性管理器中为某个图层指定打印样式，也可以在【特性】选项板中为单独的图形对象设置打印样式属性。STB 打印样式表文件的后缀名为"*.stb"。

8.3.2　设置打印样式

在同一个 AutoCAD 图形文件中，不允许同时使用两种不同的打印样式类型，但允许使用同一类型的多个打印样式。例如，若当前文档使用 CTB 打印样式时，图层特性管理器中的【打印样式】属性项是不可用的，因为该属性只能用于设置 STB 打印样式。

设置【打印样式】方法如下：

> 菜单栏：选择【文件】|【打印样式管理器】菜单命令。
> 命令行：在命令行中输入"STYLESMANAGER"。

执行上述命令后，系统自动弹出如图 8-16 所示对话框。

在打印样式管理器文件夹中，列出了当前正在使用的所有打印样式文件。这些打印样式，有的是 AutoCAD 本身自带的打印样式文件。如果用户要设置新的打印样式，可以在 AutoCAD 已有的打印样式文件中进行修改，也可以新建打印样式。

图 8-16　打印样式管理器

双击【添加打印样式表向导】，可以根据对话框提示创建新的打印样式表文件，双击某个已存在的打印表文件，可对该打印样式的属性进行编辑。将打印样式附加到相应的布局图中，就可以按照打印样式的定义进行打印了。

8.3.3　添加颜色打印样式

AutoCAD 默认调用"颜色相关打印样式"，如果当前调用的是"命名打印样式"，则需要在命令行中输入 Convertpstyles 命令，在系统弹出的对话框中单击【确定】按钮，即可切换为"颜色相关打印样式"模式。

使用颜色打印样式可以通过图形的颜色控制图形的打印线宽、颜色、线型等打印外观，下面通过实例讲解颜色打印样式的创建方法。

创建颜色打印样式步骤如下：

（1）在图 8-17 中双击【添加打印样式表向导】图标，打开【添加打印样式表】对话框，如图 8-18 所示。

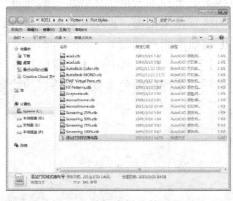

图 8-17　打印样式管理器

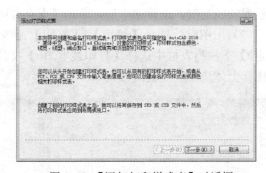

图 8-18　【添加打印样式表】对话框

（2）单击【下一步】按钮，打开【添加打印样式表—开始】对话框，如图 8-19 所示。

（3）选中【创建新打印样式】单选按钮，单击【下一步】按钮，打开【添加打印样式表—选择打印样式表】对话框，如图 8-20 所示。选择【颜色相关打印样式表】单选按钮。

（4）单击【下一步】按钮，打开【添加打印样式表—文件名】对话框，按要求输入新建样式表的名称，如图 8-21 所示。

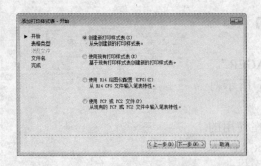
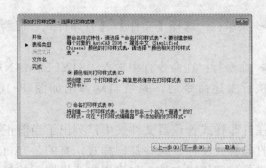

图 8-19 【添加打印样式表—开始】对话框　　图 8-20 【添加打印样式表—选择打印样式表】对话框

（5）单击【下一步】按钮，打开【添加打印样式表—完成】对话框，如图 8-22 所示。设置完成后，单击【完成】按钮，退出对话框，完成打印样式的创建。

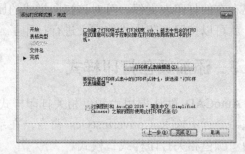

图 8-21 【添加打印样式表—文件名】对话框　　图 8-22 【添加打印样式表—完成】对话框

（6）在如图 8-23 所示对话框中双击已经创建好的"打印线宽.ctb"文件，打开如图 8-24 所示的【打印样式表编辑器】对话框。单击【表格视图】选项卡中的【编辑线宽】按钮，打开【编辑线宽】对话框，如图 8-25 所示，在其中可以设置线宽值和线宽值的单位。在【打印样式】列表框中选中某种颜色，然后在右边的【线宽】下拉列表框中选择需要的线宽。这样，所有使用这种颜色的图形在打印时都将以相应的线宽值来出图，而不管这些图形对象原来设置的线宽值。设置完毕后，单击【保存并关闭】按钮退出对话框。

（7）出图时，选择【输出】|【打印】命令，在【打印】对话框中的【打印样式表（笔指定）】下拉列表框中选择【打印线宽.ctb】文件，这样，不同的颜色将被赋予不同的线宽，在图样上体现相应的粗细效果。

图 8-23　打印样式管理器　　图 8-24 【打印样式表编辑器】对话框　　图 8-25 【编辑线宽】对话框

8.3.4　添加命名打印样式

使用命名打印样式，可以为不同的图层设置不同的打印样式，下面通过实例讲解。

8.3.5　实例——创建"机械零件图命名样式.stb"打印样式

（1）单击【快速访问】工具栏中的【打开】按钮，打开"素材\第 8 章\8.3.5.dwg"文件，如图 8-26 所示。

（2）使用 CONVERTPSTYLES 命令，设置打印样式类型为 STB 类型。

（3）选择【文件】|【打印样式表管理器】命令，打开打印样式表管理器窗口，如图 8-27 所示。

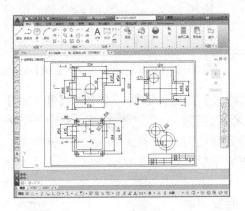

图 8-26　机械零件图

图 8-27　打印样式管理器窗口

（4）双击【打印样式表向导】图标，将弹出【添加打印样式表】对话框，如图 8-28 所示。

（5）单击【下一步】按钮，将弹出【添加打印样式表—开始】对话框，如图 8-29 所示。选择【创建新打印样式表】选项。

（6）选中【创建新打印样式】单选按钮，单击【下一步】按钮，打开【添加打印样式表—选择打印样式表】对话框，如图 8-30 所示。选择【命名打印样式表】选项。

图 8-28　【添加打印样式表】对话框

图 8-29　【添加打印样式表—开始】对话框

8-30　【添加打印样式表—选择打印样式表】对话框

（7）在【添加打印样式表—选择打印样式表】对话框中，选中【命名打印样式表】单选按钮，单击【下一步】按钮，打开【添加打印样式表—文件名】对话框，要求用户输入文件的名称，如图 8-31 所示。

（8）在【添加打印样式表—文件名】对话框中，单击【下一步】按钮，打开【添加打印样式表—完成】对话框，如图 8-32 所示。设置完成后，单击【打印样式表编辑器】按钮，退出对话框，完成打印样式的命名。如图 8-33 所示。

图 8-31 【添加打印样式表—文件名】对话框　　　　图 8-32 【添加打印样式表—完成】对话框

（9）在【表格视图】选项卡中，单击【添加样式】按钮，添加一个名为【粗实线】的打印样式。设置颜色为【黑】、线宽为【0.35 毫米】，用同样的方法添加另一个命名打印样式【细实线】，设置颜色为【黑】、线宽为【0.05 毫米】、淡显为【35】，设置完毕后，单击【保存并关闭】按钮退出对话框。

（10）在【默认】选项卡中，单击【图层】面板中的【图层特性】按钮，打开【图层特性管理器】对话框，选中【轮廓线】图层，单击【打印样式】属性项，弹出如图 8-34 所示的【选择打印样式】对话框。

（11）在【活动打印样式表】下拉列表框中选择【机械零件图.stb】打印样式表文件，并设置打印样式为【粗实线】，单击【确定】按钮退出对话框，此时【轮廓线】图层的打印样式被设置为【粗实线】。

图 8-33 【打印样式表编辑器—机械零件图】对话框

（12）用同样的方法，将【点画线】、【剖面线】图层的打印样式设置为【细实线】。设置完成后，再选择【文件】→打印样式管理器，在打开的对话框中，机械零件图就出现在该对话框中，如图 8-35 所示。

图 8-34 【选择打印样式】对话框　　　　图 8-35 打印样式管理器中出现【机械零件图】

8.4 页面设置

8.4.1 页面设置方式

页面设置是出图准备过程中的最后一个步骤。页面设置时包括打印设备、纸张、打印区域、打印方向等影响最终打印外观和格式的所有因素的集合。在进行图形的打印时，必须对所打印的页面的参数进行指定。页面设置执行的方法有以下几种：

> 菜单栏：选择【文件】|【页面设置管理器】命令。
> 功能区：在【输出】选项卡中，单击【布局】面板或【打印】面板中的【页面设置管理器】按钮  。
> 命令行：在命令行输入 PAGESETUP 命令。
> 快捷菜单：在【模型】空间或【布局】空间中，右击【模型】或【布局】选项卡，在打开的快捷菜单中选择【页面设置管理器】命令，如图 8-36 所示。

图 8-36 选择【页面设置管理器】命令

页面设置可以命名保存，可以将同一个命名页面设置应用到多个布局图中，也可以从其他图形中输入命名页面设置并将其应用到当前图形的布局中，这样就避免了每次打印前都反复进行打印设置的麻烦。

在命令行中输入 PAGESETUP 命令，打开【页面设置管理器】。对话框中显示了已存在的所有页面设置的列表。通过右击页面设置，或单击右边的工具按钮，可以对页面设置进行新建、修改、重命名和当前页面设置等操作。

该对话框中各选项的含义如下：

1. 指定打印设备

【打印机/绘图仪】选项组用于设置出土的绘图仪或打印机。如果打印设备已经与计算机或网络系统正确连接，并且驱动系统程序也已经正常安装，那么在【名称】下拉列表框中就会显示该打印设备的名称，可以选择需要的打印设备。

2. 设置图纸尺寸

【图纸尺寸】选项用来设置图纸的尺寸。打印机在打印图纸时，会默认保留一定的页边距，而不会完全布满整张图纸，纸张上除了页边距之外的部分称为【可打印区域】。在打印出图时，图纸边框是按照标准图纸尺寸绘制的，所以打印时必须将页边距设置为 0，将可打印区域放大到布满整张图纸，这样打印出来的图纸才不会出边界。

工程制图的图纸有一定的规范尺寸，一般采用英制 A 系列图纸尺寸，包括 A0、A1、A2 等标准型号，以及 A0+、A1+等加长图纸型号。图纸加长的规定是：可以将边延长 1/4 或 1/4 的整数倍，最多可以延长至原尺寸的两倍，短边不可延长。各型号图纸的尺寸见表 8-1。

表 8-1　标准图纸尺寸

图 纸 型 号	长 宽 尺 寸
A0	1189×841mm
A1	841×594mm
A2	594×420mm
A3	420×297mm
A4	297×210mm

3. 设置打印区域

AutoCAD 的绘图空间是可以无限缩放的空间，打印出图时，只需要打印指定的部分，如果不希望在一个很大的范围打印很小的图形而留下过多的空白空间，或将很多图形内容混乱的打印在一起，这就需要进行打印区域设置。在【页面设置】对话框中，曾使用过【打印区域】部分的【窗口】按钮。在 AutoCAD 中打印区域设置有以下四种方式：

➢ 窗口：用窗选的方式确定打印区域。单击该按钮后，【页面设置】对话框暂时消失，可以用鼠标在模型窗口中的工作空间拉出一个矩形窗口，该窗口内的区域就是打印范围。使用该选项确定打印范围简单方便，但是不能精确确定比例尺和出图尺寸。

➢ 范围：打印模型空间中包含所有图形对象的范围。这里【范围】的含义与 ZOOM 命令中范围显示含义相同。

➢ 图形界限：打印当前布局中的所有内容。该选项是默认选项。选择该项，可以精确地确认打印范围、打印比例和比例尺。

➢ 显示：打印模型窗口当前视图状态下显示的所有图形对象，可以通过 ZOOM 命令调整视图状态，从而调整打印范围。

4. 设置打印位置

打印位置是指选择打印区域打印在纸张上的位置。在【页面设置】对话框的【打印偏移】区域，其作用主要是用于指定打印区域偏移图样左下角的 X 方向和 Y 方向的偏移值，默认情况下，都需要出图填充整个图样，所以 X 和 Y 的偏移值均为 0，通过设置偏移量可以精确地确定打印位置。

通常情况下打印的图形和纸张的大小一致，不需要修改设置。选中【居中打印】复选框，则图形居中打印。这个居中是指在所选纸张大小 A1、A2 等尺寸的基础上居中，也就是四个方向上各留空白，而不只是卷筒纸的横向居中。

5. 设置打印比例

【打印比例】选项组用于精确设置出图的比例尺。有两种方法控制打印比例：

➢ 如果对出图比例尺和打印尺寸没有要求，可以直接选中【布满图样】复选框，这样 AutoCAD 会将打印区域自动缩放到充满整个图样。

➢ 取消勾选【布满图样】复选框，可以在下方的文本框中设置与图形单位等价的英寸数来创建自定义比例尺。

技巧：在图纸空间中，一般使用视口控制比例，然后按照 1:1 比例打印。

6. 设置打印方向

【图纸方向】选项组用于设置打印时图形在图纸上的方向。工程制图都需要使用大幅的卷筒纸打印，在使用卷筒纸打印时，打印方向包括两个方面的问题：第一，阅读图纸时所指的图纸方向，是横向还是竖向；第二，图纸与卷筒纸的方向关系，是顺着出纸方向还是垂直于出纸方向。

在【图形方向】区域可以看到小示意图 A，其中白纸表示设置图纸尺寸时选择的图纸尺寸是横宽还是竖长；其中字母 A 表示图形在纸张上的方向。

7. 打印预览

AutoCAD 中，完成页面设置之后，发送到打印机之前，可以对要打印的图形进行预览，以便发现和调整错误。预览时进入预览窗口，在预览状态下不能编辑图形或修改页面设置，可以缩放和使用搜索、通信中心及收藏夹。

8.4.2 实例——新建页面设置

（1）在命令行中输入 PAGESETUP 命令，打开【页面设置管理器】对话框，如图 8-37 所示。

（2）单击右边的【新建】按钮，新建一个页面设置，并命名为【新建页面设置】，如图 8-38 所示。

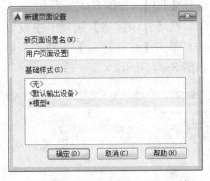

图 8-37 【页面设置管理器】对话框　　　　图 8-38 【新建页面设置】对话框

（3）单击【确定】按钮，弹出如图 8-39 所示的【页面设置-模型】对话框，在【打印机\绘图仪】选项组中选择【DWF6 ePlot.pc3】的打印设备。

（4）单击【打印机\绘图仪】选项组右边的【特性】按钮，可以打开如图 8-40 所示【绘图仪配置编辑器-DWF6 ePlot.pc3】对话框。在该对话框中，可以对【*.pc3】文件进行修改、输入和输出等操作。

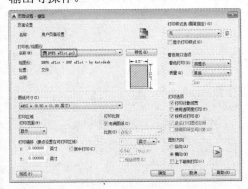

图 8-39 【页面设置-模型】对话框　　　　图 8-40 【绘图仪配置编辑器-DWF6 ePlot.pc3】对话框

（5）在【图纸】下拉列表框中选择【A4】纸张。在【图形方向】选项组中选择【横向】。选中【上下颠倒打印】选框，可以允许在图纸中上下颠倒打印图样，效果如图 8-41 所示。

（6）在【打印范围】下拉列表框中选择"图形界限"，如图 8-42 所示。

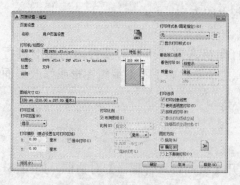

图 8-41　纸张设置

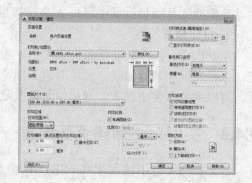

图 8-42　打印区域

（7）取消勾选【打印比例】选项组中的【布满图形】复选框，单击【比例】下拉列表框，选择【1:1】，如图 8-43 所示。

（8）在【打印偏移】选项卡中设置 X 和 Y 偏移值均为 0。

（9）单击【打印样式】下拉列表框，选择【acad.ctb】。单击【确定】按钮保存并退出，效果如图 8-44 所示。

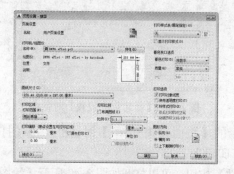

图 8-43　打印比例

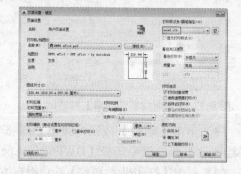

图 8-44　页面设置完成

【打印样式表】下拉列表框用于选择已存在的打印样式，从而非常方便地使用设置好的打印样式替代图形对象原有的属性，并体现到图格式中。

8.5　出图

在完成上述的设置工作以后，就可以开始打印出图了。

8.5.1　如何出图

启动出图命令的方式有以下几种：

➤ 快捷键：按〈Ctrl〉+〈P〉组合键。

> 命令行：在命令行中输入 PLOT 命令。
> 菜单栏：选择【文件】|【打印】命令。
> 选项卡：在【输出】选项卡，单击【打印】面板中的【打印】按钮。

在输出图样时，首先要添加和配置要使用的打印设备。最常见的打印设备有打印机和绘图仪。

完成设置后，确认打印机与计算机已正确连接。正式打印之前，可以单击【预览】按钮，观看实际的出图效果。如果效果合适，可以单击工具按钮或【确定】按钮开始打印，打印进度显示在打开的【打印作业进度】对话框中。

可以选择直接打印也可以选择设置完视口之后再打印。在布局窗口设置完成之后单击【打印】面板中的【打印】按钮，根据系统弹出的对话框进行设置就可以直接出图。也可以选择直接打印，这种方法更为便捷与简单。

8.5.2 实例——直接打印文件

（1）单击【快速访问】工具栏中的【打开】按钮，打开"素材\第 8 章\8.5.2.dwg"文件。

（2）按下组合键〈Ctrl〉+〈P〉，弹出【打印】对话框，设置好相对应的【打印机/绘图仪】和【图纸尺寸】，如图 8-45 所示。

（3）选择【打印范围】为【窗口】，然后根据命令行提示选择打印范围，如图 8-46 所示。

（4）勾选【居中打印】复选框。然后单击【预览】按钮，观看实际的出图效果，如图 8-47 所示。如果合适，单击工具按钮或【确定】按钮，开始打印。

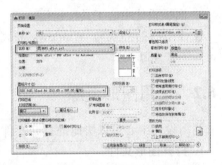

图 8-45　【打印—模型】对话框

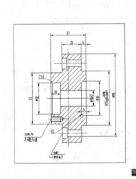

图 8-46　选择范围

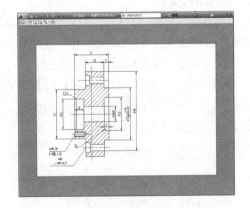

图 8-47　打印预览

8.6　AutoCAD 设计中心

AutoCAD 设计中心（AutoCAD Design Center，ADC）是 AutoCAD 一个非常有用的工

具。它的作用就像 Windows 操作系统中的资源管理器,用于管理众多的图形资源。

利用设计中心,可以对图形设计资源实现以下管理功能:

➢ 浏览、查找和打开指定的图形资源。

➢ 能够将图形文件、图块、外部参照、命名样式迅速地插入到当前文件中。

➢ 为经常访问本地机或网络上的设计资源创建快捷方式,并添加到收藏夹中。

8.6.1 设计中心窗口

打开设计中心窗口的方式有以下几种方式:

➢ 快捷键:按〈Ctrl〉+〈2〉组合键。

➢ 命令行:输入 ADCENTER/ADC 设计中心命令。

➢ 功能区:在【视图】选项卡,单击【选项板】面板设计中心工具按钮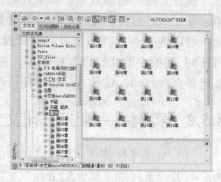。

设计中心的外观与 Windows 资源管理器非常相似,如图 8-48 所示。

图 8-48 设计中心窗口

8.6.2 使用图形资源

利用设计中心可以快捷地打开文件、查找内容和向图形中添加内容。

1. 打开图形文件

在设计中心窗口中,单击【文件夹】标签,在左侧的树状图目录中定位到自己所需要的文件夹,右击内容窗口文件,弹出快捷菜单,选择【在应用程序窗口中打开】选项,如图 8-49 所示,在绘图区域即可看到文件被打开。

2. 插入图形文件

直接插入图形资源,是设计中心最实用的功能。可以直接将某个 AutoCAD 图形文件作为外部块或者外部参照插入到当前文件中;也可以直接将某个图形文件中已经存在的图层、线型、样式、图块等命令对象直接插入到当前文件,而不需要在当前文件中对样式进行重复定义。

打开设计中心,单击【文件夹】标签,在左侧的树状图目录中定位到文件。选中文件之后,则设计中心在右边的窗口中列出图层、图块和文字样式等项目图标,如图 8-50 所示。根据需要选择项目,然后拖至图纸中即可。

图 8-49 【设计中心】打开文件

图 8-50 查看图形项目

3. 图块插入和重定义

设计中心可以方便地对图块进行插入和重定义。

8.6.3 实例——利用设计中心插入"电视机"图块

（1）单击【快速访问】工具栏中的【新建】按钮，新建空白文件。

（2）在【视图】选项卡，单击【选项板】面板中的设计中心按钮，打开设计中心。

（3）单击【文件夹】标签，在左侧的树状图目录中定位到文件夹"第 8 章使用图形资源管理工具"，选中"8.1.3 电视机.dwg"文件，单击选中【块】项目，选中"12.1.2 电视机"图块，如图 8-51 所示。

（4）用鼠标拖放，将选中"12.1.2 电视机"图块插入到当前图形的工作区，如图 8-52 所示。

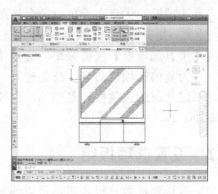

图 8-51 "电视机"图形文件　　　　　图 8-52 插入电视机图块

8.6.4 联机设计中心

联机设计中心是 AutoCAD 为了方便所有用户共享图形资源而提供的一个基于网络的图形资源库，包含了许多通用的预绘制内容，如图块、符号库、制造商内容和联机目录等。

计算机必须与互联网连接后，才能访问这些图形资源。单击【联机设计中心】选项卡，可以在其中浏览，搜索并下载可以在图形中使用的内容。需要在当前图形中使用这些资源时，将相应的资源对象拖放到当前工作区即可。

8.7 工具选项板

工具选项板是 AutoCAD 的一个强大的自定义工具，能够让用户根据自己的工作需要将各种 AutoCAD 图形资源和常用的操作命令整合到工具选项板中，以方便随时调用。

【工具选项板】窗体默认由【图案填充】、【注释】、【建筑】等若干个工具选项板组成。每个选项板整合包含图块、填充图案、光栅图像、实体模型的多个图形资源，还有各种命令工具的集合。工具选项板中的图形资源和命令工具都称为【工具】。

打开【工具选项板】窗口的方法有以下几种：

> 快捷键：按〈Ctrl〉+〈3〉组合键。
> 命令行：输入 TOOLPALETTES 命令。
> 功能区：在【视图】选项卡，单击【选项板】面板中
> 的【工具选项板】按钮。

由于显示区域的限制，不能显示所有的工具选项板标签。此时可以用鼠标单击选项板标签的端部位置，在弹出的快捷菜单中选择需要显示的工具选项板名称，如图 8-53 所示。

在使用工具选项板中的工具时，单击需要的工具按钮，即可在绘图区创建相应的图形对象。

图 8-53 【工具选项板】面板

8.7.1 自定义工具选项板

工具选项板的优点在于可以完全按照用户的工作需要进行自定义。用鼠标右击工具选项板标题栏，弹出如图 8-54 所示的【工具选项板】快捷菜单。选择【新建选项板】菜单项，并为新的选项板命名，就创建好一个新的工具选项板了。不过此时的选项板还是空的，需要按照用户的不同需求添加工具。

图 8-54 【工具选项板】快捷菜单

8.7.2 设置选项板组

当工具选项板数量很多时，可以通过建立选项板组对工具选项板进行分组管理。建立选项板组在【自定义】对话框中进行。

新建选项板组后，在【工具选项板】快捷菜单中，可以看到所有已定义的选项板组。选中需要的选项板组，在【工具选项板】窗体中将只显示该组包含的工具选项板。

8.7.3 实例——创建【行业样例】工具选项板组

（1）在【工具选项板】空白处单击鼠标右键，在弹出的快捷菜单中选择【自定义选项板】选项，如图 8-55 所示。

（2）系统弹出【自定义】对话框，在【选项板组】区域内单击鼠标右键，在弹出的快捷菜单中的选择【新建组】选项，如图 8-56 所示。

图 8-55 【工具选项板】快捷菜单

图 8-56 添加【选项板组】

（3）设置选项板组的名字为【行业样例】，如图 8-57 所示。

（4）拖动【建筑】、【机械】、【电力】、【土木工程】至【行业样例】组中，如图 8-58 所示。

（5）【行业样例】工具选项板组创建完成。

图 8-57　设置选项板组名

图 8-58　添加至选项板组

8.8　清理命令

绘制复杂的大型工程图样时，AutoCAD 文档中的信息将会非常巨大，这样就难免会产生无用的信息。久而久之，这样的信息会越来越多，每次打开文档的时候，这些信息都会被调入内存，占用了大量的系统资源，降低了计算机的处理效率。因此，应及时删除这些信息。

AutoCAD 提供了一个非常实用的工具——清理命令（PURGE）。通过执行该命令，可以将图形数据库中已经定义，但没有使用的命名对象删除。命名对象包括已经创建的样式、图块、图层、线型等对象。

启动清理命令的方式，在命令行输入 PURGE 命令，弹出【清理】对话框，如图 8-59 所示。

【已命名的对象】按类别显示了图形中所有能清理（或不能清理）的命名对象。单击前面带有【+】的项目，可以打开下一级结构，看到具体的命名（对象名称）。选中某个需要清理的命名对象，然后单击【确定】按钮，该命名对象将被删除。单击【全部清理】按钮，将删除列表中所有可以清理的命名对象。

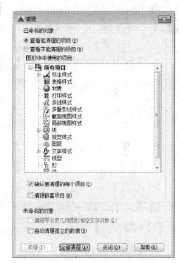

图 8-59　【清理】对话框

第五篇　标注注释篇

第 9 章　文字和表格

　　工程图样是生产加工的依据和技术交流的工具，一张完整的工程图除了用图形完善、正确、清晰地表达物体的结构形状外，还必须用尺寸表示物体的大小，另外还应有相应的文字信息，如注释说明、技术要求、标题栏和明细表等。

9.1　创建文字样式

　　文字样式是一组可随图形保存的文字设置的集合，这些设置可包括字体、文字高度以及特殊效果等。在标注文字前，应首先定义文字样式，以指定字体、高度等参数，然后用定义好的文字样式进行标注。

9.1.1　新建文字样式

　　系统默认的文字样式为【STANDARD】，若此样式不能满足注释的需要，可以根据需要设置新的文字样式或对现有的文字样式进行修改。

　　设置文字样式需要在【文字样式】对话框中进行设置，打开该对话框的方式有以下几种：

➢ 命令行：输入 STYLE/ST 命令。

➢ 菜单栏：选择【格式】|【文字样式】命令。

➢ 功能区：单击【注释】选项卡【文字】面板右下角◢按钮。

➢ 工具栏：单击【文字】或【样式】工具栏【文字样式】工具按钮◢。

通过以上任意一种方法执行该命令后，系统弹出【文字样式】对话框，如图 9-1 所示。

【文字样式】对话框中各选项含义如下：

➢ 【样式】选项组：列出了当前可以使用的文字样式，默认文字样式为 Standard（标准）。

➢ 【字体】选项组：用于选择所需要的字体类型。

➢ 【大小】选项组：用于设置文字的高度值。如果输入的数值为 0，则文字高度将默认为上次使用的文字高度，或使用存储在图形样板文件中的值。

➢ 【效果】选项组：用于设置文字的显示效果。

➢ 【置为当前】按钮：单击该按钮，可以将选择的文字样式设置成当前的文字样式。

➢ 【新建】按钮：单击该按钮，系统弹出【新建文字样式】对话框，如图 9-2 所示。在样式名文本框中输入新建样式的名称，单击【确定】按钮，新建文字样式将显示在【样式】列表框中。

➢ 【删除】按钮：单击该按钮，可以删除所选的文字样式，但无法删除已经被使用了的文字样式和默认的 Standard 样式。

图 9-1 【文字样式】对话框   图 9-2 【新建文字样式】对话框

提示：如果要重命名文字样式，可在【样式】列表中右击要重命名的文字样式，在弹出的快捷菜单中选择【重命名】即可，但无法重命名默认的 Standard 样式。

9.1.2　设置字体

【文字样式】对话框的【字体】选项组用于对样式的字体进行设置，各选项的含义如下：

➢ 【字体名】下拉列表框：用于选择文字字体。可以在下拉列表中选择需要的 TrueType 字体或 SHX 字体。
➢ 【使用大字体】复选框：用于指定亚洲语言的大字体文件，只有 SHX 文件可以创建大字体。
➢ 【字体样式】下拉列表框：用于选择字体样式，如常规、斜体、粗体等。选择 SHX 字体，并且选中【使用大字体】复选框后，该选项将变为【大字体】，用于选择大字体文件。

AutoCAD 中有两种文字类型，一个是 AutoCAD 专用的形文字体，文件扩展名为"shx"，另一个是 Windows 自带的 TrueType 字体，文件扩展名为"ttf"。形文字体的字形简单，占用计算机资源较少。以前在英文版的 AutoCAD 中没有提供中文字体，这对于许多使用中文的用户来说十分不便。他们不得不使用由第三方软件开发商提供的中文字体，比如"hztxt.shx"等。但是并非所有的 AutoCAD 用户都安装了此类字体，因此在图样交流过程中，会导致中文字体在其他计算机上不能正常显示，如显示成问号或者是乱码。

AutoCAD 2016 为使用中文的用户提供了符合国际要求的中西文工程形文字体，包括两种西文字体和一种中文字体，它们分别是正体的西文字体"gbenor.shx"、斜体的西文字体"gbeitc.shx"和中文字长仿宋体工程字体"gbcbig.shx"。绘制正规图样，建议使用以上三种中西文工程形文字体。既符合国际制图规范，又可以节省图纸所占的计算机资源。

技巧：有时在打开 AutoCAD 图形时，会出现【缺少 SHX 文件】的提示信息窗口，为了避免文件打开时文字出现乱码，可以选择【为每个 SHX 文件指定替换文件】选项，然后在打开的【指定字体给样式】对话框中选择 gbcbig.shx 字体作为替换字体。

9.1.3　设置文字大小

【大小】选项组用于设置样式中文字的大小。

> 【注释性】复选框：勾选该复选框，文字将成为注释性对象，在打印输出时，可以通过设置注释性比例灵活控制文字的大小。
> 【使文字方向与布局匹配】复选框：指定图纸空间视口中的文字方向与布局方向匹配。如果未选择"注释性"选项，则该选项不可用。
> 【高度】文本框：设置文字的高度。

技巧：如果将字高设置为 0，那么每次标注单行文字时都会提示用户输入字高。如果设置的字高不为 0，则在标注单行文字时命令行将不提示输入字高。因此，0 字高用于使用相同的文字样式来标注不同字高的文字对象。

9.1.4　设置文字效果

【效果】选项组用于设置文字的颠倒、反向、垂直等特殊效果。
> 【颠倒】复选框：勾选该复选框，文字方向将翻转，如图 9-3 所示。

机械工程
颠倒前　　　　　　　　　　　　颠倒后

图 9-3　文字颠倒

> 【反向】复选框：勾选【反向】复选框，文字的阅读顺序将与开始时相反，如图 9-4 所示。

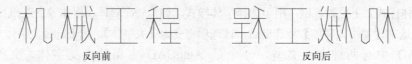

机械工程
反向前　　　　　　　　　　　　反向后

图 9-4　文字反向

> 【垂直】：勾选【垂直】复选框，文字将垂直排列，如图 9-5 所示。

机械
垂直前　　　　　　　　　　　　垂直后

图 9-5　文字垂直

> 【宽度因子】文本框：该参数控制文字的宽度，正常情况下宽度比例为 1。如果增大比例，那么文字将会变宽，如图 9-6 所示。

提示：只有使用【单行文字】命令输入的文字才能颠倒与反向。【宽度因子】只对用 MTEXT 命令输入的文字有效。

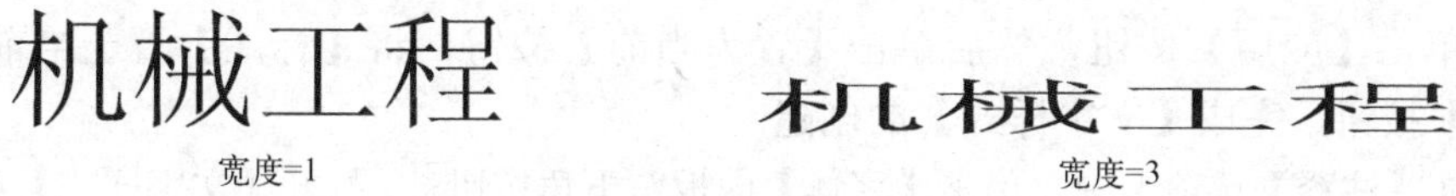

机械工程
宽度=1

机械工程
宽度=3

图 9-6 宽度因子

【倾斜角度】文本框：调整文字的倾斜角度，如图 9-7 所示。用户只能输入-85°～85°之间的角度值，超过这个区间角度值将无效。

机械工程
倾斜度=0

机械工程
倾斜度=45

图 9-7 倾斜角度

9.1.5 编辑文字样式

根据绘图的实际需要，用户可以随时对文字样式进行编辑和修改，包括样式重命名、字体大小等参数设置等。样式修改完成后，图形中所有应用了该样式的文字将自动更新。

文字样式修改同样在【文字样式】对话框中进行，首先在【样式】列表框中选择需要修改的样式，然后在对话框右侧重新设置文字样式的参数。

提示：当前文字样式与系统默认文字样式不能被删除。

9.1.6 实例——新建并编辑【标注】文字样式

（1）单击【快速访问】工具栏中的【新建】按钮，新建图形文件。

（2）在【默认】选项卡中，单击【注释】面板中的【文字样式】按钮，系统弹出【文字样式】对话框，如图 9-8 所示。

（3）单击【新建】按钮，弹出【新建文字样式】对话框，系统默认新建【样式 1】样式名，在【样式名】文本框中输入【标注】，如图 9-9 所示。

图 9-8 【文字样式】对话框　　　　图 9-9 【新建文字样式】对话框

（4）单击【确定】按钮，在样式列表框中新增【标注】文字样式，单击【字体】选项组下的【字体名】列表框中选择【gbenor.shx】字体，勾选【使用大字体】复选框，在【大字体】下拉列表框中选择【gbcbig.shx】字体，其他选项保持默认，如图 9-10 所示。

（5）单击【应用】按钮，然后单击【置为当前】按钮，将【标注】置于当前样式。单击【关闭】按钮，完成【文字样式】的创建。

（6）在【注释】选项卡中，单击【字体】面板右下角按钮，打开【文字样式】对话框。

（7）选择【样式】列表框中的【标注】样式，并单击右键，在弹出的快捷菜单中选择【重命名】选项，如图 9-11 所示。

图 9-10　标注样式更改设置　　　　　　　　　　图 9-11　重命名

（8）输入【文字标注】作为新样式名称，取消【使用大字体】复选框的勾选，并更改文字字体为宋体，设置文字【高度】为 50，如图 9-12 所示。

（9）文字样式修改完成之后，单击【置为当前】按钮，系统弹出【AutoCAD】对话框，单击【是】按钮确认，如图 9-13 所示，完成编辑。

提示：还有另一种重命名文字样式方法。在命令行输入 RENAME（或 REN）并按〈Enter〉键，打开【重命名】对话框。在【命名对象】列表框中选择【文字样式】，然后在【项数】列表框中选中需要重命名的文字样式。在【重命名为】文本框中输入新的名称，并单击【重命名为】按钮，最后单击【确定】按钮确认即可，如图 9-14 所示。而且这种方式能重命名【STANDARD】文字样式。

图 9-12　重命名样式　　　　图 9-13　【AutoCAD】对话框　　　图 9-14　【重命名】对话框

9.2　单行文字

根据输入形式的不同，AutoCAD 文字输入可以分为单行文字和多行文字两种。单行文字可以创建一行或多行的文字，每行文字都是单独对象，可以分别编辑。多行文字可以创建单行文字、多行文字和段落文字。

9.2.1 创建单行文字

单行文字的每一行都是一个文字对象，因此，可以用来创建内容比较简短的文字对象（如标签等），并且能够单独进行编辑。

启动【单行文字】命令的方式有如下几种：

➢ 命令行：输入 DT/TEXT/DTEXT 命令。

➢ 菜单栏：选择【绘图】|【文字】|【单行文字】命令。

➢ 功能区：在【默认】选项卡中，单击【注释】面板【单行文字】按钮 A，或者在【注释】选项卡，单击【文字】面板中的【单行文字】按钮 A。

➢ 工具栏：单击【文字】工具栏中的【单行文字】工具按钮 A。

执行以上任意一种操作启动单行文字命令后，命令行如下：

```
命令: _dtext                         //调用【单行文字】命令
当前文字样式: "STANDARD"文字高度: 2.5000 注释性: 否
指定文字的起点或 [对正(J)/样式(S)]:   //在绘图区域合适位置拾取一点
指定高度<2.5000>: 170↙               //指定文字高度
指定文字的旋转角度<0>:↙              //默认旋转角度为 0, 如图 9-15 所示
```

命令行中各选项含义如下：

➢ 样式（S）：用于选择文字样式，一般默认为 Standard。

➢ 对正（J）：用于确定文字的对齐方式。

在"指定文字的起点或 [对正(J)/样式(S)]"提示信息后输入"J"，命令行如下：

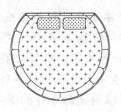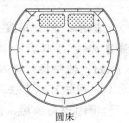

图 9-15　添加单行文字

```
指定文字的起点或[对正(J)/样式(S)]:
[对齐(A)/布满(F)/居中(C)/中间(M)/右对齐(R)/左上(TL)/中上(TC)/右上(TR)/左中(ML)/正中(MC)/
右中(MR)/左下(BL)/中下(BC)/右下(BR)]:
```

AutoCAD 为单行文字的水平文本行规定了 4 条定位线：顶线（Top Line）、中线（Middle Line）、基线（Base Line）、底线（Bottom Line），如图 9-16 所示。顶线为大写字母顶部所对齐的线，基线为大写字母底部所对齐的线，中线处于顶线与基线的正中间，底线为长尾小字字母底部所在的线，汉字在顶线和基线之间。系统提供了 13 个对齐点以及 15 种对齐方式。其中，各对齐点即为文本行的插入点。

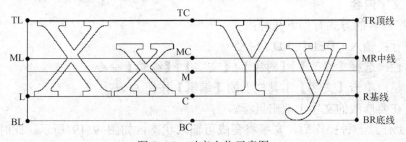

图 9-16　对齐方位示意图

其中常用到选项含义如下：

➢ 对齐（A）：可使生成的文字在指定的两点之间均匀分布，自动调整文字高度，宽高比不变，如图 9-17 所示。

➢ 布满（F）：可使生成的文字充满在指定的两点之间，文字宽度发生变化，但文字高度不变，如图 9-18 所示。

➢ 居中（C）：可使生成的文字以插入点为中心向两边排列。

机械机械设计

图 9-17　文字对齐

机械机械设计

图 9-18　文字布满

提示： 倾斜角度是字体本身的倾斜角度；旋转角度是整行文字的基线倾角。【单行文字】命令可以在一次命令中输入多行文字，但是每行文字被单独看成一个对象。按〈Enter〉键将换行输入另一行文字。输入文字结束，要按两次〈Enter〉键。单行文字输入完之后，用户可以点击任意空白处重复输入单行文字。

调用该命令后，就可以根据命令行的提示输入单行文字。在调用命令的过程中，需要输入的参数有文字起点、文字高度（此提示只有在当前文字样式中的字高为 0 时才显示）、文字旋转角度和文字内容。文字起点用于指定文字的插入位置，是文字对象的左下角点。文字旋转角度指文字相对于水平位置的倾斜角度。

技巧： 文字输入完成后，可以不退出命令，而直接在另一个要输入文字的地方单击鼠标，同样会出现文字输入框。在需要进行多次单行文字标注的图形中使用此方法，可以大大节省时间。

提示： 可以使用 JUSTIFYTEXT 命令来修改已有文字对象的对正点位置。

9.2.2　编辑单行文字

在 AutoCAD2016 中，可以对单行文字的文字特性和内容进行编辑。

1. 修改文字内容

修改文字内容的方式有如下几种：

➢ 命令行：输入 DDEDIT/ED 命令。

➢ 菜单栏：选择【修改】|【对象】|【文字】|【编辑】命令。

➢ 工具栏：单击【文字】工具栏上的【编辑】按钮 A̲。

➢ 直接在要修改的文字上双击鼠标。

调用以上任意一种操作后，文字将变成可输入状态，如图 9-19 所示。此时可以重新输入需要的文字内容，然后按〈Enter〉键退出即可，如图 9-20 所示。

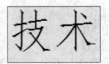

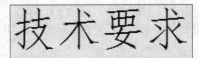

图 9-19　可输入状态　　　　　　　　图 9-20　编辑文字内容

2. 修改文字特性

在标注的文字出现错输、漏输及多输入的状态下，可以运用上面的方法修改文字的内容。但是它仅仅只能够修改文字的内容，而很多时候还需要修改文字的高度、大小、旋转角度、对正等特性。

修改单行文字特性的方式有如下几种：

> 菜单栏：选择【修改】|【对象】|【文字】|【对正】命令。
> 功能区：在【注释】选项卡，单击【文字】面板中的【缩放】按钮圆和【对正】按钮圆。
> 在【文字样式】对话框中修改文字的颠倒、反向和垂直效果。

技巧：文字输入完成后，可以不退出命令，而直接在另一个要输入文字的地方单击鼠标，同样会出现文字输入框。在需要进行多次单行文字标注的图形中使用此方法，可以大大节省时间。

提示：在输入单行文字时，按〈Enter〉键不会结束文字的输入，而是表示换行。

9.3　多行文字

多行文字常用于创建字数较多、字体变化较为复杂，甚至字号不一的文字标注。它可以对文字进行更为复杂的编辑，如为文字添加下画线，设置文字段落对齐方式，为段落添加编号和项目符号等。下面对其进行讲解。

9.3.1　创建多行文字

多行文字常用于标注图形的技术要求和说明等，与单行文字不同的是，多行文字整体是一个文字对象，每一单行不再是单独的文字对象，也不能单独编辑。

创建【多行文字】的方式有如下几种：

> 命令行：输入 MTEXT/T 命令。
> 菜单栏：选择【绘图】|【文字】|【多行文字】命令。
> 工具栏：单击【文字】工具栏中的【多行文字】按钮Ａ。
> 功能区：在【注释】选项卡，单击【文字】面板中的【多行文字】按钮Ａ。

调用【多行文字】命令后，命令行如下：

```
命令: _mtext↙                                      //调用【多行文字】命令
当前文字样式: "Standard"  文字高度:  2.5  注释性:  否
指定第一角点:                                       //指定插入第一点
指定对角点或 [高度(H)/对正(J)/行距(L)/旋转(R)/样式(S)/宽度(W)/栏(C)]: H↙      // 激活 " 高 度
(H)" 选项
指定高度<2.5>: 15↙ //输入高度
```

指定对角点或 [高度(H)/ /行距(L)/旋转(R)/样式(S)/宽度(W)/栏(C)]: J↙   //激活"对正(J)"选项
    输入对正方式 [左上(TL)/中上(TC)/右上(TR)/左中(ML)/正中(MC)/右中(MR)/左下(BL)/中下(BC)/右下(BR)] <左上(TL)>: TL↙   //激活"左上(TL)"选项
    指定对角点或 [高度(H)/对正(J)/行距(L)/旋转(R)/样式(S)/宽度(W)/栏(C)]:   //指定对角点，输入技术要求文字，如图 9-21 所示

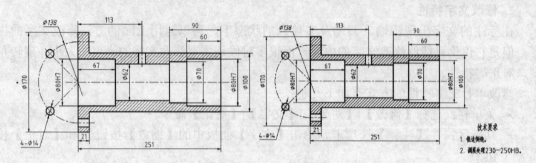

图 9-21　添加多行文字

系统先提示用户确定两个对角点，这两个点形成的矩形区域的左、右边界就确定了整个段落的宽度。然后弹出【文字编辑器】选项卡，如图 9-22 所示，以让用户输入文字内容和设置文字格式。

文字编辑器的使用方法类似于写字板、Word 等文字编辑器程序，可以设置样式、字体、颜色、字高、对齐等文字格式。

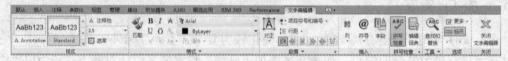

图 9-22　【文字编辑器】选项卡

多行文字文字编辑器主要选项的含义如下：

➢ 样式：可以设置多行文字的文字样式和字体的高度。

➢ 格式：可以设置多行文字的文字类型及文字效果。

➢ 段落：可以设置多行文字的段落属性。

➢ 插入：用于插入一些常用或预设的字段和符号。

➢ 拼写检查：用于检查输入文字的拼写错误。

➢ 关闭：关闭文字编辑器。

9.3.2　编辑多行文字

多行文字输入完成后，用户还可以对其文字内容和格式进行修改。双击多行文字对象，可以重新打开文字编辑器，然后对文字内容和格式进行编辑即可。

除此之外，还可以利用【特性】或者【快捷特性】选项板编辑多行文字，单击状态栏中的【快捷特性】按钮 ▣，开启【快捷特性】功能，选择文字，系统弹出【快捷特性】面板，设置【文字高度】参数值为 30，如图 9-23 所示。

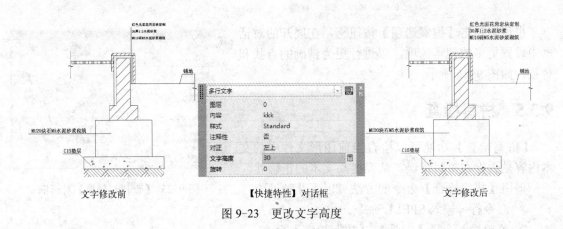

图 9-23　更改文字高度

9.3.3　通过【特性】选项板修改文字及边框

文字编写完成后，如需在文字旁边添加一个边框，可以用【特性】选项板中的【边框】命令来进行添加。

右击编写好的文字，在弹出的下拉菜单中选择【特性】选项，系统弹出【特性】对话框，在对话框的【文字】列表中可以修改文字及是否添加边框，单击【是】即可为多行文字添加边框，如图 9-24 所示。

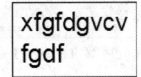

添加边框前　　　　　　　　　　【特性】对话框　　　　　　　　　　添加边框后

图 9-24　添加边框

9.3.4　查找与替换

文字标注完成后，如果发现某个字或词输入有误，可以用【查找】命令进行快速修改。

调用【查找】命令的方法有如下几种：

➢ 命令行：输入 FIND 命令。

➢ 菜单栏：选择【编辑】|【查找】命令。

调用【查找】命令后，系统弹出【查找与替换】对话框。根据需要输入查找文字与替换内容，然后单击【查找】按钮进行查找，或者单击【替换】按钮进行替换。单击【全部替换】按钮，则可以一次性全部进行替换。

也可以单击【搜索选项】按钮 ⊙，在展开的对话框中设置更多的搜索选项，以进行更为精确的查找和替换，如图 9-25 所示。

9.3.5 拼写检查

【拼写检查】功能可以检查当前图形文件中的文本内容是否存在拼写错误，从而提高文本的正确性。

调用【拼写检查】命令的方法有以下几种：

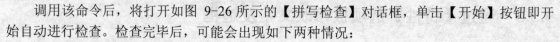

图 9-25 【查找与替换】对话框

➢ 命令行：输入 SPELL 命令。

➢ 菜单栏：选择【工具】|【拼写检查】命令。

调用该命令后，将打开如图 9-26 所示的【拼写检查】对话框，单击【开始】按钮即开始自动进行检查。检查完毕后，可能会出现如下两种情况：

➢ 所选的文字对象拼写都正确。系统将打开【AutoCAD 信息】提示对话框，提示拼写检查已完成，单击【确定】按钮即可。

➢ 所选的文字有拼写错误的地方。此时系统将打开如图 9-27 所示的【拼写检查】对话框，该对话框显示了当前错误以及系统建议修改成的内容和该词语的上下文。可以单击【修改】、【忽略】等按钮进行相应的修改。

图 9-26 【拼写检查】对话框

图 9-27 拼写检查结果

9.3.6 添加多行文字背景

为了使文字清晰地显示在复杂的图形中，用户可以为文字添加不透明的背景。

单击【文字】工具栏上的【编辑】按钮 ，打开【文字格式】编辑器，在【文字格式】编辑器的文本区单击鼠标右键，在弹出的快捷菜单中选择【背景遮罩】命令。系统弹出【背景遮罩】对话框，勾选【使用背景遮罩】复选框，然后在【填充颜色】下拉列表中选择颜色，如图 9-28 所示，即可添加文字背景。

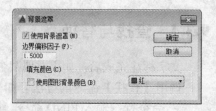

图 9-28 【背景遮罩】对话框

9.3.7 实例——添加零件技术要求

（1）单击【快速访问】|【打开】按钮，打开“素材\第 9 章/9.3.7.dwg”文件，如图 9-29 所示。

（2）调用 T【多行文字】命令，在图形的右下角合适位置，根据命令行的提示创建多行文字，如图 9-30 所示。

φ90f8
φ76
23
18
13
2
φ18
φ12
122
4×φ14贯穿
122
95
φ105
8×φ7
95

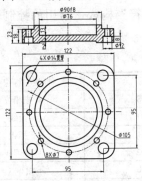

图 9-29　素材图形

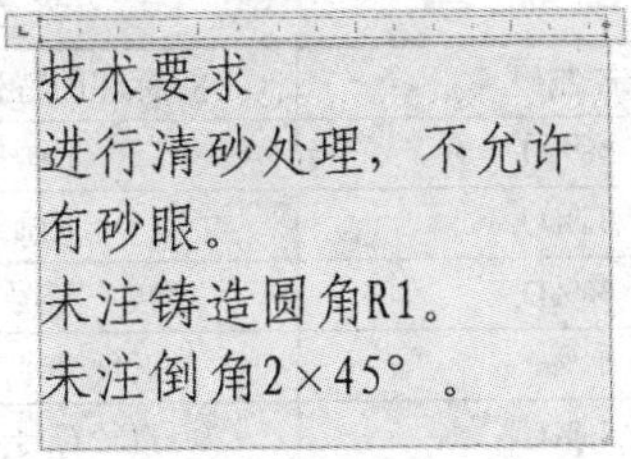

技术要求
进行清砂处理，不允许
有砂眼。
未注铸造圆角R1。
未注倒角2×45°。

图 9-30　输入多行文字

（3）在【文字编辑器】中，单击【段落】面板上的【项目符号和编号】按钮右侧的三角下拉按钮，在弹出的下拉菜单中选择【以数字标记】选项，选中需要添加编号的文字即可，如图 9-31 所示。

（4）拖动最右侧的四边形图块，将输入框的范围加长，使带有序号的多行文字，按行显示，如图 9-32 所示。

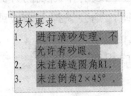

技术要求
1. 进行清砂处理，不
允许有砂眼。
2. 未注铸造圆角R1。
3. 未注倒角2×45°。

图 9-31　添加序号

技术要求
1. 进行清砂处理，不允许有砂眼。
2. 未注铸造圆角R1。
3. 未注倒角2×45°。

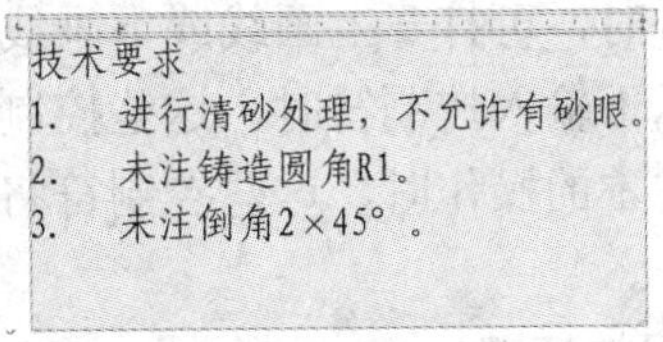

图 9-32　调整多行文字

（5）选中【技术要求】四个字，单击【段落】面板中的【居中】按钮，使其居中显示，如图 9-33 所示。

（6）最后，在绘图区空白位置单击鼠标左键，退出编辑，完成技术要求的创建，如图 9-34 所示。

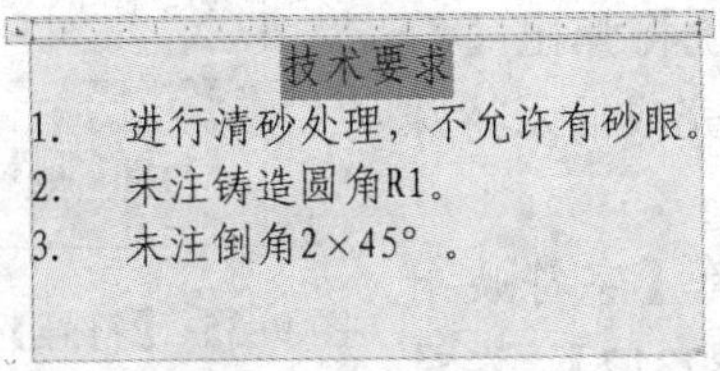

技术要求
1. 进行清砂处理，不允许有砂眼。
2. 未注铸造圆角R1。
3. 未注倒角2×45°。

图 9-33　居中显示多行文字

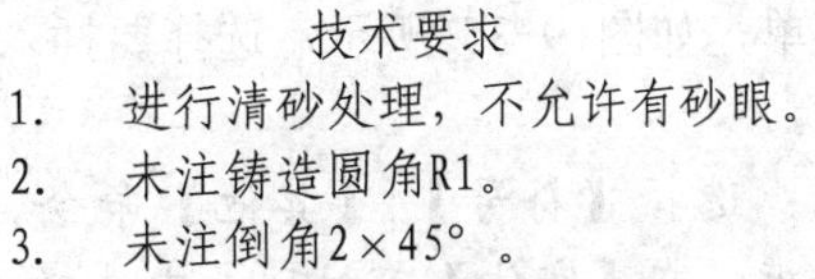

技术要求
1. 进行清砂处理，不允许有砂眼。
2. 未注铸造圆角R1。
3. 未注倒角2×45°。

图 9-34　完成技术要求添加

9.4 输入特殊符号

在创建单行文字时，往往需要标注一些特殊的字符，如在文字上方或下方添加画线、标注度数（°）、正负公差（±）等。这些特殊符号不能从键盘上直接输入，因此 AutoCAD 提供了相应的命令操作，以实现这些标注要求。

1. 使用文字控制符

AutoCAD 的控制码由"两个百分号（%%）+ 一个字符"构成，常用的控制码及功能见表 9-1。

表 9-1　AutoCAD 常用控制码

控制码	标注的特殊字符	控制码	标注的特殊字符
%%O	上画线	\u+0278	电相位
%%U	下画线	\u+E101	流线
%%D	"度"符号（°）	\u+2261	标识
%%P	正负符号（±）	\u+E102	界牌线
%%C	直径符号（Φ）	\u+2260	不相等（≠）
%%%	百分号（%）	\u+2126	欧姆（Ω）
\u+2248	约等于（≈）	\u+03A9	欧米加（Ω）
\u+2220	角度（∠）	\u+214A	地界线
\u+E100	边界线	\u+2082	下表 2
\u+2104	中心线	\u+00B2	上标 2
\u+0394	差值		

在 AutoCAD 的控制符中，"%%O"和"%%U"分别是上画线与下画线的开关。第一次出现此符号时，可打开上画线或下画线；第二次出现此符号时，则会关掉上画线或下画线。

在提示下输入控制符时，这些控制符也临时显示在屏幕上。当结束创建文本的操作时，这些控制符将从屏幕上消失，转换成相应的特殊符号。

2. 使用快捷键

在 AutoCAD 2016 中，创建多行文字时，可以通过以下方法插入特殊符号：

➢ 快捷菜单：使用鼠标右键快捷菜单，单击【符号】选项。

➢ 功能区：单击面板的【文字编辑器】|【插入】|【符号】按钮 @ 。

使用以上任一方法执行插入特殊符号命令，系统将弹出【符号】子菜单，如图 9-35 所示，选择要插入的符号，完成插入特殊符号操作。

提示：选择【符号】|【其他】命令，将打开的【字符映射表】对话框，在【字体】下拉列表中选择【楷体 GB2312】，在对应的列表框中还有许多常用的符号可供选择。

图 9-35 【符号】子菜单

9.5 创建表格

表格在各类制图中的运用非常普遍，如园林制图中可以利用它来创建植物名录表等。使用 AutoCAD 的表格功能，能够自动地创建和编辑表格，其操作方法与 Word、Excel 相似。

9.5.1 创建表格样式

和标注文字一样，可以首先定义若干个表格样式，然后再用定义好的表格样式来创建不同格式的表格，表格样式内容包括表格内文字的字体、颜色、高度以及表格的行高、行距等。

创建表格样式的方式有如下几种：

➤ 命令行：输入 TABLESTYLE/TS 并按〈Enter〉键。

➤ 菜单栏：选择【格式】|【表格样式】命令。

➤ 工具栏：单击【样式】工具栏上的【表格样式】按钮。

➤ 功能区：在【注释】选项卡，单击【表格】面板中右下角的按钮。

通过以上任意一种方法执行该命令后，系统弹出【表格样式】对话框，如图 9-36 所示。

通过该对话框可执行将表格样式置为当前、修改、删除或新建操作。单击【新建】按钮，系统弹出【创建新的表格样式】对话框，如图 9-37 所示。

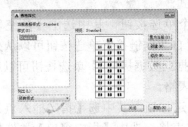

图 9-36 【表格样式】对话框　　　　图 9-37 【创建新的表格样式】对话框

在【新样式名】文本框中输入表格名称，在【明细栏】下拉列表框中选择一个表格样式为新的表格样式提供默认设置，单击【继续】按钮，系统弹出【新建表格样式：standard 副本】对话框，如图 9-38 所示，可以对样式进行具体设置，然后单击【确定】按钮，完成表格新样式的创建。

【新建表格样式：standard 副本】对话框中各选项的含义如下：

➤ 【起始表格】选项组：该选项允许用户在图形中制定一个表格用作样列来设置此表格样式的格式。单击【选择起始表格】按钮，进入绘图区，可以在绘图区选择表格录入表格。【删除起始表格】按钮与【选择起始表格】按钮作用相反。

图 9-38 【新建表格样式：standard 副本】对话框

➤ 【常规】选项组：该选项用于更改表格方向，通过【表格方向】下拉列表框选择

【向下】或【向上】来设置表格方向，【向上】创建由下而上读取的表格，标题行和列都在表格的底部；【预览框】显示当前表格样式设置效果的样例。

> 【单元样式】选项组：该选项组用于定义新的单元样式或修改现有单元样式。【单元样式】列表 数据 中显示表格中的单元样式，系统默认提供了【数据】、【标题】和【表头】三种单元样式，用户可以根据需要创建新、删除和重命名单元样式。

9.5.2 创建表格

设置完表格样式之后，就可以根据绘图需要创建表格了。

创建【表格】的方式有如下几种：

> 命令行：在命令行输入 TABLE/TB 命令。
> 菜单栏：调用【绘图】|【表格】菜单命令。
> 工具栏：单击【绘图】工具栏上的【表格】按钮。
> 功能区：在【注释】选项卡，单击【表格】面板中的【表格】按钮。

通过以上任意一种方法执行该命令后，系统弹出【插入表格】对话框，如图 9-39 所示。

图 9-39 【插入表格】对话框

【插入表格】对话框中各选项的含义如下：

> 【表格样式】下拉列表：在该选项组中不仅可以从【表格样式】下拉列表框中选择表格样式，也可以单击 按钮后创建新表格样式。
> 【插入选项】选项组：在该选项组中包含三个单选按钮，其中选中【从空表格开始】单选按钮可以创建一个空的表格；选中【自数据链接】单选按钮可以从外部导入数据来创建表格；选中【自图形中的对象数据（数据提取）】单选按钮可以用于从可输出到表格或外部的图形中提取数据来创建表格。
> 【插入方式】选项组：该选项组中包含两个单选按钮，其中选【指定插入点】单选按钮可以在绘图窗口中的某点插入固定大小的表格；选中【指定窗口】单选按钮可以在绘图窗口中通过指定表格两对角点的方式来创建任意大小的表格。
> 【列和行设置】选项区：在此选项区域中，可以通过改变【列数】、【列宽】、【数据行数】和【行高】文本框中的数值来调整表格的外观大小。
> 【设置单元样式】选项组：在此选项组中可以设置【第一行单元样式】、【第二行单元样式】和【所有其他单元样式】选项。默认情况下，系统均以【从空表格开始】方式插入表格。

设置好列数和列宽、行数和行高后，单击【确定】按钮，并在绘图区指定插入点，将会在当前位置按照表格设置插入一个表格，然后在此表格中添加上相应的文本信息即可完成表格的创建。

提示：AutoCAD 还可以从 Microsoft 的 Excel 中直接复制表格，并将其作为 AutoCAD 表格对象粘贴到图形中，也可以从外部直接导入表格对象。此外，还可以输出来自 AutoCAD 的表格数据，以供在 Word 和 Excel 或其他应用程序中使用。

9.5.3　编辑表格

使用【插入表格】命令直接创建的表格一般都不能满足要求，尤其是当绘制的表格比较复杂时。这时就需要通过编辑命令编辑表格，使其符合绘图的要求。

1. 修改表格特性

双击表格上的任意一条表格线，即可打开【特性】选项板，如图 9-40 示。在【特性】选项板上可以修改表格的任何特性，包括图层、颜色、行数或列数以及样式特性等。如果想要恢复成旧式的直线制表，以分解表格，但这样就不能再作为一个表格来编辑，只剩下直线和文字对象。

还可以单击表格的任意一条表格线，将在表格的拐角处和其他几个单元的连接处可以看到夹点，如图 9-41 所示。要理解使用夹点编辑表格，可以将表格的左边想象成稳定的一边，表格右边则是活动的，左上角的夹点是整个表格的基点，通过它可以对表格进行移动、水平拉伸、垂直拉伸等编辑。

图 9-40　【特性】选项板

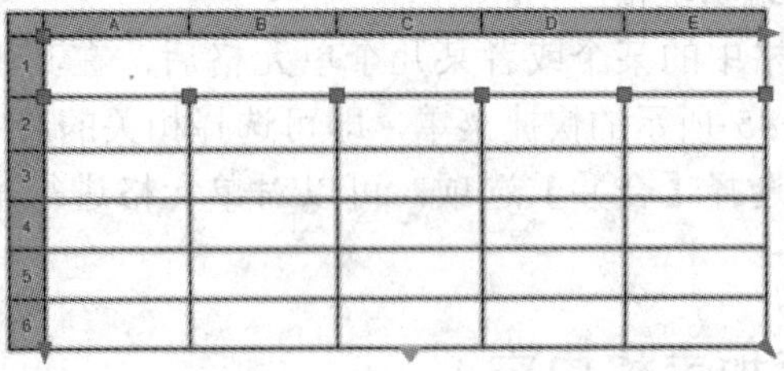

图 9-41　夹点编辑表格模式

2. 修改单元格特性

单击表格中的某个单元格后，系统将弹出【表格单元】选项卡，如图 9-42 所示，可以在其中编辑单元格。

图 9-42　【表格单元】选项卡

【表格单元】选项卡中常用到的命令选项的功能如下：

➢ 【对齐】下拉列表：用于设置单元格中内容的对齐方式。其下拉列表中包含各种对齐命令，如左上、左中、中上等。

➢ 【编辑边框】选项：用于设置单元格边框的线宽、线型等特性。单击该选项，将打开如图 9-43 所示的【单元边框特性】对话框。

➢ 【匹配单元】选项：指用当前选中的表格单元格式匹配其他表格单元。单击该选项，鼠标指针将变为刷子形状，单击目标对象即可进行匹配。

➢ 【插入】选项：用于插入块、字段或公式等。如选择【块】命令，将打开如图 9-44

所示的【在表格单元中插入块】对话框，在其中可以选择要插入的块，同时还可以对插入块在表格单元中的对齐方式、比例和旋转角度等特性进行设置。

图 9-43 【单元边框特性】对话框

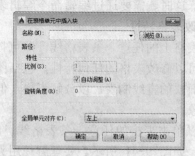

图 9-44 【在表格单元中插入块】对话框

提示：单击单元格时，按住〈Shift〉键，可以选择多个连续的单元格。通过【特性】管理器也可以修改单元格的属性。

3. 快捷编辑表格

选择表格中的某个或者某几个单元格后，在其上单击鼠标右键，打开如图 9-45 所示的快捷菜单，即可选择相关的命令对单元格进行编辑。例如，选择【合并】选项，可以对单元格进行【全部】、【行】或【列】合并。

图 9-45　快捷菜单

9.5.4　添加表格内容

表格创建完成之后，用户可以在标题行、表头行和数据行中输入所需要的文字。在输入文字之后，也可设置文字对齐方式、边框、背景填充等。

表格中的数据都是通过表格单元进行添加的，表格单元不仅可以包含文本信息，而且还可以包含多个块。此外，还可以将 AutoCAD 中的表格数据与 Microsoft Excel 电子表格中的数据进行连接。

1. 添加数据

用 TABLE 命令创建表格后，AutoCAD 会亮显表格的第一个单元，同时打开【文字编辑器】选项卡，此时用户可以输入文字。此外，双击某一单元也能将其激活，从而可在其中填写或修改文字。当要移动到相邻的下一个单元时，可以按〈Tab〉键或是用箭头键向左、向右、向上和向下移动。

2. 插入块

当选中表格单元后，在展开的【表格单元】选项卡中单击【插入点】选项板下的【块】按钮，将弹出【在表格单元中插入块】对话框，进行块的插入操作。在表格单元中插入块时，块可以自动适应单元的大小，也可以调整单元以适应块的大小，并且可以将多个块插入到同一个表格单元中。

提示：要编辑单元格内容，只需双击要修改的文字即可。而对于【块】的定义与使用请参考第 6 章中的详细信息。

9.5.5 实例——创建表格并添加文字

（1）单击【快速访问】工具栏中的【新建】按钮，新建空白文件。

（2）在【常用】选项卡，单击【绘图】面板中的【矩形】按钮。绘制一个 4200×3600 的矩形，如图 9-46 所示。

（3）在【注释】选项卡，单击【表格】面板中的【表格】按钮。打开【插入表格】对话框，设置【表格样式】样式为【Standard】，更改【插入方式】为【指定窗口】。设置【数据行数】为 12，【列数】为 7，【设置单元样式】依次为【标题】、【表头】、【数据】，如图 9-47 所示。

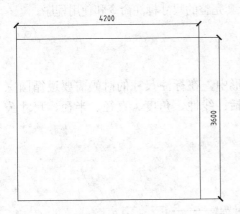

图 9-46 绘制矩形

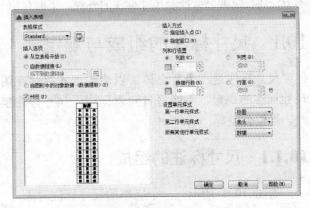

图 9-47 设置表格

（4）单击【确定】按钮，按照命令行提示指定插入点为矩形左上角的一点，第二角点为矩形右下角点，从而完成表格绘制，如图 9-48 所示。

（5）双击列表框，即可在列表框中输入文字，最终效果如图 9-49 所示。

图 9-48 绘制表格

柱径	A	B	C	D	S柱头	S柱脚
Φ200	110	400	250		0.50	0.18
Φ250	255	500	400		0.52	0.2
Φ320	320	640	500		1.82	0.3
Φ350	390	700	550		1.16	0.32
Φ400	415	780	600		0.66	0.44
Φ450	450	900	700		0.80	0.66
Φ500	560	1320	1200		1.00	0.74
Φ600					1.86	1.66
Φ740					1.54	2.14
Φ900					2.10	
Φ1060						

图 9-49 输入文字

第10章 尺寸标注

尺寸标注是对图形对象形状和位置的定量化说明，也是加工工件和工程施工的重要依据，因此标注尺寸是图样中不可缺少的一部分。图样要保持工整又清晰，不仅要掌握标注尺寸的基本方法还要掌握怎么控制尺寸标注的外观。下面介绍一套完整的尺寸标注命令和使用程序。

10.1 尺寸标注的组成与规定

尺寸标注是一个复合体，以块的形式存储在图形中。在标注尺寸的时候需要遵循国家尺寸标注的规定，不能盲目随意标注。尺寸标注包括：线性、角度、直径、半径、尺寸公差、形位公差等。

10.1.1 尺寸标注的组成

如图 10-1 所示，一个完整的尺寸标注对象由尺寸界线、尺寸线、尺寸箭头和尺寸文字四个要素构成。AutoCAD 的尺寸标注命令和样式设置，都是围绕着这四个要素进行的。

（1）尺寸界线

尺寸界线用于表示所注尺寸的起止范围。尺寸界线一般从图形的轮廓线、轴线或对称中心线处引出。

图 10-1 尺寸标注的组成要素

（2）尺寸线

尺寸线绘制在尺寸界线之间，用于表示尺寸的度量方向。尺寸线不能用图形轮廓线代替，也不能和其他图线重合或在其他图线的延长线上，必须单独绘制。标注线性尺寸时，尺寸线必须与所标注的线段平行。一般从图形的轮廓线、轴线或对称中心线处引出。

（3）尺寸箭头

尺寸箭头用于标识尺寸线的起点和终点。建筑制图的箭头以 45° 的粗短斜线表示，而机械制图的箭头以实心三角形箭头表示。

（4）尺寸文字

尺寸文字一律不需要根据图纸的输出比例变换，而直接标注尺寸的实际数值大小，一般由 AutoCAD 自动测量得到。尺寸单位为 mm 时，尺寸文字中不标注单位。

尺寸文字包括数字形式的尺寸文字（尺寸数字）和非数字形式的尺寸文字（如注释，需要手工输入）。

10.1.2 尺寸标注的规定

尺寸标注要求对标注对象进行完整、准确、清晰的标注，标注的尺寸数值真实地反映了标注对象的大小。因此国家标准对尺寸标注做了详细的规定，要求尺寸标注必须遵守以下基本原则：

- ➢ 物体的真实大小应以图形上所标注的尺寸数值为依据，与图形的显示大小和绘图的精确度无关。
- ➢ 图形中的尺寸为图形所表示的物体的最后完成尺寸，如果是中间过程的尺寸（如在涂镀前的尺寸等），则必须另加说明。
- ➢ 物体的每一尺寸，一般只标注一次，并应标注在最能清晰反映该结构的视图上。

10.2 尺寸标注样式

标注样式用来控制标注的外观，如箭头样式、文字位置和尺寸公差等。在同一个 AutoCAD 文档中，可以同时定义多个不同的标注样式。修改某个样式后，就可以自动修改所有用该样式创建的对象。

绘制不同的工程图样，需要设置不同的尺寸标注样式，要系统地了解尺寸设计和制图的知识，请参考有关机械制图或建筑制图的国家规范和行业标准，以及其他相关的资料。

10.2.1 新建标注样式

标注样式的创建和编辑通常通过【标注样式管理器】对话框完成。

打开该对话框有如下几种方式：

- ➢ 命令行：输入 DIMSTYLE/D 命令。
- ➢ 菜单栏：选择【格式】|【标注样式】命令。
- ➢ 工具栏：单击【标注】工具栏中的【标注样式】按钮 。
- ➢ 功能区：单击【注释】面板中的【标注】面板右下角按钮 。

使用上面任一种方式，系统弹出【标注样式管理器】对话框，单击【新建】按钮，打开【创建新标注样式】对话框，在【新样式名】文本框中输入新建名称，单击【继续】按钮，在打开的对话框中即可设置标注中的直线、符号和箭头、文字、单位等内容，然后单击【确定】，完成样式的创建，如图 10-2 所示。

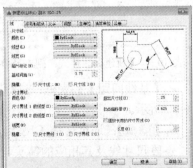

【标注样式管理器】对话框　　　【创建新标注样式】对话框　　　　　设置标注样式

图 10-2　新建标注样式

【创建新标注样式】对话框的【用于】下拉列表框用于指定新建标注样式的适用范围，包括【所有标注】、【线性标注】、【角度标注】、【半径标注】、【直线标注】、【坐标标注】和【引线与公差】等选项；选中【注释性】复选框，可将标注定义成可注释对象。

　　技巧： 在【基础样式】下拉列表框中选择一种基础样式，新样式将在该基础样式的基础上进行修改，可以提高样式设置的效率。

10.2.2　设置标注样式

1. 设置线样式

在 AutoCAD2016 中，可以针对【线】、【符号和箭头】、【文字】、【主单位】、【公差】等标注内容进行设置，来满足不同专业领域对标注的需要。

在图 10-3 所示的对话框中单击【线】选项卡，在其下的面板中可以进行线样式的设置。主要包括尺寸线和延伸线的设置。

（1）尺寸线

在【尺寸线】选项组中，可以设置尺寸线的颜色、线宽、超出标记以及基线间距等属性。下面具体介绍其各选项的含义：

➢ 【颜色】下拉列表框：用于设置尺寸线的颜色，默认情况下，尺寸线的颜色随块，也可以使用变量 DIMCLRD 设置。

➢ 【线型】下拉列表框：用于设置尺寸线的线型。

➢ 【线宽】下拉列表框：用于设置尺寸线的宽度，默认情况下，尺寸的线宽随块的设置进行调整，也可以使用变量 DIMLWD 设置。

➢ 【超出标记】列表框：当尺寸线的箭头采用倾斜、建筑标记、小点、积分或无标记等样式时，使用该文本框可以设置尺寸线超出延伸线的长度，如图 10-4 所示。

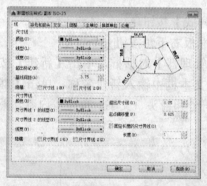

图 10-3　【新建标注样式：副本 ISO-25】对话框

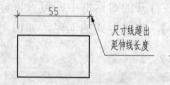

图 10-4　隐藏尺寸线效果

➢ 【基线间距】列表框：进行基线尺寸标注时可以设置各尺寸线之间的距离，如图 10-5 所示。

➢ 【隐藏】：通过选择【尺寸界线 1】或【尺寸界线 2】复选框，可以隐藏第 1 段或第 2 段尺寸线及其相应的箭头，如图 10-6 所示。

（2）尺寸界限

在【尺寸界限】选项组中，可以设置延伸线的颜色、线宽、超出尺寸线的长度和起点偏移量，隐藏控制等属性，下面具体介绍其各选项的含义：

➢ 【颜色】下拉列表框：用于设置延伸线的颜色，也可以使用变量 DIMCLRD 设置。

➢ 【线宽】下拉列表框：用于设置延伸线的宽度，也可以使用变量 DIMLWD 设置。

➢ 【尺寸界线 1 的线型】和【尺寸界线 2 的线型】下拉列表框：用于设置延伸线的线型。

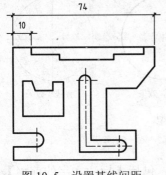

图 10-5　设置基线间距

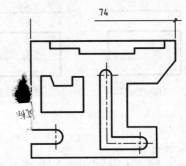

图 10-6　隐藏尺寸线效果

➢ 【超出尺寸线】列表框：用于设置延伸线超出尺寸线的距离，可以用变量 DIMEXE 设置，如图 10-7 所示。

➢ 【起点偏移量】列表框：设置延伸线的起点与标注定义点的距离，如图 10-8 所示。

➢ 【隐藏】：通过选中【尺寸界线 1】或【尺寸界线 2】复选框，可以隐藏延伸线。

➢ 【固定长度的尺寸界线】复选框：选中该复选框，可以使用具有特定长度的延伸线标注图形，其中在【长度】文本框中可以输入延伸线的数值。

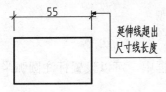

图 10-7　超出尺寸线示意图

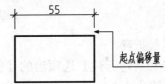

图 10-8　起点偏移量示意图

2. 设置符号箭头样式

在【符号和箭头】选项卡中，如图 10-9 所示，可以设置箭头、圆心标记、弧长符号和半径标注折弯的格式与位置。

（1）箭头

在【箭头】选项组中可以设置尺寸线和引线箭头和类型及尺寸大小等。通常情况下，尺寸线的两个箭头应一致。

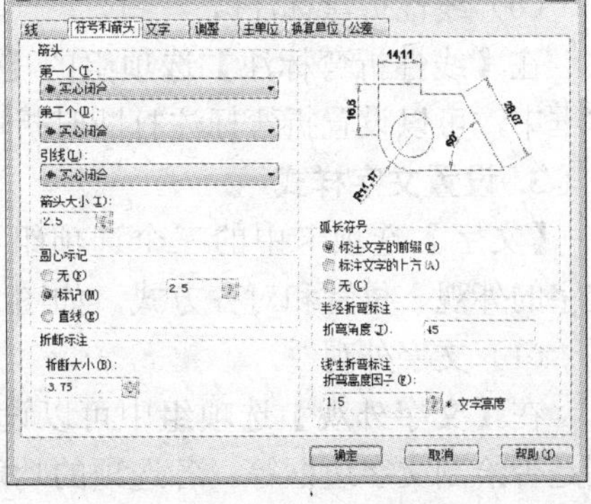

为了适用于不同类型的图形标注需要，AutoCAD 2016 设置了 20 多种箭头样式。在建筑绘图中通常设为"建筑标记"或"倾斜"样式。机械制图中通常设为"箭头"样式。

（2）圆心标记

图 10-9　【符号和箭头】选项卡

在【圆心标记】选项组中可以设置圆或圆心标记类型，如【标记】、【直线】和【无】。

其中，选中【标记】单选按钮可对圆或圆弧绘制圆心标记，如图 10-10 所示；选中【直线】单选按钮，可对圆或圆弧绘制中心线；选中【无】单选按钮，则没有任何标记。当选中【标记】或【直线】单选按钮时，可以在【大小】文本框中设置圆心标记的大小。

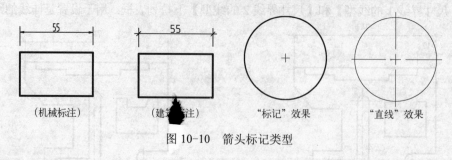

（机械标注）　　　　　　（建筑标注）　　　　　"标记"效果　　　　　"直线"效果

图 10-10　箭头标记类型

（3）弧长符号

在【弧长符号】选项组可以设置符号显示的位置，包括【标注文字的前缀】、【标注文字的上方】和【无】3 种方式，如图 10-11 所示。

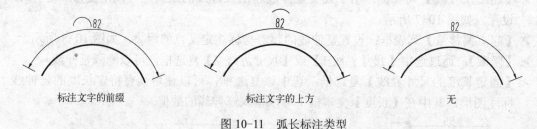

标注文字的前缀　　　　　　标注文字的上方　　　　　　　无

图 10-11　弧长标注类型

（4）半径折弯

在【半径折弯标注】选项组的【折弯角度】文本框中，可以设置标注圆弧半径时标注线的折弯角度大小。

（5）折断标注

在【折断标注】选项组的【折断大小】列表框中，可以设置标注折断时标注线的长度大小。

（6）线性折弯标注

在【线性折弯标注】选项组的【折弯高度因子】文本框中，可以设置折弯标注打断时折弯线的高度大小。

3. 设置文字样式

【文字】选项卡中的三个选项组可以分别设置尺寸文字的外观、位置和对齐方式。如图 10-12 所示。

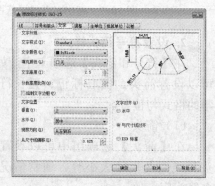

图 10-12　【文字】选项卡

（1）文字外观

在【文字外观】选项组中可以设置文字的样式、颜色、高度和分数高度比例，以及控制是否绘制文字边框等。各选项的功能说明如下：

> 【文字样式】下拉列表框：用于选择标注的文字样式。也可以单击其后的 按钮，系统弹出【文字样式】对话框，选择文字样式或新建文字样式。

> 【文字颜色】下拉列表框：用于设置文字的颜色，也可以使用变量 DIMCLRT 设置。

➢ 【填充颜色】下拉列表框：用于设置标注文字的背景色。

➢ 【文字高度】列表框：设置文字的高度，也可以使用变量 DIMCTXT 设置。

➢ 【分数高度比例】列表框：设置标注文字的分数相对于其他标注文字的比例，AutoCAD 将该比例值与标注文字高度的乘积作为分数的高度。

➢ 【绘制文字边框】复选框：设置是否给标注文字加边框。

（2）文字位置

在【文字位置】选项区域中可以设置文字的垂直、水平位置以及从尺寸线的偏移量，各选项介绍如下：

➢ 【垂直】下拉列表框：用于设置标注文字相对于尺寸线在垂直方向的位置，如"置中"、"上方"、"外部"和 JIS。其中，选择"置中"选项可以把标注文字放在尺寸线中间；选择"上方"选项，将把标注文字放在尺寸线的上方；选择"外部"选项可以把标注文字放在远离第一定义点的尺寸线一侧；选择 JIS 选项按 JIS 规则放置标注文字，各种效果如图 10-13 所示。

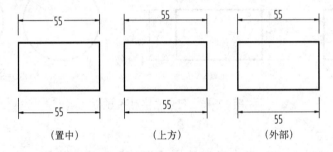

图 10-13　尺寸文字在垂直方向上的相对位置

➢ 【水平】下拉列表框：用于设置标注文字相对于尺寸线和延伸线在水平方向的位置，如"置中"、"第一条尺寸界线"、"第二条尺寸界线"、"第一条尺寸界线上方"、"第二条尺寸界线上方"，各种效果如图 10-14 所示。

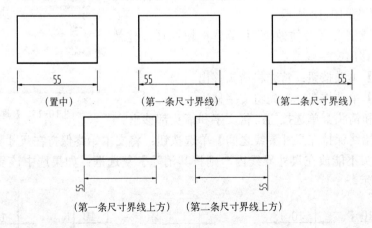

图 10-14　尺寸文字在水平方向上的相对位置

➢ 【从尺寸线偏移】列表框：设置标注文字与尺寸之间的距离。如果标注文字位于尺

寸线的中间，则表示断开处尺寸线端点与尺寸文字的间距。若标注文字带有边框，则可以控制文字边框与其中文字

的距离。如图 10-15 所示。

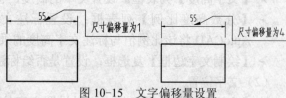

图 10-15　文字偏移量设置

（3）文字对齐

在【文字对齐】选项组中可以设置标注文字是保持水平还是与尺寸线平行，如图 10-16 所示。其选项的含义如下：

➢ 【水平】单选按钮：是标注文字水平放置。

➢ 【与尺寸线对齐】单选按钮：使标注文字方向与尺寸线方向一致。

➢ 【ISO 标准】单选按钮：使标注文字按 ISO 标准放置，当标注文字在延伸线之内时，它的方向与尺寸线方向一致，而在延伸线之外时将水平放置。

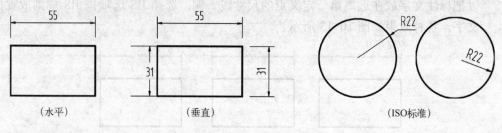

图 10-16　尺寸文字对齐方式

4. 设置调整样式

在【新建标注样式】对话框中可以使用【调整】选项卡设置标注文字的位置、尺寸线、尺寸箭头的位置，如图 10-17 所示。

（1）调整选项

在【调整选项】选项组中，可以确定当延伸线之间没有足够的空间同时放置标注文字和箭头时，应从延伸线之间移出对象，如图 10-18 所示。

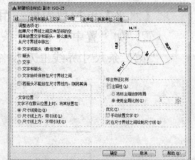

图 10-17　【调整】选项卡

➢ 【文字或箭头（最佳效果）】单选按钮：按最佳效果自动移出文字或箭头。

➢ 【箭头】单选按钮：首先将箭头移出。

➢ 【文字】单选按钮：首先将文字移出。

➢ 【文字和箭头】单选按钮：将文字和箭头都移出。

➢ 【文字始终保持在尺寸界线之间】单选按钮：将文本始终保持在尺寸界线之内。

➢ 【若箭头不能放在尺寸界线内，则将其消除】复选框：如果选中该复选框可以抑制箭头显示。

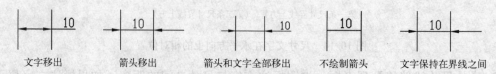

图 10-18　尺寸要素调整

（2）文字位置

在【文字位置】选项组中，可以设置当文字不在默认位置时的位置。

其中各选项的含义如下，如图 10-19 所示。

➢ 【尺寸线旁边】单选按钮：选中该单
选按钮可以将文本放在尺寸线旁边。

➢ 【尺寸线上方，带引线】单选按钮：
选中该单选按钮可以将文本放在尺寸
线上方，并带上引线。

➢ 【尺寸线上方，不带引线】单选按
钮：选中该单选按钮可以将文本放在
尺寸线上方，并不带上引线。

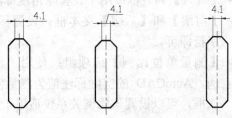

图 10-19　标注文字位置

（3）标注特征比例

在【标注特征比例】选项组中，可以设置标注尺寸的特征比例，以便通过设置全局比例来增加或减少各标注的大小。各选项功能如下：

➢ 【注释性】复选框：选择该复选框，可以将标注定义成可注释性对象。

➢ 【将标注缩放到布局】单选按钮：选中该单选按钮，可以根据当前模型空间视口与图纸之间的缩放关系设置比例。

➢ 【使用全局比例】单选按钮：选择该单选按钮，可以对全部尺寸标注设置缩放比例，该比例不改变尺寸的测量值。

（4）优化

在【优化】选项组中，可以对标注文字和尺寸线进行细微调整，该选项区域包括以下两个复选框：

➢ 【手动放置文字】复选框：选中该复选框，则忽略标注文字的水平设置，在标注时可将标注文字放置在指定的位置。

➢ 【在尺寸界线之间绘制尺寸线】复选框：选中该复选框，当尺寸箭头放置在延伸线之外时，也可在延伸线之内绘出尺寸线。

5. 设置标注单位样式

在【新建标注样式：副本 ISO-25】对话框中，如图 10-20 所示，可以使用【主单位】选项卡设置主单位的格式与精度等属性。

图 10-20　【主单位】选项卡

（1）线性标注

在【线性标注】选项组中可以设置线性标注的单位格式与精度，主要选项功能如下：

➢ 【单位格式】下拉列表框：设置除角度标注之外的其余各标注类型的尺寸单位，包括【科学】、【小数】、【工程】、【建筑】、【分数】等选项。

➢ 【精度】下拉列表框：设置除角度标注之外的其他标注的尺寸精度。

➢ 【分数格式】下拉列表框：当单位格式是分数时，可以设置分数的格式，包括【水平】、【对角】和【非堆叠】3 种方式。

> 【小数分隔符】下拉列表框：设置小数的分隔符，包括【逗点】、【句点】和【空格】3 种方式。

> 【舍入】列表框：用于设置除角度标注外的尺寸测量值的舍入值。

> 【前缀】和【后缀】文本框：设置标注文字的前缀和后缀，在相应的文本框中输入字符即可。

> 【测量单位比例】选项组：使用"比例因子"文本框可以设置测量尺寸的缩放比例，AutoCAD 的实际标注值为测量值与该比例的积。选中【仅应用到布局标注】复选框，可以设置该比例关系仅适用于布局。

> 【消零】选项组：可以设置是否显示尺寸标注中的【前导】和【后续】中的零。

（2）角度标注

在【角度标注】选项组中，可以使用【单位格式】下拉列表框设置标注角度时的单位，使用【精度】下拉列表框设置标注角度的尺寸精度，使用【消零】选项组设置是否消除角度尺寸的【前导】和【后续】中的零。

6. 设置换算单位样式

现代工程设计往往是多国家、多行业的协同工作，各合作方使用的标准和规范常常会不同。最常见的情况是，双方使用的度量单位不一致。如我国常用公制单位"毫米"，而些西方国家通常用英制单位"英寸"。因此，在进行尺寸标注时，不仅要标注出主尺寸，还要同时标注出经过转化后的换算尺寸，以方便使用不同度量单位的用户阅读。

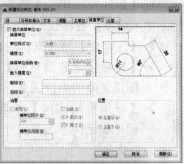

图 10-21　【换算单位】选项卡

【新建标注样式】对话框的【换算单位】选项卡用于设置单位的格式，如图 10-21 所示。

选中【显示换算单位】复选框后，对话框的其他选项才可以用，可以在【换算单位】选项组中设置换算单位的【单位格式】、【精度】、【换算单位倍数】、【舍入精度】、【前缀】及【后缀】等，方法与设置主单位的方法相同。

在【位置】选项区域中，可以设置换算单位的位置，包括【主值后】和【主值下】两种方式。如图 10-22 所示，中括号中显示的为换算尺寸。

7. 设置公差样式

【公差】选项卡设置是否标注公差，以及以何种方式进行标注，如图 10-23 所示。

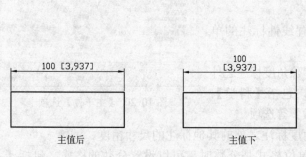

图 10-22　换算尺寸的位置

图 10-23　【公差】选项卡

在【公差格式】选项组中可以设置公差的标注格式，主要选项的介绍如下：

➤ 【方式】下拉列表框：确定以何种方式标注公差，如图 10-24 所示。

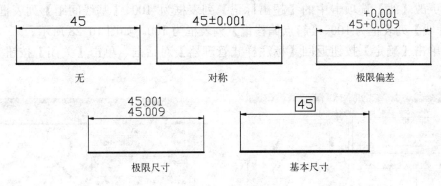

图 10-24　公差标注方式

➤ 【上偏差】和【下偏差】列表框：设置尺寸上偏差、下偏差。

➤ 【高度比例】列表框：确定公差文字的高度比例因子。确定后，AutoCAD 将该比例因子与尺寸文字高度之积作为公差文字的高度。

➤ 【垂直位置】下拉列表框：控制公差文字相对于尺寸文字的位置，包括"上"、"中"和"下"3 种方式。

➤ 【换算单位公差】选项组：当标注换算单位时，可以设置换算单位精度和是否消零。

机械与建筑是 AutoCAD 最常用的两个应用领域，前面介绍了机械标注样式的设置方法，下面讲解建筑标注样式的设置，读者可了解不同专业领域对标注样式的要求。

10.2.3　实例——新建【建筑标注】样式

（1）选择【文件】|【新建】命令，新建空白文件。

（2）选择【格式】|【标注样式】命令，打开【标注样式管理器】对话框，单击【新建】按钮，在打开的【创建新标注样式】对话框中新建【建筑标注】样式，如图 10-25 所示。

（3）单击【继续】按钮，更改【文字】选项卡中的【文字高度】列表框为 200、【从尺寸线偏移】列表框为 50，如图 10-26 所示。

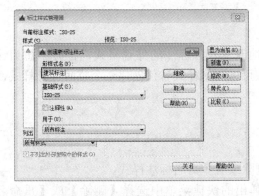

图 10-25　创建新样式

图 10-26　设置【文字】选项卡

（4）更改【符号和箭头】选项卡中的【箭头】选项组中的【第一个】和【第二个】为【建筑标记】，【箭头大小】列表框为 200，如图 10-27 所示。

（5）更改【线】选项卡中的【超出标记】列表框为 100、【基线间距】列表框为 300、【超出尺寸线】列表框为 100、【起点偏移量】列表框为 100，如图 10-28 所示。

（6）单击【确定】按钮返回【标注样式管理器】对话框，单击【关闭】按钮完成标注样式的设置。

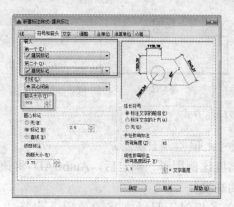

图 10-27　设置【符号和箭头】选项卡

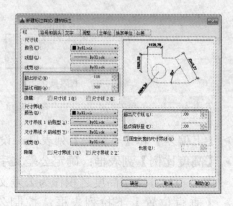

图 10-28　设置【线】选项卡

10.3　修改标注样式

在绘图的过程中，常常需要根据绘图实际情况对标注样式进行修改。样式修改完成后，用该样式创建的所有尺寸标注对象都将自动被修改。

10.3.1　修改尺寸标注样式

在【标注样式管理器】的【样式】列表框中单击选择需要修改的样式，单击【修改】按钮，打开【修改标注样式】对话框，然后按照前面介绍的设置标注样式的方法，对各选项卡的参数进行设置。样式修改完毕后，单击【确定】按钮即可。

10.3.2　替代标注样式

在标注尺寸的过程中，经常需要临时性地改变尺寸标注的外观格式，但并不想为这些临时性的改变而专门创建一个新样式。这时，可以利用样式替代创建一个临时性的样式，暂时替代当前样式进行尺寸标注。

10.3.3　删除与重命名标注样式

在【标注样式管理器】对话框中，可以删除或者重命名标注样式。

在尺寸样式列表中右击某尺寸样式，在弹出的快捷菜单中选择【删除】或【重命名】选项即可，如图 10-29 所示。

要删除当前样式，应该先改变当前样式，再删除该
样式。

提示：当前标注样式或正被使用的标注样式，以及
列表中唯一的标注样式都是不能被删除的。

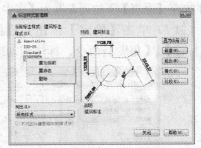

图 10-29　样式快捷菜单

10.3.4　实例——修改零件尺寸标注样式

（1）选择【文件】|【打开】命令，打开"素材\第
10 章\10.3.4.dwg"文件，如图 10-30 所示，该零件标注
的文字过小，也不符合相关规范，下面通过修改标注样式，快速调整标注效果。

（2）选择【格式】|【标注样式】命令，打开【标注样式管理器】对话框，如图 10-31
所示。

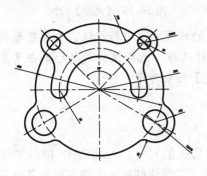

图 10-30　素材图形

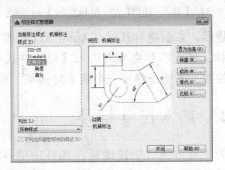

图 10-31　【标注样式管理器】对话框

（3）选择【机械标注】样式，单击【修改】按钮，打开【修改标注样式：机械标注】
对话框，更改【符号和箭头】选项卡中的【箭头大小】列表框为 3.5，如图 10-32 所示。

（4）更改【文字】选项卡中的【文字高度】列表框为 4，【文字对齐】方式为【水平】，
如图 10-33 所示。

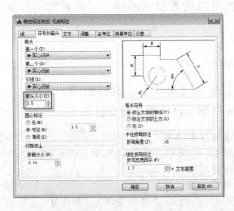

图 10-32　调整箭头大小

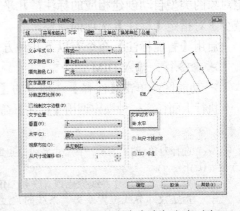

图 10-33　调整文字高度与文字对齐

（5）单击【确定】按钮完成标注样式修改，返回【标注样式管理器】对话框。

（6）单击【替代】按钮，打开【替换当前样式：机械标注】对话框，更改【文字】选项卡中

的文字【垂直】下拉列表框为【居中】，【文字对齐】方式为【与尺寸线对齐】，如图 10-34 所示。

（7）单击【确定】按钮完成标注样式替代，关闭【标注样式管理器】对话框，选择
【标注】|【角度】命令，标注辅助线之间的角度，效果如图 10-35 所示。

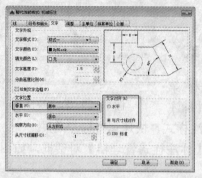

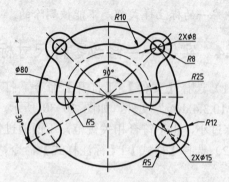

图 10-34 【替换当前样式：机械标注】对话框   图 10-35 【角度】标注

提示： 在创建标注时，AutoCAD 会暂时使用新的标注样式进行标注。如果想要恢复原来的标注样式，需要再次进入【标注样式管理器】对话框，选择该样式之后单击【置为当前】按钮，系统会弹出一个提示对话框，单击【确定】按钮即可。

10.4 基本尺寸标注

为了更方便、快捷地标注图样中的各个方向和形式的尺寸，AutoCAD 提供了线性标注、径向标注、角度标注、指引标注等多种标注类型。掌握这些标注方法可以为各种图形灵活添加尺寸标注，使其成为生产制造或施工的依据。

10.4.1 智能标注

智能标注 DIM 命令为 AutoCAD 2016 新添的功能，可理解为智能标注，它可以根据选定对象的类型自动创建相应的标注，几乎一个命令就可以设置日常的标注，非常实用，大大减少了对指定【标注】选项的需要。

启用【智能标注】命令有以下几种方式：

➢ 命令行：输入 DIM 命令。

➢ 功能区：单击【注释】选项卡的【标注】面板中的【标注】工具按钮。

执行上面任意一种操作调用【标注】命令，标注零件图，具体操作命令行如下：

```
命令: dim                        //调用【标注】命令
    选择对象或指定第一个尺寸界线原点或 [角度(A)/基线(B)/连续(C)/坐标(O)/对齐(G)/分发(D)/图层
(L)/放弃(U)]:                    //选择线性对象点 A
        指定第二个尺寸界线原点或 [放弃(U)]:    //选择线性对象点 B
        指定尺寸界线位置或第二条线的角度 [多行文字(M)/文字(T)/文字角度(N)/放弃(U)]:    //放置标
注，重复标注，依次选择 B、C 点和 C、D 点标注如图 10-36 所示
        选择对象或指定第一个尺寸界线原点或 [角度(A)/基线(B)/连续(C)/坐标(O)/对齐(G)/分发(D)/图层
(L)/放弃(U)]: //选择非平行的线性对象，依次选择线 l、m，并放置角度标注，如图 10-37 所示
        选择对象或指定第一个尺寸界线原点或 [角度(A)/基线(B)/连续(C)/坐标(O)/对齐(G)/分发(D)/图层
(L)/放弃(U)]:        //选择圆或圆弧对象，放置标注如图 10-38 所示
```

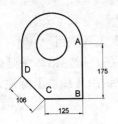

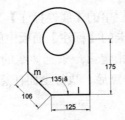

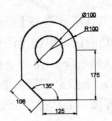

图 10-36　智能标注水平、垂直　　图 10-37　智能标注角度　　图 10-38　智能标注半径、直径

命令行中主要选项含义如下：

> 角度(A)：标注圆弧、圆、直线等的角度。
> 基线(B)：用于基线标注。
> 连续(C)：用于连续标注。
> 坐标(O)：用于指定点的坐标。
> 对齐(G)：用于对齐标注。
> 分发(D)：用于发布标注。
> 图层(L)：输入图层名称或选择对象来指定图层以放置标注或输入，以使用当前设置。

提示：无论创建哪种类型的标注，DIM 命令都会保持活动状态，以便用户可以轻松地放置其他标注，直到退出命令。

10.4.2　对齐标注

在对直线段进行标注时，如果该直线的倾斜角度未知，那么使用【线性标注】的方法将无法得到准确的测量结果，这时可以使用【对齐】命令进行标注。

启用【对齐】标注命令有以下几种方式：

> 命令行：输入 DIMALIGNED/DAL 命令。
> 菜单栏：选择【标注】|【对齐】命令。
> 工具栏：单击【标注】工具栏中的【对齐标注】工具按钮 。
> 功能区：单击【注释】选项卡的【标注】面板中的【对齐】工具按钮 对齐。

执行上面任意一种操作调用【对齐】标注命令，标注零件图，具体操作命令行如下：

命令：_dimaligned✓	//调用【对齐】命令
指定第一个尺寸界线原点或<选择对象>：	//利用【圆心捕捉】拾取 A 点圆心
指定第二条尺寸界线原点：	//利用【圆心捕捉】拾取 B 点圆心
创建了无关联的标注。	
指定尺寸线位置或	//移动鼠标确定尺寸线位置
[多行文字(M)/文字(T)/角度(A)]：标注文字 =17，如图 10-39 所示	

10.4.3　线性标注

线性标注包括水平标注和垂直标注两种类型，用于标注任意两点之间的距离。

启动【线性】标注命令有以下几种方式：

> 命令行：选择 DIMLINEAR/DLI 命令。
> 菜单栏：选择【标注】|【线性】命令。

> 工具栏：单击【标注】工具栏中的【线性标注】工具按钮□。
> 功能区：单击【注释】选项卡的【标注】面板中的【线性】工具按钮□线性。

默认情况下，在命令行提示下指定第一条延伸线的原点，并在"指定第二条延伸线原点："提示下指定了第二条延伸线原点后，执行上面任意一种操作调用【线性】标注命令，标注零件图，具体操作命令行如下：

```
命令：_dimlinear↙                    //调用【线性】命令
指定第一个尺寸界线原点或<选择对象>：  //利用【端点捕捉】拾取 A 端点
指定第二条尺寸界线原点：             //利用【端点捕捉】拾取 B 端点
指定尺寸线位置或      //向右移动鼠标指定尺寸线位置
[多行文字(M)/文字(T)/角度(A)/水平(H)/垂直(V)/旋转(R)]:
标注文字 = 21
命令： DIMLINEAR                     //按空格键重复命令
指定第一个尺寸界线原点或<选择对象>：  //利用【端点捕捉】拾取 B 端点
指定第二条尺寸界线原点：             //利用【端点捕捉】拾取 C 端点
指定尺寸线位置或//移动鼠标指定尺寸线位置
[多行文字(M)/文字(T)/角度(A)/水平(H)/垂直(V)/旋转(R)]:
标注文字 = 12，如图 10-40 所示
```

命令行各选项的含义说明如下：

> 多行文字(M)：选择该选项将进入多行文字编辑模式，可以使用【多行文字编辑器】对话框输入并设置标注文字。其中，文字输入窗口中的尖括号"<>"表示系统测量值。
> 文字(T)：以单行文字形式输入尺寸文字。
> 角度(A)：设置标注文字的旋转角度。
> 水平(H)和垂直(V)：标注水平尺寸和垂直尺寸。可以直接确定尺寸线的位置，也可以选择其他选项来指定标注的标注文字内容或标注文字的旋转角度。
> 旋转(R)：旋转标注对象的尺寸线。

技巧：如果在【线性标注】的命令行提示下直接按〈Enter〉键，则要求选择要标注尺寸的对象。当选择了对象以后，AutoCAD 将自动以对象的两个端点作为两条延伸线的起点。

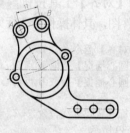

图 10-39　对齐标注

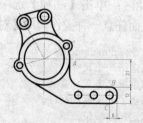

图 10-40　线性标注

10.4.4　连续标注

连续标注又称为链式标注或尺寸链，是多个线性尺寸的组合。连续标注从某一基准尺寸界线开始，按某一方向顺序标注一系列尺寸，相邻的尺寸共用一条尺寸界线，而且所有的尺寸线都在同一直线上。

启动【连续】标注命令有以下几种方式：

- 命令行：输入 DIMCONTINUE/DCO 命令。
- 菜单栏：选择【标注】|【连续】命令。
- 工具栏：单击【标注】工具栏中的【连续标注】工具按钮 ⊞。
- 功能区：单击【注释】选项卡的【标注】面板中的【连续】工具按钮 ⊞ 连续。

执行上面任意一种操作调用【连续】标注命令，标注零件图，具体操作命令行如下：

```
命令：_dimcontinue✓                                    //调用【连续】命令
指定第二条尺寸界线原点或 [放弃(U)/选择(S)] <选择>：    //利用【圆心捕捉】拾取 A 点
标注文字 = 12
指定第二条尺寸界线原点或 [放弃(U)/选择(S)] <选择>：    //利用【圆心捕捉】拾取 B 点
标注文字 = 12
指定第二条尺寸界线原点或 [放弃(U)/选择(S)] <选择>：✓
选择连续标注：✓  //按〈Enter〉键结束标注，如图 10-41 所示
```

提示：如【连续】标注上一步不是【线性】、【坐标】或【角度】标注的话，要先选择连续标注的对象。

10.4.5 基线标注

基线标注用于以同一尺寸界线为基准的一系列尺寸标注，即从某一点引出的尺寸界线作为第一条尺寸界线，依次进行多个对象的尺寸标注。

调用【基线】标注命令有以下几种方式：

- 命令行：输入 DIMBASELINE/DBA 命令。
- 菜单栏：选择【标注】|【基线】命令。
- 工具栏：单击【注释】选项卡的【标注】面板中的【基线标注】工具按钮 ⊟。
- 功能区：单击【注释】选项卡的【标注】面板中的【基线】工具按钮 ⊟ 基线。

执行上面任意一种操作调用【基线】标注命令，标注零件图，具体操作命令行如下：

```
命令：_dimbaseline✓                                    //调用【基线】命令
选择基准标注：                                          //选择尺寸为 6 的标注作为基准标注
指定第二条尺寸界线原点或 [放弃(U)/选择(S)] <选择>：    //利用【圆心捕捉】拾取 A 点
标注文字 = 18
指定第二条尺寸界线原点或 [放弃(U)/选择(S)] <选择>：    //利用【圆心捕捉】拾取 B 点
标注文字 = 30
指定第二条尺寸界线原点或 [放弃(U)/选择(S)] <选择>：✓
选择基准标注：✓           //按空格键退出标注，如图 10-42 所示
```

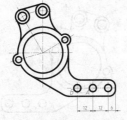

图 10-41　连续标注

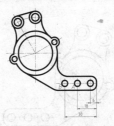

图 10-42　基线标注

技巧：对比【基线】标注和【连续】标注可以看出，【基线】标注在同一个标注的基础上进行标注，而【连续】标注是在上一个标注的基础上进行标注。

10.4.6 直径标注

直径标注可以快速获得圆或圆弧的直径大小。根据国家规定，标注直径时，应在尺寸数字前加注前缀符号"ϕ"。

启用【直径】标注命令有以下几种方式：

➤ 命令行：输入 DIMDIAMETER/DDI 命令。

➤ 菜单栏：选择【标注】|【直径】命令。

➤ 工具栏：单击【标注】工具栏中的【直径标注】按钮。

➤ 功能区：单击【注释】选项卡的【标注】面板中的【直径】工具按钮。

执行上面任意一种操作调用【直径】标注命令，标注零件图，具体操作命令行如下：

命令：_dimdiameter↙	//调用【直径】命令
选择圆弧或圆：	//选择需要标注的圆
标注文字 = 31	
指定尺寸线位置或 [多行文字(M)/文字(T)/角度(A)]：	//移动鼠标指定尺寸线位置
重复标注圆 40，如图 10-43 所示	

10.4.7 半径标注

利用【半径】标注可以快速获得圆或圆弧的半径大小。根据国家规定，标注直径时，应在尺寸数字前加注前缀符号"R"。

启用【半径】标注命令有以下几种方式：

➤ 命令行：输入 DIMRADIUS/DRA 命令。

➤ 菜单栏：选择【标注】|【半径】命令。

➤ 工具栏：单击【标注】工具栏中的【半径】工具按钮。

➤ 功能区：单击【注释】选项卡的【标注】面板中的【半径】工具按钮。

执行上面任意一种操作调用【半径】标注命令，标注零件图，具体操作命令行如下：

命令：_dimradius↙	//调用【半径】命令
选择圆弧或圆：	//选择需要标注的圆弧
标注文字 = 10	
指定尺寸线位置或 [多行文字(M)/文字(T)/角度(A)]：	//移动鼠标指定尺寸线位置
重复半径标注 R20，R5，如图 10-44 所示	

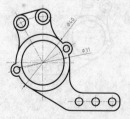

图 10-43　直径标注

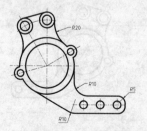

图 10-44　半径标注

10.4.8　实例——标注可调连杆零件图

本小节通过具体的实例，帮助读者熟练各种标注的操作。

（1）单击【快速访问】|【打开】按钮🗁，打开"素材\第 10 章\10.4.8.dwg"文件，如图 10-45 所示。

（2）在【默认】选项卡中，单击【注释】面板的【标注样式】按钮🖼，弹出【标注样式管理器】对话框，新建【线性标注】样式，单击【置为当前】按钮，关闭【标注样式管理器】对话框。

（3）调用 DLI【线性标注】命令和 DCO【连续性标注】命令，标注 A，B，C，D，E，F 的位置尺寸，继续调用相同的方法标注其他位置标注，如图 10-46 所示。

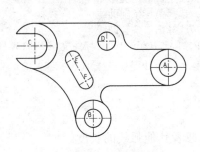

图 10-45　素材材料

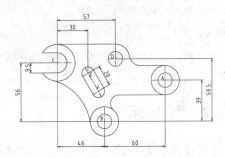

图 10-46　位置尺寸标注

（4）标注圆弧半径，如图 10-47 所示。标注圆及圆弧直径，如图 10-48 所示。

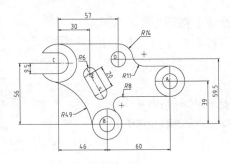

图 10-47　半径标注

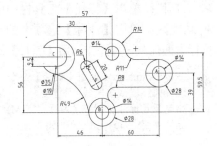

图 10-48　直径标注

10.5　其他尺寸标注

除了基本的尺寸标注以外，AutoCAD 还提供了角度标注、弧长标注、弯折标注、形位公差等特殊标注类型。

10.5.1　角度标注

利用【角度】标注工具不仅可以标注两条呈一定角度的直线或 3 个点之间的夹角，还可以标注圆弧的圆心角。

启用【角度】标注命令有以下几种方式：

➢ 命令行：输入 DIMANGULAR/ DAN 命令。

➢ 菜单栏：选择【标注】|【角度】命令。

➢ 工具栏：单击【标注】工具栏中的【角度标注】按钮△。

➢ 功能区：单击【注释】选项卡的【标注】面板中的【角度】工具按钮 △角度。

执行上面任意一种操作调用【角度】标注命令，标注零件图，具体操作命令行如下：

```
命令：_dimangular↙                                    //调用【角度】命令
选择圆弧、圆、直线或<指定顶点>：                         //选择第一条辅助线
选择第二条直线：                                        //选择第二条辅助线
指定标注弧线位置或 [多行文字(M)/文字(T)/角度(A)/象限点(Q)]：
标注文字 = 30
命令：DIMANGULAR↙                                     //按空格键重复命令
选择圆弧、圆、直线或<指定顶点>：                         //选择第一条辅助线
选择第二条直线：                                        //选择第二条辅助线
指定标注弧线位置或 [多行文字(M)/文字(T)/角度(A)/象限点(Q)]：  //标注文字 = 15，如图
10-49 所示
```

10.5.2　弧长标注

使用【弧长】标注工具可以标注圆弧、多段线圆弧或者其他弧线的长度。

启用【弧长】标注命令有以下几种方式：

➢ 命令行：输入 DIMARC 命令。

➢ 菜单栏：选择【标注】|【弧长】命令。

➢ 工具栏：单击【标注】工具栏中的【弧长标注】按钮 ⌒。

➢ 功能区：单击【注释】选项卡的【标注】面板中的【弧长】工具按钮 ⌒弧长。

执行上面任意一种操作调用【弧长】标注命令，标注零件图，具体操作命令行如下：

```
命令：_dimarc↙ //调用【弧长】命令
选择弧线段或多段线圆弧段：              //选择需要标注的圆弧
指定弧长标注位置或 [多行文字(M)/文字(T)/角度(A)/部分(P)/引线(L)]：
标注文字 = 15，如图 10-50 所示
```

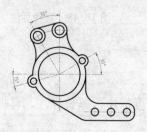

图 10-49　角度标注

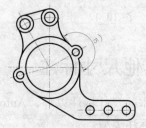

图 10-50　弧长标注

10.5.3　快速标注

AutoCAD 将常用的标注综合成了一个方便的快速标注命令 QDIM。执行该命令时，只

需要选择标注的图形对象，AutoCAD 就针对不同的标注对象自动选择合适的标注类型，并快速标注。

启用【快速标注】命令的方式有以下几种方式：

➢ 命令行：输入 QDIM 命令。

➢ 菜单栏：选择【标注】|【快速标注】命令。

➢ 工具栏：单击【标注】工具栏中的【快速标注】按钮 。

➢ 功能区：单击【注释】选项卡的【标注】面板中的【快速标注】按钮 快速 。

执行上面任一种操作调用【快速标注】命令，标注零件图，具体操作命令行如下：

```
命令: _qdim↙                          //调用【快速标注】命令
选择要标注的几何图形: 找到 1 个
选择要标注的几何图形:↙              //选择要标注的对象
指定尺寸线位置或 [连续(C)/并列(S)/基线(B)/坐标(O)/半径(R)/直径(D)/基准点(P)/编辑(E)/设置(T)]
<半径>:D↙                            //激活"直径(D)"选项
指定尺寸线位置或 [连续(C)/并列(S)/基线(B)/坐标(O)/半径(R)/直径(D)/基准点(P)/编辑(E)/设置(T)]
<直径>:                              //移动鼠标指定尺寸线位置
命令:  QDIM                          //按空格键重复命令
选择要标注的几何图形: 指定对角点: 找到 1 个
选择要标注的几何图形: 指定对角点: 找到 1 个，总计 2 个
选择要标注的几何图形: 找到 1 个，总计 3 个
选择要标注的几何图形: 找到 1 个，总计 4 个
选择要标注的几何图形: ↙             //选择要标注的线段
指定尺寸线位置或 [连续(C)/并列(S)/基线(B)/坐标(O)/半径(R)/直径(D)/基准点(P)/编辑(E)/设置(T)]
<连续>:                              //移动鼠标指定尺寸线位置，如图 10-51 所示
```

10.5.4 折弯标注

在标注大直径的圆或圆弧的半径尺寸时，可以使用【折弯标注】。

启用【折弯】命令有以下几种方式：

➢ 命令行：输入 DIMJOGGED 命令。

➢ 菜单栏：选择【标注】 |【折弯】命令。

➢ 工具栏：单击【标注】工具栏中的【折弯】按钮 。

➢ 功能区：单击【注释】选项卡的【标注】面板中的【已折弯】工具按钮 已折弯 。

执行上面任意一种操作调用【折弯】标注命令，标注零件图，具体操作命令行如下：

```
命令: _dimjogged↙    //调用【折弯】标注
选择圆弧或圆:                              //选择圆弧
指定图示中心位置:                          //指定标注中心位置
标注文字 = 20
指定尺寸线位置或 [多行文字(M)/文字(T)/角度(A)]:    //指定尺寸线位置
指定折弯位置:                              //指定折弯位置，如图 10-52 所示
```

提示：【折弯】标注和【半径】标注方法基本相同，但需要指定一个位置代替圆或圆弧的圆心。

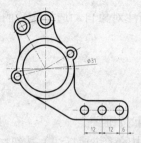

图 10-51　快速标注

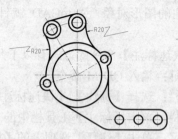

图 10-52　折弯标注

10.5.5　快速引线和多重引线标注

引线标注是另外一类常用的尺寸标注类型，由箭头、引线和注释文字构成。箭头是引注的起点，从箭头处引出引线，在引线边上加注注释文字。

AutoCAD 2016 提供了【快速引线】和【多重引线】等引线标注命令，其中【快速引线】标注命令是旧版本 AutoCAD 的引线标注命令，其功能没有【多重引线】功能强大，正逐渐被替换，因此这里重点讲解【多重引线】命令的用法。

1. 快速引线标注

【快速引线】标注命令没有显示在菜单栏、工具栏和面板中，只能通过命令行进行调用。

➢ 命令行：输入 QLEADER /LE 命令。

QLEADER 命令需要输入的参数包括引注的起点（箭头）、引线各节点的位置和注释文字，如图 10-53 所示。

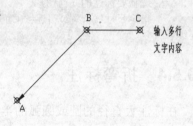

2. 多重引线标注

启用【多重引线】标注命令有以下几种方法。

➢ 命令行：输入 MLEADER/MLD 命令。

➢ 菜单栏：选择【标注】|【多重引线】命令。

➢ 工具栏：单击【多重引线】工具栏中的【多重引线】按钮 。

图 10-53　快速标注

➢ 功能区：在【注释】选项卡中，单击【引线】面板右下角按钮。

与标注一样，在创建多重引线之前，应设置其多重引线样式。通过【多重引线样式管理器】可以设置【多重引线】的箭头、引线、文字等特征。

在 AutoCAD 2016 中打开【多重引线样式管理器】对话框有以下几种方法：

➢ 命令行：输入 MLEADERSTYLE/MLS 命令。

➢ 菜单栏：选择【格式】|【多重引线样式】命令。

➢ 工具栏：单击【多重引线】工具栏中的【多重引线样式】按钮。

➢ 功能区：在【注释】选项卡中，单击【引线】面板右下角按钮。

10.5.6　实例——标注多重引线

（1）选择【文件】|【打开】命令，打开"素材\第 10 章\10.5.6.dwg"文件，如图 10-54 所示。

（2）选择【格式】|【多重引线样式】命令，对圆角部位进行引线标注，如图 10-55 所示，命令行如下：

> 命令: _mleader　　　　　　//调用【多重引线】命令
> 指定引线箭头的位置或 [引线基线优先(L)/内容优先(C)/选项(O)] <选项>:O✓　//激活"选项(O)"选项
> 输入选项 [引线类型(L)/引线基线(A)/内容类型(C)/最大节点数(M)/第一个角度(F)/第二个角度(S)/退出选项(X)] <退出选项>: F✓　　　　　　//激活"第一个角度(F)"选项
> 输入第一个角度约束<0>: 45✓　　//输入约束角度
> 输入选项 [引线类型(L)/引线基线(A)/内容类型(C)/最大节点数(M)/第一个角度(F)/第二个角度(S)/退出选项(X)] <第一个角度>: X✓　　　//激活"退出选项(X)"选项
> 指定引线箭头的位置或 [引线基线优先(L)/内容优先(C)/选项(O)] <选项>: //指定引线箭头的位置
> 指定引线基线的位置:　　　　//指定引线基线的位置，然后在【文本格式】中输入 2xR10

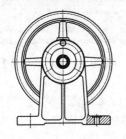

图 10-54　素材图形

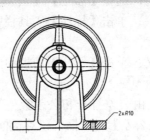

图 10-55　标注圆角

（3）选择【格式】|【多重引线样式】命令，系统弹出【多重引线样式管理器】对话框，单击【修改】按钮，修改【内容】选项卡中的【多重引线类型】下拉列表框为【块】，【源块】下拉列表框为【圆】，【比例】列表框为 2，如图 10-56 所示。

（4）单击【多重引线】工具栏中的【多重引线】按钮 ，标注零件编号，如图 10-57 所示，命令行操作如下：

> 命令: _mleader✓　　　　//调用【多重引线】命令
> 指定引线箭头的位置或 [引线基线优先(L)/内容优先(C)/选项(O)] <选项>: //指定引线箭头的位置
> 指定引线基线的位置:　　//指定引线基线的位置
> 输入属性值
> 输入标记编号<TAGNUMBER>: 1✓　//输入编号，按空格键重复命令继续标注

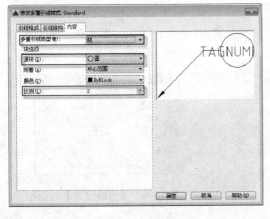

图 10-56　修改多重引线样式

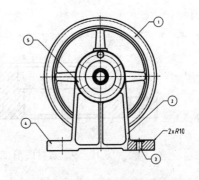

图 10-57　标注零件编号

10.5.7 形位公差标注

经机械加工后的零件，除了会产生尺寸误差外，还会产生单一要素的形状误差和不同要素之间的相对误差。形位公差就是对这些误差的最大允许范围的说明。形位公差分为形状公差和位置公差。形位误差影响产品的功能，因此在设计时应规定相应的公差，并按规定的标准符号标注在图样上。

【公差】命令用于标注不带引线和箭头的形位公差。启用【公差】标注命令有以下几种方法：

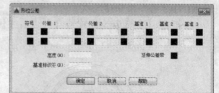

> 命令行：输入 TOLERANCE/TOL 命令。
> 菜单栏：选择【标注】|【公差】命令。
> 工具栏：单击【标注】工具栏中的【公差】按钮⊕。
> 功能区：单击【标注】面板中的【公差】工具按钮⊕。

图 10-58 【形状公差】对话框

形位公差由公差符号和公差数值等几部分组成。执行【公差】命令，打开如图 10-58 所示的【形状公差】对话框，该对话框用于填写形位公差的所有内容。

国家规定的 14 种形位公差符号及含义见表 10-1。

表 10-1 各种公差符号含义

分类	项目特征	有无基准要求	符号	分 类	项目特征	有无基准要求	符号
形状公差	直线度	无	—	位置公差	平行度	有	//
	平面度	无	▱	定向公差	垂直度	有	⊥
					倾斜度	有	∠
	圆度	无	○	定位公差	位置度	有或无	⊕
	圆柱度	无	⌀		同轴度	有	◎
					对称度	有	=
	线轮廓度	有或无	⌒	跳动公差	圆跳动	有	↗
	面轮廓度	有或无	◠		全跳动	有	↗↗

10.5.8 实例——形位公差标注

（1）选择【文件】|【打开】命令，打开"素材\第 10 章\10.5.8.dwg"文件，如图 10-59 所示。

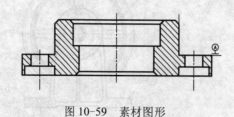

图 10-59 素材图形

图 10-60 【引线设置】对话框

（2）输入 QLEADER /LE 命令，根据命令行的提示绘制引线，命令行操作如下：

命令: LE	//调用【快速引线】命令
指定第一个引线点或 [设置(S)] <设置>: S	//激活 "设置(S)" 选项，在弹出的【引线
设置】对话框中，选择【注释】选项卡，如图 10-60 所示更改【注释类型】	
指定第一个引线点或 [设置(S)] <设置>:	//指定箭头位置
指定下一点:	//指定折线位置
指定下一点:	//指定端点位置，如图 10-61 所示

（3）选择【标注】|【公差】命令，在打开的【形位公差】对话框中单击【符号】选项区域，在打开的【特征符号】对话框中选择【垂直度】⊥，如图 10-62 所示。

（4）在【公差1】文本框中输入 "0.002"，在【公差2】文本框中输入 "A"，如图 10-63 所示。

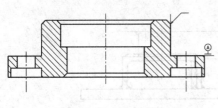
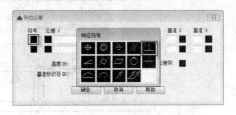

图 10-61　绘制引线　　　　　　　　　　图 10-62　选择【特征符号】

（5）单击【确定】按钮之后指定【形位公差】的位置，如图 10-64 所示。形状公差标注完成。

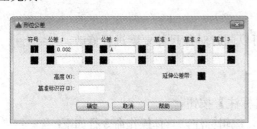
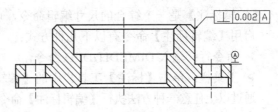

图 10-63　输入公差　　　　　　　　　　图 10-64　标注公差

10.6　尺寸标注编辑

在 AutoCAD 2016 中，可以对已标注对象的文字、位置及样式等内容进行修改，而不必删除所标注的尺寸对象再重新进行标注。

10.6.1　编辑标注文字

【编辑标注文字】命令用于改变尺寸文字的放置位置，启用【编辑标注】命令有以下几种方式：

➤ 命令行：输入 DIMTEDIT/DIMTED 命令。

➤ 菜单栏：选择【标注】|【对齐文字】命令。

➤ 工具栏：单击【标注】工具栏中的【编辑标注文字】按钮。

执行上面任意一种操作调用【编辑标注文字】命令，编辑标注，具体操作命令行如下：

命令: _dimtedit　　　　　　　　　　//调用【编辑标注文字】命令
选择标注:　　　　　　　　　　　　//选择 367 尺寸标注
为标注文字指定新位置或 [左对齐(L)/右对齐(R)/居中(C)/默认(H)/角度(A)]:c　　//激活"居中(C)"
选项，效果如图 10-65 所示

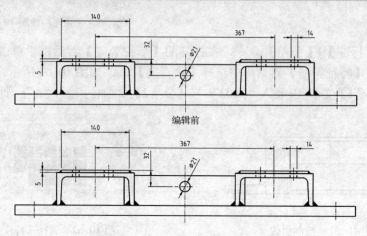

图 10-65　编辑标注文字

10.6.2　编辑标注

【编辑标注】是一个综合的尺寸编辑命令，可以同时对各尺寸要素进行修改。

启用【编辑标注】命令有以下几种方式：

➤ 命令行：输入 DIMEDIT/DED 命令。

➤ 工具栏：单击【标注】工具栏中的【编辑标注】按钮。

通过以上任意一种方法执行【编辑标注】命令，编辑标注，具体操作命令行如下：

命令: DIMEDIT✓　　　　　　　　//调用【编辑标注】命令
输入标注编辑类型 [默认(H)/新建(N)/旋转(R)/倾斜(O)] <默认>:N✓　//激活"新建(N)"选项
选择对象: 找到 1 个　　　　　　　//选择需要更改的标注 14，编辑标注文字如图 10-66 所示
选择对象:

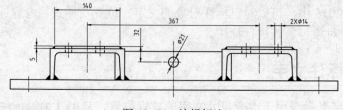

图 10-66　编辑标注

和其他标注修改命令不同的是，DIMEDIT 命令是先选择一种修改方式，再选择需要修改的尺寸对象。这样，可以用选定的修改方式同时修改多个尺寸对象。命令行各选项的含义如下：

➤ 默认：选择该选项并选择尺寸对象，可以按默认位置和方向放置尺寸文字。

➤ 新建：选择该选项可以修改尺寸文字，此时系统将显示【文字格式】工具栏和文字

输入窗口。修改或输入尺寸文字后，选择需要修改的尺寸对象即可。

➢ 旋转：选择该选项可以将尺寸文字旋转一定的角度，同样是先设置角度值，然后选择尺寸对象。

➢ 倾斜：选择该选项可以使非角度标注的延伸线倾斜一定的角度。这时需要先选择尺寸对象，然后设置倾斜角度值。

10.6.3 使用"特性"选项板编辑标注

除了上面介绍的各类尺寸标注命令外，还可以使用【特性】选项板来编辑标注。

打开【特性】选项板有以下几种方式：

➢ 命令行：输入 PROPERTIES/PR 命令。

➢ 菜单栏：选择【工具】|【选项板】|【特性】命令。

提示： 除了编辑标注文字外，【特性】选项板还可以修改标注的颜色、线型、箭头等。

10.6.4 打断尺寸标注

打断尺寸标注可以使标注、尺寸延伸线或引线不显示，可以自动或手动将折断线标注添加到标注或引线对象。

启用【打断标注】命令有以下几种方式：

➢ 命令行：输入 DIMBREAK 命令。

➢ 菜单栏：选择【标注】|【标注打断】命令。

➢ 工具栏：单击【标注】工具栏中的【折断标注】按钮。

➢ 功能区：单击【标注】面板中的【打断】工具按钮。

通过以上任意一种方法执行【打断标注】命令，编辑标注，具体操作命令行如下：

命令：_DIMBREAK✓	//调用【打断标注】命令
选择要添加/删除折断的标注或 [多个(M)]:	//选择要被打断的标注
选择要折断标注的对象或 [自动(A)/手动(M)/删除(R)] <自动>: M✓	//激活"手动(M)"选项
指定第一个打断点：	//指定第一个打断点
指定第二个打断点：	//指定第二个打断点
1 个对象已修改，如图 10-67 所示	

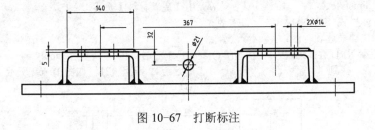

图 10-67 打断标注

10.6.5 标注间距

利用【标注间距】功能，可根据指定的间距数值，调整尺寸线互相平行的线性尺寸或角度尺寸之间的距离，使其处于平行等距或对齐状态。

启用【标注间距】命令有以下几种方式：

➤ 命令行：输入 DIMSPACE 命令。

➤ 菜单栏：选择【标注】|【标注间距】命令。

➤ 工具栏：单击【标注】工具栏中的【等距标注】按钮。

➤ 功能区：单击【标注】面板中的【调整间距】工具按钮。

通过以上任意一种方法执行【标注间距】命令，编辑标注，具体操作命令行如下：

命令: _DIMSPACE	//调用【标注间距】命令
选择基准标注:	//选择尺寸为 367 的标注为基准
选择要产生间距的标注:找到 1 个	//选择尺寸为 140 的标注
选择要产生间距的标注:✓	
输入值或 [自动(A)] <自动>: 32	//输入间距值，如图 10-68 所示

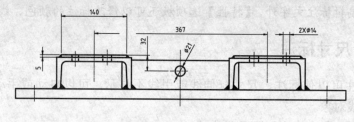

图 10-68　修改间距

10.6.6　更新标注

利用【标注更新】命令可以实现两个尺寸样式之间的互换，将已标注的尺寸以新的样式显示出来。满足各种尺寸标注的需要，无需对尺寸进行反复修改。

启用【标注更新】调整命令有以下几种方式：

➤ 菜单栏：选择【标注】|【更新】命令。

➤ 工具栏：单击【标注】工具栏中的【标注更新】按钮。

➤ 功能区：单击【注释】面板中的【更新】按钮。

通过以上任意一种方法执行【更新标注】命令，编辑标注，具体操作命令行如下：

命令: _dimstyle✓	//调用【更新标注】命令
当前标注样式: STANDARD　　注释性: 否	
输入标注样式选项	
[注释性(AN)/保存(S)/恢复(R)/状态(ST)/变量(V)/应用(A)/?] <恢复>: _apply	
选择对象: 找到 1 个	//选择更新对象标注 21，如图 10-69 所示

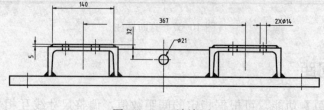

图 10-69　更新标注

第六篇　三维绘图篇

第 11 章　绘制轴测图

工程上一般采用正投影法绘制物体的投影图。即多面正投影图，它能完整、准确地反映物体的形状和大小，且质量好，作图简单，但立体感不强，只有具备一定读图能力的人才看得懂。有时工程上还需采用一种立体感较强的图来表达物体，即轴测图。轴测图是用轴测投影的方法画出来的富有立体感的图形，它接近人们的视觉习惯，但不能确切地反映物体真实的形状和大小，并且作图较正投影复杂，因而在生产中它作为辅助图样，用来帮助人们读懂正投影视图。

11.1　轴测图的概念

采用平行投影法，将物体连同确定该物体的直角坐标系一起沿着不平行与任一坐标面的方向投射在单一投影面上所得的具有立体感的图形，即为轴测图。

轴测图看似三维图形，但实际上它是采用一种二维绘制技术，来模拟三维对象投影效果，在绘制方法上不同于三维图形的绘制。轴测图具有以下两个特点：

➢ 相互平行的两直线，其投影仍保持平行。

➢ 空间平行于某坐标轴的线段，其投影长度等于该坐标轴的轴向伸缩系数与线段长度的乘积。

由以上轴测图特点可知，若已知轴测各轴向伸缩系数，即可确定平行于轴测轴的各线段的长度，这就是轴测图中"轴测"两字的含义。

轴测图根据投射线方向和轴测投影面的位置不同可分为两大类：

➢ 正轴测图：投射线方向垂直于轴测投影面。它分为正等轴测图（简称正轴测）、正二轴测图（简称正二测）和正三轴测图（简称正三测）。在正轴测图中，最常用的是正轴测。

➢ 斜轴测图：投射线方向倾斜于轴测投影面。它分为斜等轴测图（简称斜等测）、斜二轴测图（简称斜二测）和斜三轴测图（简称斜三测）。在斜轴测图中最常用的就是斜二测。

在轴测投影中，坐标轴的轴测投影称为"轴测轴"，它们之间的夹角称为"轴间角"。在等轴测图中，3 个轴向的缩放比例相等，并且 3 个轴测轴与水平方向所成的角度分别为 30°、90° 和 150°。在 3 个轴测轴中，每两个轴测轴定义一个"轴测面"，由 X 轴和 Z 轴定义右视平面；由 Y 轴和 Z 轴定义左视平面；由 X 轴和 Y 轴定义俯视平面。轴测轴和轴测面的构成如图 11-1 所示。

图 11-1　轴测轴和轴测面的构成

11.2 设置等轴测绘图环境

AutoCAD 为绘制轴测图创造了一个特定的环境，即等轴测绘图模式。在绘制轴测图之前，首先需要对绘图环境进行设置。使用 DS 命令或 SNAP 命令可设置等轴测环境。

11.2.1 使用 DS 命令设置等轴测环境

使用 DSETTINGS/DS 命令设置等轴测环境有如下几种方式：

➢ 命令行：输入 DSETTINGS/DS 并按〈Enter〉键。

➢ 菜单栏：选择【工具】|【绘图设置】命令

下面通过具体实例，讲解使用 DS 命令设置等轴测环境的方法。

（1）在命令行输入 DS 并按〈Enter〉键，打开【草图设置】对话框，在其中的【捕捉和栅格】选项卡中选择【等轴测捕捉】单选按钮，如图 11-2 所示。

（2）切换到【极轴追踪】选项卡，选中【启用极轴追踪】复选框，在【极轴角设置】选项组中设置【增量角】为 30，为绘制正轴测图，选中【对象捕捉追踪设置】选项组中的【用所有极轴角设置追踪】单选按钮，如图 11-3 所示。

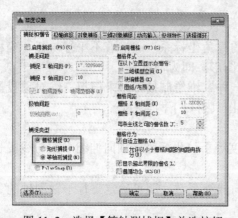

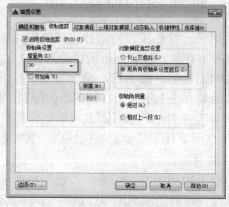

图 11-2 选择【等轴测捕捉】单选按钮　　图 11-3 设置等轴测图绘图环境

（3）设置完成后单击确定按钮。

提示： 绘制斜二测轴测图，需要设置【增量角】为 45°，如图 11-4 所示。

技巧： 如果需要关闭【等轴测模式】，选择【矩形捕捉】单选按钮即可。

11.2.2 使用 SNAP 命令设置等轴测环境

使用 SNAP 命令同样可以设置等轴测模式，SNAP 命令中的"样式（S）"选项可用于在标准模式和等轴测模式之间切换。通过 SNAP 命令来设置等轴测环境相对比较简单。

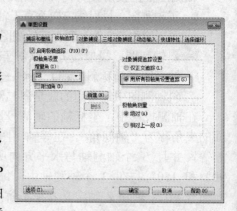

图 11-4 斜二侧轴测图绘图环境

调用 SNAP 命令，命令行如下：

```
命令: SNAP↙                                    //调用 SNAP 命令
指定捕捉间距或 [打开(ON)/关闭(OFF)/传统(L)/样式(S)/类型(T)] <10.0000>: S↙
                                              //选择"样式（S）"选项
输入捕捉栅格类型 [标准(S)/等轴测(I)] <I>: I↙   //激活"等轴测（I）"选项
指定垂直间距<10.0000>:                          //输入间距值来确定捕捉间距
```

11.2.3 切换到当前轴测面

在绘制轴测图过程中，用户需要不断地在上平面、左平面和右平面之间切换，切换绘图平面的方法有如下几种方式：

➢ 功能键：按〈F5〉功能键。
➢ 组合键：按〈Ctrl〉+〈E〉组合键。
➢ 命令行：输入 ISOPLANE 命令，输入首字母 L、T、R 来转换相应的轴测面，也可以直接按〈Enter〉键切换。

三种平面状态下显示的光标如图 11-5 所示。

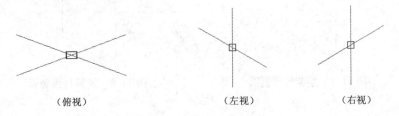

（俯视）   （左视）   （右视）

图 11-5   三种平面状态光标

11.3   绘制等轴测图

将绘图模式设置为等轴测模式后，用户可以方便地绘制出直线、圆、圆弧和基本的轴测图。并由这些基本的图形对象组成复杂的轴测投影图。

在绘图时，打开极轴追踪、对象捕捉和自动追踪功能，并打开【草图设置】对话框中的【极轴追踪】选项卡，如图 11-6 所示设置极轴追踪的角度增量为 30°，这样就能很方便地绘制出 30°、90°或 150°方向的直线。

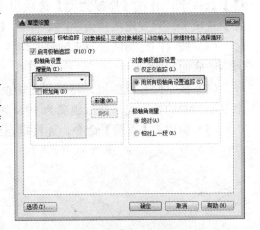

图 11-6   设置极轴追踪的角度增量

11.3.1   绘制轴测直线

根据轴测投影特性，在绘制轴测图时，对于与直角坐标轴平行的直线，可在切换至当前轴测面后，打开正交模式，将它们绘制成与相应的轴测轴平行；对于与三个直角坐标轴均不平行的一般位置直线，则可关闭正交模式，沿轴向测量获得该直线两个端点的轴测投影，然后连接。

11.3.2 绘制轴测圆和圆弧

平行于坐标面圆的轴测投影是椭圆，当圆位于不同的轴测面时，椭圆长、短轴的位置将会不同。在 AutoCAD 中，轴测圆可通过【椭圆】工具中的"等轴测圆"选项来绘制。激活等轴测绘图模式后，在命令行输入 ELLIPSE 并按〈Enter〉键，命令行操作如下：

```
命令: ellipse  ↙                                    //调用【椭圆】命令
指定椭圆轴的端点或 [圆弧(A)/中心点(C)/等轴测圆(I)]: I↙   //激活"等轴测圆"备选项
指定等轴测圆的圆心:                                   //在绘图区捕捉等轴测圆的圆心
指定等轴测圆的半径或 [直径(D)]: 5↙                    //输入等轴测圆的半径，按〈Enter〉键结束命令
```

在等轴测模式下绘制圆弧时，应首先绘制等轴测圆，如图 11-7 所示。然后再修剪得到轴测圆，结果如图 11-8 所示。

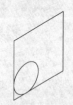

图 11-7　绘制等轴测圆

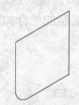

图 11-8　修剪得到圆弧

11.3.3 实例——绘制梯槽孔座轴测图

（1）单击【快速访问】工具栏中的新建按钮，新建一个图形文件。

（2）在命令行输入 DS 并按〈Enter〉键，打开【草图设置】对话框。切换至【捕捉和栅格】选项卡，并在【捕捉类型】选项组中选择【等轴测捕捉】单选按钮。切换至【极轴追踪】选项卡，设置增量角为 30°，单击【确定】按钮，完成等轴测图模式的设置。

（3）按〈F5〉功能键，将轴测面切换为俯视平面。调用 L【直线】命令，绘制如图 11-9 所示的底面轮廓。

（4）按〈F5〉功能键，将轴测面切换为左视平面。在命令行输入 CO【复制】命令，向上复制绘制的轮廓线，复制距离为 10，如图 11-10 所示。

（5）调用 L【直线】命令，连接端点绘制棱线，结果如图 11-11 所示。

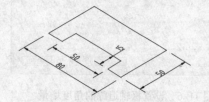

图 11-9　绘制底面轮廓

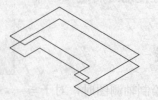

图 11-10　复制轮廓线

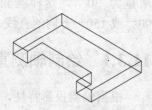

图 11-11　绘制棱线

（6）调用 TRIM【修剪】命令，修剪并删除多余线段，结果如图 11-12 所示。底座轴测图绘制完成。

（7）绘制圆孔。调用 L【直线】命令，过边中点绘制一条垂直辅助线，使用【椭圆】工具，结合"对象捕捉"，以辅助线的端点为圆心，绘制两个椭圆，半径分别为 35、40，结果如图 11-13 所示。

（8）调用 L【直线】命令，连接椭圆及底座。调用 TRIM【修剪】命令，修剪并删除多余线段，结果如图 11-14 所示。

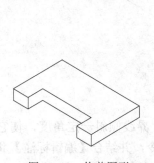
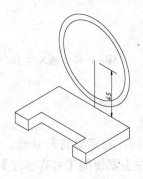
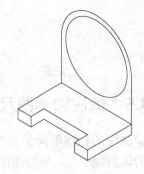

图 11-12　修剪图形　　　　　图 11-13　绘制椭圆　　　　图 11-14　绘制并修剪连接线

（9）按〈F5〉功能键，将轴测面切换为右视平面。调用 CO【复制】命令，向左复制绘制好的椭圆及线段，距离为 20，如图 11-15 所示。

（10）调用 L【直线】命令，绘制等轴测圆之间的公切线；调用 TRIM【修剪】命令，修剪并删除多余线段，如图 11-16 所示。至此，梯槽孔座轴测图绘制完成。

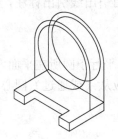

图 11-15　复制图形　　　　　图 11-16　修剪整理图形

11.3.4　在轴测图中输入文字

在等轴测图中不能直接生成文字的等轴测投影。如果用户要在要在轴测图中输入文本，并且使该文本与相应的轴测面保持协调一致，则必须将文本倾斜与旋转一定的角度，打开【文字样式】对话框，在【字体名】下拉列表中选择【宋体】，设置【倾斜角度】为−30°，按〈F5〉功能键，将轴测面切换为俯视平面。在命令行输入"DT"命令，命令行如下：

```
命令: dt TEXT ↙                          //调用【单行文字】命令
当前文字样式: "Standard"文字高度: 2.5000 注释性: 否
```

指定文字的起点或 [对正(J)/样式(S)]: //在绘图区域合适位置拾取一点
指定高度<2.5000>: 10✓   //指定文字高度
指定文字的旋转角度<0>:-30✓   //输入文字的旋转角度并按〈Enter〉键，如图 11-17 所示

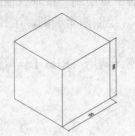

图 11-17   输入文字

11.3.5   标注轴测图尺寸

轴测图的标注不同于正投影图，它需要将尺寸线、尺寸界线倾斜一定角度，使它们与相应的轴测轴平行。轴测图的标注主要使用【对齐标注】命令，并结合【编辑标注】和【多行文字】命令完成尺寸的标注和编辑。

轴测图的线性标注要求如下：

➢ 轴测图的线性尺寸，一般沿轴测方向标注。尺寸数值为零件的基本尺寸。

➢ 尺寸数字应该按相应的轴测图形标注在尺寸线的上方，尺寸线必须和所标注的线段平行，尺寸界线一般应平行于某一轴测轴。

➢ 当图形中出现数字字头向下的情况时，应用引出线引出标注，并将数字按水平位置注写。

标注轴测图圆的直径要求如下：

➢ 标注圆的直径时，尺寸线和尺寸界线应分别平行于圆所在平面内的轴测轴。

➢ 标注圆弧半径和较小圆的直径时，尺寸线应从（或通过）圆心引出标注，但注写尺寸数值的横线必须平行于轴测轴。

标注轴测图角度的尺寸要求如下：

➢ 标注角度的尺寸线，应画成与该坐标平面相应的椭圆弧。

➢ 角度数字一般写在尺寸线的中断处，字头朝上。

11.3.6   实例——标注轴测图

（1）单击【快速访问】工具栏中的打开按钮 📂，打开"素材\第 11 章\11.3.6.dwg"文件，如图 11-18 所示。

（2）选择【格式】|【文字样式】菜单命令，打开【文字样式】对话框，单击对话框中的【新建】按钮，新建"左倾斜"文字样式，结果如图 11-19 所示。使用同样的方法创建"右倾斜"文字样式，设置倾斜角为 30°，其他参数相同。

图 11-18　素材图形　　　　　　　　　图 11-19　创建文字样式

（3）选择【格式】|【标注样式】菜单命令，打开【标注样式管理器】对话框，如图 11-20 所示。

（4）单击对话框中的【新建】按钮，新建"左倾斜"标注样式，设置参数如图 11-21 所示。

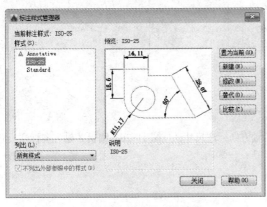

图 11-20　【标注样式】对话框　　　　　图 11-21　"左倾斜"标注样式

（5）使用同样的方法创建"右倾斜"文字样式，设置参数如图 11-22 所示，确认并退出 【标注样式】对话框。

（6）单击【注释】面板中的【对齐】标注按钮，依次选取尺寸界限并进行标注，此时的标注为默认标注，结果如图 11-23 所示。

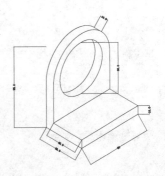

图 11-22　"右倾斜"标注样式　　　　　图 11-23　标注尺寸

（7）编辑 X 轴方向标注尺寸。首先把所有 X 轴方向标注的尺寸转换到"左倾斜"标注样式。然后调用【标注】|【倾斜】命令，选取 X 轴方向尺寸，并根据命令行提示输入"-30"进行编辑，结果如图 11-24 所示。

（8）编辑 Y 轴方向标注尺寸。首先把所有 Y 轴方向的尺寸切换到"右倾斜"标注样式。然后调用【标注】|【倾斜】菜单命令，选取 Y 轴方向要编辑的尺寸，并根据命令提示输入"30"进行编辑，结果如图 11-25 所示。

（9）编辑 Z 轴方向尺寸。首先把所有 X 轴方向标注的尺寸转换到"左倾斜"标注样式，调用【标注】|【倾斜】菜单命令，选取 Z 轴方向要编辑的尺寸，并根据命令提示输入"30"进行编辑，结果如图 11-26 所示。梯槽孔座轴测图标注完成。

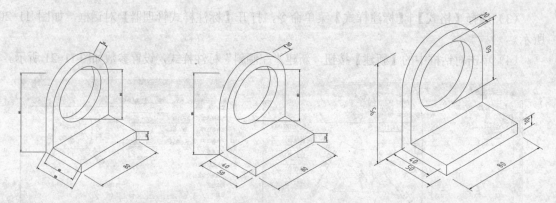

图 11-24　编辑 X 轴方向标注尺寸　　图 11-25　编辑 Y 轴方向标注尺寸　　图 11-26　编辑 Z 轴方向标注尺寸

第 12 章　三维绘图基础

近年来三维 CAD 技术发展迅速，相比之下，传统的平面 CAD 绘图难免有不够直观、不够生动的缺点，为此 AutoCAD 提供了三维建模的工具，并逐步完善了许多功能。现在，AutoCAD 的三维绘图工具已经能够满足基本的设计要求。

本章主要介绍三维建模之前的基础知识，首先介绍 AutoCAD 2016 的三维绘图的工作空间、三维坐标系、各种三维坐标系形式、视点及其设置、三维实体的显示控制等，尤其详细讲述如何使用世界坐标系和用户坐标系，还会介绍在 AutoCAD 中视点的设置和三维实体显示控制。使读者对 AutoCAD 中三维绘图的基本环境及坐标系创建等有初步的了解和认识。

12.1　三维建模工作空间

为了方便用户创建和编辑三维模型，AutoCAD 2016 提供了两种三维建模工作空间：【三维基础】和【三维建模】。

【三维基础】工作空间的功能区拥有【常用】、【渲染】、【插入】、【管理】等选项卡，其中【常用】选项卡中包含【创建】、【编辑】、【绘图】、【修改】、【选择】等面板，如图 12-1 所示。还提供了【长方体】、【圆柱体】、【球体】等基本的三维实体创建命令以及【拉伸】、【旋转】、【放样】、【扫掠】等常用的二维图形转三维图形的建模命令，因此【三维基础】工作空间比较适合创建简单的三维实体模型。

【三维建模】工作空间的功能区拥有【常用】、【实体】、【曲面】、【网格】、【渲染】、【参数化】等选项卡，其中【常用】选项卡中包含【建模】、【实体编辑】、【网格】、【绘图】、【修改】等面板，如图 12-2 所示。由于该工作空间具备丰富的功能，因此，不管是简单的实体模型，还是复杂的网格或曲面模型，在【三维建模】工作空间中都能轻松创建。

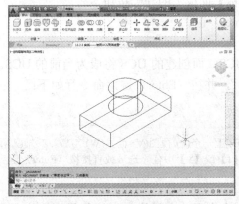 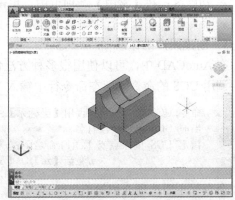

　　　　图 12-1　【三维基础】工作空间　　　　　　　　图 12-2　【三维建模】工作空间

12.2 三维坐标系及变换

坐标系变换是三维建模中最重要的操作。所谓坐标系变换，是指通过改变模型空间绝对坐标系的原点和 X、Y、Z 坐标轴的方向，使坐标系处于最适于创建模型的位置。

12.2.1 世界坐标系

在 AutoCAD 中，一般以屏幕左下角为坐标原点（0，0，0），X 轴为水平轴，向右为正；Y 轴为垂直轴，向上为正；Z 轴则根据右手定则原则，垂直 XY 平面，指向使用者。这样的坐标系称为世界坐标系，简称 WCS，又称为通用坐标系。

在 AutoCAD 中，世界坐标系是固定不变的，即在进行 AutoCAD 绘图中不能进行更改。调用【WCS】命令的方法如下：

➢ 命令行：在命令行中输入 UCS 命令，再激活【世界（W）】选项。

➢ 功能区：在【常用】选项卡，单击【坐标】面板上的【UCS，世界】按钮 。

技巧：在【三维建模】空间中系统默认的是隐藏菜单栏，若需要用到菜单栏调用【WCS】命令，则可单击 按钮，在弹出的快捷菜单中选择【显示菜单栏】选项。

12.2.2 用户坐标系

在 AutoCAD 中，用户坐标系为坐标输入、操作平面和观察提供一种可变动的坐标系。用户坐标系（User Coordinate System）是指当前可以实施绘图操作的默认的坐标系，在任何情况下都有且仅有一个当前用户坐标系。用户坐标系由用户来指定，定义一个用户坐标系即改变原点（0，0，0）的位置以及 XY 平面和 Z 轴的方向，成为一个新的坐标系。它的建立使得三维建模绘图变得很方便。

为了更好地辅助绘图，经常需要修改坐标系的原点位置和坐标方向，这就需要使用可变的用户坐标系。在默认情况下，用户坐标系统和世界坐标系统重合，用户可以在绘图过程中根据具体需要来定义 UCS。

调用【新建 UCS】命令的方法如下：

➢ 功能区：在【常用】选项卡中，单击【坐标】面板上的任一按钮。

➢ 命令行：在命令行中输入 UCS，并按〈Enter〉键。

1. 创建用户坐标系

在 AutoCAD 中，可以使用很多种方法创建 UCS，而创建的 UCS 将成为当前的 UCS。调用 UCS 的命令，即在命令行中输入 "UCS"，并按〈Enter〉键，命令行如下：

```
命令：UCS✓          //调用【坐标系】命令
当前 UCS 名称：*没有名称*
指定 UCS 的原点或 [面(F)/命名(NA)/对象(OB)/上一个(P)/视图(V)/世界(W)/X/Y/Z/Z 轴(ZA)] <
世界>:            //激活【za】、【ob】、【f】或【v】中任一选项或直接按〈Enter〉键
```

命令行主要选项介绍如下：

➢ 指定 UCS 的原点：即使用一点、两点或三点定义一个新的 UCS。如果指定单个点或

输入一点的坐标按〈Enter〉键，将指定单点建立一个新的坐标系当前 UCS 的原点移动一个新的位置，但是 X、Y 和 Z 轴的方向不会改变；如果在屏幕上指定一点或输入一点的坐标按〈Enter〉键先确定原点的位置，然后在 X 轴方向上指定一点或输入一点的坐标按〈Enter〉键从而指定 X 轴上的点，最后在 Y 轴方向上指定另一点或输入一点的坐标按〈Enter〉键从而来指定 XY 平面上的点，Z 轴的方向随着 XY 轴方向的确定而确定，新的坐标生成。

指定 UCS 的原点命令行操作如下：

```
命令: UCS↙                      //调用【UCS】命令
当前 UCS 名称: *没有名称*
指定 UCS 的原点或 [面(F)/命名(NA)/对象(OB)/上一个(P)/视图(V)/世界(W)/X/Y/Z/Z 轴(ZA)] <
世界>:↙                         //单击一点或输入一点或直接按〈Enter〉键确定
指定 X 轴上的点或<接受>:↙        //在 X 轴方向上上单击一点或输入一点后按〈Enter〉键确定
指定 XY 平面上的点或<接受>:↙     //在 Y 轴方向上单击一点或输入一点后按〈Enter〉键确定
```

➢ Z 轴（ZA）：即定义 UCS 新原点和新 Z 轴的方向。先输入一点作为新原点，再指定新 Z 轴的正半轴上的一点，这样，新原点和 Z 轴正方向上的一点就确定了新坐标系的原点和新 Z 轴。新坐标系的 X 轴和 Y 轴方向随新的 Z 轴的方向而定。

激活【Z 轴(ZA)】选项命令行操作如下：

```
命令: UCS↙                      //调用【UCS】命令
当前 UCS 名称: *没有名称*
指定 UCS 的原点或 [面(F)/命名(NA)/对象(OB)/上一个(P)/视图(V)/世界(W)/X/Y/Z/Z 轴(ZA)] <
世界>: za↙                      //激活【Z 轴(ZA)】选项
指定新原点或 [对象(O)] <0,0,0>: ↙   //在屏幕上单击一点或输入一点后按〈Enter〉键确定
在正 Z 轴范围上指定点<0.0000,0.0000,1.0000>: ↙ //在指定新 Z 轴的正半轴上的一点后按
                                              〈Enter〉键确定
```

➢ 三点（3）：即定义 UCS 新原点和 X 轴和 Y 轴的新方向。先输入一点作为新的坐标原点，再在空间内指定一点为新 X 轴上的一点，然后再在 XY 平面内指定一点作为新 Y 轴，新 Z 轴方向随着新原点、新 X 轴和新 Y 轴的确定而定。

激活【三点（3）】选项命令行操作如下：

```
命令: UCS↙                      //调用【UCS】命令
当前 UCS 名称: *没有名称*
指定 UCS 的原点或 [面(F)/命名(NA)/对象(OB)/上一个(P)/视图(V)/世界(W)/X/Y/Z/Z 轴(ZA)] <
世界>: n↙                       //在命令行中输入 n
指定新 UCS 的原点或 [Z 轴(ZA)/三点(3)/对象(OB)/面(F)/视图(V)/X/Y/Z] <0,0,0>:3↙
                                //在命令行输入 3
指定新原点<0,0,0>:↙             //在屏幕上单击一点或输入一点后按〈Enter〉键确定
在正 X 轴范围上指定点<-5.1680,17.2869,0.0000>:↙
                                //指定新 x 轴的正半轴上的一点后按〈Enter〉键确定
在 UCS XY 平面的正 Y 轴范围上指定点<-5.1680,17.2869,0.0000>: ↙
                                //在 XY 平面内指定新 Y 轴的正半轴上的一点后按〈Enter〉键确定
```

➢ 对象（OB）：即通过选择一个对象来定义新的坐标系。将新 UCS 与选定的对象对齐，新 UCS 的 Z 轴与所选对象的 Z 轴具有相同的正方向。对于平面对象，UCS 的

XY 平面与该对象所在平面对齐。对于复杂对象，将重新定位原点，但是轴的当前方向保持不变。

激活【对象(OB)】项命令行操作如下：

> 命令: UCS✓   //调用【UCS】命令
> 当前 UCS 名称: *没有名称*
> 指定 UCS 的原点或 [面(F)/命名(NA)/对象(OB)/上一个(P)/视图(V)/世界(W)/X/Y/Z/Z 轴(ZA)]
> <世界>: OB✓   //激活【对象(OB)】项
> 选择对齐 UCS 的对象:✓   //在实体对象上单击后按〈Enter〉键

➤ 面（F）：即选定一个三维实体的面来定义一个新的 UCS。通过单击面的边界内部或面的边来选择面，被选中的面将亮显，新 UCS 的原点为离拾取点最近的线的端点，X 轴将与选定第一个面上的最近的边对齐。

激活【面(F)】选项命令行操作如下：

> 命令: UCS✓   //调用【UCS】命令
> 当前 UCS 名称: *没有名称*
> 指定 UCS 的原点或 [面(F)/命名(NA)/对象(OB)/上一个(P)/视图(V)/世界(W)/X/Y/Z/Z 轴(ZA)] <
> 世界>: f✓   //激活【面(F)】选项
> 选择实体面、曲面或网格:✓   //在实体对象面的边界内或面的边上单击
> 输入选项 [下一个(N)/X 轴反向(X)/Y 轴反向(Y)] <接受>:✓
>   //激活【N】、【X】、【Y】之一按〈Enter〉键或直接按
>   〈Enter〉键选择接受

➤ 世界（W）：即将当前用户坐标系设置为世界坐标系。WCS 是所有用户坐标系的基准，不能被更改或重新定义。

➤ 命名（NA）：即将已定义好的 UCS 为其输入名称并将其进行保存、恢复、删除。

➤ 上一个（P）：即恢复上一个 UCS。AutoCAD 保留最后 10 个在模型空间中创建的用户坐标系以及最后 10 个在图纸空间布局中创建的用户坐标系。重复该选项将恢复到想要的 UCS。

➤ 视图（V）：即以平行于屏幕的平面为 XY 平面，建立新的坐标系。UCS 原点保持不变。

➤ X/Y/Z/：即将 UCS 分别绕 X 轴、Y 轴和 Z 轴旋转一定的角度来得到新的 UCS。

2. UCS 的命名

在 AutoCAD 三维建模绘图中，经常要用到不同的坐标，为了更好更快地使用所需要的坐标，可以对正在使用的或者在之后的绘图步骤要用到的 UCS 进行命名，在此介绍以下几种方法可以打开【命名 UCS】选项卡。【命名 UCS】选项卡用于将已有的 UCS 显示出来并将其设置为当前坐标系。

调用【UCS 的命名】命令，在命令行中输入 UCSMAN 命令，则系统自动弹出如图 12-3 所示的对话框。

3. UCS 图标的显示及设置

在 AutoCAD 图形窗口中，可以使用 UCS 的图标来显示 UCS 的坐标轴方向和原点相对于观察方向的位

图 12-3 【UCS】对话框

置。UCS 图标通常显示在坐标原点或者当前视区的左下角处，表示 UCS 的位置和方向，当用户处于世界坐标系（WCS）中，绘图窗口左下角默认一个 UCS 图标，这一图标 Y 箭头上的 W 表明处于 WCS 中，两个箭头表示当前图形 X 轴和 Y 轴的方向。AutoCAD 提供了多种形式的 UCS 图标来表示 UCS 的类型、位置。并可以改变 UCS 图标的大小、颜色和位置等。

调用【显示 UCS 图标】命令，在命令行中输入"UCSICON"命令，命令行操作如下：

```
命令: UCSICON↙                    //调用【显示 UCS 图标】命令
输入选项 [开(ON)/关(OFF)/全部(A)/非原点(N)/原点(OR)/可选(S)/特性(P)] <开>: ON↙
                                 //激活【开(ON)】选项
```

调用【设置 UCS 图标】命令，在命令行中输入"UCSICON"命令，命令行操作如下：

```
命令: UCSICON↙                    //调用【显示 UCS 图标】命令
输入选项 [开(ON)/关(OFF)/全部(A)/非原点(N)/原点(OR)/可选(S)/特性(P)] <开>:↙
//激活【ON】、【OFF】、【A】、【N】、【OR】、【S】、【P】之一按〈Enter〉键或直接按
〈Enter〉键选择接受
```

命令行主要选项介绍如下：
- ➢ 开（ON）/关（OFF）：这两个选项可以控制 UCS 图标的显示与隐藏。
- ➢ 全部（A）：可以将对图标的修改应用到所有活动视口，否则【UCSICON】命令只影响当前视口。
- ➢ 非原点（N）：此时不管 UCS 原点位于何处，都始终在视口的左下角处显示 UCS 图标。
- ➢ 原点（OR）：UCS 图标将在当前坐标系的原点处显示，如果原点不在屏幕上，UCS 图标将显示在视口的左下角处。
- ➢ 特性（P）：在弹出的【UCS 图标】对话框中，可以设置 UCS 图标的样式、大小和颜色等特性，如图 12-4 所示。

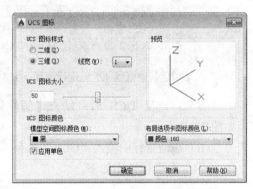

图 12-4 【设置 UCS 图标】

技巧：在除了【二维线框】以外的其他视图效果，在更改【UCS 图标】之后显示都不会有变化，只有切换为【二维线框】的时候，【UCS 图标】才会随之更改。

12.2.3 实例——使用 UCS 灵活建模

（1）单击【快速访问】工具栏中的【打开】按钮 📂，打开"素材\第 12 章\12.2.3.dwg"文件，如图 12-5 所示，当前坐标系为世界坐标系。

（2）在命令行中输入 UCS 命令，根据命令行提示自定义 UCS，如图 12-6 所示，命令行操作如下：

```
命令: UCS↙                        //调用【UCS】命令
当前 UCS 名称: *没有名称*
指定 UCS 的原点或 [面(F)/命名(NA)/对象(OB)/上一个(P)/视图(V)/世界(W)/X/Y/Z/Z 轴(ZA)]
<世界>: F↙                        //激活"F"选项
选择实体面、曲面或网格:             //选择圆柱顶面圆
```

| 指定 X 轴上的点或<接受>: | //选择圆柱顶面圆右象限点 |
| 指定 XY 平面上的点或<接受>: | //在圆柱顶面圆上任意指定一点 |

（3）此时，可以在此坐标系中对模型进行操作，结合【圆柱体】工具与【差集】命令创建圆孔，效果如图 12-7 所示。

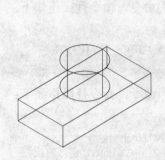

图 12-5　素材图形

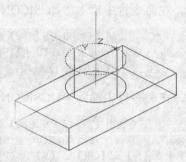

图 12-6　面定义 UCS

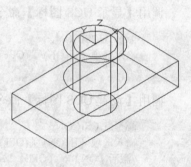

图 12-7　创建圆孔

（4）在命令行中输入"UCS"命令，根据命令行提示指定新原点，自定义 UCS，如图 12-8 所示，命令行操作如下：

命令: UCS↙	//调用【UCS】命令
当前 UCS 名称: *没有名称*	
指定 UCS 的原点或 [面(F)/命名(NA)/对象(OB)/上一个(P)/视图(V)/世界(W)/X/Y/Z/Z 轴(ZA)] <	
世界>:M↙	//输入"M"
指定新原点或 [Z 向深度(Z)] <0,0,0>: @-14,-5,-10↙	//输入新原点坐标

（5）自定义 UCS 后，结合【圆柱体】、【镜像】工具与【差集】命令创建螺纹孔，效果如图 12-9 所示。

（6）在命令行中输入"UCS"命令，根据命令行提示通过指定三点自定义 UCS，如图 12-10 所示，命令行操作如下：

命令: UCS↙	//调用【UCS】命令
当前 UCS 名称: *没有名称*	
指定 UCS 的原点或 [面(F)/命名(NA)/对象(OB)/上一个(P)/视图(V)/世界(W)/X/Y/Z/Z 轴(ZA)] <	
世界>: 3↙	//以 3 点方式自定义 UCS
指定新原点<0,0,0>: @-6,5,0↙	//确定原点
在正 X 轴范围上指定点<-5.0000,5.0000,0.0000>:	//确定 X 轴
在 UCS XY 平面的正 Y 轴范围上指定点<-5.0000,5.0000,0.0000>:	//确定 Y 轴

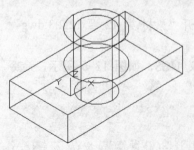

图 12-8　指定新原点

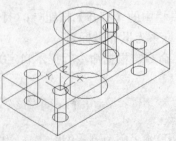

图 12-9　创建螺纹孔

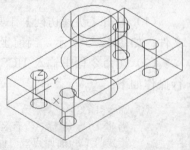

图 12-10　三点定义 UCS

（7）结合【长方体】、【镜像】工具与【并集】命令创建肋板，效果如图 12-11 所示。

（8）单击选择 UCS 坐标，激活其夹点编辑功能，如图 12-12 所示，此时可以移动旋转坐标，以自定义 UCS。

（9）选择坐标原点夹点，移动到如图 12-13 所示的位置。

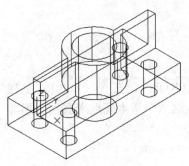 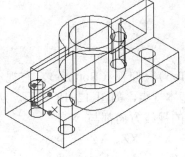 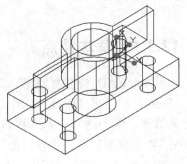

图 12-11　肋板效果　　　　　图 12-12　激活夹点　　　　　图 12-13　移动原点

（10）选择 X 轴夹点，弹出如图 12-14 所示的夹点快捷菜单。

（11）选择绕 Y 轴旋转，根据右手定则，设置旋转角度为 90°，如图 12-15 所示。

（12）结合【长方体】工具与【差集】命令创建凹槽效果，如图 12-16 所示。

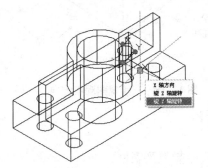 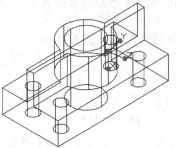 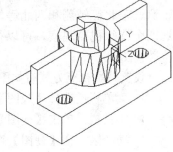

图 12-14　夹点快捷菜单　　　　图 12-15　旋转坐标　　　　图 12-16　创建凹槽效果

提示： 单击状态栏【动态 UCS】按钮 ，可以开启动态 UCS 功能，此时，根据用户操作过程，系统将临时性自动创建动态 UCS，如图 12-17 所示，操作完成后，系统自动恢复原来的三维坐标。

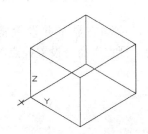 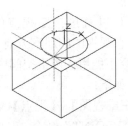 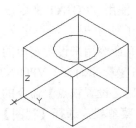

图 12-17　创建动态 UCS

12.3 观察三维模型

为了从不同的角度观察、验证三维模型效果，AutoCAD 提供了视图变换工具。所谓视图变换，是指在模型所在的空间坐标系保持不变的情况下，从不同的视点来观察模型而得到的视图。

12.3.1 基本视点

AutoCAD 提供了俯视（Top）、仰视（Bottom）、右视（Right）、左视（Left）、主视（Front）和后视（Back）六个基本视点，如图 12-18 所示。从这六个基本视点来观察图形非常方便。因为这六个基本视点的视线方向都与 X、Y、Z 三坐标轴之一平行，而与 XY、XZ、YZ 三坐标轴平面之一正交。所以，相对应的六个基本视图实际上是三维模型投影在 XY、XZ、YZ 平面上的二维图形。这样，就将三维模型转化为了二维模型。在这六个基本视图上对模型进行编辑，就如同绘制二维图形一样。

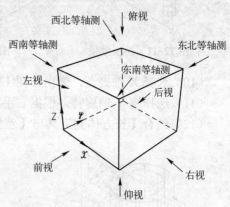

另外，AutoCAD 还提供了西南等轴测、东南等轴测、东北等轴测和西北等轴测四个特殊视点。从这四个特殊视点观察，可以得到具有立体感的四个特殊视图。

设置基本视点方式有如下几种：

图 12-18 三维视图观察方向

➤ 菜单栏：选择【视图】|【三维视图】下级子菜单命令。

➤ 工具栏：单击【视图】工具栏各工具按钮。

➤ 功能区：在【视图】选项卡中，单击【视图】面板三维导航列表框。

12.3.2 设置视点

在创建一些特殊的模型时，有时需要设置一些特殊的视点，以满足观察的需要，这就需要使用到 AutoCAD 2016 的视点预置和预设功能。

1. 使用 VPOINT 命令设置视点

除了使用视点预设之外，还可以直接指定视点的坐标，或动态显示并设置视点。VPOINT 命令用来设置窗口的三维直观视图的观察方向，使用"视点"命令设置视点时相对于 WCS 坐标系而言。VPOINT 命令不能用在图纸空间中。

启用【设置视点】命令的方法如下：

➤ 菜单栏：选择【视图】|【三维视图】|【视点】菜单命令。

➤ 命令行：在命令行中输入"VPOINT"命令。

```
命令: VPOINT ✓                                          //调用【视频】命令
当前视图方向: VIEWDIR=-1.0000,-1.0000,1.0000✓
指定视点或 [旋转(R)] <显示指南针和三轴架>:0,0, 100✓   //输入视点坐标
```

正在重生成模型。✓   //按〈Enter〉键确定，如图 12-19 所示

命令行主要选项介绍如下：

➤ 指定视点：直接指定 X 轴、Y 轴和 Z 轴的坐标，AutoCAD 以视点到坐标原点的方向进行观察，从而确定三维视图。

➤ 旋转(R)：可以分别指定观察方向与坐标系 X 轴的夹角和 XY 平面的夹角。

显示指南针和三轴架：如果不输入任何坐标值而直接按〈Enter〉键，系统将出现坐标球和三轴架，如图 12-20 所示。坐标球是一个展开的球体，中心点是北极（0,0,1），内环是赤道（n,n,0），整个外环是南极（0,0,-1）。当光环位于内环时，相当于视点在球体的上半球体；光标位于内环与外环之间，表示视点在球体的下半球体，随着光标的移动，三轴架也随着变化，即视点位置在不断变化。用户可以根据需要在找到合适的观察方向后，单机鼠标左键确定方向。

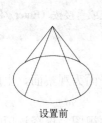  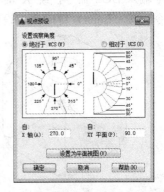

设置前   设置后

图 12-19　新视点观察效果　　　　　　　图 12-20　坐标球和三轴架

2. 使用【视点预设】命令设置视点

使用【视点预设】对话框，可以精确确定视点的角度和方向。

打开该对话框有如下几种方法：

➤ 命令行：输入 DDVPOINT/VP 命令。

➤ 菜单栏：选择【视图】|【三维视图】|【视点预设】菜单命令。

执行上述命令后，将打开如图 12-21 所示的【视点预设】对话框。

在对话框中确定视点时，首先需要确定观察方向是相对于当前的 UCS 还是 WCS，AutoCAD 默认参照 WCS 而不是当前的 UCS。在实际绘图时，如果需要也可以参照当前的 UCS，只需要选中【相对于 UCS】单选按钮即可。

图 12-21　【视点预设】对话框

【视点预设】对话框各选项含义如下：

命令行主要选项介绍如下：

➤ 【绝对于 WCS】与【相对于 UCS】单选按钮：即指定一个基准坐标系，作为设置观察方向的参照。选择【绝对于世界坐标系】按钮，可以相对于 WCS 设置查看方向，而不受当前 UCS 的影响；选择【相对于用户坐标系】按钮，可以相对于当前 UCS 设置查看方向。

➤ 【自 X 轴】文本框：设置视点和相应坐标系原点连线在 XY 平面内与 X 轴的夹角。

> 【自 XY 平面】文本框：设置视点和相应坐标系原点连线与 XY 平面的夹角。
> 【设置为平面视图】按钮：设置查看角度以相对于选定坐标系显示的平面视图（XY 平面）。

12.3.3　设置 UCS 平面视图

PLAN【平面视图】命令可以显示指定用户坐标系的 XY 平面的正交视图。

启动【平面视图】命令有如下几种方法：

> 命令行：输入 PLAN 命令。
> 菜单栏：选择【视图】|【三维视图】|【平面视图】菜单命令。

执行以上任意一种操作之后，命令行如下：

```
命令:PLAN↙                    //调用【设置平面视图】命令
输入选项 [当前 UCS(C)/UCS(U)/世界(W)] <当前 UCS>: ↙
                              //激活【C】或【W】之一按〈Enter〉键或直接按〈Enter〉键选
                              择接受
```

命令行选项含义如下：

> 当前 UCS（C）：默认选项，它设置当前 UCS 坐标系的 XY 平面为观察面，生成平面视图。
> UCS（U）：设置已命名的 UCS 的 XY 平面为观察面，生成平面视图。选择该项时，系统会给出提示项。
> 世界（W）：设置 WCS 坐标系的 XY 平面为观察面，它不受当前 UCS 坐标系的影响。

如用 PLAN 命令设置平面视图，设置当前 WCS 坐标系的 XY 平面为观察面，在命令行中输入 UCS 命令，绕 X 轴将坐标系旋转 90°，创建新的 UCS，在命令行中输入 PLAN 命令，按〈Enter〉键确定，设置当前 UCS 坐标系的 XY 平面为观察面，如图 12-22 所示。

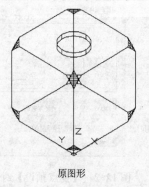 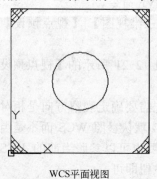 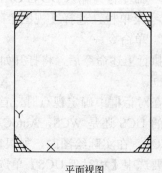

原图形　　　　　　　　　　WCS平面视图　　　　　　　　　　平面视图

图 12-22　设置 UCS 平面视图

12.3.4　快速设置特殊视点

在进行三维绘图时，经常要用到一些特殊的视点（俯视、左视等），使用【视点】命令进行相应坐标值的输入会比较麻烦。AutoCAD 将这些常用的特殊视点列出来，用户可以在使用时对这些视点进行快速设置。

调用【设置特殊视点】的方法如下：

➤ 菜单栏：选择【视图】|【三维视图】|【视点】菜单命令。

➤ 工具栏：单击【视图】工具栏中对应的按钮。

各个视点及其含义如下：

➤ 俯视◻：从上往下观察视图的视点。

➤ 仰视◻：从下往上观察视图的视点。

➤ 左视◻：从左往右观察视图的视点。

➤ 右视◻：从右往左观察视图的视点。

➤ 前视◻：从前往后观察视图的视点。

➤ 后视◻：从后往前观察视图的视点。

➤ 西南等轴测◙：从西南方向以等轴测方式观察视图。

➤ 东南等轴测◙：从东南方向以等轴测方式观察视图。

➤ 东北等轴测◙：从东北方向以等轴测方式观察视图。

➤ 西北等轴测◙：从西北方向以等轴测方式观察视图。

12.3.5　ViewCube 工具

ViewCube（视角立方）工具是二维建模空间或三维视觉样式中处理图形时显示的导航
工具，如图 12-23 所示。

西南等轴测

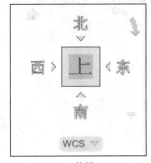
俯视

图 12-23　ViewCube 工具

ViewCube（视角立方）工具是一种可单击、可拖动的常驻界面，用户可以用它在模型
的标准视图和等轴测视图之间切换。ViewCube 工具打开以后，以不活动状态和活动状态显
示在图形窗口右上角。

单击【ViewCube】工具的预定义区域或拖动工具，界面图形就会自动转换到相应的方
向视图。单击 ViewCube 工具旁边的两个弯箭头按钮，可以绕视图中心将当前视图顺时针或
逆时针旋转 90°。

12.3.6　实例——使用 ViewCube 工具切换视图

（1）单击【快速访问】工具栏中的【打开】按钮◻，打开"素材\第 12 章\12.3.6.dwg"

文件，如图 12-24 所示。

（2）单击 ViewCube 工具的预定义区域，选择俯视面区域，转换至俯视图，效果如图 12-25 所示。

（3）单击 ViewCube 工具的预定义区域，选择左视图区域，转换至左视图，如图 12-26 所示。

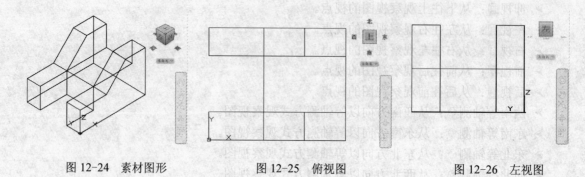

图 12-24 素材图形   图 12-25 俯视图   图 12-26 左视图

（4）单击 ViewCube 工具的预定义区域，选择前视图区域，转换至前视图，效果如图 12-27 所示。

（5）单击 ViewCube 工具的预定义区域，选择角点区域，转换至西南等轴测视图，如图 12-28 所示。

（6）单击 ViewCube 工具的预定义区域，选择角点区域，转换至东北等轴测视图，效果如图 12-29 所示。

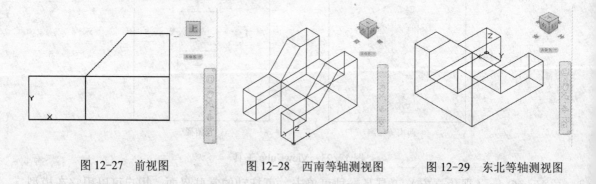

图 12-27 前视图   图 12-28 西南等轴测视图   图 12-29 东北等轴测视图

12.4 三维实体显示控制

用户可以通过设置，来调整三维实体的显示质量。但在提高三维模型显示质量的同时，系统的显示效率会降低，需要在质量和效率之间取得一定的平衡。

12.4.1 设置曲面网格显示密度

网格密度控制曲面上镶嵌面的数量，它包含 M 乘 N 个顶点的矩阵定义，类似于由行和列组成的栅格。用户可以通过 SURFTAB1 和 SURFTAB2 两个变量进行控制。

SURFTAB1 变量控制直纹曲面和平移曲面生成的列表数目，同时为【旋转曲面】和【边界曲面】设置在 M 方向上的网格密度。SURFTAB2 为【旋转曲面】和【边界曲面】设置在 M 方向上的网格密度，如图 12-30 所示。

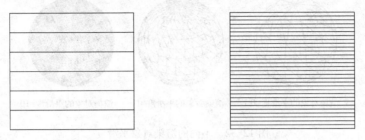

图 12-30　不同网格密度效果

12.4.2　设置实体模型显示质量

在线框模式下，三维实体的曲面用曲线来表示，并称这些曲面为网格，这些替代三维实体真实曲面的小平面的大小以及曲面网格的数量的多少，决定了三维实体显示效果的显示质量及真实程度。

用户可以在【选项】对话框中来控制三维实体的显示质量，在绘图区单击鼠标右键，选择【显示】，打开【显示】选项卡，如图 12-31 所示，在【显示精度】选项组中设置相应的参数即可。

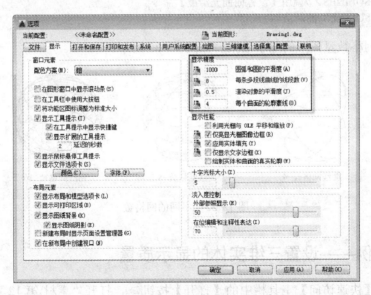

图 12-31　【显示】选项卡

12.4.3　设置曲面光滑度

当使用【消隐】、【视觉样式】等命令时，AutoCAD 将用很多小矩形面来替代三维实体的真实曲面，在如图 12-31 所示的对话框中，通过设置【渲染对象的平滑度】参数可以控制三维实体的曲面光滑度，如图 12-32 所示。

渲染对象的平滑度=0.1　　　渲染对象的平滑度=1　　　渲染对象的平滑度=10

图 12-32　不同的渲染对象平滑度

12.4.4　曲面网格数量控制

在 AutoCAD 中，每个实体的曲面都是由曲面轮廓线表示的，轮廓曲面素线越多，其显示效果越好，但渲染图形时所需时间也越长。曲面轮廓素线的数目默认值是 4，如果需要对其进行设置，可以在命令行输入 ISOLINES 命令并按〈Enter〉键，其数值在 0～2047，完成设置后需要重生成。

调用【设置曲面光滑度】命令，在命令行中输入"ISOLINES"命令，命令行操作如下：

命令: ISOLINES↙ //调用【设置曲面光滑度】命令
输入 ISOLINES 的新值<4>:

不同曲面网格数量图形的显示效果，如图 12-33 所示。

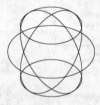

曲线网格数=4　　　　　曲线网格数=8　　　　　曲线网格数=16

图 12-33　不同的网格数

12.4.5　实例——设置三维实体的显示质量

（1）单击【快速访问】工具栏中的【打开】按钮，打开"素材\第 12 章\12.4.5.dwg"文件，如图 12-34 所示。

（2）选择【工具】|【选项】菜单命令，打开【选项】对话框，设置显示精度参数如图 12-35 所示。

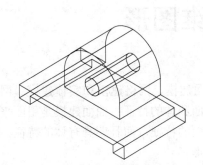

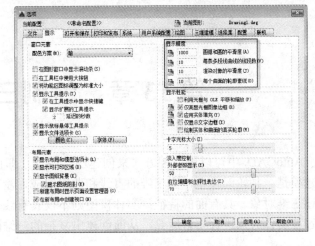

图 12-34　素材图形　　　　　　　　　　图 12-35　显示精度设置

（3）在命令行中输入 HI 命令，消除模型，结果如图 12-36 所示。

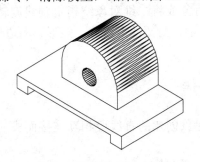

图 12-36　模型显示效果

第 13 章　绘制三维图形

AutoCAD 中可以用三种方式来创建三维图形，即曲面建模、网格建模和实体建模。网格建模是一种轮廓模型，由三维的直线和曲线组成，没有面和体的特征；曲面建模是用面来描述三维对象，具有面的特征；实体模型则不仅具有线和面的特征，而且还具有体的特征，通过各实体对象进行布尔运算，从而创建出复杂的三维图形。

13.1　二维图形转换三维图形

用户可以采用拉伸二维对象或将二维对象绕指定轴线旋转的方法生成三维实体，被拉伸或旋转的对象可以是三维平面、封闭的多段线、矩形、多边形、圆、圆弧、圆环、椭圆、封闭的样条曲线和面域。

13.1.1　绘制三维多段线

三维多段线是作为单个对象创建的直线段相互连接而成的序列。三维多段线可以不共面，但是不能包括圆弧段。

调用【三维多段线】命令可以绘制三维多段线，调用该命令的方法有如下几种：

➢ 命令行：输入 3DPOLY 命令。

➢ 菜单栏：选择【绘图】|【三维多段线】菜单命令。

➢ 功能区：在【常用】选项卡中，单击【绘图】面板中的【三维多段线】按钮 。

使用上面任一种方式调用【三维多段线】命令，命令行提示如下：

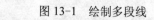

命令: 3dpoly	//调用【多段线】命令
指定多段线的起点:	//指定绘图区任意一点为中心点
指定直线的端点或 [放弃(U)]:	//绘制图形，如图 13-1 所示

图 13-1　绘制多段线

13.1.2　绘制三维螺旋线

螺旋就是开口的二维或三维螺旋线。如果指定同一个值作为底面半径或顶面半径，将创建圆柱形螺旋；如果指定不同值作为顶面半径和底面半径，将创建圆锥形螺旋；如果指定高度为 0，将创建扁平的二维螺旋。

调用【螺旋】命令可以绘制螺旋线，调用该命令的方法有如下几种：

➢ 命令行：输入 HELIX 命令。

➤ 菜单栏：选择【绘图】|【建模】|【螺旋】菜单命令。

➤ 功能区：在【常用】选项卡中，单击【绘图】面板中的【螺旋】按钮 ▤。

使用上面任意一种方式调用【螺旋】命令，具体操作命令行如下：

命令行：HELIX↙　　　　　　　//调用【螺旋线】命令
指定底面的中心点：　　　　　　　　　　　　//指定绘图区任意一点为中心点
指定底面半径或 [直径(D)] <100.0000>: 100 ↙　//输入底面半径
指定顶面半径或 [直径(D)] <100.0000>: 100 ↙　//输入顶面半径
指定螺旋高度或 [轴端点(A)/圈数(T)/圈高(H)/扭曲(W)] <200.0000>: T↙　//激活【圈数(T)】选项
输入圈数<8.0000>: 8↙　//输入圈数
指定螺旋高度或 [轴端点(A)/圈数(T)/圈高(H)/扭曲(W)] <200.0000>: W↙　//激活【扭曲(W)】选项
输入螺旋的扭曲方向 [顺时针(CW)/逆时针(CCW)] <CW>: CW↙　　　//激活【顺时针(CW)】选项
指定螺旋高度或 [轴端点(A)/圈数(T)/圈高(H)/扭曲(W)] <200.0000>: 200↙
　　　　　　　　　　　　//输入螺旋高度，如图 13-2 所示

命令行中主要选项介绍如下：

➤ 圈高(H)：指定螺旋线各圈之间的间距，此距离乘以螺旋圈数
即螺旋的高度。

➤ 扭曲(W)：指定螺旋线的旋转方式是顺时针还是逆时针。

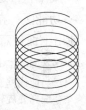

图 13-2　绘制螺旋线

13.1.3　拉伸

使用 EXTRUDE【拉伸】命令可以将二维图形沿指定的高度和路径
将其拉伸为三维实体。

调用【拉伸】命令的方法有如下几种：

➤ 命令行：输入 EXTRUDE/EXT 命令。

➤ 菜单栏：选择【绘图】|【建模】|【拉伸】菜单命令。

➤ 功能区：在【常用】选项卡，单击【建模】面板中的【拉伸】按钮 ▥。

使用上面任意一种方式调用【拉伸】命令，拉伸圆通管，具体操作命令行如下：

命令: extrude↙　　　　　　　　　　　//调用【拉伸】命令
当前线框密度: ISOLINES=4，闭合轮廓创建模式 = 实体
选择要拉伸的对象或 [模式(MO)]: 找到 1 个　//选择圆作为拉伸路径
选择要拉伸的对象或 [模式(MO)]:↙　　　　//按〈Enter〉键结束对象选择
指定拉伸的高度或 [方向(D)/路径(P)/倾斜角(T)/表达式(E)] <-128.8241>: P ↙//选择路径拉伸模式
选择拉伸路径或 [倾斜角(T)]:↙　　　　　//选择多段线作为拉伸路径，如图 13-3 所示

命令行中主要选项介绍如下：

➤ 拉伸高度：即按照指定的高度拉伸出三维实体图形。
输入高度值后连续按两次按〈Enter〉键即可得到拉伸
的三维实体。同时可根据用户需要，还可设定倾斜角
度。默认的角度值为 0，如果输入非 0 的角度，拉伸后
的实体截面会沿拉伸方向倾斜此角度。

➤ 路径(P)：即以现有的图形对象作为拉伸创建三维实体
对象。

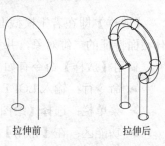

拉伸前　　　　　　拉伸后

图 13-3　拉伸

➢ 倾斜角(T)：通过指定的角度拉伸对象，拉伸的角度可以为正值也可以为负值，其绝对值不大于 90，若倾斜角为正，将产生内锥度，创建的侧面向里靠，若倾斜角度为负，将产生外锥度，创建的侧面则向外。

拉伸有两种方法：一种是指定生成实体的倾斜角度和高度；另外一种的指定拉伸路径，路径可以闭合，也可以不闭合。

13.1.4 旋转

【旋转】命令通过绕轴旋转二维对象来创建三维实体。

调用【旋转】命令有如下几种方法：

➢ 命令行：输入 REVOLVE 命令。

➢ 菜单栏：选择【绘图】|【建模】|【旋转】菜单命令。

➢ 功能区：在【常用】选项卡，单击【建模】面板中的【旋转】按钮 ◎ 。

使用上面任意一种方式调用【旋转】命令，旋转成圆桶，具体操作命令行如下：

```
命令: revolve ✓                                              //调用【旋转】命令
当前线框密度:  ISOLINES=4，闭合轮廓创建模式 = 实体
选择要旋转的对象或 [模式(MO)]: 找到 1 个                        //选择多段线为旋转对象
选择要旋转的对象或 [模式(MO)]: ✓
指定轴起点或根据以下选项之一定义轴 [对象(O)/X/Y/Z] <对象>:Z✓    //选择 Z 轴为旋转轴
指定旋转角度或 [起点角度(ST)/反转(R)/表达式(EX)] <360>:✓
                                        //按〈Enter〉键默认旋转 360°，如图 13-4 所示
```

命令行主要选项介绍如下：

➢ 指定轴的起点：即定义两个点为旋转轴。AutoCAD 将按指定的角度和旋转轴旋转二维图形。

➢ 对象(O)：选择已绘制好的直线或多段线作为旋转轴线。

➢ X(Y)轴：将二维对象绕当前坐标系的 X 或 Y 轴旋转。

提示：在创建旋转实体时，用于旋转的二维对象可以是封闭的多段线、多边形、圆、椭圆、封闭的样条曲线、圆环及封闭区域，而且每一次只能旋转一个对象。

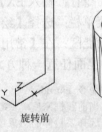 

旋转前   旋转后

图 13-4 旋转

13.1.5 放样

【放样】即在若干横截面之间的空间中创建三维实体或曲面。横截面指的是具有放样实体截面特征的二维对象，并且必须指定两个或两个以上的横截面。

调用【放样】命令有如下几种方式：

➢ 命令行：输入 LOFT 并按〈Enter〉键。

➢ 菜单栏：选择【绘图】|【建模】|【放样】菜单命令。

➢ 功能区：在【常用】选项卡，单击【建模】面板中的【放样】按钮 ◎ 。

使用上面任意一种方式调用【放样】命令，放样成木桶，具体操作命令行提示如下：

```
命令: loft↙                              //调用【放样】命令
当前线框密度:  ISOLINES=4,闭合轮廓创建模式 = 实体
按放样次序选择横截面或 [点(PO)/合并多条边(J)/模式(MO)]: 指定对角点: 找到 3 个
                                    //从上至下依次选择各圆横截面
按放样次序选择横截面或 [点(PO)/合并多条边(J)/模式(MO)]:↙   //选中了 3 个横截面
输入选项 [导向(G)/路径(P)/仅横截面(C)/设置(S)] <仅横截面>:↙   //按〈Enter〉键确定,如图 13-5
                                                        所示
```

命令行主要选项介绍如下:

➢ 设置(S):在命令行中输入设置后,系统会自动
  弹出设置对话框,对话框中有【直纹】、【平滑拟
  合】、【法向指向】、【拔模角度】四个选项,选择
  不同的选项会出现不同的结果。

➢ 导向(G):即指定控制放样实体或曲面形状的导
  向曲线。导向曲线可以是直线,也可以是曲线。

提示:放样时使用的曲线必须全部开放或全部闭
合,不能使用既包含开放又包含闭合的一组截面。

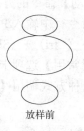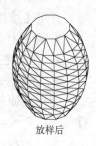

放样前　　　　　　放样后

图 13-5　放样

13.1.6　扫掠

【扫掠】即通过沿路径扫掠二维对象来创建三维实体。

调用【扫掠】命令有如下几种方式:

➢ 命令行:输入 SWEEP 命令。

➢ 菜单栏:选择【绘图】|【建模】|【扫掠】菜单命令。

➢ 功能区:在【常用】选项卡,单击【建模】面板中的【扫掠】按钮 。

使用上面任意一种方式调用【扫掠】命令,扫掠成弹簧,具体操作命令行如下:

```
命令: sweep↙                                          //调用【扫掠】命令
当前线框密度:  ISOLINES=4,闭合轮廓创建模式 = 实体
选择要扫掠的对象或 [模式(MO)]: _MO 闭合轮廓创建模式 [实体(SO)/曲面(SU)] <实体>: _SO↙
选择要扫掠的对象或 [模式(MO)]: 找到 2 个
选择要扫掠的对象或 [模式(MO)]:
选择扫掠路径或 [对齐(A)/基点(B)/比例(S)/扭曲(T)]: ↙//选择路径按〈Enter〉键确定,如图 13-6 所示
```

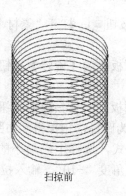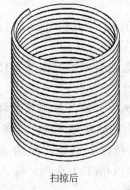

扫掠前　　　　　　　扫掠后

图 13-6　扫掠

提示：在创建比较复杂的放样实体时，可以指定导向曲线来控制点如何匹配相应的横截面，以防止创建的实体或曲面中出现褶皱等缺陷。

13.1.7 按住并拖动

按住并拖动是 AutoCAD 中一个简单有用的操作，可由有限有边界区域或闭合区域创建拉伸，可从实体上的有限有边界区域或闭合区域中创建拉伸。

调用【按住并拖动】命令的方法有以下几种：

➢ 命令行：在命令行中输入 PRESSPULL 命令。

➢ 组合键：按下〈Ctrl〉+〈Shift〉+〈E〉组合键。

➢ 功能区：在【常用】选项卡中，单击【建模】面板中的【按住并拖动】按钮。

使用上面任意一种方式调用【按住并拖动】命令，按住并拖动成实体，具体操作命令行如下：

```
命令: presspull↙                    //调用【按住并拖动】命令
选择对象或边界区域:选择要从中减去的实体、曲面和面域...    //选择要拉伸的区域
差集内部面域...↙
指定拉伸高度或 [多个(M)]:           //输入拉伸高度 30 按〈Enter〉键即可，如图 13-7 所示
```

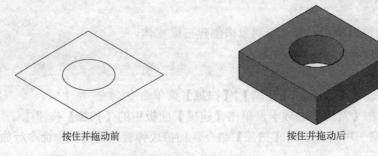

按住并拖动前   按住并拖动后

图 13-7　按住并拖动

提示：使用组合键只能拉伸三维面和三维实体面；使用按住并拖动操作创建的拉伸对象与原对象是一个整体。

13.1.8 实例——创建台灯

（1）单击【快速访问】工具栏中的【打开】按钮，打开"素材\第 13 章\13.1.8.dwg"文件，如图 13-8 所示。

（2）在【实体】选项卡中，单击【实体】面板上的【旋转】按钮，旋转灯罩得到如图 13-9 所示实体。

（3）在【实体】选项卡中，单击【实体】面板上的【扫掠】按钮，激活实体模式，选择上端最小的圆作为扫掠对象，选择样条曲线为路径，扫掠得到如图 13-10 所示实体。

（4）调用 EXT【拉伸】命令，激活实体模式，选择上端最小的圆作为拉伸对象，按〈Enter〉键后激活【倾斜角(T)】选项，输入倾斜角度"-10"，输入拉伸高度"-2"，拉伸得到如图 13-11 所示实体。

图 13-8　素材图形　　　　　图 13-9　旋转灯罩　　　　图 13-10　扫掠后

（5）调用 LOFT【放样】命令，激活实体模式，依次选择中间的圆，然后选择最下面的大圆，放样得到如图 13-12 所示实体。

（6）在【常用】选项卡中，单击【实体】|【拉伸】按钮 📧，拉伸最下面的大圆，拉伸高度为"-2"，消隐结果如图 13-13 所示。

图 13-11　拉伸后　　　　　图 13-12　放样后　　　　图 13-13　最终结果

13.2　创建三维曲面

三维曲面是三维空间的表面，它没有厚度，也没有属性质量，由三维面命令创建的每个面的各顶点可以有不同的 Z 坐标，但构成各个面的顶点不超过四个。如果构成面的 4 个顶点共面，消隐命令认为该面是不透明的可以消隐。反之，消隐命令对其无效。它与三维实体的区别是三维曲面形体是空心的，而三维实体是实心的。

调用【三维曲面】命令，在命令行输入"3DFACE"命令，命令行操作如下：

> 命令: 3DFACE✓ //调用【三维曲面】命令
> 　指定第一点或 [不可见(I)]:

命令行主要选项介绍如下：

➢ 指定第一点：即输入某一点的坐标或用鼠标指定一点，来定义三维曲面的起点。在输入第一点后。可按顺时针或逆时针方向输入其余各点，从而创建三维曲面。

➢ 不可见(I)：即控制三维曲面各边的可见性，以便创建有孔对象的正确模型。如果在输入某一边之前输入[I]，则可使该边不可见。

13.2.1　创建平面曲面

【平面曲面】通过选择封闭的对象或指定矩形表面的对角点创建平面曲面。SURFU 和

SURFV 系统变量控制曲面上显示的行数，也可以通过【特性】选项板设置 U 素线和 V 素线的数量，如图 13-14 所示。

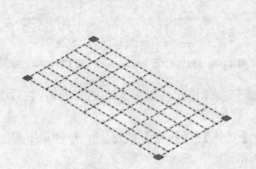

图 13-14　通过【特性】选项板中控制平面曲面

调用 PLANESURF 命令的方法有如下几种：

➢ 命令行：输入 PLANESURF 命令。

➢ 菜单栏：选择【绘图】|【建模】|【曲面】|【平面】菜单命令。

➢ 功能区：在【曲面】选项卡中，单击【创建】面板中的【平面】按钮 ◇ 平面 。

使用上面任意一种方式调用【平面】命令，具体操作命令行如下：

命令: Planesurf	//调用【平面】命令
指定第一个角点或 [对象(O)] <对象>: o✓	//指定"对象"备选项
选择对象: 找到 1 个	//选择平面图形
选择对象: ✓	//按〈Enter〉键结束命令

13.2.2　创建过渡曲面

在两个现有曲面之间创建的连续的曲面称为过渡曲面。将两个曲面融合在一起时，需要指定曲面连续性和凸度幅值。

调用【过渡】命令的方法有如下几种：

➢ 命令行：输入 SURFBLEND 命令。

➢ 菜单栏：选择【绘图】|【建模】|【曲面】|【过渡】菜单命令。

➢ 功能区：在【曲面】选项卡中，单击【创建】面板中的【过渡】按钮 。

使用上面任意一种方式调用【过渡】命令，完善瓶盖的创建，具体操作命令行如下：

命令: SURFBLEND	//调用【过渡】命令
连续性 = G1 - 相切，凸度幅值 = 0.5	
选择要过渡的第一个曲面的边或 [链(CH)]: 找到 1 个	//选择上面曲面的边缘
选择要过渡的第一个曲面的边或 [链(CH)]:	
选择要过渡的第二个曲面的边或 [链(CH)]: 找到 1 个	//选择竖直曲面的边缘
选择要过渡的第二个曲面的边或 [链(CH)]:	
按 Enter 键接受过渡曲面或 [连续性(CON)/凸度幅值(B)]: //按〈Enter〉键结束绘制，如图 13-15 所示	

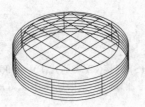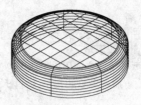

图 13-15　过渡曲面

13.2.3　创建修补曲面

曲面【修补】即在创建新的曲面或封口时，闭合现有曲面的开放边，也可以通过闭环添加其他曲线，以约束和引导修补曲面。

调用【修补】曲面命令的方法有如下几种：

➢ 命令行：输入 SURFPATCH 命令。

➢ 菜单栏：选择【绘图】|【建模】|【曲面】|【修补】命令。

➢ 功能区：在【曲面】选项卡中，单击【创建】面板中的【修补】按钮 🔘。

使用上面任意一种方式调用【修补】命令，修补曲面成型，具体操作命令行如下：

命令: SURFPATCH//调用【修补】命令
连续性 = G0 - 位置，凸度幅值 = 0.5
选择要修补的曲面边或 [链(CH)/曲线(CU)] <曲线>: 找到 4 个//选择曲面上面的边
选择要修补的曲面边或 [链(CH)/曲线(CU)] <曲线>:
按 Enter 键接受修补曲面或 [连续性(CON)/凸度幅值(B)/导向(G)]:
//按〈Enter〉键结束，效果如图 13-16 所示

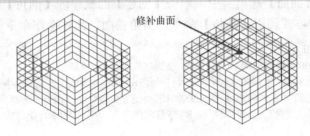

修补曲面

图 13-16　创建修补曲面

13.2.4　创建偏移曲面

【偏移】曲面可以创建与原始曲面平行的曲面，在创建过程中需要指定距离。

调用【偏移】曲面命令的方法有如下几种：

➢ 命令行：输入 SURFOFFSET 命令。

➢ 菜单栏：选择【绘图】|【建模】|【曲面】|【偏移】菜单命令。

➢ 功能区：在【曲面】选项卡中，单击【创建】面板中的【偏移】按钮 🔷。

使用上面任意一种方式调用【偏移】命令，偏移圆柱曲面，具体操作命令行如下：

命令: SURFOFFSET　　　　　　　　　　//调用【偏移】命令

连接相邻边 = 否
选择要偏移的曲面或面域: 找到 1 个//选择曲面
选择要偏移的曲面或面域:
指定偏移距离或 [翻转方向(F)/两侧(B)/实体(S)/连接(C)/表达式(E)] <0.0000>: 5
　　　　　　//输入偏移距离后1个对象将偏移。1 个偏移操作成功完成, 如图 13-17 所示

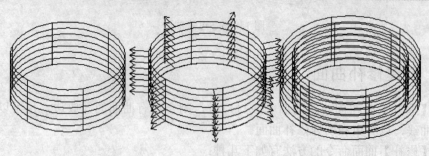

图 13-17　创建偏移曲面

13.2.5　创建圆角曲面

使用曲面【圆角】命令, 可以在现有曲面之间的空间中创建新的圆角曲面。圆角曲面具有固定半径轮廓且与原始曲面相切。

调用【圆角】曲面的方法有如下几种:

➢ 命令行: 输入 SURFFILLET 命令。

➢ 菜单栏: 选择【绘图】|【建模】|【曲面】|【圆角】命令。

➢ 功能区: 在【曲面】选项卡中, 单击【创建】面板中的【圆角】按钮。

使用上面任一种方式调用【圆角】命令, 圆角曲面, 具体操作命令行如下:

命令: SURFFILLET　　　　　　　　　　　　　　　　//调用【圆角】命令
半径 =10.0000, 修剪曲面 = 是
选择要圆角化的第一个曲面或面域或者 [半径(R)/修剪曲面(T)]: //设置半径并选择曲面 1
选择要圆角化的第二个曲面或面域或者 [半径(R)/修剪曲面(T)]: 　//选择曲面 2
按〈Enter〉键接受圆角曲面或 [半径(R)/修剪曲面(T)]: //按〈Enter〉键结束, 效果如图 13-18 所示

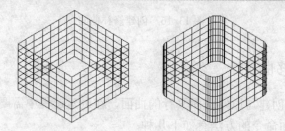

图 13-18　圆角曲面

13.2.6　实例——创建瓶盖

本实例绘制瓶盖模型, 主要使用了本章所学的三维曲面建模功能, 包括【平面】、【过

滤】等三维曲面建模命令。

（1）单击【快速访问】工具栏中的新建按钮，新建图形文件。调用【视图】|【三维视图】|【西南等轴测】菜单命令，将视图切换为【西南等轴测】模式。

（2）在命令行中输入 C 圆命令，绘制两个半径分别为 25 和 30 的辅助圆，结果如图 13-19 所示。

（3）调用【移动】工具，将小圆向上移动，距离为 15，结果如图 13-20 所示。

（4）调整网格密度，调用【调整网格密度】命令 surftab1，设置为 36，surftab2 为 36，然后按〈Enter〉键。

（5）选择【绘图】|【建模】|【曲面】|【平面】菜单命令，绘制出瓶盖顶面曲面，结果如图 13-21 所示。

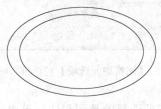 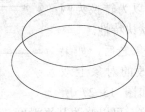 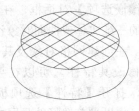

图 13-19　绘制圆　　　　　图 13-20　移动小圆　　　　图 13-21　创建平面曲面

（6）在【常用】选项卡中，单击【创建】面板中的拉伸曲面按钮，拉伸曲面，高度为 12，结果如图 13-22 所示。

（7）调用【绘图】|【建模】|【曲面】|【过渡】菜单命令，效果如图 13-23 所示。

（8）调用【消隐】工具，绘制如图 13-24 所示的瓶盖。

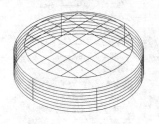 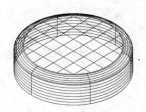 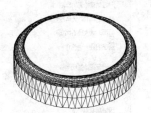

图 13-22　拉伸曲面　　　　　图 13-23　绘制过渡曲面　　　　图 13-24　瓶盖效果

13.3　创建三维网格

网格对象是由网格面和镶嵌面组成的对象，与三维曲面一样，网格对象不具有三维实体的质量和体积特性，但同时也具有一些特殊的编辑和修改建模方法。例如，对网格对象可以应用锐化、分割以及增加平滑度等操作；可以拖动网格子对象（面、边和顶点）使对象变形等。

在 AutoCAD 2016 中创建网格对象，既可以使用网格图元建模功能，创建长方体、圆锥体等网格，也可以使用平移、旋转、边界网格创建命令，或者直接将其他对象类型转换为网格对象。本节将详细讲解三维网格对象的建模方法。

13.3.1 设置网格特性

用户可以在创建网格对象之前和之后设定用于控制各种网格特性的默认设置。

在【网格】选项卡中，单击【图元】面板中的按钮，打开如图 13-25 所示的【网格图元选项】对话框，在此可以为创建的每种类型的网格对象设定针对每个对象的镶嵌密度（细分数）。

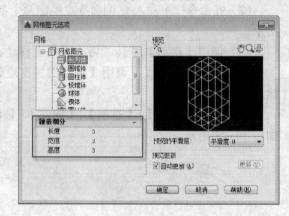

在【网格】选项卡中，单击【网格】面板中的按钮，打开如图 13-26 所示的【网格镶嵌选项】对话框，在此可以为转换为网格的三维实体或曲面对象设定默认特性。

在创建网格对象及其子对象之后，如果要修改其特性。可以在要修改的对象上双击，打开【特性】选项板，如图 13-27 所示。如果当前选择的是网格对象，可以修改其平滑度；如果当前选择的是面和边，可以应用或删除锐化，也可以修改锐化保留级别。

图 13-25 【网格图元选项】对话框

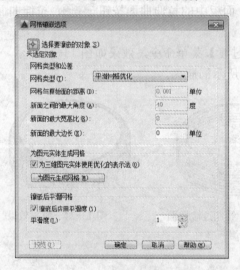

图 13-26 【网格镶嵌选项】对话框

图 13-27 【特性】选项板

默认情况下，创建的网格图元对象平滑度为 0，可以使用 MESH 命令的【设置】选项更改此默认设置。

调用该命令后，命令行操作如下：

```
命令: MESH↙                        //调用【设置】命令
当前平滑度设置为: 0
输入选项 [长方体(B)/圆锥体(C)/圆柱体(CY)/棱锥体(P)/球体(S)/楔体(W)/圆环体(T)/设置(SE)]:SE ↙
                                  //激活 SE 选项
指定平滑度或[镶嵌(T)] <0>:          //输入 0~4 之间的平滑度
```

输入选项 [长方体(B)/圆锥体(C)/圆柱体(CY)/棱锥体(P)/球体(S)/楔体(W)/圆环体(T)/设置(SE)]:

13.3.2　创建长方体网格

AutoCAD 2016 可以直接创建 7 种类型的三维网格图元,包括长方体、圆锥体、球体以及圆环体等。

调用【长方体网格】命令的方法有如下几种:

➢ 命令行:输入 MESH 命令后输入 B。

➢ 菜单栏:选择【绘图】|【建模】|【网格】|【图元】|【长方体】。

➢ 功能区:选择【网格】选项板的【图元】面板中的【网格长方体】按钮田。

使用上面任意一种方式调用【长方体网格】命令,创建长方体网格,具体操作命令行如下:

命令: MESH↙	//调用【MESH】命令
当前平滑度设置为: 0	
输入选项 [长方体(B)/圆锥体(C)/圆柱体(CY)/棱锥体(P)/球体(S)/楔体(W)/圆环体(T)/设置(SE)] <长方体>:BOX	//激活【长方体】选项
指定第一个角点或 [中心(C)]: ↙	//指定第一个角点
指定其他角点或 [立方体(C)/长度(L)]:l↙	//激活【长度(L)】选项
指定长度: 90 ↙	//输入长度值
指定宽度: 60 ↙	//输入宽度值
指定高度或 [两点(2P)]: 30 ↙	//输入高度值,如图 13-28 所示

绘制网格长方体时,其底面将与当前 UCS 坐标系的 XY 平面平行,并其初始位置的长、宽、高分别与当前 UCS 坐标系的 X、Y、Z 轴平行。

在指定长方体的长、宽、高时,正值表示向相应的坐标值的正方向延伸,负值表示向相应的坐标值的负方向延伸。最后,需要指定长方体表面绕 Z 轴的旋转角度,以确定其最终位置。

技巧:可以使用【立方体】选项创建等边的网格长方体。

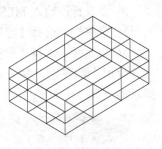

图 13-28　长方体网格

13.3.3　创建圆柱体网格

如果选择绘制网格圆柱体,可以创建底面为圆形或椭圆的网格圆锥或网格圆台。

调用【圆柱体网格】命令的方法有如下几种:

➢ 命令行:输入 MESH 命令后输入 "CY"。

➢ 菜单栏:选择【绘图】|【建模】|【网格】|【图元】|【圆柱体】。

➢ 功能区:选择【网格】选项板的【图元】面板中的【网格圆柱体】按钮。

使用上面任意一种方式调用【圆柱体网格】命令,创建椭圆圆柱体网格,具体操作命令行如下:

命令: MESH↙	//调用【MESH】命令
当前平滑度设置为: 0	
输入选项 [长方体(B)/圆锥体(C)/圆柱体(CY)/棱锥体(P)/球体(S)/楔体(W)/圆环体(T)/设置(SE)] <圆	

柱体>:CY✓   //激活【圆柱体】选项
　　指定底面的中心点或 [三点(3P)/两点(2P)/切点、切点、半径(T)/椭圆(E)]: E✓ //激活【椭圆(E)】
选项
　　指定第一个轴的端点或 [中心(C)]:✓   //用鼠标指定一点
　　指定第一个轴的其他端点: 100✓   //输入第一个轴端点值
　　指定第二个轴的端点: 80✓   //输入第二个轴端点值
　　指定高度或 [两点(2P)/轴端点(A)] <60.0000>: 150✓   //输入高度值，如图 13-29 所示

命令行主要选项介绍如下：

➢ 椭圆(E)：使用【椭圆】选项，可以创建底面为椭圆的
  圆柱体。

➢ 切点、切点、半径（T）：使用【切点、切点、半径
  (T)】选项的功能可以创建底面与两个对象相切的网格
  圆柱，创建的新圆柱体位于尽可能接近指定的切点的位
  置，这取决于半径的大小。相切的对象是圆、圆弧、直
  线类的二维对象和某些具有圆、圆弧、直线类的三维对
  象。三维切点投影在当前 UCS 的 XY 平面上。

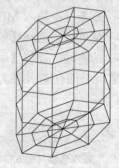

图 13-29　椭圆圆柱体网格

13.3.4　创建圆锥体网格

如果选择绘制圆锥体，可以创建底面为圆形或椭圆的网格圆锥或网格圆台。
调用【圆锥体网格】命令的方法有如下几种：

➢ 命令行：输入 MESH 命令后输入"C"。

➢ 菜单栏：选择【绘图】|【建模】|【网格】|【图元】|【圆锥体】。

➢ 功能区：选择【网格】选项板的【图元】面板中的【网格圆锥体】按钮 。

使用上面任意一种方式调用【圆锥体网格】命令，创建圆锥体网格，具体操作命令行
提示如下：

命令: MESH✓   //调用【MESH】命令
命令: mesh
当前平滑度设置为: 0
输入选项 [长方体(B)/圆锥体(C)/圆柱体(CY)/棱锥体(P)/球体(S)/楔体(W)/圆环体(T)/设置(SE)] <圆
锥体>: C✓   //激活【圆锥体】选项
　　指定底面的中心点或 [三点(3P)/两点(2P)/切点、切点、半径(T)/椭圆(E)]: 0,0,0✓ //输入原点坐标
　　指定底面半径或 [直径(D)] <30.0000>: 40✓ //输入半径值
　　指定高度或 [两点(2P)/轴端点(A)/顶面半径(T)] <150.0000>: 80✓ //输入高度值，如图 13-30 所示

技巧：默认情况下，网格圆锥体的底面位于当前 UCS 坐标系
的 XY 平面上，圆锥体的轴线与 Z 轴平行。

13.3.5　创建棱锥体网格

默认情况下，可以创建最多具有 32 个侧面的棱锥体网格。
调用【棱锥体网格】命令的方法有如下几种：

➢ 命令行：输入 MESH 命令后输入"P"。

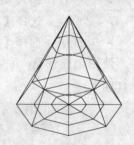

图 13-30　圆锥体网格

➢ 菜单栏：选择【绘图】|【建模】|【网格】|【图元】|【棱锥体】。

➢ 功能区：选择【网格】选项板的【图元】面板中的【网格棱锥体】按钮 △。

使用上面任意一种方式调用【棱锥体网格】命令，创建棱锥体网格，具体操作命令行如下：

```
命令: MESH↙                                    //调用【MESH】命令
当前平滑度设置为: 0
输入选项 [长方体(B)/圆锥体(C)/圆柱体(CY)/棱锥体(P)/球体(S)/楔体(W)/圆环体(T)/设置(SE)] <棱
锥体>:P↙                                        //激活【棱锥体】选项
 4 个侧面外切
指定底面的中心点或 [边(E)/侧面(S)]: S↙          //激活【侧面(S)】选项
输入侧面数<4>: 8↙                               //输入侧面数
指定底面的中心点或 [边(E)/侧面(S)]:↙            //用鼠标指定一点
指定底面半径或 [内接(I)] <40.0000>: 50↙        //输入底面半径值
指定高度或 [两点(2P)/轴端点(A)/顶面半径(T)] <80.0000>: T↙ //激活【顶面半径(T)】选项
指定顶面半径<0.0000>: 30↙                       //输入顶面半径值
指定高度或 [两点(2P)/轴端点(A)] <80.0000>: 70↙  //输入高度值，如图 13-31 所示
```

　　提示：使用【侧面】选项可以设定网格棱锥体的侧面数；使用【边】选项可知底面边的尺寸；使用【顶面半径】可以创建棱台，确定内接或外切的周长可以指定是在半径内部还是在半径外部绘制棱锥台底面。

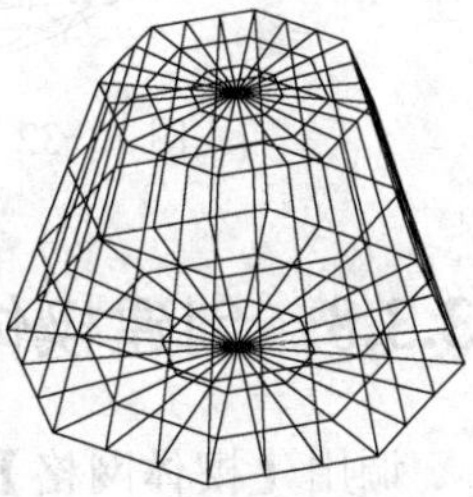

13.3.6　创建球体网格

调用【球体网格】命令的方法有如下几种：

图 13-31　棱锥体网格

➢ 命令行：输入 MESH 命令后输入 "S"。

➢ 菜单栏：选择【绘图】|【建模】|【网格】|【图元】|【球体】。

➢ 功能区：选择【网格】选项板的【图元】面板中的【网格球体】按钮 ⊕。

使用上面任意一种方式调用【球体网格】命令，创建球体网格，具体操作命令行如下：

```
命令: MESH↙                                    //调用【MESH】命令
当前平滑度设置为: 0
输入选项 [长方体(B)/圆锥体(C)/圆柱体(CY)/棱锥体(P)/球体(S)/楔体(W)/圆环体(T)/设置(SE)] <球
体>: S↙                                         //激活【球体】选项
指定中心点或 [三点(3P)/两点(2P)/切点、切点、半径(T)]:↙ //输入一点坐标或用鼠标指定一点
指定半径或 [直径(D)] <40.0000>: 80↙            //输入半径值，如图 13-32 所示
```

13.3.7　创建圆环体网格

调用【圆环体网格】命令的方法有如下几种：

➢ 命令行：输入 MESH 命令后输入 "T"。

➢ 菜单栏：选择【绘图】|【建模】|【网格】|【图元】|【圆环体】。

➢ 功能区：单击【网格】选项板的【图元】面板中的【网格圆环体】按钮。

使用上面任意一种方式调用【圆环体网格】命令，创建圆环体网格，具体操作命令行如下：

```
命令: MESH                          //调用【MESH】命令
当前平滑度设置为: 0
输入选项 [长方体(B)/圆锥体(C)/圆柱体(CY)/棱锥体(P)/球体(S)/楔体(W)/圆环体(T)/设置(SE)] <圆
环体>:T↙                           //激活【圆环体】选项
指定中心点或 [三点(3P)/两点(2P)/切点、切点、半径(T)]:              //指定中心点
指定半径或 [直径(D)] <20.7041>: 40    //指定半径
指定圆管半径或 [两点(2P)/直径(D)]: 10  //指定圆管半径，并回车如图 13-33 所示
```

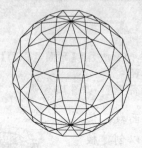
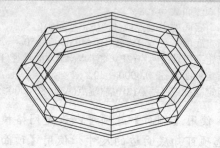

图 13-32　球体网格　　　　　　　图 13-33　圆环体网格

13.3.8　创建楔体网格

调用【楔体网格】命令的方法有如下几种：

➢ 命令行：输入 MESH 命令后输入"W"。
➢ 菜单栏：选择【绘图】|【建模】|【网格】|【图元】|【楔体】。
➢ 功能区：选择【网格】选项板的【图元】面板中的【网格楔体】按钮。

使用上面任意一种方式调用【楔体网格】命令，创建楔体网格，具体操作命令行如下：

```
命令: MESH↙                        //调用【MESH】命令
当前平滑度设置为: 0
输入选项 [长方体(B)/圆锥体(C)/圆柱体(CY)/棱锥体(P)/球体(S)/楔体(W)/
圆环体(T)/设置(SE)] <楔体>:W↙      //激活【楔体】选项
指定第一个角点或 [中心(C)]:↙       //指定第一个角点
指定其他角点或 [立方体(C)/长度(L)]: l↙ //激活【长度(L)】选项
指定长度<90.0000>: 90↙            //输入长度值
指定宽度<60.0000>: 60↙            //输入宽度值
指定高度或 [两点(2P)] <250.1809>: 150↙  //输入高度值，如图 13-34 所示
```

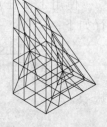

图 13-34　楔体网格

13.3.9　创建直纹网格

如果在三维空间中存在两条曲线，则可以这两条曲线作为边界，创建由多边形网格构成的曲面。直纹网格的边界可以是直线、圆、圆弧、椭圆、椭圆弧、二维多段线、三维多段线和样条曲线中的任意两条曲线，如图 13-35 所示。

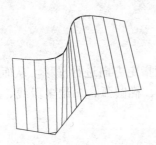 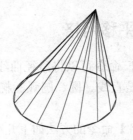

定义曲线为三维多段线和样条曲线　　　　定义曲线为点和圆

图 13-35　定义对象不同所形成的直纹网格

调用【直纹网格】命令的方法有如下几种：

➢ 命令行：输入 RULESURF 命令。

➢ 菜单栏：选择【绘图】|【建模】|【网格】|【直纹网格】菜单命令。

➢ 功能区：在【网格】选项卡中，单击【图元】面板中的【直纹网格】按钮。

创建直纹网格应先调整网格密度，命令行如下：

```
命令: surftab1  ✓        //调用【调整网格密度】命令
输入 SURFTAB1 的新值<6>: 20✓//输入新值并按〈Enter〉键
命令: surftab2  ✓        //调用命令
输入 SURFTAB2 的新值<6>:20✓//输入新值并按〈Enter〉键
```

使用上面任意一种方式调用【直纹网格】命令，创建直纹网格，具体操作命令行如下：

```
命令: rulesurf✓          //调用【直纹曲面】命令
当前线框密度: SURFTAB1=20
选择第一条定义曲线:       //选择上面那根直线靠近左边的一端
选择第二条定义曲线:       //选择下面那根直线靠近右边的一端，如图 13-36 所示
```

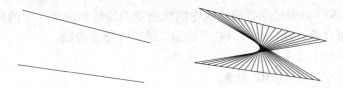

图 13-36　创建直纹网格

技巧：绘制直纹网格的过程中，除了点及其他对象，作为直纹网格轨迹的两个对象必须同时开放或关闭。且在调用命令时，因选择曲线的点不一样，绘制的直线会出现交叉和平行两种情况，如图 13-37 所示。

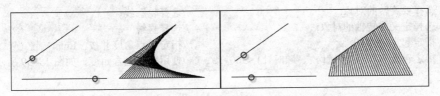

图 13-37　拾取点位置不同所形成的直纹网格

13.3.10　创建平移网格

使用 TABSURF 命令可以将路径曲线沿指定方向进行平移，从而绘制出平移网格。其中，路径曲线可以是直线、圆、圆弧、椭圆、椭圆弧、二维多段线、三维多段线和样条曲线等。

调用【平移网格】命令的方法如下几种：

➢ 命令行：输入 TABSURF 命令。

➢ 菜单栏：选择【绘图】|【建模】|【网格】|【平移网格】菜单命令。

➢ 功能区：在【网格】选项卡中，单击【图元】面板中的【平移网格】按钮圆。

使用上面任意一种方式调用【平移网格】命令，创建平移网格，具体操作命令行如下：

```
命令: tabsurf↙                       //调用【平移曲面】命令
当前线框密度: SURFTAB1=16
选择用作轮廓曲线的对象:              //选择已绘制好的正八边形
选择用作方向矢量的对象:              //选择直线，如图 13-38 所示
```

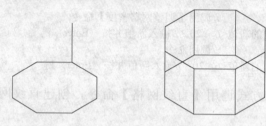

图 13-38　创建平移网格

13.3.11　创建旋转网格

使用 REVSURF 命令可以将曲线或轮廓绕指定的旋转轴旋转一定的角度，从而创建旋转网格。旋转轴可以是直线，也可以是开放的二维或三维多段线。

调用【旋转网格】命令的方法有如下几种：

➢ 命令行：输入 REVSURF 命令。

➢ 菜单栏：选择【绘图】|【建模】|【网格】|【旋转网格】菜单命令。

➢ 功能区：在【网格】选项卡中，单击【图元】面板中的【旋转网格】按钮圙。

使用上面任意一种方式调用【旋转网格】命令，旋转成网格，具体操作命令行如下：

```
命令: revsurf↙                                    //调用【旋转网格】命令
当前线框密度: SURFTAB1=36   SURFTAB2=36
选择要旋转的对象:                                 //选择轮廓线
选择定义旋转轴的对象:                             //选择直线
指定起点角度<0>:↙                                //指定起点角度并按〈Enter〉键
指定包含角 (+=逆时针，-=顺时针) <360>:↙          //使用默认包含角度，如图 13-39 所示
```

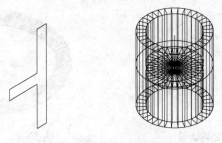

图 13-39　创建旋转网格

13.3.12　创建边界网格

使用 EDGESURF 命令可以由一个 4 条首尾相连的边创建一个三维多边形网格。创建边界曲面时，需要依次选择 4 条边界。边界可以是圆弧、直线、多段线、样条曲线和椭圆弧，并且必须形成闭合环和共享端点，边界网格的效果如图 13-40 所示。

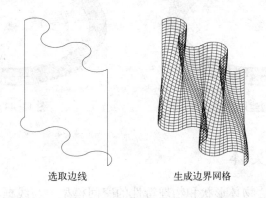

选取边线　　　　　　生成边界网格

图 13-40　创建边界网格

调用【边界网格】命令的方法有如下几种：

➢ 命令行：输入 EDGESURF 命令。

➢ 菜单栏：选择【绘图】|【建模】|【网格】|【边界网格】菜单命令。

➢ 功能区：在【网格】选项卡中，单击【图元】面板中的【边界网格】按钮。

13.3.13　实例——创建方向盘网格

本实例综合运用创建各种网格命令，绘制方向盘三维网格。

（1）单击【快速访问】工具栏中的【新建】按钮，新建空白图形文件。

（2）单击绘图区左上角的【视图控件】，并在其下拉列表中选择【俯视】命令，以坐标原点为中心，再将视图切换到【前视】，绘制一个半径为 100 的圆，绘制截面轮廓，并捕捉大圆心，绘制竖直向上的直线，如图 13-41 所示。

（3）设置线框密度:SURFTAB1=36，SURFTAB2=36，在【网格】选项卡中，单击【图元】|【旋转】按钮，如图 13-42 所示。

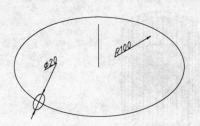
图 13-41　绘制草图

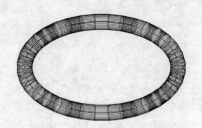
图 13-42　旋转网格效果

（4）选择【网格】选项板的【图元】面板中的【网格圆柱体】按钮　，指定大圆中心为底面圆心，创建底面半径为 7，高度为 100 的网格圆柱体，如图 13-43 所示。

（5）在命令行中输入 3A 命令，以竖直直线为阵列旋转轴进行环形阵列，删除多余线条得到最终效果，如图 13-44 所示。

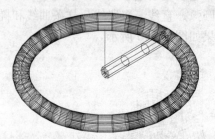
图 13-43　创建网格圆柱体

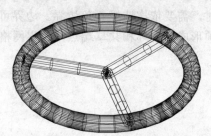
图 13-44　方向盘

13.4　创建三维实体

实体是能够完整表达物体形状和物理特性的空间模型，与线框和网格相比，实体的信息最完整，容易构造和编辑。相对更容易构造和编辑复杂的三维视图，是 AutoCAD 的核心建模手段。

13.4.1　创建长方体

长方体命令可以创建具有规则实体模型形状的长方体或正方体等实体，如零件的底座、支撑板、家具以及建筑墙体等。

调用【长方体】命令的方法如下：

➢ 命令行：输入 BOX 命令。

➢ 菜单栏：选择【绘图】|【建模】|【长方体】菜单命令。

➢ 功能区：在【常用】选项卡中，选择【建模】面板中的下拉式按钮菜单，单击【长方体】按钮　。

使用上面任意一种方式调用【长方体】命令，创建长方体，具体操作命令行如下：

命令: box↙	//调用【长方体】命令
指定第一个角点或 [中心(C)]:	//指定第一个角点
指定其他角点或 [立方体(C)/长度(L)]: L↙	//选择"长度"备选项
指定长度: 30↙	//指定长方体长度

指定宽度: 40✓　　　　　　　　　　　　　//指定长方体宽度
指定高度或 [两点(2P)] <5.0000>: 50✓　　//指定长方体高度，如图 13-45 所示

13.4.2　创建楔体

楔体是长方体沿对角线切成两半后的结果，因此创建楔体和创建长方体的方法是相同的。

调用【楔体】命令的方法如下几种：

➢ 命令行：输入 WEDGE 命令。

➢ 菜单栏：选择【绘图】|【建模】|【楔体】命令。

➢ 功能区：在【常用】选项卡中，选择【建模】面板中的下拉式按钮菜单，单击【楔体】按钮。

使用上面任意一种方式调用【楔体】命令，创建楔体，具体操作命令行如下：

命令: wedge✓　　　　　　　　　　　　　　//调用【楔体】命令
指定第一个角点或 [中心(C)]:　　　　　　　//指定楔体底面第一个角点
指定其他角点或 [立方体(C)/长度(L)]:　　　//指定楔体底面另一个角点
指定高度或 [两点(2P)]:　　　　　　　　　　//指定楔体高度并完成绘制，如图 13-46 所示

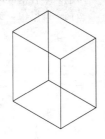

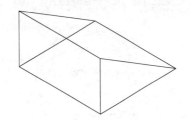

图 13-45　长方体　　　　　　　　　图 13-46　楔体

13.4.3　创建球体

球体是三维空间中，到一个点（即球心）距离相等的所有点集合形成的实体，它是最简单的三维实体。使用 SPHERE 命令可以按指定的球心、半径或直径绘制实心球体，其纬线与当前的 UCS 的 XY 平面平行，其轴向与 Z 轴平行。

调用【球体】命令的方法如下几种：

➢ 命令行：输入 SPHERE 命令。

➢ 菜单栏：选择【绘图】|【建模】|【球体】菜单命令。

➢ 功能区：单击【建模】面板中的【球体】按钮。

在命令行中输入 ISOLINES 命令，调整系统变量为 10，使用上面任意一种方式调用【球体】命令，创建球体，命令行如下：

命令: SPHERE✓　　　　　　　　　　　　　　　　　　　//调用【球体】命令
指定中心点或 [三点(3P)/两点(2P)/切点、切点、半径(T)]:✓　//指定中心点
指定半径或 [直径(D)]: 60✓　　　　　　　　　　　　　//输入半径值，如图 13-47 所示

技巧：系统默认【ISOLINES】值为 4，更改变量后绘制球体的速度会大大降低。我们可以通过调用【视图】|【消隐】菜单命令来观察球体效果。

13.4.4　创建圆柱体

圆柱体是以面或椭圆为截面形状，沿该截面法线方向拉伸所形成的实体。圆柱体在绘图时经常会用到，例如各类轴类零件、建筑图形中的各类立柱等特征。圆柱体命令可以绘制圆柱体、椭圆柱体，所生成的圆柱体、椭圆柱体的底面平行于 XY 平面，轴线与 Z 轴平行。

调用【圆柱体】命令的方法有如下几种：

➢ 命令行：输入 CYLINDER/CYL 命令。
➢ 菜单栏：选择【绘图】|【建模】|【圆柱体】菜单命令。
➢ 功能区：单击【建模】面板中的【圆柱体】按钮▢。

使用上面任意一种方式调用【圆柱体】命令，创建圆柱体，具体操作命令行如下：

命令: cylinder↙	//调用【圆柱体】命令
指定底面的中心点或 [三点(3P)/两点(2P)/切点、切点、半径(T)/椭圆(E)]:	//指定圆心点
指定底面半径或 [直径(D)]: 50↙	//输入半径值
指定高度或 [两点(2P)/轴端点(A)] <1033.8210>:100↙	//输入高度值，如图 13-48 所示

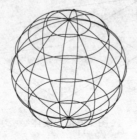

图 13-47　球体

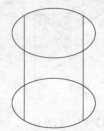

图 13-48　圆柱体

13.4.5　创建棱锥体

棱锥体可以看作是以一个多边形面为底面，其余各面是由有一个公共顶点的具有三角形特征的面所构成的实体。

当顶面圆半径为 0 时，绘制出的图形为棱锥体。反之，当顶面圆半径大于 0 时，绘制出的图形则为棱锥台，如图 13-50 所示。

调用【棱锥体】命令的方法有如下几种：

➢ 命令行：输入 PYRAMID 命令。
➢ 菜单栏：选择【绘图】|【建模】|【棱锥体】命令。
➢ 功能区：单击【建模】面板中的【棱锥体】按钮◇。

使用上面任意一种方式调用【棱锥体】命令，创建棱锥体，具体操作命令行如下：

命令: pyramid	//调用【棱锥体】命令
4 个侧面外切	

```
指定底面的中心点或 [边(E)/侧面(S)]:              //指定中心点
指定底面半径或 [内接(I)]: 30                     //设置底面参数
指定高度或 [两点(2P)/轴端点(A)/顶面半径(T)]: 80    //设置高度,如图 13-49 所示
```

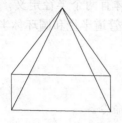

图 13-49　棱锥体

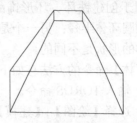

图 13-50　棱锥台

提示：在利用【棱锥体】工具进行棱锥体创建时，所指定的边数必须是 3～32 之间的整数（包含 3 和 32）。

13.4.6　创建圆锥体

圆锥体常用于创建圆锥形屋顶、锥形零件和装饰品等，绘制圆锥体需要输入的参数有底面圆的圆心和半径、顶面圆半径和圆锥高度，所生成的锥体底面平行于 XY 平面，轴线平行于 Z 轴。

当圆锥底面为椭圆时，绘制出的锥体为椭圆锥体，如图 13-51 所示。当顶面圆半径为 0 时，绘制出的图形为圆锥体。反之，当顶面圆半径大于 0 时，绘制出的图形则为圆台，如图 13-52 所示。

调用【圆锥体】命令的方法有如下几种：

➢ 命令行：输入 CONE 命令。

➢ 菜单栏：选择【绘图】|【建模】|【圆锥体】命令。

➢ 功能区：单击【建模】面板中的【圆锥体】按钮 ⃤ 。

使用上面任意一种方式调用【圆锥体】命令，创建椭圆圆锥体，具体操作命令行如下：

```
命令: cone✓                                        //调用【圆锥体】命令
指定底面的中心点或 [三点(3P)/两点(2P)/切点、切点、半径(T)/椭圆(E)]: E✓
                                                  //激活【椭圆(E)】选项
指定第一个轴的端点或 [中心(C)]:✓                    //指定第一个轴的端点
指定第一个轴的其他端点: 70✓                         //指定第一个轴的其他端点
指定第二个轴的端点: 90✓                             //指定第二个轴的端点
指定高度或 [两点(2P)/轴端点(A)/顶面半径(T)] <150.0000>: 220✓ //输入高度值,如图 13-51 所示
```

图 13-51　椭圆圆锥

图 13-52　圆台

13.4.7 创建圆环体

圆环体常用于创建铁环、环形饰品等实体。圆环体有两个半径定义，一个是圆环体中心到管道中心的圆环体半径；另一个是管道半径。随着管道半径和圆环体半径之间相对大小的变化，圆环体的形状是不同的。

调用【圆环体】命令的方法有如下几种：

➤ 命令行：输入 TORUS 命令。

➤ 菜单栏：选择【绘图】|【建模】|【圆环】菜单命令。

➤ 功能区：在【常用】选项卡中，选择【建模】面板中的下拉式按钮菜单，单击【圆环】按钮 ◎ 。

使用上面任意一种方式调用【圆环体】命令，创建圆环体，具体操作命令行如下：

```
命令: TORUS✓                                          //调用【圆环体】命令
指定中心点或 [三点(3P)/两点(2P)/切点、切点、半径(T)]:✓        //指定圆心点
指定半径或 [直径(D)] <70.0000>: 50✓                     //输入半径值
指定圆管半径或 [两点(2P)/直径(D)]: 10✓                    //输入圆管半径值，如图 13-53 所示
```

13.4.8 创建多段体

多段体常用于创建三维墙体。

调用【多段体】命令的方法有如下几种：

➤ 命令行：输入 POLYSOLID 命令。

➤ 菜单栏：选择【绘图】|【建模】|【多段体】菜单命令。

➤ 功能区：单击【建模】面板中的【多段体】按钮 ⑦ 。

使用上面任意一种方式调用【多段体】命令，创建多段体，具体操作命令行如下：

```
命令: Polysolid 高度 = 80.0000, 宽度 = 10.0000, 对正 = 居中   //调用【多段体】命令
指定起点或 [对象(O)/高度(H)/宽度(W)/对正(J)] <对象>:          //设置数据并指定起点
指定下一个点或 [圆弧(A)/放弃(U)]:                          //指定下一点
指定下一个点或 [圆弧(A)/放弃(U)]:                          //指定下一点
指定下一个点或 [圆弧(A)/闭合(C)/放弃(U)]:                   //指定下一点
指定下一个点或 [圆弧(A)/闭合(C)/放弃(U)]:        //指定下一点，按〈Enter〉键结束，如图 13-54
所示
```

提示：用户可以指定对象转换为实体对象，转换的对象包括直线、圆弧、二维多段线和圆等。

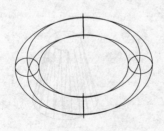

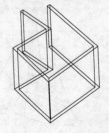

图 13-53　圆环体　　　　　　　　　　图 13-54　多段体

13.4.9　实例——创建电视塔

（1）单击绘图区左上角的视图快捷控件，将视图切换为西南等轴测绘图模式。

（2）在【常用】选项卡中，单击【建模】面板中的【圆柱体】按钮 ▣，绘制底面中心为（0,0,0），底面半径为 30，高度为 10 的圆柱体，如图 13-55 所示。

（3）单击【建模】面板中的【圆锥体】按钮 △，绘制中心点为原点，半径为 20，高度为 200 的圆锥体，如图 13-56 所示。

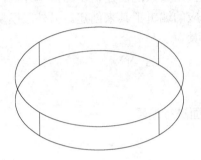

图 13-55　绘制圆柱体

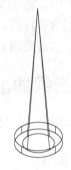

图 13-56　绘制圆锥体

（4）在命令行输入 SPHERE 命令，绘制中心点为（0,0,50），球半径为 25 的球体，如图 13-57 所示。

（5）重复使用 SPHERE 命令，绘制中心点为（0,0,120），球半径为 18 的球体。

（6）在命令行中输入 HI 命令，对图形进行消隐显示，最终结果如图 13-58 所示。

图 13-57　绘制球体

图 13-58　最终结果

第 14 章　编辑三维图形

在 AutoCAD 中，由于基本的三维建模工具只能创建初步的模型外观，而模型的细节部分，如壳、孔、圆角等特征，则需要由相应的编辑工具来创建。另外，模型的尺寸、位置、局部形状的修改，也需要用到一些编辑工具。

14.1　编辑三维曲面

在 AutoCAD 2016 中，可以对三维曲面进行编辑。

14.1.1　修剪曲面

使用修剪曲面命令可以修剪掉曲面中不需要的部分，选择要修剪的曲面，然后单击要修剪的区域并单击，完成曲面的修剪。

调用【修剪】命令的方法如下：

➢ 菜单栏：选择【修改】|【曲面编辑】|【修剪】命令。

➢ 命令行：输入 SURFTRIM 并按〈Enter〉键。

➢ 功能区：单击【曲面】选项卡，【编辑】面板中的【曲面修剪】按钮⊕。

使用上面任意一种方式调用【修剪】命令后，修剪曲面，具体操作命令行如下：

```
命令: SURFTRIM                                              //调用【修剪】命令
延伸曲面 = 是，投影 = 自动
选择要修剪的曲面或面域或者 [延伸(E)/投影方向(PRO)]: 找到 1 个   //选择曲面
选择要修剪的曲面或面域或者 [延伸(E)/投影方向(PRO)]:
选择剪切曲线、曲面或面域: 找到 1 个                           //选择曲线
选择剪切曲线、曲面或面域:    //选择要修剪的区域
选择要修剪的区域 [放弃(U)]:                    //按〈Enter〉键结束操作，效果如图 14-1 所示
```

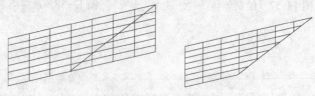

图 14-1　修剪曲面

14.1.2　延伸曲面

使用延伸曲面命令可以通过制定延伸距离的方式调整曲面的大小。

调用【延伸】命令的方法如下：

➢ 菜单栏：选择【修改】|【曲面编辑】|【延伸】命令。

➢ 命令行：输入 SURFEXTEND 并按〈Enter〉键。

➢ 功能区：单击【曲面】选项卡，【编辑】面板中的【曲面延伸】按钮 延伸。

使用上面任意一种方式调用【延伸】命令后，延伸曲面，具体操作命令行如下：

```
命令: SURFEXTEND                        //调用【延伸】命令
模式 = 延伸，创建 = 附加
选择要延伸的曲面边: 找到 1 个            //选择底面的边缘
选择要延伸的曲面边:
指定延伸距离 [表达式(E)/模式(M)]:       //指定距离并按〈Enter〉键，效果如图 14-2 所示
```

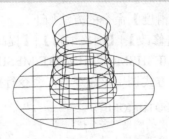

图 14-2　延伸曲面

14.1.3　造型

使用造型命令可以使无间隙的三维网格创建成一个实体。

调用【造型】命令的方法如下：

➢ 菜单栏：选择【修改】|【曲面编辑】|【造型】命令。

➢ 命令行：输入 SURFSCULPT 并按〈Enter〉键。

➢ 功能区：单击【曲面】选项卡，【编辑】面板中的【曲面造型】按钮 造型。

使用上面任意一种方式调用【造型】命令后，创建曲面造型，具体操作命令行如下：

```
命令: SURFSCULPT 网格转换设置为: 平滑处理并优化        //调用【造型】命令
选择要造型为一个实体的曲面或实体: 找到 1 个            //选择曲面
选择要造型为一个实体的曲面或实体: 找到 1 个，总计 2 个  //选择曲面
选择要造型为一个实体的曲面或实体: 找到 1 个，总计 3 个  //选择曲面
选择要造型为一个实体的曲面或实体:                      //按〈Enter〉键结束，如图 14-3 所示
```

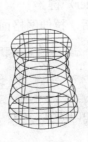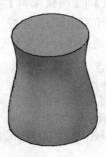

图 14-3　造型

14.2 编辑三维网格

使用三维网格编辑工具可以优化三维网格，调整网格平滑度、编辑网格面和进行实体与网格之间的转换。

14.2.1 提高/降低网格平滑度

可以通过平滑度来调整网格对象的圆度。网格对象由多个细分或镶嵌网格面组成，用于定义可编辑的面。每个面均包括底层镶嵌面，如果平滑度增加，面数也会增加，从而提供更加平滑、圆度更大的外观。

调用【提高网格平滑度】命令的方法如下：

➤ 菜单栏：选择【修改】|【网格编辑】|【提高/降低网格平滑度】命令。

➤ 命令行：输入 MESHSMOOTHMORE/MESHSMOOTHLESS 并按〈Enter〉键。

使用上面任意一种方式调用该命令后，命令行操作如下：

命令: MESHSMOOTHMORE	//调用【提高网格平滑度】命令
选择要提高平滑度的网格对象: 找到 1 个	//选择对象
选择要提高平滑度的网格对象:	//按〈Enter〉键结束，如图 14-4 所示

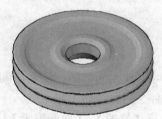

图 14-4 提高网格平滑度

14.2.2 拉伸面

通过拉伸网格面，可以调整三维对象的造型。拉伸其他类型的对象，会创建独立的三维实体对象。但是，拉伸网格面会展开现有对象或使现有对象发生变形，并分割拉伸的面。

调用【拉伸面】命令有如下几种方法：

➤ 菜单栏：选择【修改】|【网格编辑】|【拉伸面】命令。

➤ 命令行：输入 MESHEXTRUDE 并按〈Enter〉键。

使用上面任意一种方式调用【拉伸面】命令后，拉伸网格面，具体操作命令行如下：

命令: MESHEXTRUDE	//调用【拉伸面】命令
相邻拉伸面设置为: 合并	
选择要拉伸的网格面或 [设置(S)]:找到 1 个	//选择对象
选择要拉伸的网格面或 [设置(S)]:	
指定拉伸的高度或 [方向(D)/路径(P)/倾斜角(T)] <100.0000>:	//按〈Enter〉键结束，如图 14-5 所示

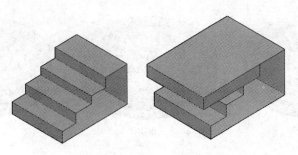

图 14-5　拉伸三维网格面

14.2.3　合并面

使用合并面命令可以合并相邻面以形成单个面，该命令适用于合并在同一平面上的面。

调用【合并面】命令的方法如下：

➢ 菜单栏：选择【修改】|【网格编辑】|【合并面】命令。

➢ 命令行：输入 MESHMERGE 并按〈Enter〉键。

使用上面任意一种方式调用【合并面】命令后，合并网格面，具体操作命令行如下：

命令: MESHMERGE	//调用【合并面】命令
选择要合并的相邻网格面:找到 1 个	//选择对象
选择要合并的相邻网格面:找到 1 个，总计 2 个	//选择对象
选择要合并的相邻网格面:	
已找到 2 个对象	//按〈Enter〉键结束，如图 14-6 所示

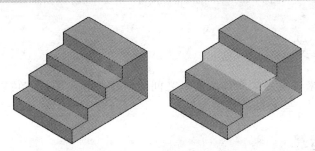

图 14-6　合并三维网格面

14.2.4　转换为具有镶嵌面的实体和曲面

网格建模与实体建模可以实现的操作并不完全相同。如果需要通过交集、差集或并集操作来编辑网格对象，则可以将网格转换为三维实体或曲面对象。同样，如果需要将锐化或平滑应用于三维实体或曲面对象，可以将这些对象转换为网格，如图 14-7 所示。

调用该命令的方法为：在菜单栏中选择【修改】|【网格编辑】|【转换为具有镶嵌面的实体/转换为具有镶嵌面的曲面】命令。

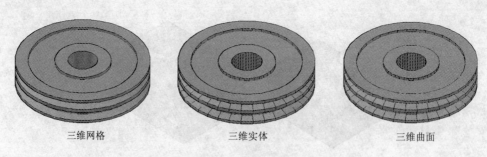

三维网格　　　　　　三维实体　　　　　　三维曲面

图 14-7　转换为具有镶嵌面的实体和曲面

14.2.5　转换为平滑实体和平滑曲面

使用三维网格编辑命令可以将三维网格转换为平滑实体和平滑曲面，如图 14-8 所示。
调用该命令，在菜单栏中选择【修改】|【网格编辑】|【转换为平滑实体/转化为平滑曲面】命令。

三维网格　　　　　　　三维实体　　　　　　　三维曲面

图 14-8　将三维网格转换为平滑实体和平滑曲面

14.3　布尔运算

布尔运算可用来确定多个实体或面域之间的组合关系，通过它可以将多个实体组合为一个整体，从而得到一些特殊的造型。

14.3.1　并集运算

将两个或两个以上的实体（或面域）对象组合成一个新的组合对象。调用并集操作后，原来各实体互相重合的部分变为一体，使其成为无重合的实体。

在进行【并集】运算操作时，实体（或面域）并不进行复制，因此复合体的体积只会等于或小于原对象的体积。

调用【并集】命令的方法有如下几种：

➢ 命令行：输入 UNION/UNI 命令。

➢ 菜单栏：选择【修改】|【实体编辑】|【并集】菜单命令。

➢ 功能区：在【常用】选项卡，单击【实体编辑】中的【并集】按钮◎。

使用上面任意一种方式调用【并集】命令后，进行并集运算，具体操作命令行如下：

```
命令: union↙                    //调用【并集】命令
选择对象: 指定对角点: 找到 2 个↙    //选择对象
选择对象:↙                      //按〈Enter〉键确定，如图 14-9 所示
```

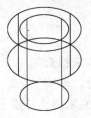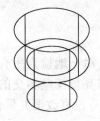

图 14-9 并集运算

14.3.2 差集运算

差集运算即将一个对象减去另一个对象从而形成新的组合对象。与并集操作不同的是，差集运算首先选取的对象为被剪切对象，之后选取的对象则为剪切对象。

调用【差集】运算命令的方法有如下几种：

➤ 命令行：输入 SUBTRACT/SU 命令。

➤ 菜单栏：选择【修改】|【实体编辑】|【差集】菜单命令。

➤ 功能区：在【常用】选项卡，单击【实体编辑】中的【差集】按钮◎。

使用上面任意一种方式调用【差集】命令后，进行差集运算，具体操作命令行如下：

```
命令: subtract↙                        //调用【差集】命令
选择要从中减去的实体、曲面和面域...
选择对象: 找到 1 个↙                     //选择对象
选择对象:  选择要减去的实体、曲面和面域...
选择对象: 找到 1 个，总计 3 个↙  //选择要消去的图形
选择对象:↙ //按〈Enter〉键进行差集运算，如图 14-10 所示
```

图 14-10 差集运算

提示：在调用差集运算时，如果第二个对象包含在第一个对象之内，则差集操作的结果是第一个对象减去第二个对象；如果第二个对象只有一部分包含在第一个对象之内，则差集操作的结果是第一个对象减去两个对象的公共部分。

14.3.3 交集运算

在三维建模过程中调用交集运算可获取相交实体的公共部分，从而获得新的实体，该运算是差集运算的逆运算。

调用【交集运算】命令的方法有如下几种：

➤ 命令行：输入 INTERSECT/IN 命令。

➤ 菜单栏：选择【修改】|【实体编辑】|【交集】菜单命令。

➤ 功能区：在【常用】选项卡，单击【实体编辑】中的【交集】按钮◎。

使用上面任意一种方式调用【交集】命令后，进行交集运算，具体操作命令行如下：

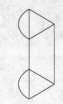

命令: intersect↙ //调用【交集】命令
选择对象: 指定对角点: 找到 2 个↙ //选择对象
选择对象:↙　　 //按〈Enter〉键确定,如图 14-11 所示

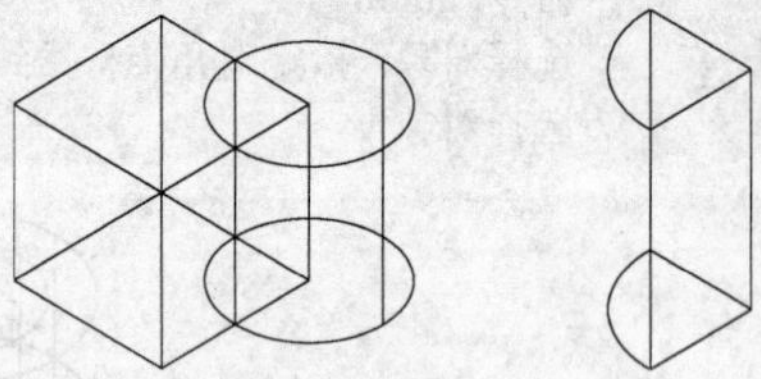

14.3.4　干涉运算

通过对比两组对象或一对一地检查所有实体来检查

图 14-11　交集运算

实体模型中的干涉。系统将亮显模型相交的部分,即实体或曲面间的干涉。干涉命令没有改变并保留了原来的实体模型,而将其公共部分创建为一个新模型。

调用【干涉】命令的方法如下:

➢ 命令行: 在命令行输入 INTERFERE 命令。

➢ 功能区: 在【常用】选项卡中,单击【实体编辑】面板中的【干涉】按钮 ⬜。

使用上面任意一种方式调用【干涉】命令后,进行干涉运算,具体操作命令行如下:

命令: interfere↙　　　　　　　　　　　　 //调用【干涉】命令
选择第一组对象或 [嵌套选择 (N) /设置 (S)]: ↙ //选择第一组对象
选择第一组对象或 [嵌套选择 (N) /设置 (S)]: ↙ //按〈Enter〉键确定
选择第二组对象或 [嵌套选择 (N) /检查第一组 (K)]: ↙ //选择第二组对象
选择第二组对象或 [嵌套选择 (N) /检查第二组 (K)]: ↙ //按〈Enter〉键确定,如图 14-12 所示

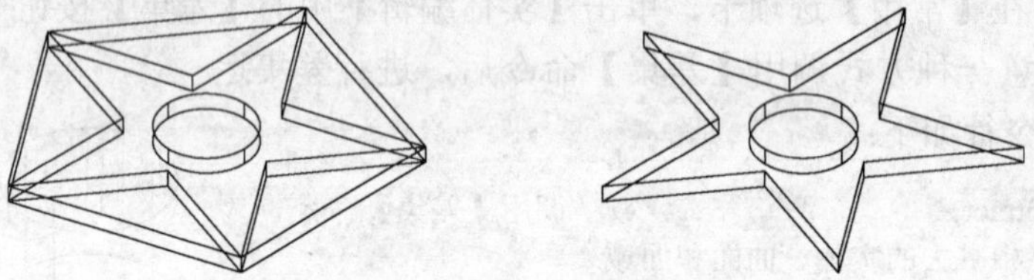

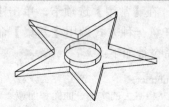

图 14-12　干涉运算

命令行主要选项介绍如下:

➢ 嵌套选择: 即用户可以选择嵌套在块和外部参照中的单个实体对象。

➢ 设置: 选择该选项,系统打开【干涉设置】对话框,可以设置干涉的相关参数。

技巧: 在进行干涉运算完成之后,在弹出的【干涉检查】对话框中取消勾选【关闭时删除已创建的干涉对象】,则可以保留干涉后的实体。

14.3.5　实例——创建底座

本实例综合运用【长方体】、【圆柱体】、【布尔运算】和【圆角】等三维建模和编辑命令,绘制底座三维实体。

(1) 单击【快速访问】工具栏中的新建按钮 ⬜,新建空白图形文件。

(2) 选择【西南等轴测】视图,调用【圆柱体】命令,以(0,0,0)为底面中心点,绘制一个直径为 200 高为 10 的圆柱体,结果如图 14-13 所示。

(3) 在【实体】选项卡中,单击【图元】面板中的【圆柱体】命令,创建 1 个 R10×10 的圆柱体,结果如图 14-14 所示。

（4）在命令行中输入 3A 命令并按〈Enter〉键。项目数为 6，进行圆形阵列，消隐效果如图 14-15 所示。

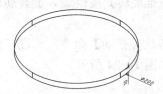

图 14-13　创建底座实体和
倒圆角操作

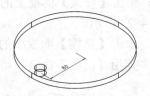

图 14-14　创建底座实体和
倒圆角操作

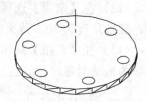

图 14-15　图形阵列及消隐效果

（5）在【常用】选项卡中，选择【建模】面板中的【圆柱体】命令，创建一个 R37.5×120 的圆柱体消隐后如图 14-16 所示。

（6）调用【差集】命令，将创建的 4 个圆柱体从底座实体中去除。选择【并集】命令，将底座和大圆柱合并在一起。调用【视图】|【消隐】命令消隐图形，消隐后如图 14-17 所示。

（7）在【常用】选项卡中，选择【建模】面板中的【长方体】命令，创建一个 150×40×50 矩形，调用【圆柱体】命令，绘制一个 R20×120 的圆柱体，结果如图 14-18 所示。

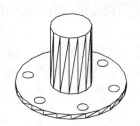

图 14-16　创建圆柱体

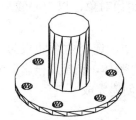

图 14-17　并集后

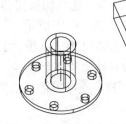

图 14-18　绘制中间孔和支撑板

（8）调用【直线】命令，结合【对象捕捉】功能，捕捉长方体棱边的中点绘制直线。调用【移动】工具，结合【对象捕捉】功能，把创建的长方体移至实例顶面 30 的地方，结果如图 14-19 所示。

（9）在【常用】选项卡中，单击【实体编辑】面板中的【并集】按钮 ⊚，将创建的长方体与整个实体合并在一起，并调用【消隐】命令，结果如图 14-20 所示。

（10）在【常用】选项卡中，单击【实体编辑】面板中的【差集】按钮 ⊚，将创建的两个实体从整个实体中去除，并调用【消隐】命令，结果如图 14-21 所示。

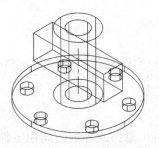

图 14-19　移动支撑板

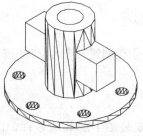

图 14-20　合并支撑板

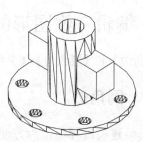

图 14-21　创建孔

（11）选择【前视】视图。在【常用】选项卡中，单击【绘图】面板中的【直线】按钮，以底板棱边中点为起点，结合如图 14-22 所示尺寸绘制肋板截面轮廓线，并合并轮廓线。

（12）在【常用】选项卡中，单击【修改】面板上的【三维旋转】按钮，旋转肋板轮廓，旋转角度为 30，效果如图 14-23 所示。

（13）在【常用】选项卡中，单击【建模】面板中的【按住并拖动】命令，选取三角形面域为拖动对象，将其拉伸 5，并调用【消隐】命令，结果如图 14-24 所示。

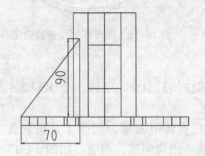

图 14-22　绘制及合并肋板轮廓

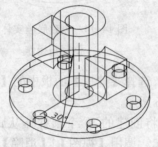

图 14-23　旋转肋板轮廓

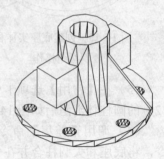

图 14-24　创建肋板实体

（14）在【常用】选项卡中，单击【修改】面板中的【三维镜像】按钮，选取肋板实体为镜像对象，进行镜像操作。调用【并集】命令，合并肋板实体为一个整体。继续调用【三维镜像】命令，选取肋板实体为镜像对象，以中心线和最近的圆心组成的平面为镜像平面，镜像效果如图 14-25 所示。

（15）再次调用【三维镜像】命令，选择两个肋板为一组，镜像出另一侧。调用【并集】命令，合并肋板和整个实体为一个整体，切换【概念】为当前视觉样式，结果如图 14-26 所示。至此，整个支座零件三维实体创建完成。

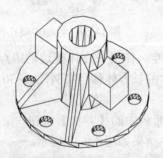

图 14-25　【三维镜像】操作

图 14-26　结果图

14.4　编辑三维图形的边

【倒角边】和【圆角边】工具用于在创建三维对象时用来对实体的边进行倒角和圆角处理。

14.4.1　倒角边

在三维建模过程中，为方便安装轴上的其他零件，防止擦伤或者划伤其他零件和安装人员，通常需要为孔特征零件或轴类零件创建倒角。

调用【倒角边】命令的方法如下：

➢ 命令行：在命令行输入 CHAMFEREDGE 命令。

➢ 功能区：在【实体】选项卡中，单击【实体编辑】面板中的【倒角边】按钮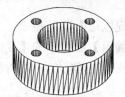

使用上面任意一种方式调用【倒角边】命令后，创建倒角，具体操作命令行如下：

```
命令: CHAMFEREDGE 距离 1 = 1.0000, 距离 2 = 1.0000✓        //调用【倒角边】命令
选择一条边或 [环(L)/距离(D)]: D✓                        //激活【距离(D)】选项
指定距离 1 或 [表达式(E)] <1.0000>: 15✓                 //输入基面的倒角距离 15
指定距离 2 或 [表达式(E)] <1.0000>: 15✓                 //输入与基面相邻的另一个面上的倒角距离 15
选择一条边或 [环(L)/距离(D)]:✓                          //选择需要进行倒角的边
选择同一个面上的其他边或 [环(L)/距离(D)]:                //
按〈Enter〉键接受倒角或 [距离(D)]:✓                     //按〈Enter〉键进行倒角，如图 14-27 所示
```

图 14-27　创建三维倒角

技巧：在调用【倒角】命令时，当出现"选择一条边或 [环(L)/距离(D)]:"提示信息时，选择【距离】选项可设置倒角距离。

14.4.2　圆角边

在三维建模过程中，主要是在回转零件的轴肩处创建圆角特征，以防止轴肩应力集中，在长时间的运转中断裂。

调用【圆角边】命令的方法如下：

➢ 命令行：在命令行输入 FILLETEDGE 命令。

➢ 功能区：在【实体】选项卡中，单击【实体编辑】面板中的【圆角边】按钮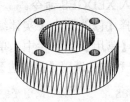

使用上面任意一种方式调用【圆角边】命令后，创建圆角，具体操作命令行如下：

```
命令: FILLETEDGE✓                                   //调用【圆角边】命令
半径 = 1.0000
选择边或 [链(C)/环(L)/半径(R)]: R✓                   //激活【半径(R)】选项
输入圆角半径或 [表达式(E)] <1.0000>: 10✓            //输入圆角半径
选择边或 [链(C)/环(L)/半径(R)]:                      //选择需要圆角的边
选择边或 [链(C)/环(L)/半径(R)]:                      //选择需要圆角的边
选择边或 [链(C)/环(L)/半径(R)]:                      //选择需要圆角的边
选择边或 [链(C)/环(L)/半径(R)]:                      //选择需要圆角的边
选择边或 [链(C)/环(L)/半径(R)]:                      //选择需要圆角的边
已选定 5 个边用于圆角。
按〈Enter〉键接受圆角或 [半径(R)]:✓                  //按〈Enter〉键完成倒圆角，如图 14-28 所示
```

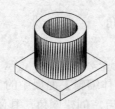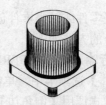

图 14-28　创建三维圆角

14.4.3　提取边

提取边即从三维实体、曲面、网格、面域或子对象的边创建线框几何图形。

调用【提取边】命令的方法有如下几种：

➢ 命令行：输入 XEDGES 命令。

➢ 菜单栏：选择【修改】|【实体编辑】|【提取边】菜单命令。

➢ 功能区：在【常用】菜单栏中，单击【实体编辑】面板中的【复制边】按钮 📧 。

使用上面任意一种方式调用【提取边】命令后，从实体提取边，具体操作命令行如下：

命令: XEDGES	//调用【提取边】命令
选择对象: 找到 1 个	//选择对象
选择对象:	//按〈Enter〉键结束，效果如图 14-29 所示

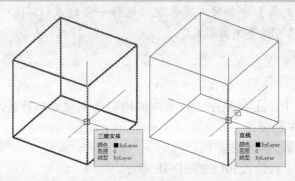

图 14-29　提取边

技巧：执行该命令，在绘图区选取三维实体，接着按住〈Ctrl〉键的同时选择面、边和部件对象，如果需要，可重复此操作。

14.4.4　复制边

执行复制边操作可将现有的实体模型上单个或多个边偏移到其他位置，从而利用这些边线创建出新的图形对象。

调用【复制边】命令的方法有如下几种：

➢ 命令行：输入 SOLIDEDIT 命令。

➢ 菜单栏：选择【修改】|【实体编辑】|【复制边】菜单命令。

➢ 工具栏：单击【实体编辑】工具栏中的【复制边】按钮 📧 。

➢ 功能区：在【常用】菜单栏中，单击【实体编辑】面板中的【复制边】按钮 📧 。

使用上面任意一种方式调用【复制边】命令后，复制边，具体操作命令行如下：

命令: SOLIDEDIT　　　　　　　　　　　　　　　　　//调用【SOLIDEDIT】命令
实体编辑自动检查：　SOLIDCHECK=1
输入实体编辑选项　[面(F)/边(E)/体(B)/放弃(U)/退出(X)] <退出>: E　//激活【边】选项
输入边编辑选项 [复制(C)/着色(L)/放弃(U)/退出(X)] <退出>: C　//激活【复制】选项
选择边或 [放弃(U)/删除(R)]:　　　　　　　　//选择对象
选择边或 [放弃(U)/删除(R)]:　　　　　　　　//右击鼠标选择【确认】，如图 14-30 所示
指定基点或位移：　　　　　　　　　　　　//指定复制移动的基点
指定位移的第二点：　　　　　　　　　　　//指定第二点，效果如图 14-31 所示

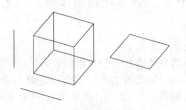

图 14-30　快捷菜单　　　　　　　　图 14-31　复制边

14.4.5　压印边

在创建三维模型后，往往在模型的表面加入公司标记或产品标记等图形对象，AutoCAD 软件专为该操作提供压印工具，即通过与模型表面单个或多个表面相交图形对象压印到该表面。

调用【压印边】命令的方法有如下几种：

➤ 命令行：输入 IMPRINT 命令。
➤ 菜单栏：选择【修改】|【实体编辑】|【压印边】菜单命令。
➤ 工具栏：单击【实体编辑】工具栏中的【压印边】按钮。
➤ 功能区：在【常用】菜单栏中，单击【实体编辑】面板中的【压印边】按钮。

使用上面任意一种方式调用【压印边】命令后，压印五角星，具体操作命令行如下：

命令: IMPRINT　　　　　　　　　　//调用【压印边】命令
选择三维实体或曲面：　　　　　　　//选择实体
选择要压印的对象：　　　　　　　　//选择对象
是否删除源对象? [是(Y)/否(N)] <否>:　//按〈Enter〉键完成操作，如图 14-32 所示

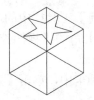

图 14-32　压印边

14.4.6　着色边

着色边用于改变选定的边的颜色。

调用【着色边】命令的方法有如下几种：

➢ 命令行：输入 SOLIDEDIT 命令。

➢ 菜单栏：选择【修改】|【实体编辑】|【着色边】菜单命令。

➢ 工具栏：单击【实体编辑】工具栏中的【着色边】按钮。

➢ 功能区：在【常用】菜单栏中，单击【实体编辑】面板中的【着色边】按钮。

使用上面任意一种方式调用【着色边】命令后，着色正方体的边，具体操作命令行如下：

```
命令: SOLIDEDIT                                          //调用【SOLIDEDIT】命令
实体编辑自动检查:   SOLIDCHECK=1
输入实体编辑选项 [面(F)/边(E)/体(B)/放弃(U)/退出(X)] <退出>: E   //激活【边】选项
输入边编辑选项 [复制(C)/着色(L)/放弃(U)/退出(X)] <退出>: L       //激活【着色】选项
选择边或 [放弃(U)/删除(R)]:                              //选择边
选择边或 [放弃(U)/删除(R)]:      //在弹出的【选择颜色】对话框中选择颜色，如图 14-33 所示
输入实体编辑选项 [面(F)/边(E)/体(B)/放弃(U)/退出(X)] <退出>: X
                            //激活【退出】选项，结束操作，如图 14-34 所示
```

图 14-33　【选择颜色】对话框

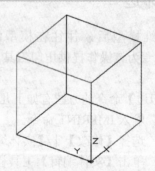

图 14-34　着色边

14.4.7　实例——创建水杯实体

本实例综合运用【旋转】、【圆柱体】、【扫掠】和【圆角】等三维建模和编辑命令，绘制水杯三维实体。

（1）单击【快速访问】工具栏中的【新建】按钮，新建空白图形文件。

（2）单击绘图区左上角的【视图控件】按钮，在弹出的菜单中选择【俯视】选项，绘制轮廓，如图 14-35 所示。

（3）在【常用】选项卡中，单击【建模】面板中的【旋转】按钮，消隐后如图 14-36 所示。

（4）绘制扫掠轮廓图形，单击绘图区左上角的【视图控件】按钮，在弹出的菜单中选择【前视】选项，绘画样条曲线轮廓，如图 14-37 所示。

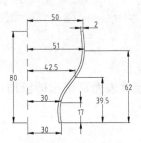
图 14-35　绘制轮廓

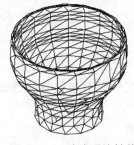
图 14-36　消隐后旋转体

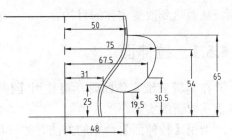
图 14-37　绘制样条曲线轮廓

（5）新建 UCS 坐标系，结果如图 14-38 所示。

（6）绘制截面轮廓，长轴为 16，短轴为 6 的椭圆，效果如图 14-39 所示。

（7）新建 UCS 坐标系，结果如图 14-40 所示。

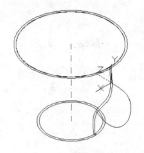
图 14-38　新建 UCS 坐标系

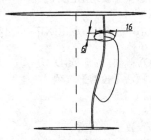
图 14-39　绘制截面轮廓

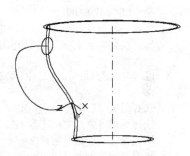
图 14-40　新建 UCS 坐标系

（8）绘制另一个截面轮廓，长轴为 12，短轴为 4 的椭圆，效果如图 14-41 所示。

（9）在【常用】选项卡中，单击【建模】面板中的【扫掠】按钮，对杯把进行扫掠，扫掠之后消隐效果如图 14-42 所示。

（10）将坐标系转换为世界坐标系，单击【常用】选项卡中【圆柱体】按钮，创建一个直径为 56，高度为 4 的圆柱体，如图 14-43 所示。

（11）在【实体】选项卡，单击【实体编辑】面板上【圆角边】按钮，创建圆角半径 0.8，最后效果如图 14-44 所示。

图 14-41　绘制另一个截面轮廓

图 14-42　消隐后扫掠体

图 14-43　创建圆柱体

图 14-44　最终效果

14.5　编辑三维图形的表面

在编辑三维实体时，可以对整个实体的任意表面调用编辑操作，即通过改变实体表面，从而达到改变实体的目的。

14.5.1 拉伸面

在编辑三维实体面时，可使用【拉伸实体面】工具直接选取实体表面调用拉伸操作，从而获取新的实体。

调用【拉伸面】命令的方法有如下几种：

➢ 命令行：输入 SOLIDEDIT 命令。

➢ 菜单栏：选择【修改】|【实体编辑】|【拉伸面】菜单命令。

➢ 功能区：在【常用】选项卡，单击【实体编辑】面板中的【拉伸面】按钮回。

使用上面任意一种方式调用【拉伸面】命令后，拉伸实体面，具体操作命令行如下：

```
命令: SOLIDEDIT                    //调用【SOLIDEDIT】命令
实体编辑自动检查:  SOLIDCHECK=1
输入实体编辑选项 [面(F)/边(E)/体(B)/放弃(U)/退出(X)] <退出>: F        //激活【面】选项
输入面编辑选项
[拉伸(E)/移动(M)/旋转(R)/偏移(O)/倾斜(T)/删除(D)/复制(C)/颜色(L)/材质(A)/放弃(U)/退出(X)]
<退出>:E                          //激活【拉伸】选项
选择面或 [放弃(U)/删除(R)]: 找到 1 个面
选择面或 [放弃(U)/删除(R)/全部(ALL)]:
指定拉伸高度或 [路径(P)]:         //设置拉伸高度
指定拉伸的倾斜角度<0>:            //设置拉伸斜度，完成操作，如图 14-45 所示
```

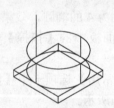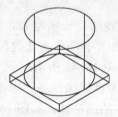

图 14-45 拉伸实体面

14.5.2 移动面

调用移动实体面操作是指沿指定的高度或距离移动选定的三维实体对象的一个或多个面。移动时，只移动选定的实体面而不改变方向。

调用【移动面】命令的方法有如下几种：

➢ 命令行：输入 SOLIDEDIT 命令。

➢ 菜单栏：选择【修改】|【实体编辑】|【移动面】菜单命令。

➢ 功能区：在【常用】选项卡，单击【实体编辑】面板中的【移动面】按钮圈。

使用上面任意一种方式调用【移动面】命令后，移动实体面，具体操作命令行如下：

```
命令: SOLIDEDIT                                        //调用【SOLIDEDIT】命令
实体编辑自动检查:  SOLIDCHECK=1
输入实体编辑选项 [面(F)/边(E)/体(B)/放弃(U)/退出(X)] <退出>: F    //激活【面】选项
```

输入面编辑选项
[拉伸(E)/移动(M)/旋转(R)/偏移(O)/倾斜(T)/删除(D)/复制(C)/颜色(L)/材质(A)/放弃(U)/退出(X)] <
退出>: M   //激活【移动】选项
选择面或 [放弃(U)/删除(R)]: 找到 2 个面。
选择面或 [放弃(U)/删除(R)/全部(ALL)]:
指定基点或位移: //指定移动基点
指定位移的第二点: //指定移动第二点，完成操作，如图 14-46 所示

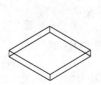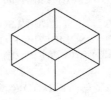

图 14-46　移动实体面

14.5.3　偏移面

调用偏移实体面操作是指在一个三维实体上按指定的距离均匀地偏移实体面。正值会增大三维实体的大小，负值会减小其大小。对于相邻面来说，仍会保持相邻面与偏移面的角度。

调用【偏移面】命令的方法有如下几种：

➢ 命令行：输入 SOLIDEDIT 命令。

➢ 菜单栏：选择【修改】|【实体编辑】|【偏移面】菜单命令。

➢ 功能区：在【常用】选项卡，单击【实体编辑】面板中的【偏移面】按钮 。

使用上面任意一种方式调用【偏移面】命令后，偏移实体面，具体操作命令行如下：

命令: SOLIDEDIT   //调用【SOLIDEDIT】命令
实体编辑自动检查: SOLIDCHECK=1
输入实体编辑选项 [面(F)/边(E)/体(B)/放弃(U)/退出(X)] <退出>: F   //激活【面】选项
输入面编辑选项
[拉伸(E)/移动(M)/旋转(R)/偏移(O)/倾斜(T)/删除(D)/复制(C)/颜色(L)/材质(A)/放弃(U)/退出(X)]
<退出>:O   //激活【偏移】选项
选择面或 [放弃(U)/删除(R)]: 找到一个面。
选择面或 [放弃(U)/删除(R)/全部(ALL)]:
指定偏移距离:10   //设置偏移距离，完成操作，如图 14-47 所示

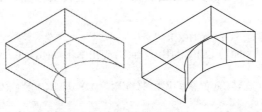

图 14-47　偏移实体面

14.5.4　删除面

在三维建模环境中，调用删除实体面操作是指从三维实体对象上删除实体表面、圆角

等实体特征。如果更改生成无效的三维实体，将不删除面。

调用【删除面】命令的方法有如下几种：

➤ 命令行：输入 SOLIDEDIT 命令。

➤ 菜单栏：选择【修改】|【实体编辑】|【删除面】菜单命令。

➤ 功能区：在【常用】选项卡，单击【实体编辑】面板中的【删除面】按钮 ✕。

使用上面任意一种方式调用【删除面】命令后，删除实体面，具体操作命令行如下：

```
命令: SOLIDEDIT              //调用【SOLIDEDIT】命令
实体编辑自动检查: SOLIDCHECK=1
输入实体编辑选项 [面(F)/边(E)/体(B)/放弃(U)/退出(X)] <退出>: F      //激活【面】选项
输入面编辑选项
[拉伸(E)/移动(M)/旋转(R)/偏移(O)/倾斜(T)/删除(D)/复制(C)/颜色(L)/材质(A)/放弃(U)/退出(X)] <
退出>:D                                    //激活【删除】选项
选择面或 [放弃(U)/删除(R)]: 找到 2 个面。
选择面或 [放弃(U)/删除(R)/全部(ALL)]:      //完成操作，如图 14-48 所示
```

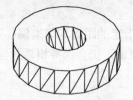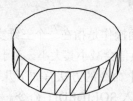

图 14-48　删除实体面

14.5.5　旋转面

调用旋转实体面操作，能够使单个或多个实体表面绕指定的轴线旋转，或者使旋转实体的某些部分形成新的实体。

调用【旋转面】命令的方法有如下几种：

➤ 命令行：输入 SOLIDEDIT 命令。

➤ 菜单栏：选择【修改】|【实体编辑】|【旋转面】菜单命令。

➤ 功能区：在【常用】选项卡，单击【实体编辑】面板中的【旋转面】按钮 ✑。

使用上面任意一种方式调用【旋转面】命令后，旋转实体面，具体操作命令行如下：

```
命令: SOLIDEDIT                                        //调用【SOLIDEDIT】命令
实体编辑自动检查: SOLIDCHECK=1
输入实体编辑选项 [面(F)/边(E)/体(B)/放弃(U)/退出(X)] <退出>: F      //激活【面】选项
输入面编辑选项
[拉伸(E)/移动(M)/旋转(R)/偏移(O)/倾斜(T)/删除(D)/复制(C)/颜色(L)/材质(A)/放弃(U)/退出(X)]
<退出>:R                                              //激活【旋转】选项
选择面或 [放弃(U)/删除(R)]: 找到 2 个面。              //选择要旋转的面
选择面或 [放弃(U)/删除(R)/全部(ALL)]:
指定轴点或 [经过对象的轴(A)/视图(V)/x 轴(X)/y 轴(Y)/z 轴(Z)] <两点>:  //选择旋转轴
在旋转轴上指定第二个点:
指定旋转角度或 [参照(R)]:                  //设置旋转角度，完成操作，如图 14-49 所示
```

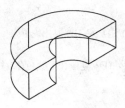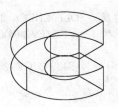

图 14-49　旋转实体面

提示：当一个实体面旋转后，与其相交的面会自动调整，以适用改变后的实体。

14.5.6　倾斜面

在编辑三维实体面时，可利用倾斜面工具将孔、槽等特征沿着矢量方向，并指定特定的角度进行倾斜操作，从而获取新的实体。

调用【倾斜面】命令的方法有如下几种：

➤ 命令行：输入 SOLIDEDIT 命令。

➤ 菜单栏：选择【修改】|【实体编辑】|【倾斜面】菜单命令。

➤ 功能区：在【常用】选项卡，单击【实体编辑】面板中的【倾斜面】按钮 。

使用上面任意一种方式调用【倾斜面】命令后，倾斜实体面，具体操作命令行如下：

```
命令: SOLIDEDIT                                           //调用【SOLIDEDIT】命令
实体编辑自动检查:   SOLIDCHECK=1
输入实体编辑选项 [面(F)/边(E)/体(B)/放弃(U)/退出(X)] <退出>: F   //激活【面】选项
输入面编辑选项
[拉伸(E)/移动(M)/旋转(R)/偏移(O)/倾斜(T)/删除(D)/复制(C)/颜色(L)/材质(A)/放弃(U)/退出(X)] <
退出>:T                                                   //激活【倾斜】选项
选择面或 [放弃(U)/删除(R)]: 找到 2 个面。                    //选择要旋转的面
选择面或 [放弃(U)/删除(R)/全部(ALL)]:
指定基点:                                                 //指定基点
指定沿倾斜轴的另一个点:
指定倾斜角度:              //设置倾斜角度，完成操作，如图 14-50 所示
```

提示：在执行倾斜面时倾斜的方向，由选择的基点和第二点的顺序决定，输入正角度则向内倾斜，负角度则向外倾斜，注意不能使用过大角度值。

14.5.7　复制面

在三维建模环境中，利用【复制实体面】工具能够将三维实体表面复制到其他位置，且使用这些表面可创建新的实体。

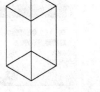

图 14-50　倾斜实体面

调用【复制面】命令的方法有如下几种：

➤ 命令行：输入 SOLIDEDIT 命令。

➤ 菜单栏：选择【修改】|【实体编辑】|【复制面】菜单命令。

➤ 功能区：在【常用】选项卡，单击【实体编辑】面板中的【复制面】按钮 。

使用上面任意一种方式调用【复制面】命令后，复制实体面，具体操作命令行如下：

```
命令: SOLIDEDIT          //调用【SOLIDEDIT】命令
```

实体编辑自动检查： SOLIDCHECK=1
输入实体编辑选项 [面(F)/边(E)/体(B)/放弃(U)/退出(X)] <退出>: F   //激活【面】选项
输入面编辑选项
[拉伸(E)/移动(M)/旋转(R)/偏移(O)/倾斜(T)/删除(D)/复制(C)/颜色(L)/材质(A)/放弃(U)/退出(X)] <
退出>:C   //激活【复制】选项
选择面或 [放弃(U)/删除(R)]: 找到 2 个面。
选择面或 [放弃(U)/删除(R)/全部(ALL)]:
指定基点或位移：   //指定基点
指定位移的第二点：   //完成操作，如图 14-51 所示

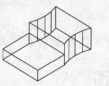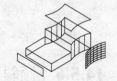

图 14-51　复制实体面

14.5.8　着色面

在三维建模环境中，利用【着色面】工具能够更
改三维实体表面的颜色，用于亮显复杂三维实体模型的内部细节。

调用【着色面】命令的方法有如下几种：

➤ 命令行：输入 SOLIDEDIT 命令。

➤ 菜单栏：选择【修改】|【实体编辑】|【着色面】菜单命令。

➤ 功能区：在【常用】选项卡，单击【实体编辑】面板中的【着色面】按钮 。

使用上面任意一种方式调用【着色面】命令后，着色实体面，具体操作命令行如下：

命令: SOLIDEDIT   //调用【SOLIDEDIT】命令
实体编辑自动检查： SOLIDCHECK=1
输入实体编辑选项 [面(F)/边(E)/体(B)/放弃(U)/退出(X)] <退出>: F   //激活【面】选项
输入面编辑选项
[拉伸(E)/移动(M)/旋转(R)/偏移(O)/倾斜(T)/删除(D)/复制(C)/颜色(L)/材质(A)/放弃(U)/退出(X)]
<退出>:L   //激活【颜色】选项
选择面或 [放弃(U)/删除(R)]:必须选择三维实体。
找到一个面。   //在弹出的【选择颜色】对话框选择颜色，如图 14-52 所示
选择面或 [放弃(U)/删除(R)/全部(ALL)]:   //完成操作，如图 14-53 所示

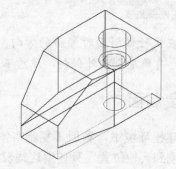

图 14-52　【选择颜色】对话框　　　　图 14-53　着色实体面

14.5.9　实例——创建连杆

（1）新建一个文件。在【视图】选项卡，单击【视图】面板中的下拉菜单，选择【西
南等轴测】，将视图切换至西南等轴测视图。

（2）调用【圆】工具，绘制两个半径为 6 和 13 的圆，结果如图 14-54 所示。

（3）在命令行输入 CO 复制命令，选择两个圆，将其沿 X 轴正方向复制，距离为 24，结果如图 14-55 所示。

（4）调用【直线】命令，结合【对象捕捉】功能，绘制大圆的切线，调用【修剪】命令，修剪多余线段，如图 14-56 所示。

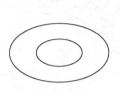
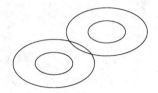
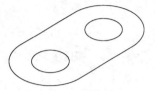

图 14-54　绘制圆　　　　　图 14-55　复制圆　　　　　图 14-56　绘制切线

（5）在命令行输入 REG 面域命令，将绘制的图形创建为三个面域。

（6）调用【圆】工具，绘制两个半径为 4.5 和 9 的圆，结果如图 14-57 所示。

（7）在命令行输入 L 直线命令，结合【对象捕捉功能】，绘制两个圆孔之间的肋板线，结果如图 14-58 所示。

（8）在命令行中输入 EXT 拉伸命令，拉伸高度为 9，创建圆孔特征，结果如图 14-59 所示。

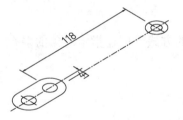
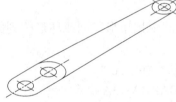
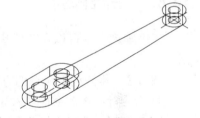

图 14-57　绘制圆　　　　　图 14-58　绘制肋板线　　　　　图 14-59　拉伸图形

（9）在【常用】选项卡中，单击【建模】|【按住并拉伸】按钮，拉伸高度为 5，创建出肋板效果，结果如图 14-60 所示。

（10）调用【修改】|【实体编辑】|【并集】命令，将圆孔和肋板合并一起。调用【差集】命令，将三个小圆柱去掉，绘制出圆孔效果，结果如图 14-61 所示。

（11）在【常用】选项卡中，单击【修改】面板中的【三维镜像】按钮，镜像出连接杆的另一半，调用【并集】命令，将两部分合并一起，结果如图 14-62 所示。

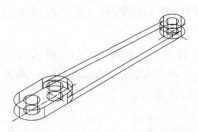
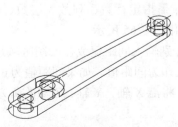
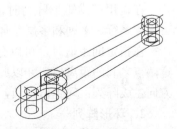

图 14-60　按住并拉伸　　　　　图 14-61　绘制圆孔效果　　　　　图 14-62　三维镜像

（12）调用【修改】|【实体编辑】|【圆角边】命令，对圆孔和肋板结合处进行圆角处理，半径为3，如图14-63所示。

（13）调用【修改】|【实体编辑】|【倒角边】命令，对圆孔进行倒角处理，倒角距离为1，调用【消隐】命令，结果如图14-64所示。至此，连接杆模型就绘制完成。

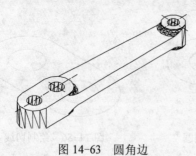
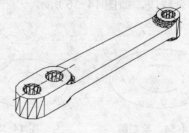

图 14-63　圆角边　　　　　　　　　　　图 14-64　最终效果

14.6　三维图形的操作

AutoCAD 2016 提供了专业的三维对象编辑工具，为创建出更加复杂的实体模型提供了条件。

14.6.1　三维阵列

三维阵列命令可以在三维空间中按矩形阵列或环形阵列的方式，创建指定对象的多个副本。

调用【三维阵列】命令的方法有如下几种：

➢ 命令行：在命令行输入 3DARRAY/3A 命令。
➢ 菜单栏：选择【修改】|【三维操作】|【三维阵列】菜单命令。

使用上面任意一种方式调用【三维阵列】命令后，命令行操作如下：

命令: 3darray✓	//调用【三维阵列】命令
正在初始化... 已加载 3DARRAY。	
选择对象:	//选择阵列对象
选择对象:	//继续选择对象或按〈Enter〉键结束选择
输入阵列类型 [矩形(R)/环形(P)] <矩形>:	//输入阵列类型

1．矩形阵列

在调用三维矩形阵列时，需指定行数、列数、层数、行间距和层间距，其中矩形阵列可设置多行、多列和多层，如图14-65所示。

在指定间距值时，可以分别输入间距值或在绘图区域选取两个点，AutoCAD 将自动测量两点之间的距离值，并以此作为间距值。如果间距值为正，将沿 X 轴、Y 轴、Z 轴的正方向生成阵列；间距值为负，将沿 X 轴、Y 轴、Z 轴的负方向生成阵列。

2．环形阵列

在调用三维环形阵列时，需要指定阵列的数目、阵列填充的角度、旋转轴的起点和终点及对象在阵列后是否绕着阵列中心旋转，如图14-66所示。

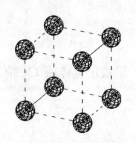
图 14-65　三维矩形阵列

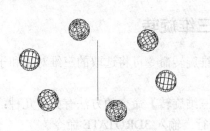
图 14-66　三维环形阵列

14.6.2　三维镜像

三维镜像命令可以将三维对象通过镜像平面获取与之完全相同的对象，其中镜像平面可以是与 UCS 坐标系平面平行的平面或由三点确定的平面。

调用【三维镜像】命令的方法有如下几种：

➤ 命令行：输入 MIRROR3D 命令。

➤ 菜单栏：选择【修改】|【三维操作】|【三维镜像】菜单命令。

➤ 功能区：在【常用】选项卡，单击【修改】面板中的【三维镜像】按钮 。

使用上面任意一种方式调用【三维镜像】命令后，镜像挂耳零件，具体操作命令行如下：

```
命令: MIRROR3D↙           //调用【三维镜像】命令
选择对象: 找到 1 个        //三维实体
选择对象:↙                //按〈Enter〉键确定
指定镜像平面 (三点) 的第一个点或
[对象(O)/最近的(L)/Z 轴(Z)/视图(V)/XY 平面(XY)/YZ 平面(YZ)/ZX 平面(ZX)/三点(3)] <三点>:
YZ↙                       //选择 YZ 平面
指定 YZ 平面上的点<0,0,0>:↙        //在 YZ 平面上选择一点输入
是否删除源对象? [是(Y)/否(N)] <否>:↙   //按〈Enter〉键确定，如图 14-67 所示
```

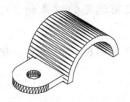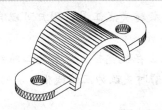

图 14-67　三维镜像

命令行中主要选项介绍如下：

➤ 三点(3)：通过三个点定义镜像平面。如果通过指定点来选择此选项，将不显示"在镜像平面上指定第一点"的提示。

➤ 对象(O)：选择已经绘制好的对象作为镜像对象。

➤ Z 轴(Z)：根据平面上的一点和平面法线上的一点定义镜像平面。

➤ 视图(V)：将镜像平面与当前视口中通过指定点的视图对齐。

➤ XY(YZ、ZX)平面：将镜像平面与一个通过指定点的标准平面（XY、YZ 或 ZX）对齐。

14.6.3 三维旋转

使用三维旋转命令可将选取的三维对象和子对象，沿指定旋转轴（X 轴、Y 轴、Z 轴）自由旋转。

调用【三维旋转】命令的方法有如下几种：

➤ 命令行：输入 3DROTATE 命令。

➤ 菜单栏：选择【修改】|【三维操作】|【三维旋转】菜单命令。

➤ 功能区：在【常用】选项卡，单击【修改】面板中的【三维旋转】按钮⊕。

使用上面任意一种方式调用【三维旋转】命令后，旋转实体，具体操作命令行如下：

```
命令: 3DROTATE↙                           //调用【三维旋转】命令
UCS 当前的正角方向：ANGDIR=逆时针  ANGBASE=0
选择对象: 指定对角点: 找到 1 个↙     //选择三维实体
选择对象:↙                               //按〈Enter〉键确定
指定基点:↙                               //指定旋转基点
拾取旋转轴：↙                            //拾取 Z 轴作为旋转轴
指定旋转角度或 [基点(B)/复制(C)/放弃(U)/参照(R)/退出(X)]: 90↙     //指定旋转角度
正在重生成模型。                         //完成操作，如图 14-68 所示
```

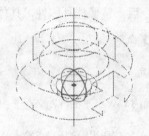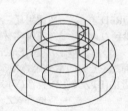

图 14-68 三维旋转

技巧：使用旋转夹点工具，用户可以自由旋转之前选定的对象和子对象，或将旋转约束到轴。

提示：如果正在视觉样式设置为二维线框中视口中绘图，则在命令执行期间，三维镜像会将视觉样式暂时更改为三维线框。

14.6.4 三维对齐

三维对齐操作是指最多指定 3 个点用以定义源平面，以及最多指定 3 个点用以定义目标平面，从而获得三维对齐效果。

调用【三维对齐】命令的方法如下：

➤ 命令行：在命令行输入 3DALIGN 命令。

➤ 功能区：在【常用】选项卡，单击【修改】面板中的【对齐】按钮🔁。

使用上面任意一种方式调用【三维对齐】命令后，编辑零件，具体操作命令行如下：

```
命令: 3DALIGN↙                           //调用【三维对齐】命令
选择对象: 找到 1 个↙                     //选择楔体
```

选择对象:
指定源平面和方向 ...
指定基点或 [复制(C)]:✓   //选择基点
指定第二个点或 [继续(C)] <C>:✓   //选择第二点
指定第三个点或 [继续(C)] <C>:✓   //选择第三点
指定目标平面和方向 ...
指定第一个目标点:✓   //选择目标点
指定第二个目标点或 [退出(X)] <X>:✓   //选择第二个目标点
指定第三个目标点或 [退出(X)] <X>:✓   //选择第三个目标点，如图 14-69 所示

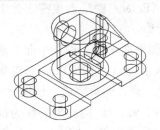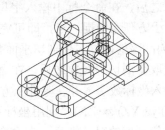

图 14-69 三维对齐

14.6.5 剖切

【剖切】命令可以通过指定剖切平面，将一个实体分割成多个独立的实体对象。
调用【剖切】命令的方法有如下几种：

➢ 命令行：输入 SLICE 命令。
➢ 菜单栏：选择【修改】|【三维操作】|【剖切】菜单命令。
➢ 功能区：在【常用】选项卡，单击【实体编辑】面板中的【剖切】按钮 ▨。

使用上面任意一种方式调用【剖切】命令后，剖切零件，具体操作命令行如下：

命令: slice   //调用【剖切】命令
选择要剖切的对象: 找到 1 个   //选择要剖切的实体
选择要剖切的对象:
指定切面的起点或[平面对象(O)/曲面(S)/z 轴(Z)/视图(V)/xy(XY)/yz(YZ)/zx(ZX)/三点(3)] <三点>: 3
                          //激活【三点】选项
选择第一点:
选择第二点:
选择第三点: //按〈Enter〉键，完成操作，如图 14-70 所示

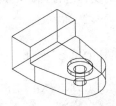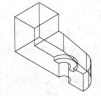

图 14-70 剖切

命令行中各主要选项介绍如下：

➢ 指定切面的起点：这是默认的剖切方式，即通过指定剖切实体的两点来执行剖切操

作，剖切平面将通过这两点并与 XY 平面垂直。

➤ 平面对象(O)：该剖切方式利用曲线、圆、椭圆或椭圆弧、二维样条曲线、二维多段线定义剖切平面，剖切平明与二维对象平面重合。

➤ 曲面(S)：选择该剖切方式可利用曲面作为剖切平面，方法是选取待剖切的对象之后，在命令行中输入字母 S，按〈Enter〉键后选取曲面，并在零件上方任意捕捉一点，即可执行剖切操作。

➤ Z 轴(Z)：选择该剖切方式可指定 Z 轴方向的两点作为剖切平面，方法是选择待剖切的对象之后，在命令行中输入字母 Z，按〈Enter〉键后直接在实体上指定两点，并在零件上方任意捕捉一点，即可完成剖切操作。

➤ 视图(V)：该剖切方式使剖切平面与当前视图平面平行，输入平面的通过点坐标，方法是选取待剖切的对象之后，在命令行输入字母 V，按〈Enter〉键后指定三维坐标点或输入坐标数字，并在零件上方任意捕捉一点，即可完成剖切操作。

➤ xy(XY)/yz(YZ)/zx(ZX)：利用坐标系平面 xy、yz、zx 同样能够作为剖切平面，方法是选取待剖切的对象之后，在命令行指定坐标系平面，按〈Enter〉键后指定该平面上一点，并在零件上方任意捕捉一点，即可完成剖切操作。

➤ 三点(3)：在绘图区中捕捉三点，即利用这三个点组成的平面作为剖切面，方法是选取待剖切对象之后，在命令行输入数字 3，按〈Enter〉键后直接在零件上捕捉三点，系统将自动根据这三点组成的平面执行剖切操作。

提示：一个实体只能切成位于切平面两侧的两部分，被切成的部分，可以全保留，也可以只保留其中一部分。

14.6.6　抽壳

抽壳的作用是将一个三维实体对象的中心掏空，创建出有一定厚度的壳体，也可删除三维实体某些表面，显示壳体的内部构造。

调用【抽壳】命令的方法有如下几种：

➤ 命令行：输入 SOLIDEDIT 命令，选择【抽壳】备选项。

➤ 菜单栏：选择【修改】|【实体编辑】|【抽壳】菜单命令。

➤ 功能区：在【常用】选项卡，单击【实体编辑】面板中的下拉式按钮菜单中的【抽壳】按钮▣。

使用上面任意一种方式调用【抽壳】命令后，对实体进行抽壳，具体操作命令行如下：

```
命令: solidedit                                                    //调用【solidedit】命令
实体编辑自动检查：  SOLIDCHECK=1
输入实体编辑选项 [面(F)/边(E)/体(B)/放弃(U)/退出(X)] <退出>:b        //激活【体】选项
输入体编辑选项
[压印(I)/分割实体(P)/抽壳(S)/清除(L)/检查(C)/放弃(U)/退出(X)] <退出>:s   //激活【抽壳】选项
选择三维实体:
删除面或 [放弃(U)/添加(A)/全部(ALL)]:
输入抽壳偏移距离: 20                                               //设置抽壳偏移距离
已开始实体校验。
已完成实体校验。                                                   //操作完成，如图 14-71 所示
```

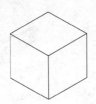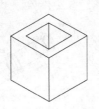

图 14-71　抽壳

提示：如果输入的抽壳厚度为正值，表示从三维实体表面处向内部抽壳；如果为负值，则表示从实体中心向外抽壳。

14.6.7　实例——创建差动轴

本实例将利用本章所学的【并集】、【按住并拖动】、【三维旋转】、【倒角边】等命令，绘制差动轴三维实体。

（1）调用【文件】|【新建】命令，新建图形文件，单击绘图区域左上角的视图切换快捷控件，将视图切换为【西南等轴测】。

（2）将坐标系 Z 轴绕 X 轴旋转 90°，调用【圆柱体】命令，绘制一个尺寸为 R14×50 的圆柱体，如图 14-72 所示。

（3）重复【圆柱体】工具，绘制一系列圆柱体，半径分别 R13×3、R17×20、R20×67、R17×15、R27.5×100、R19×3、R20×58、R17.5×2、R19.5×42，结果如图 14-73 所示。

（4）在【默认】选项卡，调用【矩形】命令，绘制尺寸为 27×27 的正方形，调用【直线】命令，绘制正方形的对角线，调用【圆】命令，以对角线的中点为圆心，绘制一个半径为 17.5 的圆，如图 14-74 所示。

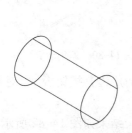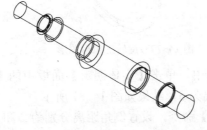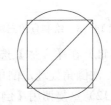

图 14-72　绘制圆柱体　　　　图 14-73　绘制一系列圆柱体　　　　图 14-74　绘制正方形和圆

（5）单击【修改】面板中的【三维旋转】按钮，将矩形旋转 45°，单击【三维移动】按钮，利用【对象捕捉】功能，以圆的圆心为基点，将长方体和圆和移动至圆柱体上，结果如图 14-75 所示。

（6）在【常用】选项卡中，单击【建模】面板中的【按住并拉伸】按钮，选择正方形和圆相交的部分进行拉伸，拉伸高度为 30，删除掉正方形和圆，结果如图 14-76 所示。

（7）单击【实体编辑】|【并集】按钮，将创建整个实体合并在一起，并调用【视图】|【消隐】命令，结果如图 14-77 所示。

 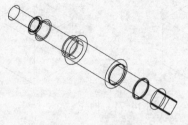 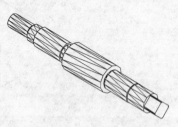

图 14-75　三维旋转　　　　图 14-76　按住并拉伸　　　　图 14-77　并集运算并消隐图形

（8）将 Z 轴绕 Y 轴旋转-90°，在命令行输入 PL 多段线，绘制直角三角形，在三角形下绘制一条直线，距离三角形端点为 28，结果如图 14-78 所示，命令行提示如下：

```
命令: pl PLINE                                                    //调用【多段线】工具
指定起点:                                                          //指定起点
当前线宽为 0.0000
指定下一个点或 [圆弧(A)/半宽(H)/长度(L)/放弃(U)/宽度(W)]: @0,3.5          //输入下一点坐标
指定下一点或 [圆弧(A)/闭合(C)/半宽(H)/长度(L)/放弃(U)/宽度(W)]: @2.02,0    //输入第三点坐标
指定下一点或 [圆弧(A)/闭合(C)/半宽(H)/长度(L)/放弃(U)/宽度(W)]:            //闭合三角形
```

（9）将 Z 轴绕 Y 轴旋转 90°，在【常用】选项卡，单击【建模】|【旋转】按钮🔄，将三角形旋转成实体，如图 14-79 所示。

（10）在命令行输入 M 移动命令，结合【对象捕捉】功能，将旋转的实体移动到差动轴右端；调用【差集】命令，对其进行差集处理，结果如图 14-80 所示。

 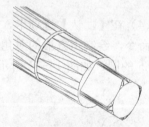

图 14-78　绘制直角三角形　　图 14-79　旋转三角形图形　　　图 14-80　差集运算

（11）在【实体】选项卡中，单击【实体编辑】面板中的【倒角边】按钮🔲，对其进行第一次倒角处理，倒角距离为 5，结果如图 14-81 所示。

（12）重复调用【倒角边】命令，设置倒角距离分别为 2 和 3，结果如图 14-82 所示。

（13）在命令行输入 HI 消隐命令，对其进行消隐处理。结果如图 14-83 所示。至此，整个差动轴三维实体创建完成。

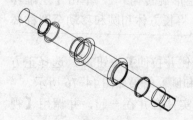 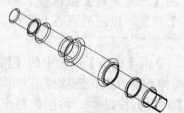 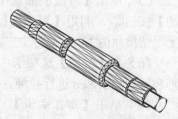

图 14-81　倒角边　　　　　图 14-82　重复倒角边操作　　　　图 14-83　消隐图形

第 15 章　三维图形的显示和渲染

当创建好一个实体模型后，如果需要对模型进行显示和发布，还需要对模型进行必要的渲染效果处理，以增加模型的可视性和美感。

15.1　图形的显示与观察

视觉样式用来控制视口中的三维模型边缘和着色的显示。

15.1.1　图形消隐

消隐类似一种能够反映前后遮盖效果关系的线框图，但是，消隐视图仅是一个临时视图，在消隐状态下对模型对象进行编辑和缩放时，视图将恢复到线框图状态。消隐是AutoCAD 中最简单和最快捷的视觉效果处理手段。通过消隐可以消除模型对象上的隐藏线，使图形不可见面被隐藏，增强图形的立体感，如图 15-1 所示。

启动【消隐】命令的方式有如下几种。

➤ 命令行：输入 HIDE/HI 后按〈Enter〉键。

➤ 菜单栏：选择【视图】|【消隐】菜单命令。

使用上面任意一种方式调用【消隐】命名后，命令行操作如下：

```
命令: hide ↙            //调用【消隐】命令
正在重生成模型。         //完成操作，如图 15-1 所示
```

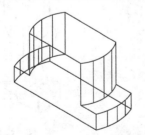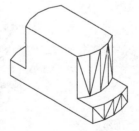

图 15-1　消隐效果

15.1.2　三维视觉样式

在 AutoCAD 中，为了观察三维模型的最佳效果，往往需要通过【视觉样式】功能来切换视觉样式。视觉样式是一组设置，用来控制视口中的边和着色的显示。其中包括二维线

框、三维线框、三维隐藏、真实和概念等几种视觉样式。一旦应用了视觉样式或更改了其设置，就可以在视口中查看效果。

调用【视觉样式】命令的方法有以下几种：

➢ 命令行：输入 VSCURRENT / VS 命令。

➢ 菜单栏：选择【视图】|【视觉样式】菜单命令。

➢ 功能区：在【可视化】选项卡，选择【视觉样式】面板中的【视觉样式】下拉列表。

使用上面任意一种方式调用【视觉样式】命令后，命令行提示如下：

> 输入选项 [二维线框(2)/线框(W)/隐藏(H)/真实(R)/概念(C)/着色(S)/带边缘着色(E)/灰度(G)/勾画(SK)/X 射线(X)/其他(O)] <概念>：

其中各视觉样式的含义如下：

1．二维线框

通过使用直线和曲线表示边界的方式显示对象。不使用【三维平行投影】的【统一背景】，而使用【二维建模空间】的【统一背景】。如果不消隐，所有的边、线都将可见，如图 15-2 所示。在此种显示方式下，复杂的三维模型难以分清结构。此时，当系统变量【COMPASS】为 1 时，三维指南针也不会出现在二维线框图中。

2．线框

即三维线框，通过使用直线和曲线表示边界的方式显示对象，所有的边和线都可见，如图 15-3 所示。在此种显示方式下，复杂的三维模型将难以分清结构。此时，坐标系变为一个着色的三维 UCS 图标。如果系统变量【COMPASS】为 1，三维指南针将出现。

3．隐藏

即三维隐藏，用三维线框表示法显示对象，并隐藏背面的线，如图 15-4 所示。此种显示方式可以较为容易和清晰地观察模型。

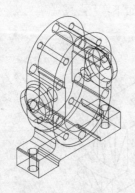
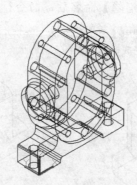
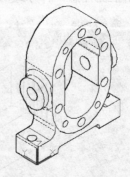

　　　　图 15-2　二维线框　　　　　　　图 15-3　线框　　　　　　　图 15-4　隐藏

4．概念

使用平滑着色和古氏面样式显示对象，同时对三维模型消隐，如图 15-5 所示。古氏面样式在冷暖颜色而不是明暗效果之间转换。效果缺乏真实感，但是可以更方便地查看模型的细节。

5．真实

使用平滑着色来显示对象，并显示已附着到对象的材质，如图 15-6 所示。此种显示是三维模型的真实表达。

6．着色

使用平滑着色显示对象，如图 15-7 所示。

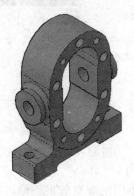

图 15-5　概念　　　　　图 15-6　真实　　　　　图 15-7　着色

7．带边缘着色

使用平滑着色显示对象并显示可见边，如图 15-8 所示。

8．灰度

使用平滑着色和单色灰度显示对象并显示可见边，如图 15-9 所示。

9．勾画

使用线延伸和抖动边修改器显示手绘效果的对象，仅显示可见边，如图 15-10 所示。

10．X 射线

以局部透视方式显示对象，因而不可见边也会褪色显示，如图 15-11 所示。

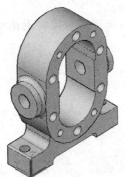
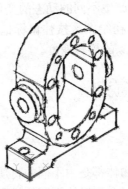
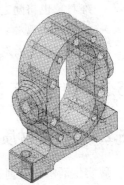

图 15-8　带边缘着色　　　图 15-9　灰度　　　图 15-10　勾画　　　图 15-11　X 射线

15.1.3　视觉样式管理

【视觉样式管理器】用于创建和修改视觉样式，并将视觉样式应用到视口中。

打开【视觉样式管理器】选项板有以下几种方法：

➢ 命令行：输入 VISUALSTYLES 命令。

➢ 菜单栏：选择【视图】|【视觉样式】|【视觉样式管理器】菜单命令。

> 功能区：在【可视化】选项卡，单击【视觉样式】面板中的下拉按钮。

执行该命令后，系统打开如图 15-12 所示的【视觉样式管理器】选项板。预览面板显示图形中可用的所有视觉样式，选定的视觉样式用黄色边框表示；设置面板则显示了用于设置样式的参数。

单击【视觉样式管理器】预览面板右下角的工具按钮，可以进行创建新的视觉样式、将选定的视觉样式应用到当前视口中、将选定的视觉样式输出到工具选项板、删除视觉样式等操作。

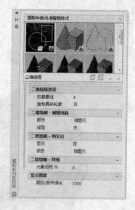

图 15-12 【视觉样式管理器】

15.1.4 使用三维动态观察器观察实体

AutoCAD 提供了用于三维动态观察的三维动态观察器，用户可以实时地控制和改变当前视口中创建的三维视图，以得到不同的观察效果。使用三维动态观察器，既可以查看整个图形，也可以查看模型中任意的对象。

调用【动态观察】命令有如下几种方式：

> 菜单栏：选择【视图】中的【动态观察】下的子菜单命令。
> 功能区：在【视图】选项卡中，单击【导航】面板中【动态观察】下拉列表。

三维动态观察分为受约束的动态观察、自由动态观察和连续动态观察 3 种方式。

> 受约束动态观察：按住鼠标左键拖动，可以从任意方向观察三维模型。
> 自由动态观察：三维自由动态观察视图显示一个导航球，由一个大圆和其四个象限上的小圆组成，查看的目标点被固定。用户可以利用鼠标控制相机位置绕对象移动，视图的旋转由光标的外观和位置决定，光标在不同区域时将显示不同形状，三维对象也将随之产生不同的动态的变化。
> 连续动态观察：在绘图区按住鼠标拖动，三维对象将沿拖动方向旋转，且光标移动的速度决定着对象的旋转速度。

15.2 快速 RT 渲染

15.2.1 设置材质

现实生活中，任何物体都是由不同的材质构成的。在 AutoCAD 中，为了使所创建的三维实体模型更加真实，用户可以给不同的模型赋予不同的材质类型和参数。

1. 材质浏览器

【材质浏览器】集中了 AutoCAD 的所有材质，是用来控制材质操作的设置选项板，可执行多个模型的材质指定操作，并包含相关材质操作的所有工具。

打开【材质浏览器】选项板有以下几种方法：

> 菜单栏：选择【视图】|【渲染】|【材质浏览器】菜单命令。
> 功能区：在【视图】选项卡，单击【选项板】面板中的【材质浏览器】按钮 ⊙ 材质浏览器。

执行上述操作，打开如图 15-13 所示的【材质浏览器】，其中的【Autodesk 库】列表框中分门别类地存储了 AutoCAD 2016 预设的所有材质，单击选项板左侧的【Autodesk 库】列表框，展开材质类型并选择其中一种，右侧的列表框就会显示该材质类型下的所有子材质。通过材质名称左侧的缩略图，用户可以快速预览材质的效果。

在【材质浏览器】右侧的材质列表框中选择所需的材质，然后单击并拖动光标至图形窗口的模型上方，即可将该材质指定给模型。此外，在某材质上方单击鼠标右键，在快捷菜单中选择【指定给当前选择】命令，也可以将选择的材质赋予当前选择的模型。

2．材质编辑器

想创建一个有足够吸引力的物体，不仅需要赋予模型材质，还需对这些材质进行细微的设置，从而使设置的材质达到更加逼真的效果。

AutoCAD 2016 的材质编辑操作在【材质编辑器】中完成。打开【材质编辑器】选项板有以下几种方法：

> 菜单栏：选择【视图】|【渲染】|【材质编辑器】菜单命令。
> 功能区：在【视图】选项卡，单击【选项板】面板中的【材质编辑器】按钮【 材质编辑器】。
> 工具栏：单击【渲染】工具栏中【材质编辑器】按钮 。

执行以上任意一种操作，将打开【材质编辑器】选项板，如图 15-14 所示。在【材质编辑器】中，用户可以新建和编辑材质。

单击【材质编辑器】选项板左下角【打开/关闭材质浏览器】按钮，可以打开【材质浏览器】，双击需要编辑的材质，可以发现【材质编辑器】会同步更新为该材质的效果与可调参数，如图 15-15 所示，可调参数包括颜色、图像褪色、光泽度等常规选项，以及透明度、自发光、凹凸等其他选项。

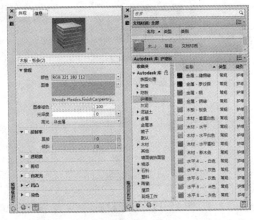

图 15-13 【材质浏览器】　　图 15-14 【材质编辑器】　　图 15-15 【材质编辑器】与【材质浏览器】

通过【材质编辑器】选项板最上方的【外观信息窗口】，可以直接查看材质当前的效果，单击其右下角的下拉按钮，可以对材质样例形状与渲染质量进行调整，如图 15-16 所示。单击材质名称右下角的【创建或复制材质】按钮 ，可以快速选择对应的材质类型并直接应用，或在其基础上进行编辑，如图 15-17 所示。

提示：在【材质浏览器】或【材质编辑器】中可以创建新材质。在【材质浏览器】中只能创建已有材质的副本，而在【材质编辑器】可以对材质做进一步的修改或编辑。

以下通过一个实例来讲解创建新材质。

（1）选择【文件】|【新建】菜单命令，新建一个图形文件；选择【视图】菜单栏中的【渲染】|【材质编辑器】命令，打开如图 15-18 所示的【材质编辑器】对话框。

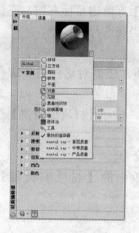  

图 15-16　调整材质样例形状与渲染质量　　图 15-17　选择材质类型　　图 15-18　【材质编辑器】选项板

（2）单击左下角的【创建或复制材质】按钮，选择【新建常规材质】选项，如图 15-19 所示。

（3）单击【信息】选项卡，设置好新材质的信息，如图 15-20 所示。

（4）单击【外观】选项卡，设置好材质的外观、光泽度及反射率，如图 15-21 所示。

 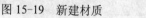  

图 15-19　新建材质　　　图 15-20　【信息】选项卡　　　图 15-21　【外观】选项卡

（5）单击【材质编辑器】对话框左上角的关闭按钮，确认并关闭材质编辑器，完成材质的新建。

15.2.2　设置光源

灯光可以对整个场景提供照明，从而呈现出各种真实的效果。使用不同的光源，可以创建不同的模型渲染效果。

在命令行输入 LIGHT 并按〈Enter〉键，命令行提示如下：

> 输入光源类型 [点光源(P)/聚光灯(S)/光域网(W)/目标点光源(T)/自由聚光灯(F)/自由光域(B)/平行光(D)] <自由聚光灯>:

由此可见，AutoCAD 2016 光源主要分为点光源、聚光灯、光域网、目标点光源、自由聚光灯、自由光域和平行光 7 种类型。

在首次调用 LIGHT【光源】命令时，系统将弹出如图 15-22 所示的【光源-视口光源模式】对话框。为了方便查看用户自定义的灯光效果，需要单击【关闭默认光源（建议）】按钮，关闭场景的默认灯光。

提示： AutoCAD 的默认光源是来自视点后面的两个平行光源。在移动、旋转模型时，模型中所有的面均被照亮，以使其可见。

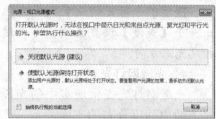

图 15-22 【光源-视口光源模式】对话框

1. 点光源

点光源是一种没有方向的灯光，从其所在位置向四周均匀发射光线，以达到基本的照明效果。

调用【点光源】命令的方式有以下几种：

➢ 命令行：输入 POINTLIGHT 命令并按〈Enter〉键。

➢ 菜单栏：选择【视图】|【渲染】子菜单中的【光源】|【新建点光源】命令。

➢ 功能区：选择【可视化】选项卡，单击【光源】面板中的【创建光源】|【点】按钮。

执行该命令后，可以对点光源的名称、强度因子、状态、阴影、衰减及颜色进行设置。

2. 聚光灯

聚光灯发射的是定向锥形光，投射的是一个聚焦的光束，但可以控制光源的方向和圆锥体的尺寸。

调用【聚光灯】命令的方式有以下几种：

➢ 命令行：输入 SPOTLIGHT 命令并按〈Enter〉键。

➢ 菜单栏：选择【视图】|【渲染】子菜单中的【光源】|【新建聚光灯】命令。

➢ 功能区，选择【可视化】选项卡，单击【光源】面板中的【创建光源】|【聚光灯】按钮。

聚光灯的设置选项与点光源基本相同，但多出两个设置选项【聚光角】和【照射角】。【聚光角】用来定义最亮光锥的角度；"照射角"用来指定定义完整光锥的角度，其取值范围在 0°～160°。

3. 平行光

平行光仅向一个方向发射统一的平行光线。可以在视口中的任意位置指定 FROM 点和 TO 点，以定义光线方向。

调用【平行光】命令的方式有以下几种：

➢ 命令行：输入 DISTANTLIGHT 命令并按〈Enter〉键。

> 菜单栏：选择【视图】|【渲染】子菜单中的【光源】|【新建平行光】命令。
> 功能区：选择【可视化】选项卡，单击【光源】面板中的【创建光源】|【平行光】按钮 。

在输入命令后，系统弹出如图 15-23 所示的【光源-光度控制平行光】对话框，单击【允许平行光】按钮，即可创建平行光。

提示： 平行光的设置同点光源一致，但是多出一个【矢量】设置选项，可以通过矢量方向来指定光源方向。

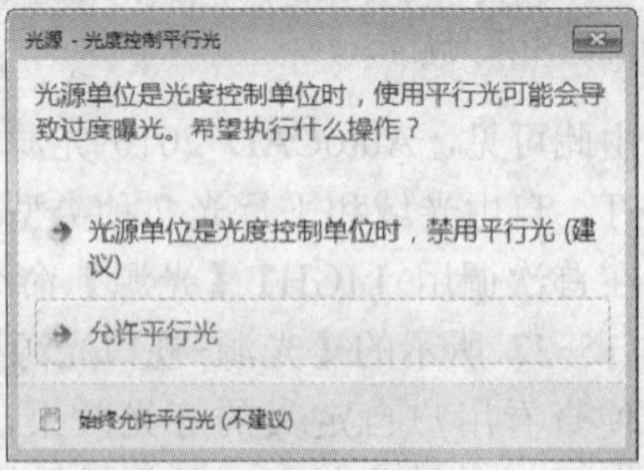

图 15-23 【光源-光度控制平行光】对话框

4．光域网灯光

光域网灯光提供现实中的光线分布。光域网是光源中强度分布的三维表示。光域网灯光可以用于表示各向异性光源分布，此分布来源于现实中的光源制造商提供的数据。

调用【光域网】命令的方式有以下几种：

> 命令行：输入 WEBLIGHT 命令并按〈Enter〉键。
> 功能区：选择【渲染】选项卡，单击【光源】面板中的【创建光源】|【光域网灯光】按钮 。

光域网的设置同点光源一致，但是多出一个【光域网】设置选项。可以用来指定灯光光域网文件。

5．目标点光源

在命令行中输入 TARGETPOINT 命令并按〈Enter〉键可创建目标点光源。目标点光源和点光源的区别在于其目标特性，其可以指向一个对象，也可以通过将点光源的目标特性从"否"改为"是"，为点光源创建目标点光源。

6．自由聚光灯

在命令行中输入 FREESPOT 命令并按〈Enter〉键，即可创建与未指定目标的聚光灯相似的自由聚光灯。

7．自由光域

在命令行中输入 FREEWEB 命令并按〈Enter〉键，即可创建与光域网灯光相似，但未指定目标的自由光域灯光。

15.2.3 实例——为场景布置灯光

（1）单击【快速访问】工具栏中的【打开】按钮 ，打开"素材\第 15 章\15.2.3.dwg"文件，如图 15-24 所示。

（2）在【可视化】选项卡中，单击【光源】面板中的【地面阴影】按钮 ，打开阴影效果。在命令行中输入 SPOTLIGHT 命令，创建【聚光灯】灯光，如图 15-25 所示，命令行操作如下：

```
命令: SPOTLIGHT↙                        //调用【聚光灯】命令
指定源位置<0,0,0>:800,1800,800↙         //指定源位置
```

```
        指定目标位置<0,0,0>:↙                    //指定目标位置
        输入要更改的选项 [名称(N)/强度因子(I)/状态(S)/光度(P)/光域网(B)/阴影(W)/过滤颜色(C)/退出
(X)] <退出>: I↙
        输入强度 (0.00 - 最大浮点数) <1>: 0.2↙    //指定强度因子
        输入要更改的选项 [名称(N)/强度因子(I)/状态(S)/光度(P)/光域网(B)/阴影(W)/过滤颜色(C)/退出
(X)] <退出>: P↙
        输入要更改的光度控制选项 [强度(I)/颜色(C)/退出(X)] <强度>:↙
        输入强度 (Cd) 或输入选项 [光通量(F)/照度(I)] <1500>: 1000↙    //指定光度强度
        输入要更改的光度控制选项 [强度(I)/颜色(C)/退出(X)] <强度>: X↙
        输入要更改的选项 [名称(N)/强度因子(I)/状态(S)/光度(P)/光域网(B)/阴影(W)/过滤颜色(C)/退出
(X)] <退出>:↙                                  //确认并退出
```

 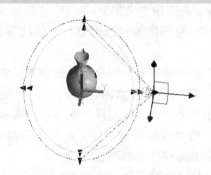

图 15-24 素材图形   图 15-25 【聚光灯】灯光效果

（3）调用【三维旋转】命令，以原点为旋转点，Z 轴为旋转轴，将聚光灯旋转 90°，调整聚光灯后，效果如图 15-26 所示。

（4）单击【光源】面板中的【阳光状态】按钮，开启阳光状态，效果如图 15-27 所示，以产生阴影效果。场景灯光布置完成。

图 15-26 调整聚光灯   图 15-27 【阳光状态】灯光效果

15.2.4 设置贴图

在对实体模型进行材质设置时，使用贴图可以使材质看起来更加逼真、生动，利用贴图可以模拟纹理、反射以及折射等效果。贴图是一种将图片信息（材质）投影到曲面的方法，它就像使用包装纸包装东西一样，不同的是它是使用修改器将图案以数学方法投影到曲面，而不是简单地捆在曲面上。

调用【贴图】命令的方式有以下几种：

➤ 命令行：输入 MATERIALMAP 命令并按〈Enter〉键。

➤ 菜单栏：选择【视图】|【渲染】|【贴图】命令。

➤ 功能区：选择【可视化】选项卡，单击【材质】面板中的【材质贴图】按钮 ◁】材质贴图 。

执行该命令后，命令行提示如下：

> 命令: MATERIALMAP
> 选择选项 [长方体(B)/平面(P)/球面(S)/柱面(C)/复制贴图至(Y)/重置贴图(R)] <长方体>:

其中命令行各选项含义如下：

➤ 长方体：将图像映射到类似长方体的实体上，该图像将在对象的每一个面上重复使用。

➤ 平面：将图像映射到对象上，就像其从幻灯片投影器投影到二维曲面上一样。

➤ 球面：在水平和垂直两个方向上同时使图像弯曲。纹理贴图的顶边在球体的"北极"压缩为一个点；同样，底边在"南极"压缩为一个点。

➤ 柱面：将图像映射到圆柱上；水平边将一起弯曲，但顶边和底边不会弯曲。图像的高度将沿圆柱体的轴进行缩放。

如果需要对贴图进行进一步调整，可以使用显示在对象上的贴图工具，移动或旋转对象上的贴图，如图 15-28 所示。

图 15-28　贴图效果

15.2.5　渲染环境

调用【渲染环境】命令的方式有以下几种：

➤ 命令行：输入 RENDERENVIRONMENT 命令并按〈Enter〉键。

➤ 菜单栏：选择【视图】|【渲染】|【渲染环境】命令。

➤ 功能区：在【可视化】选项卡，单击【渲染】面板中的下拉列表，单击【渲染环境和曝光】按钮 ? 渲染环境和曝光 。

执行该命令后，系统将弹出如图 15-29 所示的【环境】选项板，用户可以根据实际需要进行相关参数的设置。

图 15-29　【环境】选项板

15.2.6 渲染效果图

设置好模型的灯光、材质等后，可以对其进行渲染。渲染是 AutoCAD 比较高级的三维效果处理方法。通过渲染，可以将模型放置在由一定的光源、配景、背景和材质形成的环境中，使其表现更加丰富和真实。

调用【渲染】命令的方式有以下几种：

➢ 命令行：输入 RENDER 命令并按〈Enter〉键。

➢ 菜单栏：选择【视图】|的【渲染】|【渲染】命令。

➢ 功能区：在【可视化】选项卡，单击【渲染】面板中【渲染窗口】按钮 。

执行命令，系统自动对模型进行渲染处理，如用户需要修改渲染参数，可以使用【高级渲染设置】选项板设置渲染的具体参数。

打开【高级渲染设置】选项板的方法有以下 3 种：

➢ 命令行：输入 RPREF 命令。

➢ 菜单栏：【工具】|【选项板】|【高级渲染设置】。

➢ 功能区：单击【可视化】面板右下角【渲染预设管 图 15-30 【高级渲染设置】选项板
理器】按钮。

执行该命令后，系统将打开如图 15-30 所示的【高级渲染设置】选项板，用户可以查看及更改相关参数设置。

15.2.7 实例——渲染青花瓷盘

（1）单击【快速访问】工具栏中的【打开】按钮，打开"素材\第 15 章\15.2.7.dwg"文件，如图 15-31 所示。

图 15-31 素材图形

（2）视觉样式切换至【真实】视觉样式，选择【可视化】|【渲染】|【材质编辑器】命令，打开【材质编辑器】选项板，如图 15-32 所示。

（3）单击左下角的【创建或复制材质】按钮，选择【新建常规材质】选项，创建"青花瓷"材质，结果如图 15-33 所示。

（4）设置光泽度为 90，反射率为 2。将编辑的材质指定给瓷盘模型，此时的材质效果如图 15-34 所示。

图 15-32 【材质编辑器】　　图 15-33 创建"青花瓷"材质　　图 15-34 材质效果

（5）单击【常规】选项中的添加图片选项，在【材质编辑器】中添加"第 15 章\青花瓷.jpg"图片，如图 15-35 所示。

（6）单击【常规】选项中的图片，打开【纹理编辑器】选项板，调整花纹的比例及位置，如图 15-36 所示。

 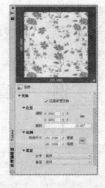

图 15-35 添加贴图　　　　　　　　图 15-36 纹理编辑器

（7）在【视图】选项卡中，单击【渲染】面板中的渲染按钮，渲染青花瓷盘，结果如图 15-37 所示。

图 15-37 "青花瓷"渲染效果

第七篇　行业应用篇

第 16 章　建筑设计及绘图

本章主要讲解建筑设计的概念及建筑制图的内容和流程，并通过具体的实例来对各种建筑图形进行实战演练。通过本章的学习，能够了解建筑设计的相关理论知识，并掌握建筑制图的流程和实际操作。

16.1　建筑设计与绘图

建筑施工图涉及到建筑总平面图、建筑平面图、建筑立面图、建筑剖面图、建筑详图。应用范围广泛，内容较多，所以在绘制内容之前，对建筑设计需要有一定的认知。通过基础知识加上实践，才能更好地绘制图形。

16.1.1　建筑设计的概念

建筑设计（Architectural Design）是指建筑物在建造之前，设计者按照建设任务，把施工过程和使用过程中所存在的或可能发生的问题，事先作好通盘的设想，拟定好解决这些问题的办法和方案，并用图样和文件表达出来。作为备料、施工组织工作和各工种在制作、建造工作中互相配合协作的共同依据。便于整个工程得以在预定的投资限额范围内，按照周密考虑的预定方案，统一步调，顺利进行。并使建成的建筑物充分满足使用者和社会所期望的各种要求。

16.1.2　施工图及分类

施工图，是表示工程项目总体布局、建筑物的外部形状、内部布置、结构构造、内外装修、材料作法以及设备、施工等要求的图样。施工图具有图样齐全、表达准确、要求具体的特点，是进行工程施工、编制施工图预算和施工组织设计的依据，也是进行技术管理的重要技术文件。

一套完整的施工图一般包括以下几种类型：

1．建筑施工图

建筑施工图（简称建施图）主要用来表示建筑物的规划位置，外部造型、内部各房间布置、内外装修、构造及施工要求等。

建施图大体上包括建施图首页、总平面图、各层平面图、各立面图、剖面图及详图。

2．结构施工图

结构施工图（简称结施）主要表示建筑物的承重构造的结构类型、结构布置、构件种类、数量、大小及施工方法。

结构施工图的内容包括结构设计说明、结构平面布置图及构件详图。

3．设备施工图

设备施工图（简称设施）主要表达建筑物的给水排水、暖气通风、供电照明、燃气等设备的布置和施工要求等。

设备施工图主要包括各种设备的平面布置图、系统图和详图等内容。

16.1.3　建筑施工图的组成

一套完整的建筑施工图，应当包括以下主要图样内容：

1．建施图首页

建施图首页内含工程名称、实际说明、图纸目录、经济技术指标、门窗统计表以及本套建施图所选用标准图集名称列表等。

2．建筑总平面图

建筑总平面图表示整个建筑基地的总体布局，重在反映各单体建筑、道路、公用设施、绿化等相互之间的空间布置及地形、地貌、大小等。建筑总平面图是指用于表示整个建筑工程总体布局情况的图样，是新建筑物定位、施工放线、布置施工现场的重要依据。如图 16-1 所示为某宿舍区建筑总平面图。

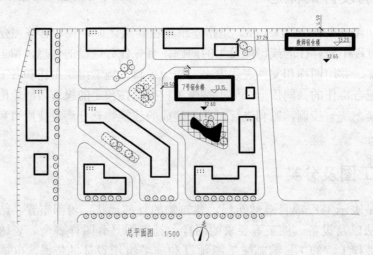

图 16-1　某宿舍区建筑总平面图

3．建筑各层平面图

建筑平面图，简称平面图，是指假象用一水平的剖切面沿门窗洞的位置将房屋剖开后，对剖切面以下的部分用正投影法得到的投影图。它是建筑施工图的主要图样之一。

建筑平面图反映建筑物的平面形状和大小、内部布置、墙的位置、厚度和材料、门窗的位置和类型以及交通等情况，可作为建筑施工定位、放线、砌墙、安装门窗、室内装修、编制预算的依据。

建筑平面图主要分为首层平面图、二层或标准平面图、顶层平面图等。对于可以共用一个平面图表示各楼层平面布局的平面图称为标准层平面图。

因平面图是剖面图，因此应按剖面图的图示方法绘制，即被剖切平面剖切到的墙、柱等轮廓用粗实线表示，未被剖切到的部分如室外台阶、散水、楼梯以及尺寸线等用细实线表示，门的开启线用中粗实线表示。

如图 16-2 所示为某单元式住宅标准层平面图。如图 16-3 所示为某单元式住宅屋顶平面图。

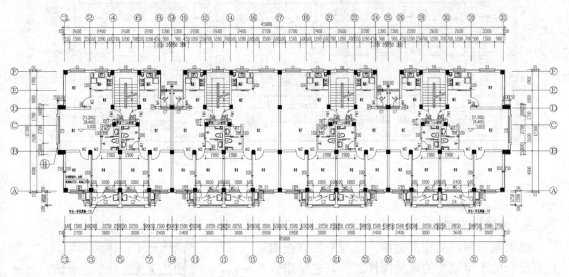

图 16-2　某单元式住宅标准层平面图

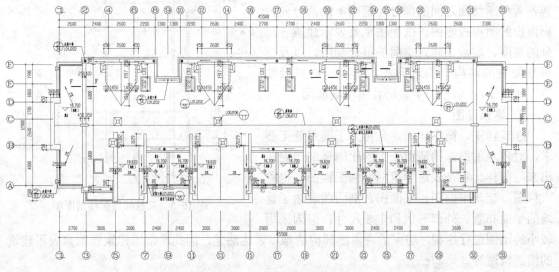

图 16-3　某单元式住宅屋顶平面图

4. 建筑立面图

建筑立面图，简称立面图，是指与立面平行的投影面上所作建筑的正投影图。它是建筑施工中作为建筑外部装修的依据，主要表现建筑的外貌形状，反映了建筑外形、门窗、阳台、雨篷、台阶等的形式和位置以及建筑垂直方向各部分高度和建筑的外部装饰做法等。如图 16-4 所示为某单元式住宅立面图。

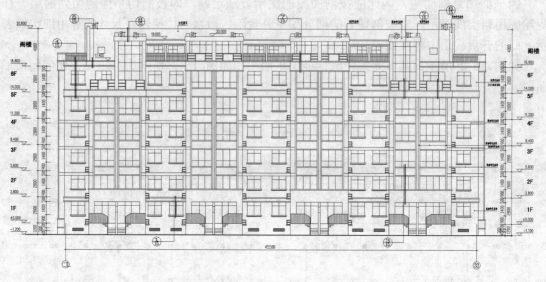

图 16-4　某单元式住宅立面图

5．建筑剖面图

　　建筑剖面图，简称剖面图，是与平、立面图相互配合的不可缺少的重要图样之一。它是指假定用侧平面或正平面将建筑垂直剖开，移去处于观察者和剖切面之间的部分，把余下的部分向投影面投射所得投影图。剖面图主要表示建筑各部分的高度、层数、建筑空间的组合利用，以及建筑剖面中的结构、构造形式、层次、材料做法等。如图 16-5 所示为某教师住宿楼剖面图。

6．建筑详图

　　建筑详图，简称详图，是指为了满足施工要求，对建筑的细部构造用较大的比例详细地表达出来的图样。它是表达建筑细部的工程图，也称大样图。建筑平面图、立面图、剖面图表达了建筑的平面布置、外部形状和主要尺寸，但因采用

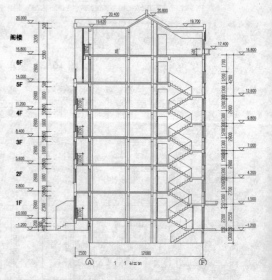

图 16-5　某教师住宿楼剖面图

较小的比例进行绘制，房屋的许多细部构造难以表达清楚，因此，常用建筑详图来表示建筑的细部构造等。

16.2　绘制常用建筑设施图

　　在建筑设施图中最为常见的图形有：门窗、马桶、浴缸、楼梯、地板砖和栏杆等。本

章将介绍常见的建筑设施图的绘制方法、技巧及相关的理论知识，包括平面、立面及剖面图等，在后期制图中可以直接定义图形为块，保存于图库中，在需要时插入即可，以减少绘图时间，提高绘图效率。

16.2.1　绘制平开门

门是建筑制图中最常用的图元之一，它大致可以分为平开门、折叠门、推拉门、推杠门、旋转门和卷帘门等。其中以平开门最为常见。平开门用代号 M 表示，在平面图中，门的开启方向线宜以 45°、60° 或 90° 绘出。平开门立面绘制效果如图 16-6 所示。具体绘制过程如下：

1．绘制平开门平面图

（1）调用【矩形】命令，绘制 940×40 的矩形。调用【直线】命令，绘制一条 940 的直线，如图 16-7 所示。

（2）调用【圆弧】命令，以直线左边端点与矩形下部短边两端点为圆上的点绘制圆弧，如图 16-8 所示。

2．绘制平开门立面图

（1）调用【矩形】命令，绘制一个 2180×920 的矩形作为门的原始框架，如图 16-9 所示。

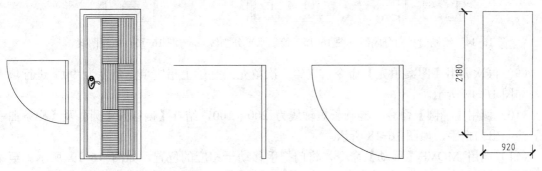

图 16-6　平开门　　　图 16-7　绘制门　　图 16-8　绘制门开启方向线　　图 16-9　绘制矩形

（2）调用【分解】命令，分解矩形。调用【偏移】命令，将矩形上侧边线向下偏移80，左右两侧边线向内偏移 60。如图 16-10 所示。

（3）调用【圆角】命令，设置圆角半径为 0，圆角内部矩形框边线，如图 16-11 所示。

（4）调用【偏移】命令，将矩形内框及下部边线均向内依次偏移 30、20，如图 16-12 所示。

（5）调用【修剪】命令，修剪图形如图 16-13 所示。

（6）调用【直线】命令，绘制门的竖向分割线，如图 16-14 所示。

（7）调用【定数等分】命令将上一步所绘制竖向分割线等分成三段（使用定数等分命令前要先设置点样式），并调用【直线】命令，沿等分点绘制水平分割线，如图 16-15 所示。

（8）调用【图案填充】命令，打开图案填充和渐变色面板，选择用户定义类型，指定填充间距为 25，填充门造型，如图 16-16 所示。

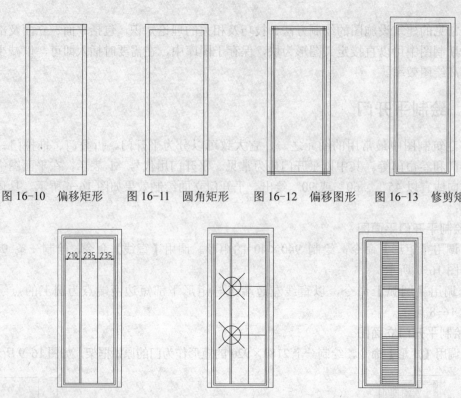

图 16-10 偏移矩形　图 16-11 圆角矩形　图 16-12 偏移图形　图 16-13 修剪矩形

图 16-14 绘制门竖向分隔线　图 16-15 绘制水平分割线　图 16-16 填充图案

（9）再次调用【图案填充】命令，在第一次填充的基础上指定填充角度为 90°进行填充，如图 16-17 所示。

（10）调用【椭圆】命令，椭圆长短轴线为 200×100，结合【偏移】、【圆】及【样条曲线】绘制出门把手，如图 16-18 所示。

（11）调用 MOVE【移动】命令，将门把手移动至相应的位置，如图 16-19 所示。至此，平开门绘制完成。

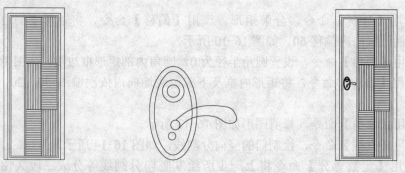

图 16-17 旋转 90°再次填充图案　图 16-18 绘制门把手　图 16-19 【移动】门把手

16.2.2 绘制中间层楼梯平面图

楼梯是楼层间的垂直交通枢纽，是楼房的重要构件。在高层建筑中虽然以电梯和自动扶梯作垂直交通的重要手段，但楼梯仍是不可少的。不同的建筑类型，对楼梯性能的要求不同，楼梯的形式也不一样。民用建筑的楼梯多采用钢混结构，对美观的要求高。从外形上来看，楼梯主要分为栏杆、踏步、平台等几个部分。楼梯平面图一般分为底层平面图、标准层平面图和顶层平面图，其效果如图 16-20 所示，本节我们绘制楼梯的标准层平面图，其他楼层平面图绘制方法与其完全相同。

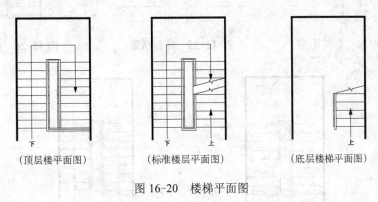

| （顶层楼平面图） | （标准楼层平面图） | （底层楼梯平面图） |

图 16-20　楼梯平面图

（1）调用【矩形】命令，矩形 500×2440。调用【偏移】命令，将矩形向内偏移依次60、40，如图 16-21 所示。

（2）在夹点编辑模式下，将内部两个矩形上部短边均向上拉升 40，如图 16-22 所示。

（3）绘制一根踏步线。调用【直线】命令，绘制长为 2560 的水平直线。

（4）移动直线。调用【移动】命令，以直线的中点为基点，矩形内的中点为第二点，移动直线，如图 16-23 所示。

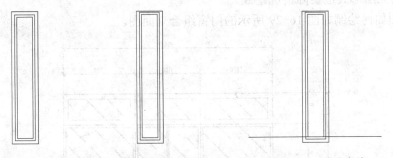

图 16-21　绘制并偏移矩形　　图 16-22　拉伸顶点　　　图 16-23　移动直线

（5）修剪图形。调用【修剪】命令，对图形进行修剪，结果如图 16-24 所示。

（6）阵列踏步线。调用【阵列】命令，选择矩形阵列，选择绘制的直线，对其进行 1行 9 列的矩形阵列，行偏移量设为 280，阵列结果如图 16-25 所示。

（7）绘制平台，调用【多段线】命令，绘制如图 16-26 所示的多段线。

（8）绘制折断线。调用【多段线】命令，在如图 16-27 所示的位置绘制折断线，并修剪多余的线条。

（9）绘制楼梯方向。重复执行【多段线】命令，指点起点宽度为 1，端点宽度为 50，绘制箭头，配合【直线】与【单行文字】命令绘制楼梯方向，结果如图 16-28 所示。至此，标准层楼梯绘制完成。

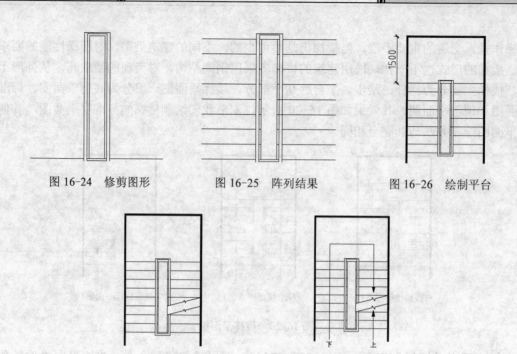

图 16-24　修剪图形　　　　图 16-25　阵列结果　　　　图 16-26　绘制平台

图 16-27　绘制折断线　　　　　　图 16-28　绘制箭头

16.2.3　绘制门窗组合立面图

门窗组合在建筑设计中是一种常用的搭配方式，一般位于入户口或阳台窗处，以代号 MC 表示，其立面形式按实际情况绘制。

下面介绍如何绘制如图 16-29 所示的门窗组合立面图。

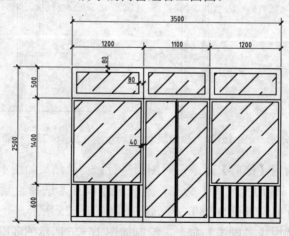

图 16-29　门窗组合

（1）单击【快速访问】工具栏中的【新建】按钮，新建图形文件。

（2）调用 L【直线】命令，绘制长 3500 的水平直线以及长 2500 的竖直直线，如图 16-30 所示。

（3）调用 O【偏移】命令，对其进行偏移，如图 16-31 所示。

（4）调用 TR【修剪】命令，修剪出门窗外轮廓，如图 16-32 所示。

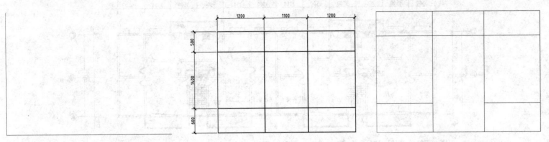

图 16-30　绘制直线　　　　　图 16-31　偏移直线　　　　　图 16-32　修剪门窗外轮廓

（5）调用 O【偏移】命令，偏移距离分别为 40 和 80，偏移出门窗内框辅助线，如图 16-33 所示。

（6）调用 TR【修剪】命令，结合 L【直线】命令，绘制门窗内轮廓线，如图 16-34 所示。

（7）调用 H【图案填充】命令，选择【JIS_STN_1E】图案，设置比例为 500，填充镜面效果，选择【PLAST】图案，设置比例为 20，角度为 90°，填充效果如图 16-35 所示。至此，门窗组合立面图就绘制完成了。

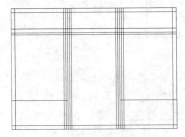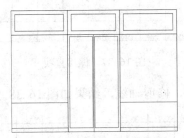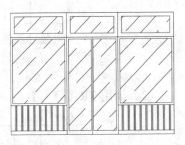

图 16-33　偏移出门窗内框辅助线　　　图 16-34　修剪门窗内轮廓线　　　图 16-35　最终结果

16.3　绘制住宅楼设计图

供家庭居住使用的建筑称为住宅。住宅的设计，不仅要注重套型内部平面空间关系的组合和硬件设施的改善，还要全面考虑住宅的光环境、声环境、热环境和空气质量环境的综合条件及其设备的配置，这样才能获得一个高舒适度的居住环境。住宅楼按楼层高度分为：低层住宅（1～3 层）、多层住宅（4～6 层）、中高层住宅（7～9 层）和高层住宅（10 层以上）。

本例为某住宅楼建筑设计图形，该住宅楼共有 6 层，图 16-36 为其标准层平面图。

16.3.1　绘制标准层平面图

户型一般会划分主要的生活区域，如客厅、餐厅、卧室以及厨卫空间等；但这只是建筑设计对房屋所进行的基本规划，在对房屋进行装饰装修的时候，可以对居室进行重新的规划；比如拆建墙体等，只要不对屋内的承重建筑构件进行改动，是可以对房屋进行一定的改动的。

（1）绘制轴网。调用 L【直线】命令，绘制水平直线和垂直直线；调用 O【偏移】命令，偏移直线，结果如图 16-37 所示。

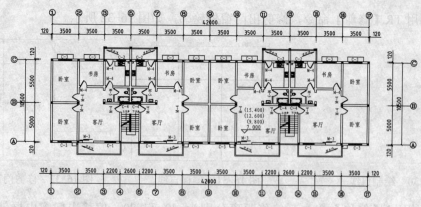

标准层平面图　1:100

图 16-36　住宅楼标准层平面图

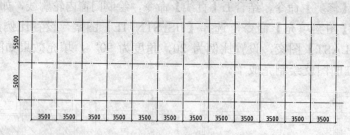

图 16-37　偏移直线

（2）调用 TR【修剪】命令，修剪轴线，结果如图 16-38 所示。

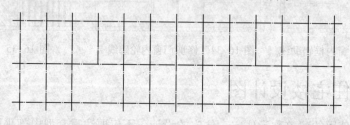

图 16-38　修剪轴线

（3）调用 O【偏移】命令，偏移轴线；调用 TR【修剪】命令，修剪轴线，结果如图 16-39 所示。

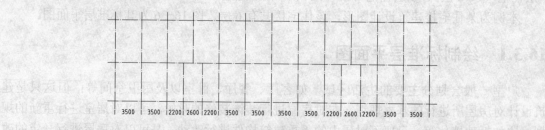

图 16-39　绘制结果

（4）绘制墙体。调用 ML【多线】命令，设置宽度为 240，调用 O【偏移】命令，偏移轴线，水平向上偏移 2500，竖直偏移 1300，结果如图 16-40 所示。

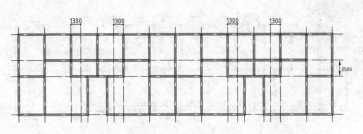

图 16-40　偏移轴线

（5）调用 ML【多线】命令，绘制宽度为 120 的隔墙，删除辅助线，完成墙体的绘制，结果如图 16-41 所示。

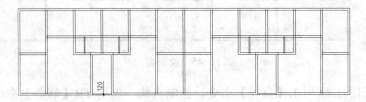

图 16-41　墙体绘制结果

（6）编辑墙体。双击绘制完成的墙体，系统弹出【多线编辑工具】对话框；在其中选择【角点结合】工具和【T 形打开】编辑工具，在绘图区中分别单击垂直墙体和水平墙体，完成对墙体的编辑，结果如图 16-42 所示。

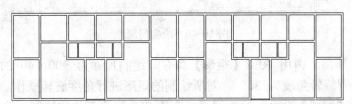

图 16-42　编辑墙体

（7）绘制标准柱。调用 REC【矩形】命令，绘制矩形 240×240；调用 CO【复制】命令，复制矩形；调用 H【图案填充】命令，弹出【图案填充和渐变色】对话框中选择 SOLID 图案，填充标准柱图案，如图 16-43 所示。

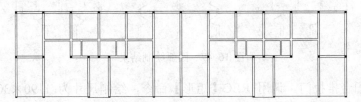

图 16-43　绘制标准柱结果

（8）绘制窗洞。调用 L【直线】命令，绘制直线；调用 TR【修剪】命令，修剪墙体，如图 16-44 所示。

（9）绘制窗户。调用 L【直线】命令，在窗洞处绘制直线；调用 O【偏移】命令，设置偏移距离为 100，偏移直线，完成窗户平面图形的绘制，结果如图 16-45 所示。

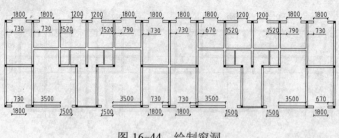

图 16-44　绘制窗洞

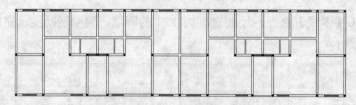

图 16-45　绘制窗户

（10）绘制门洞。调用 L【直线】命令，绘制直线；调用 TR【修剪】命令，修剪墙体，如图 16-46 所示。

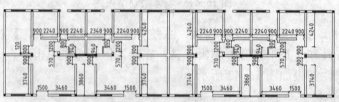

图 16-46　绘制门洞

（11）绘制平开门。调用 REC【矩形】命令，绘制尺寸为 900×40 的矩形；调用 RO【旋转】命令，设置旋转角度为-30°，对所绘制的矩形进行角度旋转操作。

（12）调用 A【圆弧】命令，绘制圆弧，完成 900 宽平开门的绘制，绘制宽度为 800 的卫生间平开门，结果如图 16-47 所示。

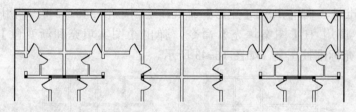

图 16-47　圆弧绘制结果

（13）绘制阳台推拉门。调用 REC【矩形】命令，绘制尺寸为 1190×30 的矩形；调用 CO【复制】命令，移动复制矩形，结果如图 16-48 所示。

（14）绘制门口线。调用 L【直线】命令，在门洞处绘制直线，结果如图 16-49 所示。

（15）用 CO【复制】命令，移动复制绘制完成的推拉门及门口线图形，结果如图 16-50 所示。

（16）绘制门窗标注。调用 MT【多行文字】命令，在门窗图形附近指定文字的插入局域，在弹出的在位文字编辑器中输入文字，单击【文字格式】对话框中的【确定】按钮，完成文字标注的绘制，结果如图 16-51 所示。

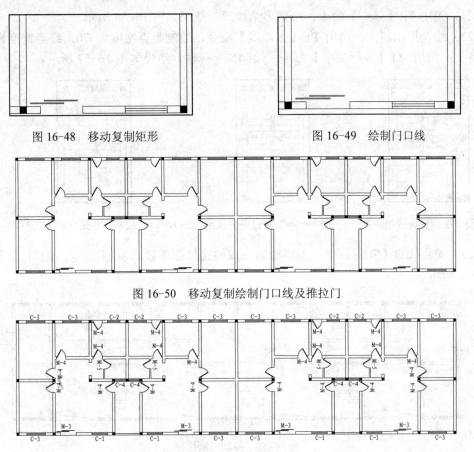

图 16-48　移动复制矩形　　　　　　　　图 16-49　绘制门口线

图 16-50　移动复制绘制门口线及推拉门

图 16-51　门窗标注

（17）绘制楼梯。调用 O【偏移】命令，偏移墙线，结果如图 16-52 所示。

（18）绘制扶手。调用 REC【矩形】命令，绘制尺寸为 2280×180 的矩形；调用 O【偏移】命令，设置偏移距离为 60，向内偏移矩形，结果如图 16-53 所示。

（19）调用 TR【修剪】命令，修剪多余线段，结果如图 16-54 所示。

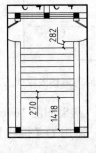　　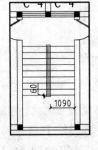　　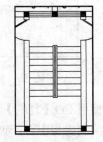

图 16-52　绘制楼梯　　　　图 16-53　绘制扶手　　　　图 16-54　修剪多余线段

（20）绘制楼梯的剖切步数。调用 PL【多段线】命令，绘制折断线；调用 X【分解】命令，分解多段线；调用 O【偏移】命令，设置偏移距离为 115，偏移多段线，结果如图 16-55 所示。

（21）调用 TR【修剪】命令，修剪多余线段，结果如图 16-56 所示。

（22）绘制指示箭头。调用 PL【多段线】命令，绘制起点宽度为 70，终点宽度为 0 的指示箭头；调用 MT【多行文字】命令，绘制文字标注，结果如图 16-57 所示。

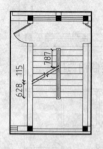 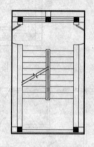 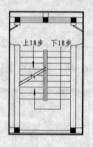

图 16-55　绘制楼梯剖切步数　　图 16-56　修剪多余线段　　图 16-57　绘制指示箭头及文字标注

（23）调用 CO【复制】命令，将绘制完成的楼梯图形移动复制至另一楼梯间，结果如图 16-58 所示。

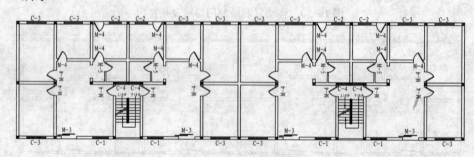

图 16-58　移动复制楼梯

（24）绘制客厅阳台。调用 PL【多段线】命令，绘制多段线，结果如图 16-59 所示。

（25）调用 O【偏移】命令，设置偏移距离为 120，向内偏移多段线，结果如图 16-60 所示。

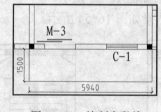 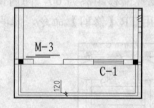

图 16-59　绘制多段线　　　　　　　图 16-60　向内偏移多段线

（26）调用 CO【复制】命令，移动复制绘制完成的阳台图形，结果如图 16-61 所示。

（27）绘制厨房阳台。调用 PL【多段线】命令，绘制多段线；调用 O【偏移】命令，设置偏移距离为 120，向内偏移多段线，结果如图 16-62 所示。

（28）调用 L【直线】命令，绘制直线；调用 O【偏移】命令，偏移直线，结果如图 16-63 所示。

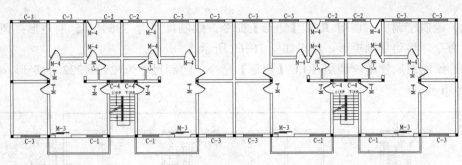

图 16-61　复制阳台

（29）绘制标准柱图形。调用 CO【复制】命令，复制已绘制完成的标准柱图形至阳台图形中，如图 16-64 所示。

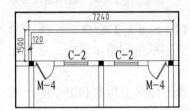

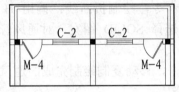

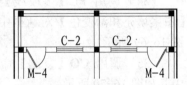

图 16-62　绘制厨房阳台　　　图 16-63　绘制及偏移直线　　图 16-64　绘制复制标准柱图形

（30）调用 CO【复制】命令，复制绘制完成的厨房阳台图形，结果如图 16-65 所示。

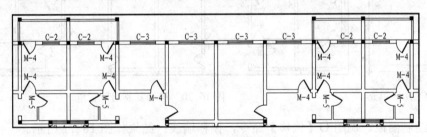

图 16-65　复制厨房阳台

（31）绘制飘窗轮廓。调用 PL【多段线】命令，绘制多段线；调用 CO【复制】命令，移动复制多段线，结果如图 16-66 所示。

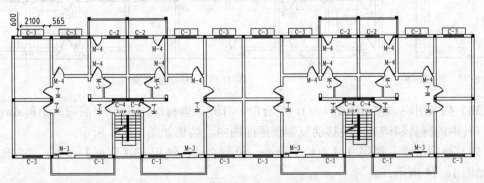

图 16-66　绘制飘窗轮廓

（32）绘制空调机。调用 REC【矩形】命令，绘制尺寸为 395×645 的矩形；调用 CO【复制】命令，移动复制矩形，结果如图 16-67 所示。

（33）绘制通风管道。调用 REC【矩形】命令，绘制尺寸为 240×222 的矩形，结果如图 16-68 所示。

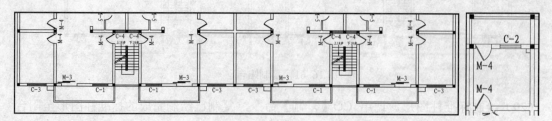

图 16-67　绘制空调机　　　　　　　　　　　　　　　图 16-68　绘制通风管道

（34）调用 PL【多段线】命令，绘制折断线；调用 H【图案填充】命令，在弹出的【图案填充和渐变色】对话框中选择 SOLID 图案，对通风管道图形进行图案填充，结果如图 16-69 所示。

（35）调用 CO【复制】命令，移动复制绘制完成的通风管道图形至厨房和卫生间区域中，如图 16-70 所示。

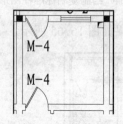 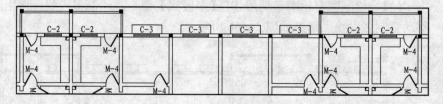

图 16-69　图案填充　　　　　　　　　图 16-70　移动复制通风管道

（36）绘制橱柜。调用 O【偏移】命令，偏移墙线；结果如图 16-71 所示。

（37）调用 CO【复制】命令，移动复制绘制完成的橱柜图形，结果如图 16-72 所示。

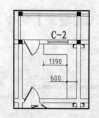 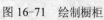

图 16-71　绘制橱柜　　　　　　　　　图 16-72　移动复制橱柜

（38）插入图块。按〈Ctrl〉+〈O〉组合键，打开"素材\第 16 章\平面家具图例.dwg"文件，将其中的厨具和洁具图块移动复制到平面图中，结果如图 16-73 所示。

（39）绘制水管。调用 L【直线】命令，绘制直线；调用 C【圆形】命令，绘制圆半径33，如图 16-74 所示。

（40）调用 CO【复制】命令，移动复制绘制完成的水管图形至厨房的阳台处，结果如

图 16-75 所示。

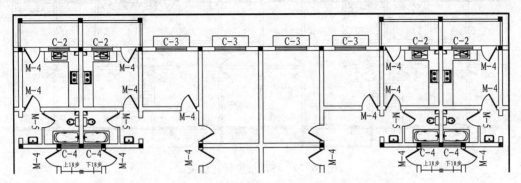

图 16-73　插入图块

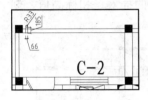

图 16-74　绘制水管

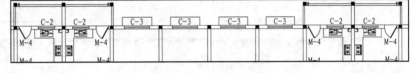

图 16-75　移动复制水管

（41）调用 RO【旋转】命令，将水管图形进行翻转；调用 CO【复制】命令，移动复制绘制完成的水管图形至客厅的阳台处，结果如图 16-76 所示。

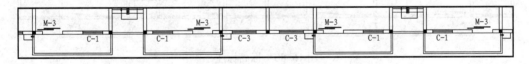

图 16-76　旋转并移动复制水管

（42）绘制坡度标注。调用 PL【多段线】命令，绘制起点宽度 60，终点宽度 0 指示箭头，如图 16-77 所示。

（43）调用 MT【多行文字】命令，在指示箭头之上绘制坡度标注，结果如图 16-78 所示。

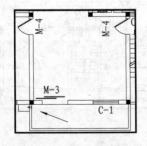

图 16-77　绘制箭头

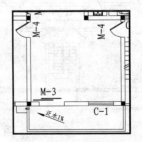

图 16-78　文字标注

（44）调用 CO【复制】命令，移动复制绘制完成的坡度标注至厨房以及客厅的阳台处，结果如图 16-79 所示。

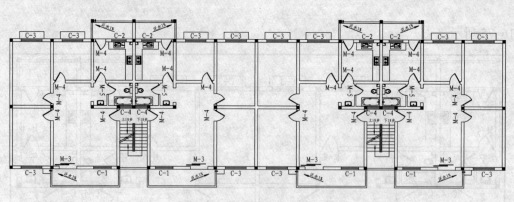

图 16-79　移动坡度标注结果

（45）标高标注。调用 I【插入】命令，在弹出的【插入】对话框中选择"标高"图块；在对话框中单击【确定】按钮，根据命令行的提示指定标高标注的插入点和标高值，创建标高标注的结果如图 16-80 所示。

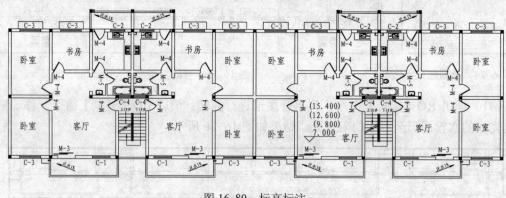

图 16-80　标高标注

（46）绘制各功能区文字标注。调用 MT【多行文字】命令，为平面图各区域绘制文字标注，如图 16-81 所示。

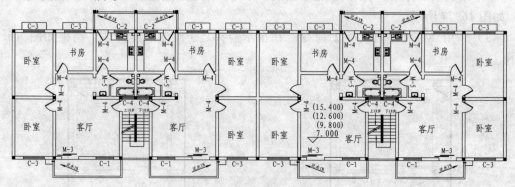

图 16-81　各功能区文字标注

（47）绘制图名标注。调用 L【直线】命令，绘制双横线，并将下面的直线的线宽设置为 0.3mm；调用 MT【多行文字】命令，绘制图名和比例，完成图名标注的结果如图 16-82 所示。

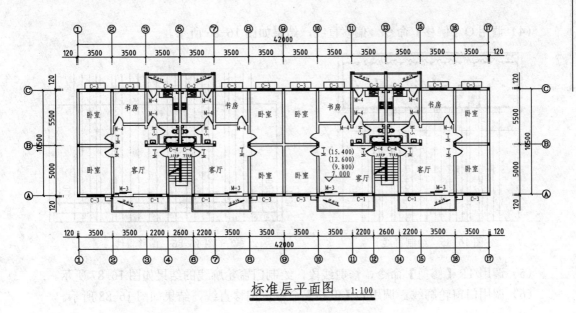

标准层平面图 1:100

图 16-82 图名标注

16.3.2 绘制住宅楼立面图

立面图主要反映建筑物的立面效果，为了确保绘制图形的准确率，我们可以从平面图上来绘制辅助线，通过辅助线来确定立面图的外轮廓，绘制住宅楼立面图主要包括辅助线、门窗图形、阳台图形以及其余的立面图形的绘制。

（1）绘制辅助线。调用 CO【复制】命令，移动复制一份住宅一楼平面图至一旁；调用 E【删除】命令，删除平面图上的多余图形；调用 L【直线】命令，绘制辅助线，结果如图 16-83 所示。

（2）调用 L【直线】命令，绘制直线；调用 TR【修剪】命令，修剪直线，结果如图 16-84 所示。

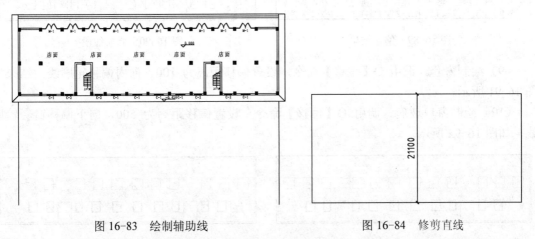

图 16-83 绘制辅助线　　　　　　图 16-84 修剪直线

（3）绘制门窗轮廓线。调用 L【直线】命令，绘制直线，结果如图 16-85 所示。

（4）调用 O【偏移】命令，偏移直线，结果如图 16-86 所示。

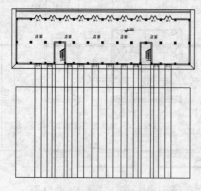

图 16-85　绘制直线

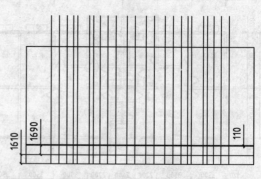

图 16-86　偏移直线

（5）调用 TR【修剪】命令，修剪线段，绘制门窗轮廓线的结果如图 16-87 所示。

（6）调用门窗轮廓线。调用 O【偏移】命令，偏移直线，结果如图 16-88 所示。

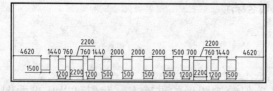

图 16-87　修剪线段

图 16-88　偏移直线

（7）调用 O【偏移】命令，偏移直线，结果如图 16-89 所示。

（8）调用 TR【修剪】命令，修剪线段，绘制门窗轮廓线的结果如图 16-90 所示。

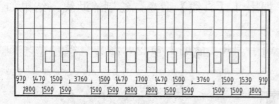

图 16-89　偏移结果

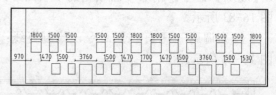

图 16-90　修剪线段

（9）绘制窗套。调用 O【偏移】命令，设置偏移距离为 100，向内偏移轮廓线，结果如图 16-91 所示。

（10）绘制窗户玻璃。调用 O【偏移】命令，设置偏移距离为 500，向下偏移窗套轮廓线，如图 16-92 所示。

图 16-91　绘制窗套

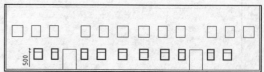

图 16-92　向下偏移线段

（11）调用 L【直线】命令，取偏移得到的直线的中点为起点绘制长度为 650 的直线，结果如图 16-93 所示。

（12）沿用相同的方法，绘制其他的窗户图形，结果如图 16-94 所示。

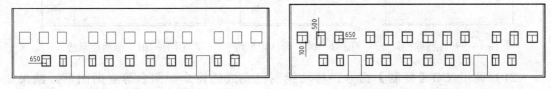

图 16-93　绘制直线　　　　　　　　图 16-94　绘制结果

（13）绘制阳台外轮廓。调用 REC【矩形】命令，绘制尺寸为 6210×1383 的矩形，结果如图 16-95 所示。

（14）调用 X【分解】命令，分解矩形；调用 O【偏移】命令，偏移矩形边，结果如图 16-96 所示。

（15）调用 TR【修剪】命令，修剪所偏移的线段及窗户图形，结果如图 16-97 所示。

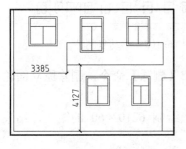 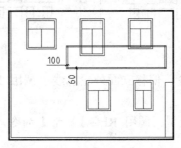 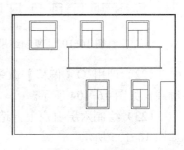

图 16-95　绘制矩形　　　　图 16-96　偏移矩形边　　　　图 16-97　修剪线段

（16）调用 CO【复制】命令，移动复制阳台图形；调用 TR【修剪】命令，修剪多余线段，结果如图 16-98 所示。

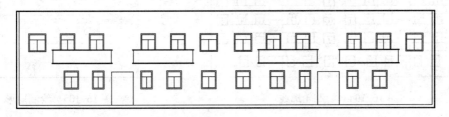

图 16-98　绘制结果

（17）绘制楼梯间入户门上方装饰及外立面装饰。调用 REC【矩形】命令，绘制 2491×98 的矩形，上方绘制尺寸为 1840×2387 的矩形，结果如图 16-99 所示。

（18）调用 X【分解】命令，分解矩形；调用 O【偏移】命令，偏移矩形边，结果如图 16-100 所示。

（19）调用 TR【修剪】命令，修剪矩形边，结果如图 16-101 所示。

（20）调用 CO【复制】命令，移动复制图形；调用 TR【修剪】命令，修剪多余线段，结果如图 16-102 所示。

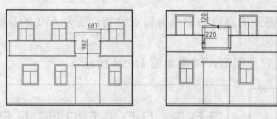
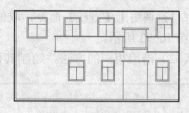

图 16-99　绘制矩形　　　图 16-100　偏移矩形边　　　图 16-101　修剪矩形边

（21）调用 CO【复制】命令，移动绘制已完成的窗户、阳台等立面图形，结果如图 16-103 所示。

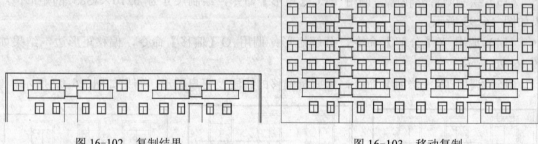

图 16-102　复制结果　　　　　　　　　　图 16-103　移动复制

（22）调用 O【偏移】命令，偏移立面外轮廓线；调用 E【删除】命令，删除原立面轮廓线，如图 16-104 所示。

（23）绘制六层窗户上方造型。调用 REC【矩形】命令，绘制 6210×60 的矩形，结果如图 16-105 所示。

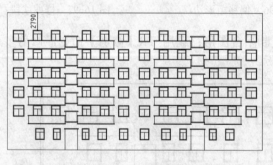
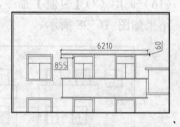

图 16-104　绘制轮廓线　　　　　　　　　　图 16-105　绘制矩形

（24）调用 CO【复制】命令，移动复制所绘制完成的矩形，结果如图 16-106 所示。

（25）编辑楼梯间外立面装饰图形。调用 M【移动】命令，往上移动矩形，结果如图 16-107 所示。

（26）调用 EX【延伸】命令，延伸线段，结果如图 16-108 所示。

（27）调用 CO【复制】命令、M【移动】命令、EX【延伸】命令，绘制上述图形，结果如图 16-109 所示。

（28）绘制立面装饰。调用 O【偏移】命令，偏移轮廓线，结果如图 16-110 所示。

（29）调用 EX【延伸】命令，延伸线段，结果如图 16-111 所示。

图 16-106　移动复制　　　　图 16-107　移动矩形　　　　图 16-108　延伸线段

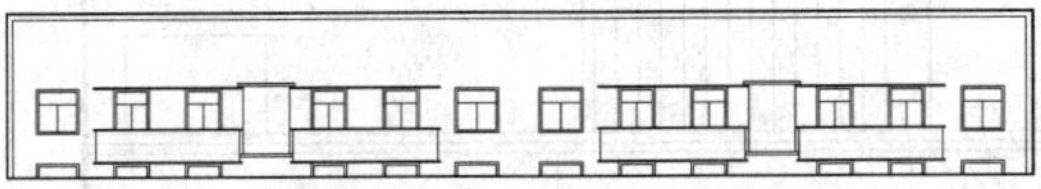

图 16-109　绘制结果

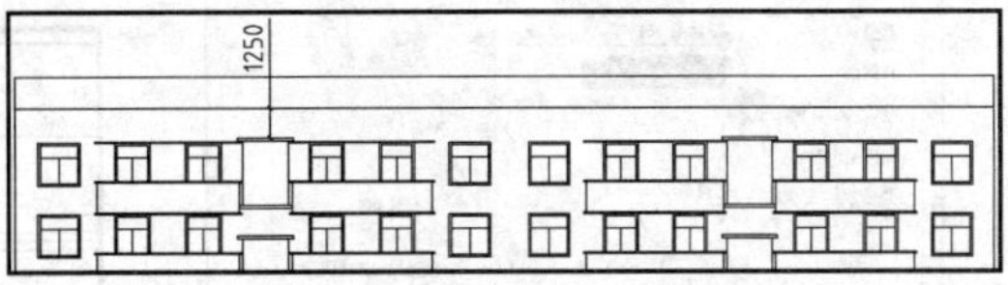

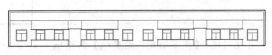

图 16-110　偏移轮廓线

（30）调用 TR【修剪】命令，修剪线段，结果如图 16-112 所示。

图 16-111　延伸线段

图 16-112　修剪线段

（31）绘制立面线条装饰。调用 O【偏移】命令，偏移轮廓线，结果如图 16-113 所示。

（32）调用 EX【延伸】命令，延伸线段；调用 TR【修剪】命令，修剪线段，结果如图 16-114 所示。

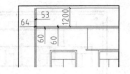

图 16-113　偏移轮廓线

（33）绘制阁楼窗户。调用 REC【矩形】命令，绘制尺寸为 610×900 的矩形，结果如图 16-115 所示。

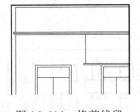

图 16-114　修剪线段

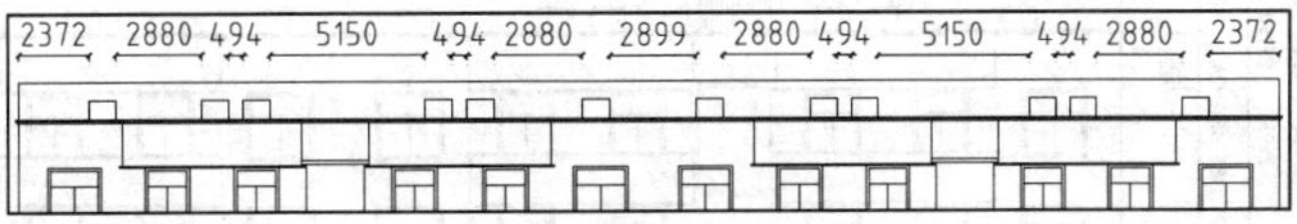

图 16-115　绘制矩形

（34）绘制立面装饰。调用 L【直线】命令，绘制直线，结果如图 16-116 所示。

（35）调用 O【偏移】命令，偏移直线，结果如图 16-117 所示。

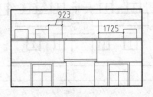

图 16-116　绘制直线

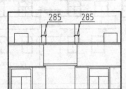

图 16-117　偏移直线

（36）填充立面装饰图案。调用 H【图案填充】命令，在弹出的【图案填充和渐变色】对话框中设置参数，结果如图 16-118 所示。

（37）在绘图区中拾取填充区域，按〈Enter〉键返回【图案填充和渐变色】对话框，单击【确定】按钮关闭对话框，即可完成图案填充的操作，结果如图 16-119 所示。

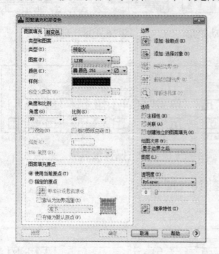

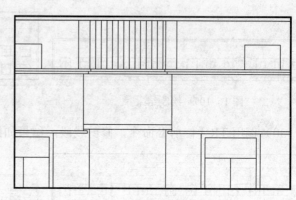

图 16-118 【图案填充和渐变色】对话框　　　　图 16-119 图案填充

（38）重复操作，绘制另一立面装饰图案，结果如图 16-120 所示。

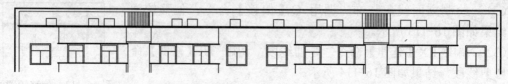

图 16-120 绘制另一立面装饰图案结果

（39）尺寸标注。调用 DLI【线性标注】命令，在立面图中分别指定尺寸界线的原点和尺寸线的位置，绘制尺寸标注的结果如图 16-121 所示。

图 16-121 尺寸标注

（40）轴号标注。调用 C【圆形】命令，绘制半径为 400 的圆形；调用 MT【多行文字】命令，在圆圈内绘制轴号标注，调用 L【直线】命令，绘制直线，结果如图 16-122 所示。

图 16-122　轴号标注

（41）材料标注。调用 MLD【多重引线标注】命令，根据命令行的提示绘制材料标注，如图 16-123 所示。

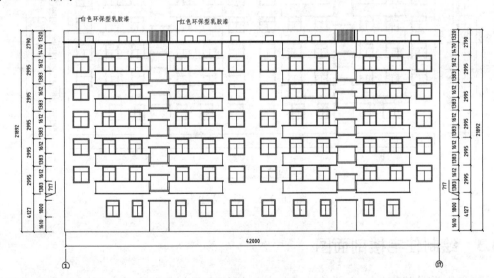

图 16-123　材料标注

（42）标高标注。调用 I【插入】命令，在弹出的【插入】对话框中选择"标高"图块；在对话框中单击【确定】按钮，根据命令行的提示指定标高标注的插入点和标高值，创建标高标注的结果如图 16-124 所示。

（43）绘制图名标注。调用 L【直线】命令，绘制双横线，并将下面的直线的线宽设置为 0.3mm；调用 MT【多行文字】命令，绘制图名和比例，完成图名的标注，结果如图 16-125 所示。

图 16-124　标高标注

图 16-125　图名标注

16.3.3　绘制住宅楼剖面图

墙体和楼板是建筑物中主要的承重构件，因而也是剖面图中的主要图形。在绘制剖面楼板的时候，主要根据楼板的厚度和层高参数来进行绘制；在绘制墙体的时候，主要根据墙体的宽度和开间参数来进行绘制。

（1）绘制剖面墙体、楼板。插入剖切符号，按〈Ctrl〉+〈O〉组合键，打开"素材\第 9章\剖面家具图例.dwg"文件，将其中的剖切符号复制粘贴至住宅楼一层平面图中，结果如图 16-126 所示。

（2）绘制剖面轮廓线。调用 CO【复制】命令，移动复制一份住宅楼一层平面图至一旁；调用 L【直线】命令，绘制辅助线，结果如图 16-127 所示。

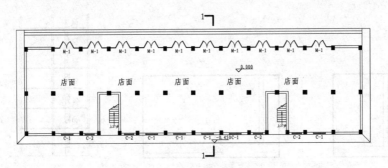

图 16-126　插入剖切符号

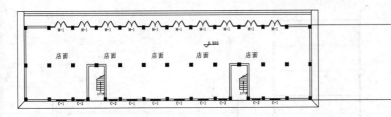

图 16-127　绘制辅助线

（3）调用 RO【旋转】命令，设置旋转角度为 90°，对轮廓线进行翻转；调用 L【直线】命令，绘制直线，结果如图 16-128 所示。

（4）绘制墙体。调用 O【偏移】命令，偏移轮廓线，结果如图 16-129 所示。

（5）绘制台阶平台轮廓线。调用 L【直线】命令，绘制长度为 1500 的直线，结果如图 16-130 所示。

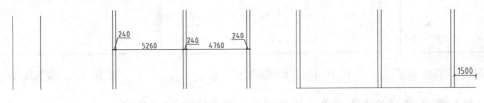

图 16-128　绘制直线　　　　图 16-129　偏移轮廓线　　　　图 16-130　绘制台阶平台轮廓线

（6）绘制台阶。调用 L【直线】命令，绘制直线；调用 TR【修剪】命令，修剪直线，结果如图 16-131 所示。

（7）绘制室外地坪线。调用 L【直线】命令，绘制直线，结果如图 16-132 所示。

（8）绘制楼板。调用 O【偏移】命令，偏移线段，结果如图 16-133 所示。

（9）绘制剖面窗。调用 L【直线】命令，绘制直线，结果如图 16-134 所示。

（10）调用 O【偏移】命令，设置偏移距离为 80，选择左右两边的剖面墙线向内偏移；调用 TR【修剪】命令，修剪多余的线段，结果如图 16-135 所示。

（11）绘制剖断梁。调用 O【偏移】命令，偏移楼板线，结果如图 16-136 所示。

（12）调用 TR【修剪】命令，修剪线段，结果如图 16-137 所示。

（13）绘制剖断梁。调用 O【偏移】命令，偏移楼板线，结果如图 16-138 所示。

（14）调用 TR【修剪】命令，修剪线段，结果如图 16-139 所示。

（15）绘制剖断梁。调用 O【偏移】命令，偏移楼板线，结果如图 16-140 所示。

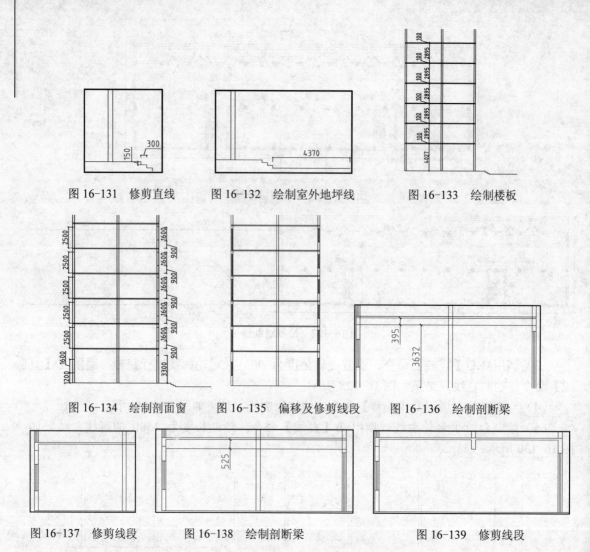

图 16-131　修剪直线　　　图 16-132　绘制室外地坪线　　　图 16-133　绘制楼板

图 16-134　绘制剖面窗　　　图 16-135　偏移及修剪线段　　　图 16-136　绘制剖断梁

图 16-137　修剪线段　　　图 16-138　绘制剖断梁　　　图 16-139　修剪线段

（16）调用 TR【修剪】命令，修剪线段，结果如图 16-141 所示。

（17）绘制顶部造型。调用 O【偏移】命令，偏移楼板线；调用 TR【修剪】命令，修剪线段，如图 16-142 所示。

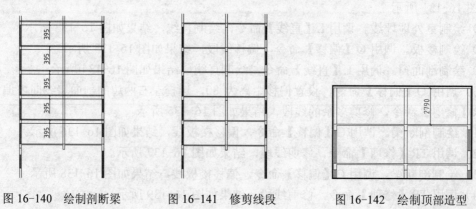

图 16-140　绘制剖断梁　　　图 16-141　修剪线段　　　图 16-142　绘制顶部造型

（18）绘制剖面窗。调用 L【直线】命令，绘制直线，结果如图 16-143 所示。

（19）调用 O【偏移】命令，设置偏移距离为 80，选择左右两边的剖面墙线向内偏移；调用 TR【修剪】命令，修剪多余的线段，结果如图 16-144 所示。

（20）绘制檐口。调用 L【直线】命令，绘制直线；调用 TR【修剪】命令，修剪多余的线段，如图 16-145 所示。

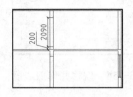

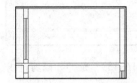
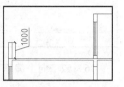

图 16-143　绘制剖面窗　　　　图 16-144　偏移及修剪线段　　　　图 16-145　绘制檐口

（21）调用 L【直线】命令，绘制直线；调用 TR【修剪】命令，修剪多余的线段，结果如图 16-146 所示。

（22）绘制圈梁。调用 REC【矩形】命令，绘制尺寸为 538×300 的矩形，结果如图 16-147 所示。

（23）调用 TR【修剪】命令，修剪多余的线段，结果如图 16-148 所示。

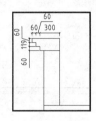
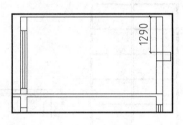
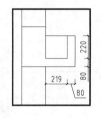

图 16-146　修剪线段　　　　图 16-147　绘制圈梁　　　　图 16-148　修剪线段

（24）绘制剖面窗。调用 L【直线】命令，绘制直线；调用 O【偏移】命令，偏移墙线；调用 TR【修剪】命令，修剪多余的线段，结果如图 16-149 所示。

（25）绘制剖面屋顶。调用 REC【矩形】命令，绘制矩形；调用 TR【修剪】命令，修剪线段，如图 16-150 所示。

（26）调用 L【直线】命令，绘制直线，结果如图 16-151 所示。

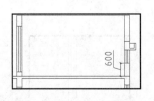
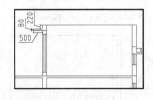
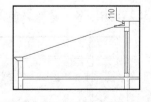

图 16-149　绘制剖面窗　　　　图 16-150　绘制剖面屋顶　　　　图 16-151　绘制直线

（27）调用 O【偏移】命令，设置偏移距离为 89，选择向上偏移直线，结果如图 16-152 所示。

（28）调用 EX【延伸】命令，延伸直线；调用 TR【修剪】命令，修剪直线，结果如

图 16-153 所示。

（29）调用 L【直线】命令，绘制直线；调用 O【偏移】命令，偏移线段；调用 TR【修剪】命令，修剪直线，结果如图 16-154 所示。

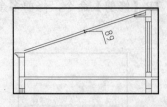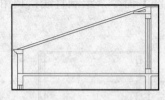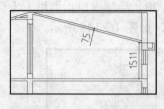

图 16-152　向上偏移直线　图 16-153　延伸并修剪直线　图 16-154　偏移并修剪线段

（30）调用 O【偏移】命令，偏移线段；调用 TR【修剪】命令，修剪线段，结果如图 16-155 所示。

（31）屋顶绘制完成后剖面图如图 16-156 所示。

（32）绘制剖面阳台。调用 O【偏移】命令，偏移墙线；调用 EX【延伸】命令，延伸楼板线，如图 16-157 所示。

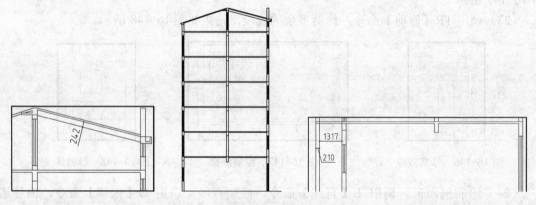

图 16-155　偏移并修剪线段 图 16-156　剖面图绘制结果　　　　图 16-157　延伸楼板线

（33）调用 O【偏移】命令，偏移线段；调用 TR【修剪】命令，修剪线段，结果如图 16-158 所示。

（34）调用 O【偏移】命令，偏移线段，结果如图 16-159 所示。

（35）调用 TR【修剪】命令，修剪线段，结果如图 16-160 所示。

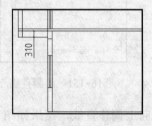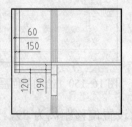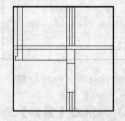

图 16-158　偏移并修剪线段　　　图 16-159　偏移线段　　　　图 16-160　修剪线段

（36）重复调用 O【偏移】命令、TR【修剪】命令，绘制阳台图形，结果如图 16-161

所示。

（37）调用 CO【复制】命令，移动复制阳台图形；调用 EX【延伸】命令，TR【修剪】命令，延伸并修剪线段，结果如图 16-162 所示。

（38）调用 MI【镜像】命令，镜像复制阳台图形至剖面图的右边；调用 EX【延伸】命令，TR【修剪】命令，调整阳台的宽度尺寸，结果如图 16-163 所示。

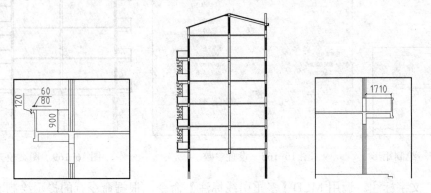

图 16-161　绘制结果　　　图 16-162　移动复制阳台　图 16-163　镜像复制阳台

（39）绘制其他剖面图形。调用 L【直线】命令，绘制直线，结果如图 16-164 所示。

（40）调用 O【偏移】命令，偏移距离为 240，偏移直线；调用 TR【修剪】命令，修剪直线，如图 16-165 所示。

（41）调用 O【偏移】命令，偏移线段；调用 TR【修剪】命令，修剪线段，结果如图 16-166 所示。

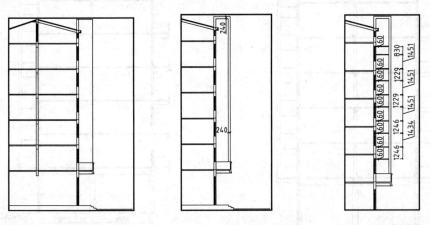

图 16-164　绘制其他剖面图形　图 16-165　偏移并修剪直线　图 16-166　偏移并修剪线段

（42）绘制阁楼剖面门。调用 L【直线】命令，绘制直线；调用 REC【矩形】命令，绘制矩形，如图 16-167 所示。

（43）填充剖面颜色。调用 H【图案填充】命令，弹出【图案填充和渐变色】对话框，设置参数如图 16-168 所示。

（44）在对话框中单击添加：拾取点按钮，在绘图区中拾取剖面楼板、剖断梁等图形；按〈Enter〉键返回对话框，单击【确定】按钮关闭对话框，图案填充的结果如图 16-169 所示。

图 16-167　绘制矩形　　　　图 16-168　设置参数

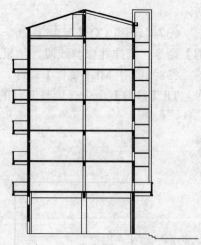

图 16-169　图案填充

（45）文字标注。调用 MLD【多重引线标注】命令，根据命令行的提示绘制文字标注，结果如图 16-170 所示。

（46）尺寸标注。调用 DLI【线性标注】命令，在立面图中分别指定尺寸界线的原点和尺寸线的位置，绘制尺寸标注的结果如图 16-171 所示。

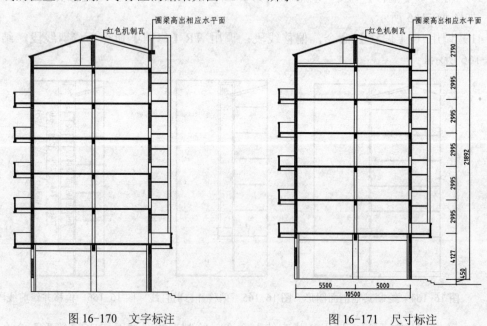

图 16-170　文字标注　　　　　　　图 16-171　尺寸标注

（47）轴号标注。调用 C【圆形】命令，绘制半径为 400 的圆形；调用 MT【多行文字】命令，在圆圈内绘制轴号标注，调用 L【直线】命令，绘制直线，结果如图 16-172 所示。

（48）标高标注。调用 I【插入】命令，在弹出的【插入】对话框中选择"标高"图块；在对话框中单击【确定】按钮，根据命令行的提示指定标高标注的插入点和标高值，创建标高标注的结果如图 16-173 所示。

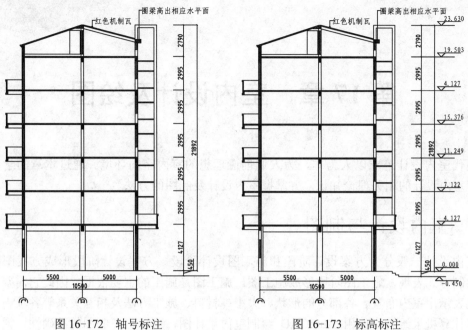

图 16-172　轴号标注　　　　　　　　　　图 16-173　标高标注

（49）绘制图名标注。调用 L【直线】命令，绘制双横线，并将下面的直线的线宽设置为 0.3mm；调用 MT【多行文字】命令，绘制图名和比例，完成图名标注的结果如图 16-174 所示。

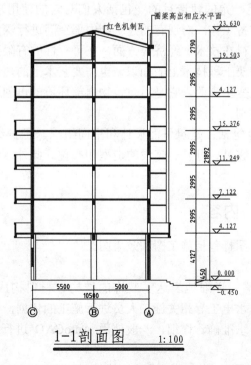

图 16-174　图名标注

第 17 章　室内设计及绘图

现代室内设计追求以人为本，为人们创造理想的室内空间环境。通过本章的学习，能够了解室内设计的相关理论知识，并掌握室内设计及制图的方法。

17.1　室内设计与制图

室内设计一般分为方案设计阶段和施工图设计阶段。方案设计阶段形成方案图，多用手工绘制方式表现，施工图阶段形成施工图。施工图是施工的主要依据，因此它需要详细、准确地表示出室内布置、各部分的形状、大小、材料、施工方法及相互关系等各项内容，故一般用计算机来绘制。使用 AutoCAD 绘制室内设计图，可以保证制图的准确性，提高制图效率，且能适应工程建设的需要。

17.1.1　室内设计的概念

室内设计是指为满足一定的建造目的（包括人们对它的使用功能的要求、对它的视觉感受的要求）而进行的准备工作，对现有的建筑物内部空间进行深加工的增值准备工作。目的是为了让具体的物质材料在技术、经济等方面，在可行性的有限条件下形成能够成为合格产品的准备工作。不但需要工程技术上的知识，也需要艺术上的理论和技能。室内设计是从建筑设计中的装饰部分演变出来的，它是对建筑物内部环境的再创造。室内设计可以分为公共建筑空间和居家两大类别。

室内设计的主要内容包括：建筑平面设计和空间组织，围护结构内表面的处理，自然光和照明的运用以及室内家具、灯具、陈设的造型和布置。此外，还有植物、摆设和用具等装饰品的配置。

17.1.2　室内设计的内容

一套完整的室内设计图样包括施工图和效果图。

1. 施工图和效果图

室内装潢施工图完整、详细地表达了装饰的结构、材料构成及施工的工艺技术要求等，它是木工、油漆工、水电工等相关施工人员进行施工的依据，可具体指导每个工种、工序的施工。装饰施工图要求准确、详细，一般使用 AutoCAD 进行绘制。如图 17-1 所示为施工图中的平面布置图。

设计效果图是在施工图的基础上，把装修后的效果用彩色透视图的形式表现出来，以便对装修进行评估，如图 17-2 所示。

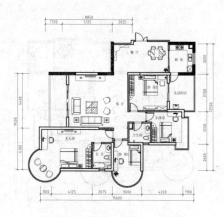

图 17-1　某平面布置图　　　　　　图 17-2　卧室设计效果图

　　效果图一般用 3ds max 软件绘制，它根据施工图的设计进行建模、编辑材质、设置灯光和渲染，最终得到一张彩色图像。效果图反映的是装修的用材、家具布置和灯光设计的综合效果，由于是三维透视彩色图像，没有任何装修专业知识的普通业主也可轻易地看懂设计方案，了解最终的装修效果。

2．施工图的分类

　　施工图可以分为立面图、剖面图和节点图三种类型。

　　施工图立面是室内墙面与装饰物的正投影图，它表明了室内的标高，吊顶装修的尺寸及梯次造型的相互关系尺寸，墙面装饰时样式及材料、位置尺寸，墙面与门、窗、隔断的高度尺寸，墙面与顶、地的衔接方式等。

　　剖面图是将装饰面剖切，以表达结构构成的方式、材料的形式和主要支承构件的相互关系等。剖面图标注有详细尺寸，工艺做法及施工要求。

　　节点图是两个以上装饰面的汇交点，按垂直或水平方向切开，以标明装饰面之间的对接方式和固定方法。节点图应该详细表现出装饰面连接处的构造，注有详细的尺寸和收口、封边的施工方法。

3．施工图的组成

　　一套完整的室内设计施工图包括建筑平面图、平面布置图、顶棚图、地材图、电气图和给排水图等。

　　（1）建筑平面图

　　在经过实地量房之后，设计师需要将测量结果用图纸表现出来，包括房型结果、空间关系、尺寸等，这是室内设计绘制的第一张图，即建筑平面图。如图 17-3 所示建筑平面图。

　　其他的施工图都是在建筑平面图的基础上进行绘制的，包括平面布置图、顶棚图、地材图和电气图等。

　　（2）平面布置图

　　平面布置图是在原建筑结构的基础上，根据业主的要求和设计师的设计意图，对室内空间进行详细的功能划分和室内设施定位。

　　平面布置图的主要内容有：空间大小、布局、家具、门窗、人活动路线、空间层次和绿化等。如图 17-4 所示为平面布置图。

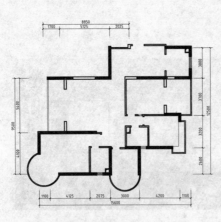

图 17-3　建筑平面图

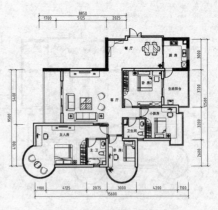

图 17-4　平面布置图

（3）地材布置图

地材图是用来表示地面做法的图样，包括地面用材和形式，其形成方法与平面布置图相同，所不同的是地面布置图不需要绘制室内家具，只需要绘制地面所使用的材料和固定于地面的设备与设施图形。如图 17-5 所示为地材布置图。

（4）电气布置图

电气图主要用来反映室内的配电情况，包括配电箱的规格、型号、配置以及照明、插座、开关等线路的铺设方式和安装说明等。如图 17-6 所示为电气布置图。

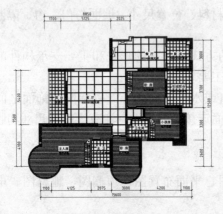

图 17-5　地材布置图

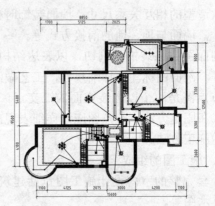

图 17-6　电气布置图

（5）顶棚平面图

顶棚平面图主要是用来表示顶棚的造型和灯具的布置，同时也反映了空间组合的标高关系和尺寸等。如图 17-7 所示为顶棚平面图。包括各种装饰图形、灯具、文字说明、尺寸和标高。有时为了更详细地表示某处的构造和做法，还需要绘制剖面详图。

（6）立面背景图

立面图是一种与垂直界面平行的正投影图，它能够反映垂直界面的形状、装修做法和其上的陈设，如图 17-8 所示。

立面图要表达的内容为四个面所围合成的垂直界面的轮廓和轮廓里面的内容，包括正投影原理能投影到地面上的所有构配件。

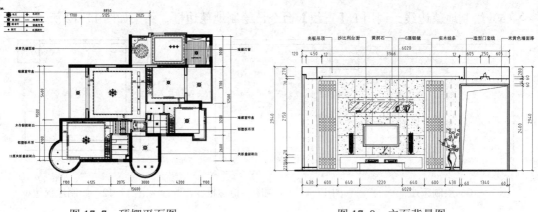

图 17-7　顶棚平面图　　　　　图 17-8　立面背景图

（7）给排水图

家庭装潢中，管道有给水和排水两个部分。给水施工图就是用于描述室内给水和排水管道、开关等设施的布置和安装情况。

17.2　绘制室内装饰常见图例

室内设施图在 AutoCAD 的室内设计图中非常常见，如灯具、开关、桌、椅、柜等图形。同样可以将绘制的图形创建为块储存在图库中，以方便后期调用。因为室内设计与建筑设计的交叉性与相融性，所以室内设施与建筑设施也有很多相同的地方，不同的是，室内设施图的绘制要比建筑设施图绘制得更加精细和完整。

17.2.1　绘制床和床头柜

床是室内平面布置中最为常用的图块之一，按照床的材质分类：大体可以分为实木床，人造板床，金属床，藤艺床等。根据床的造型分类：一般可以分为架子床，罗汉床，拔步床、高低屏床及圆形床等。

本例我们讲解双人实木床的绘制方法，其绘制效果如图 17-9 所示。

1．绘制外部框架

（1）单击【快速访问】工具栏中的【新建】按钮，新建一个图形文件。

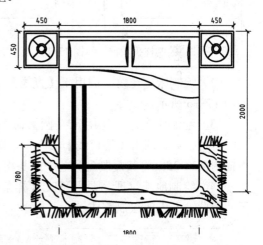

图 17-9　双人床

（2）绘制床框架。调用 REC【矩形】命令，绘制一个尺寸为 1800×2000 的矩形。并调用 X【分解】命令，将其分解。

（3）绘制床垫框架。调用 O【偏移】命令，将矩形上边线向下偏移 70 调用 F【圆角】命令，设置圆角半径为 100，在下边线绘制出圆角，闭合框架，如图 17-10 所示。

（4）绘制床头柜框架。调用 REC【矩形】命令，绘制两个尺寸为 450×450 的矩形，如图 17-11 所示。

（5）绘制地毯边线。调用 L【直线】命令，绘制地毯边框，结果如图 17-12 所示。

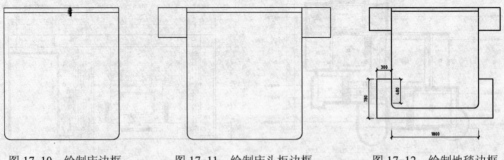

图 17-10　绘制床边框　　　　图 17-11　绘制床头柜边框　　　　图 17-12　绘制地毯边框

（6）绘制枕头边框。调用 REC【矩形】命令，配合 A【圆弧】命令，绘制枕头边框，结果如图 17-13 所示。

2. 绘制内部纹理

（1）绘制床单。调用 SPL【样条曲线】命令，绘制床单翻折线。位置如图 17-14 所示。调用 L【直线】命令连接样条曲线与床边线，结果如图 17-15 所示。

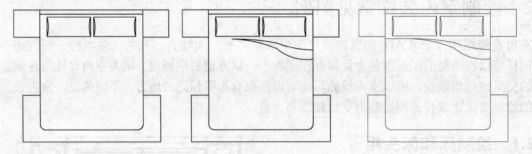

图 17-13　绘制枕头边框　　图 17-14　绘制床单翻折位置线　　图 17-15　绘制床单翻折部分边线

（2）绘制床单花纹。调用 L【直线】命令，于床单上随意绘制部分样条作为床单花纹，如图 17-16 所示。

（3）绘制床头灯。调用 C【圆】命令，于床头柜中心绘制三个半径分别为 40、60 和 160 的同心圆。调用 L【直线】命令，过圆心绘制一个十字。调用 O【偏移】命令，将床头柜向内偏移 25。将其复制到另一个床头柜，如图 17-17 所示。

（4）绘制地毯纹理。调用 SPL【样条曲线】命令，随意绘制地毯纹理，如图 17-18 所示。至此，双人床绘制完成。

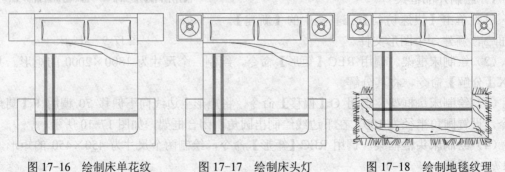

图 17-16　绘制床单花纹　　　　图 17-17　绘制床头灯　　　　图 17-18　绘制地毯纹理

17.2.2　绘制麻将桌椅

休闲桌椅常用于摆放于阳台或者休闲房中，麻将桌为其中比较常用的一种，本例所绘麻将桌，如图 17-19 所示。

1. 绘制麻将桌

（1）绘制麻将桌轮廓。调用【矩形】命令，绘制一个大小 1300×1300 的矩形。

（2）绘制边界。调用【偏移】命令，将麻将桌轮廓向内偏移 20，如图 17-20 所示。

2. 绘制座椅

（1）绘制座椅结构线。调用【直线】与样条曲线命令，绘制座椅结构线，如图 17-21 所示。

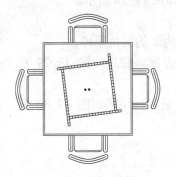

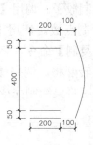

图 17-19　麻将桌　　　　图 17-20　绘制麻将桌轮廓　　　图 17-21　绘制座椅结构线

（2）绘制扶手与靠背。调用【偏移】命令，将扶手与靠背结构线分别向两侧偏移 30，结果如图 17-22 所示。

（3）连接并圆滑轮廓。调用【圆弧】命令，采用三点绘制弧形的方法绘制扶手及靠背轮廓线，结果如图 17-23 所示。

（4）绘制坐垫。调用【直线】命令，连接两条坐垫边缘线，如图 17-24 所示。

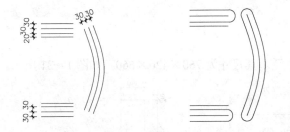

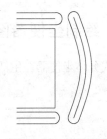

图 17-22　偏移扶手与靠背　　图 17-23　圆滑扶手与靠背轮廓　　　图 17-24　连接坐垫

（5）圆滑边角。调用【偏移】命令，将上一步所绘制线条向右侧偏移 150。调用【圆角】命令，设置圆角半径为 50，对图形进行圆角处理，结果如图 17-25 所示。

（6）调用【复制】命令，配合镜像及旋转命令摆放好座椅的位置，结果如图 17-26 所示。

3. 绘制麻将

（1）绘制单个麻将。调用【矩形】命令，绘制 30×40 大小的矩形。绘制路径。调用【直线】命令，绘制一条水平长 900 的直线。

（2）阵列麻将。调用【阵列】命令，沿水平直线阵列单个麻将，结果如图 17-27 所示。

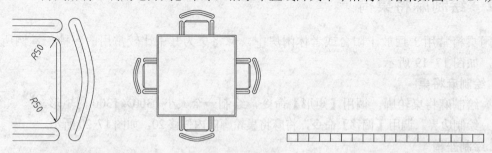

图 17-25　圆角坐垫轮廓　　图 17-26　定位并复制座椅　　图 17-27　阵列麻将

（3）复制麻将。调用【复制】命令，复制并旋转麻将，组合如图 17-28 所示。

（4）移动定位。调用【移动】命令，移动麻将至麻将桌。

（5）绘制骰子。调用【矩形】命令，绘制长宽 20×20，圆角为 2 的圆角矩形。

（6）绘制点数。调用【圆】命令，绘制半径为 2 的圆作为点数。结果如图 17-29 所示。调用【复制】命令，将骰子复制一个并移动至相应的位置。

（7）旋转麻将。调用【旋转】命令，将麻将组合顺时针略微旋转，结果如图 17-30 所示。至此，麻将桌绘制完成。

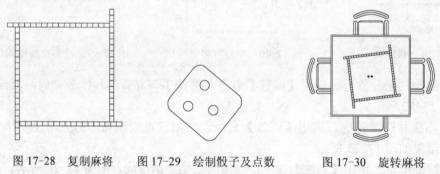

图 17-28　复制麻将　　图 17-29　绘制骰子及点数　　图 17-30　旋转麻将

17.2.3　绘制坐便器图块

虹吸式分体坐便器在生活中使用比较广泛。其尺寸为 760×420×660，如图 17-31 所示。

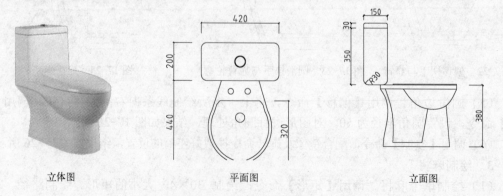

立体图　　　　　　　平面图　　　　　　　立面图

图 17-31　连体虹吸式马桶

1. 绘制平面图

（1）绘制水箱。调用【矩形】命令，绘制一个长宽为 420×200、圆角为 30 的矩形，如图 17-32 所示。

（2）绘制便池。调用【多段线】命令，绘制连续的弧线，并调整夹点，如图 17-33 所示。

（3）绘制水箱进水按钮。调用【圆】命令，以矩形中心为圆心绘制半径为 30 的圆，并将其向内偏移 3 个单位，如图 17-34 所示。

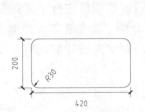

图 17-32　绘制圆角矩形

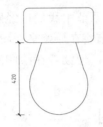

图 17-33　绘制弧线

图 17-34　绘制圆并偏移

（4）绘制水管及排污孔。调用【圆】命令，绘制两个半径为 30、一个半径为 50 的圆，如图 17-35 所示。至此，连体虹吸式坐便器平面图绘制完成。

2. 绘制坐便器立面

（1）绘制水箱。调用【矩形】命令，配合【圆角】命令绘制两个圆角半径为 10 的圆角矩形，如图 17-36 所示。

（2）绘制便池盖。调用【矩形】命令，绘制两个大小为 480×25、400×5 的矩形，如图 17-37 所示。

图 17-35　绘制水管及排污孔

图 17-36　绘制圆角矩形

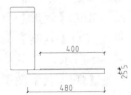

图 17-37　绘制便池盖

（3）绘制便池。调用【样条曲线】命令，绘制便池轮廓，如图 17-38 所示。

（4）绘制底部轮廓。调用【样条曲线】命令，配合直线命令，绘制如图 17-39 所示形状轮廓线。

（5）绘制底座内部轮廓。调用【样条曲线】命令，配合【直线】命令，绘制形状轮廓线，如图 17-40 所示形状轮廓线。至此，连体虹吸式坐便器立面图绘制完成。

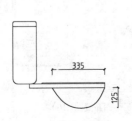

图 17-38　绘制便池

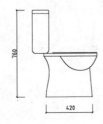

图 17-39　绘制底部轮廓

图 17-40　绘制底座内部轮廓

17.3 古典欧式风格别墅室内设计图

欧式风格设计多用在别墅装饰装修中，通过欧式风格设计来体现高贵、奢华和大气等感觉。古典欧式风格最大的特点是在造型上极其讲究，给人的感觉端庄典雅、高贵华丽，具有浓厚的文化气息。本章以某古典欧式风格三层别墅为例，讲解别墅的室内设计图的绘制方法。

本实例为别墅的户型，在前面的章节中我们已经对墙体、门窗等图形进行了详细的讲解和绘制，这里就不再重复讲解，本节将在原始平面图的基础上介绍平面布置图、地面布置图、顶棚平面图及主要立面图的绘制，使读者在绘图的过程中，对室内设计制图有一个全面、总体的了解。

17.3.1 绘制别墅平面布置图

平面布置图是室内装饰施工图样中的关键图样。它是在原建筑结构的基础上，根据业主的要求和设计师的设计意图，对室内空间进行详细的功能划分和室内设施定位。

本例绘制的平面布置图如图 17-41 所示。本节以餐厅、主卧和更衣室 1 为例讲解别墅平布置图的绘制方法。

1. 绘制一层餐厅平面布置图

餐厅位于别墅的一层，设置了壁炉，如图 17-42 所示，下面讲解其绘制的方法。

（1）绘制推拉门。设置【M_门】图层为当前图层。

（2）调用 L【直线】命令，绘制门槛线，如图 17-43 所示。

（3）调用 REC【矩形】命令，绘制尺寸为 40×695 的矩形，如图 17-44 所示。

（4）调用 CO【复制】命令和 MI【镜像】命令，对矩形进行复制和镜像，得到推拉门，如图 17-45 所示。

（5）设置【JJ_家具】图层为当前图层。

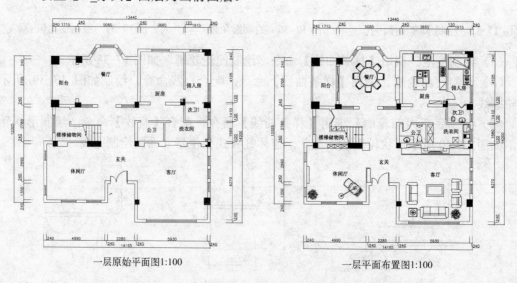

一层原始平面图1:100　　　　　　一层平面布置图1:100

图 17-41　别墅原始平面图及平面布置图

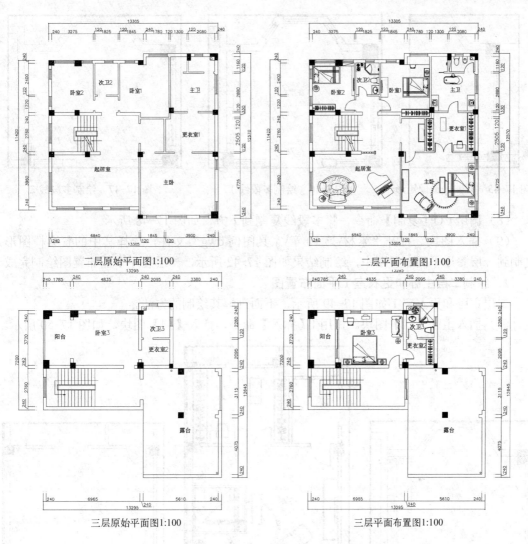

二层原始平面图1:100　　　　　　二层平面布置图1:100

三层原始平面图1:100　　　　　　三层平面布置图1:100

图 17-41　别墅原始平面图及平面布置图（续）

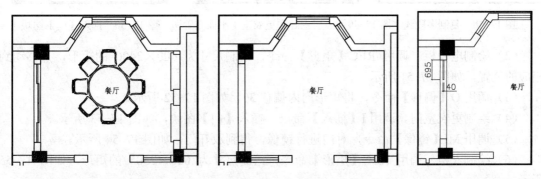

图 17-42　一层餐厅平面布置图　　　图 17-43　绘制门槛线　　　图 17-44　绘制矩形

（6）绘制壁炉。调用 PL【多段线】命令，绘制多段线，如图 17-46 所示。

（7）继续调用 PL【多段线】命令，绘制多段线，如图 17-47 所示。

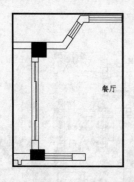

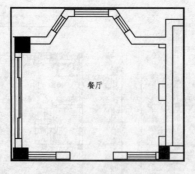

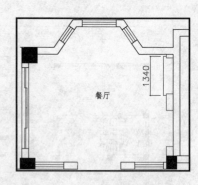

图 17-45 复制、镜像矩形   图 17-46 绘制多段线 1   图 17-47 绘制多段线 2

(8) 调用 CO【复制】命令，将多段线复制到下方，如图 17-48 所示。

(9) 插入图块。打开"素材\第 10 章\家具图例.dwg"文件，选择其中的餐桌椅图形，复制到一层餐厅平面布置图中，绘制结果如图 17-42 所示，一层餐厅平面布置图绘制完成。

2．绘制二层主卧和更衣室 1 平面布置图

二层主卧和更衣室 1 如图 17-49 所示，下面讲解其绘制的方法。

(1) 插入主卧【门】图块。调用 I【插入】命令，插入【门】图块，如图 17-50 所示。

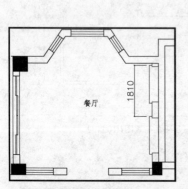

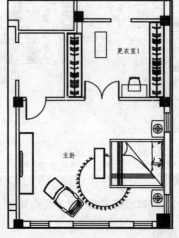

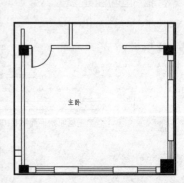

图 17-48 复制多段线   图 17-49 二层主卧和更衣室 1 平面布置图   图 17-50 插入【门】图块 1

(2) 绘制电视柜。调用 REC【矩形】命令，绘制尺寸为 600×2400 的矩形，并移动到相应的位置，如图 17-51 所示。

(3) 调用 O【偏移】命令，将矩形向内偏移 30，如图 17-52 所示。

(4) 绘制更衣室门。调用 I【插入】命令，插入【门】图块，如图 17-53 所示。

(5) 调用 MI【镜像】命令，对门进行镜像，得到双开门，如图 17-54 所示。

(6) 绘制衣柜。调用 REC【矩形】命令，绘制尺寸为 600×2505 的矩形，如图 17-55 所示。

(7) 调用 O【偏移】命令，将矩形向内偏移 30，如图 17-56 所示。

(8) 调用 L【直线】命令和 O【偏移】命令，绘制挂衣杆，如图 17-57 所示。

(9) 调用 L【直线】命令，绘制线段，如图 17-58 所示。

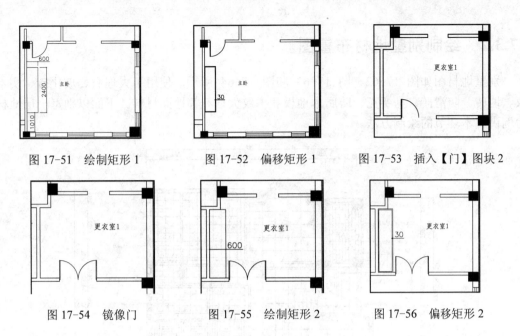

图 17-51　绘制矩形 1　　　图 17-52　偏移矩形 1　　　图 17-53　插入【门】图块 2

图 17-54　镜像门　　　图 17-55　绘制矩形 2　　　图 17-56　偏移矩形 2

（10）使用相同的方法绘制另一侧的衣柜，如图 17-59 所示。

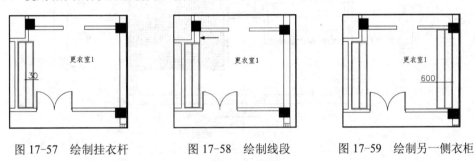

图 17-57　绘制挂衣杆　　　图 17-58　绘制线段　　　图 17-59　绘制另一侧衣柜

（11）调用 REC【矩形】命令，绘制尺寸为 1000×500 的矩形表示梳妆台，如图 17-60 所示。

（12）继续调用 REC【矩形】命令，绘制尺寸为 450×1000 的矩形表示长条凳，如图 17-61 所示。

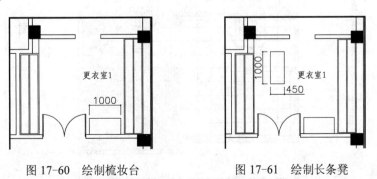

图 17-60　绘制梳妆台　　　图 17-61　绘制长条凳

（13）从图库中插入床、床头柜、床尾凳、休闲沙发、梳妆凳和衣架等图形到主卧和更衣室 1 平面布置图中，主卧和更衣室 1 平面布置图绘制完成。

17.3.2　绘制别墅地材布置图

别墅地材图如图 17-62、图 17-63 和图 17-64 所示，使用了大理石、玻化砖、实木地板、地砖、防滑砖、马赛克、防腐木地板和木纹大理石等地面材料。下面以别墅一层地材图为例讲解本环节的绘制方法。

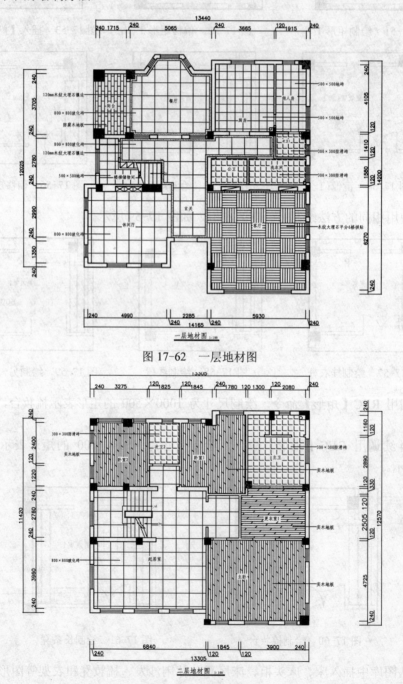

图 17-62　一层地材图

图 17-63　二层地材图

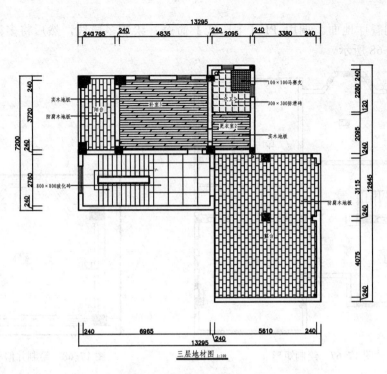

图 17-64　三层地材图

一层地材图使用了大理石镶边，其他地面材料可使用填充命令完成。

（1）复制图形。调用 CO【复制】命令，复制别墅一层平面布置图。

（2）删除平面布置图中与地材图无关的图形，如图 17-65 所示。

（3）绘制门槛线。设置【DM_地面】图层为当前图层。

（4）调用 L【直线】命令，绘制门槛线，如图 17-66 所示。

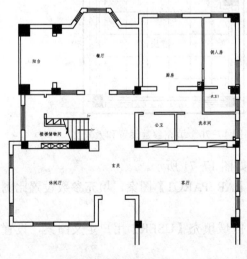

图 17-65　整理图形

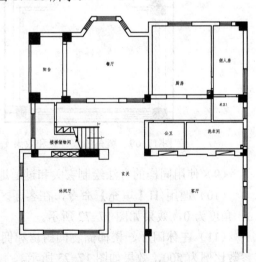

图 17-66　绘制门槛线

（5）调用 REC【矩形】命令，绘制矩形框住文字，如图 17-67 所示。

（6）绘制餐厅地面。调用 PL【多段线】命令，绘制多段线，然后将多段线向内偏移 120，如图 17-68 所示。

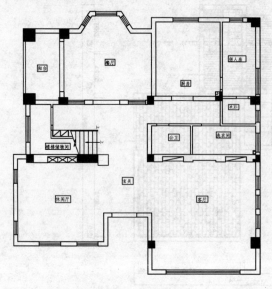

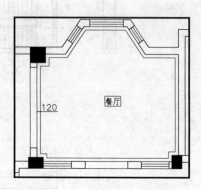

图 17-67　绘制矩形　　　　　　　　　　　图 17-68　绘制并偏移多段线

（7）调用 H【填充】命令，在多段线内填充图案，选择【AR-SAND】图案，选择颜色为【颜色8】，设置角度为 0，比例为 2，效果如图 17-69 所示。

（8）继续调用 H【填充】命令，在餐厅内填充图案，选择【USER】用户自定义图案，选择颜色为【颜色8】，设置角度为 0，比例 800，效果如图 17-70 所示。

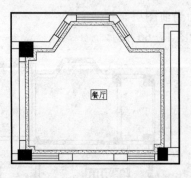

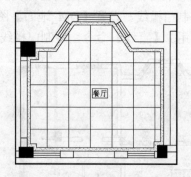

图 17-69　填充参数设置和效果 1　　　　　图 17-70　填充参数设置和效果 2

（9）使用同样的方法绘制玄关和过道地材图，如图 17-71 所示。

（10）调用 H【填充】命令，在客厅区域填充【AR-PARQ1】图案，填充参数设置比例 3，角度为 0，效果如图 17-72 所示。

（11）在休闲厅、楼梯储物间厨房和佣人房 2 区域填充【USER】用户定义图案，设置参数比例为 500，效果如图 17-73 所示。

（12）在阳台区域填充【AR-BRSTD】图案，参数设置比例为 3，角度为 90，效果如图 17-74 所示。

（13）在公卫、次卫 1 和洗衣间填充【ANGLE】图案，参数设置比例为 50，角度为 0，效果如图 17-75 所示。

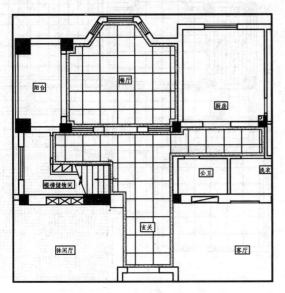

图 17-71　绘制玄关和过道地面

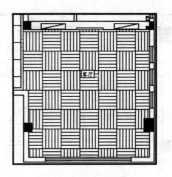

图 17-72　填充参数设置和效果 3

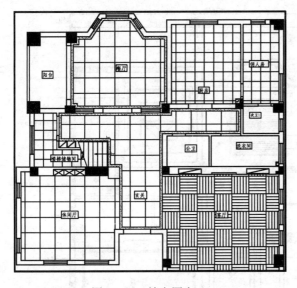

图 17-73　填充图案

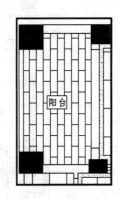

图 17-74　填充参数设置和效果 4

（14）填充后删除前面绘制的矩形，如图 17-76 所示。

（15）调用 MLD【多重引线】命令，对地面材料进行标注，如图 17-62 所示，完成别墅一层地材图的绘制。

17.3.3　绘制别墅顶棚平面图

别墅的顶棚较复杂，如图 17-77、图 17-78 和图 17-79 所示。本节以餐厅、玄关、休闲厅和主卧顶棚为例介绍别墅顶棚图的绘制方法。

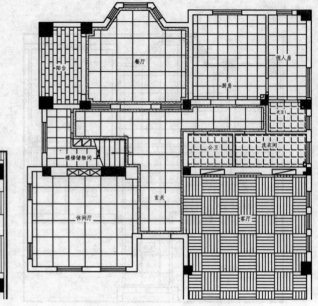

图 17-75 填充参数设置和效果 5　　　　　　　　图 17-76 删除矩形

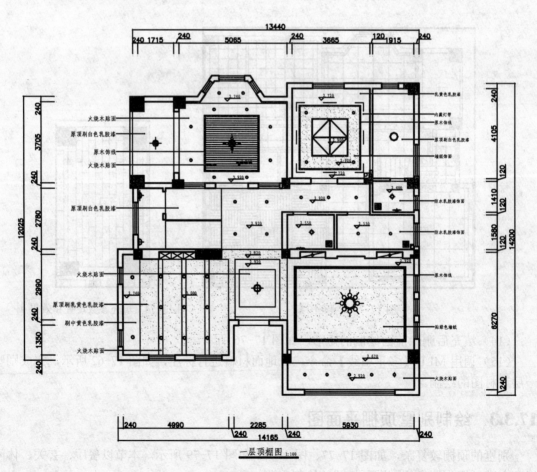

图 17-77 一层顶棚图

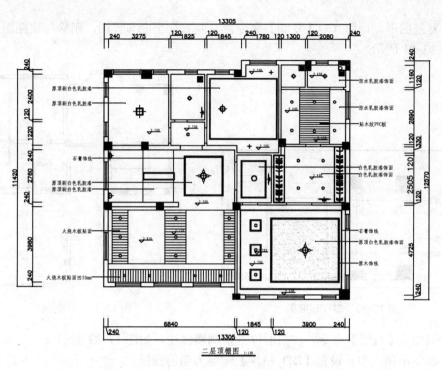

图 17-78　二层顶棚图

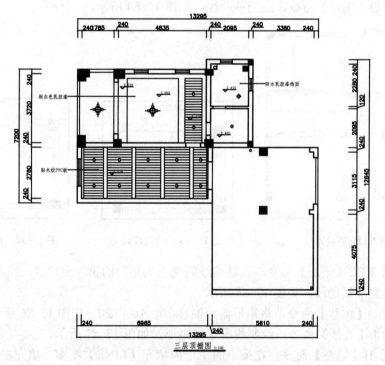

图 17-79　三层顶棚图

1. 绘制一层餐厅顶棚图

一层餐厅顶棚图如图 17-80 所示，主要使用的材料是火烧木，下面讲解其绘制的方法。

（1）复制图形。调用 CO【复制】命令，复制餐厅平面布置图，删除与顶棚图无关的图形，如图 17-81 所示。

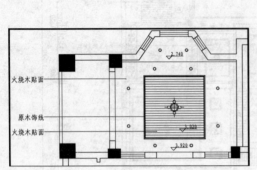

火烧木贴面

原木饰线
火烧木贴面

图 17-80　餐厅顶棚图

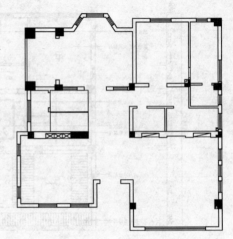

图 17-81　复制图形

（2）调用 L【直线】命令，在门洞位置绘制墙体线，如图 17-82 所示。

（3）绘制吊顶造型。设置【DD_吊顶】图层为当前图层。

（4）调用 L【直线】命令，绘制线段，如图 17-83 所示。

（5）调用 O【偏移】命令，绘制辅助线，如图 17-84 所示。

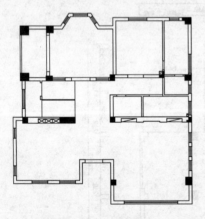

图 17-82　绘制墙体线

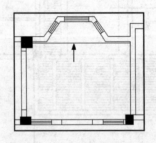

图 17-83　绘制线段 1

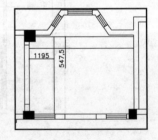

1195　547.5

图 17-84　绘制辅助线 1

（6）调用 REC【矩形】命令，以辅助线的交点为矩形的第一个角点，绘制边长为 2560 的矩形，然后删除辅助线，如图 17-85 所示。

（7）调用 O【偏移】命令，将矩形向内偏移 30、10 和 20，如图 17-86 所示。

（8）调用 L【直线】命令，绘制线段连接矩形，如图 17-87 所示。

（9）调用 H【填充】命令，在最小的矩形内填充【LINE】图案，填充参数设置角度为 0，比例为 10，效果如图 17-88 所示。

（10）布置灯具。调用 L【直线】命令，绘制辅助线，如图 17-89 所示。

（11）打开配套光盘中"素材\第 10 章\家具图例.dwg"文件，复制灯具图形到一层餐厅中，注意吊灯中心点与辅助线中点对齐，然后删除辅助线，如图 17-90 所示。

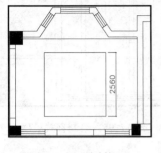

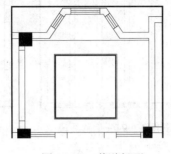

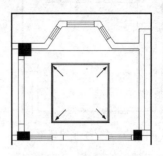

图 17-85　绘制矩形　　　　　　图 17-86　偏移矩形　　　　　　图 17-87　绘制线段 2

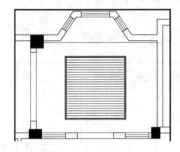

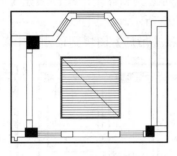

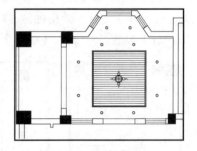

图 17-88　填充参数设置和效果　　　图 17-89　绘制辅助线 2　　　　图 17-90　复制灯具

（12）调用 I【插入】命令，插入【标高】图块，如图 17-91 所示。

（13）调用 MLD【多重引线】命令，使用多重引线命令标注顶棚的材料，完成一层餐厅顶棚图的绘制。

2．绘制一层玄关和休闲厅顶棚图

一层玄关和休闲厅顶棚图如图 17-92 所示，下面讲解其绘制的方法。

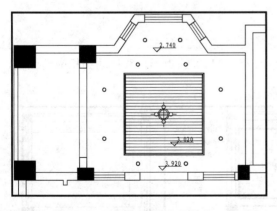

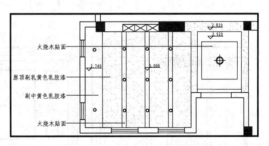

图 17-91　插入【标高】图块　　　　　图 17-92　一层玄关和休闲厅顶棚图

（1）调用 L【直线】命令，绘制线段，如图 17-93 所示。

（2）调用 O【偏移】命令，对线段进行偏移，如图 17-94 所示。

（3）调用 PL【多段线】命令和 L【直线】命令，绘制玄关吊顶，如图 17-95 所示。

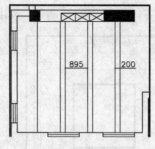

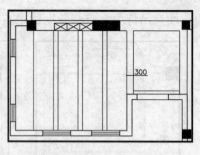

图 17-93　绘制线段　　　　图 17-94　偏移线段　　　　图 17-95　绘制玄关吊顶

（4）调用 REC【矩形】命令，绘制边长为 1700 的矩形，如图 17-96 所示。

（5）调用 H【填充】命令，对玄关和休闲厅顶棚填充【AR-SAND】图案，参数设置角度为 0，比例为 3，效果如图 17-97 所示。

（6）从图库中插入【筒灯】和【吊灯】图块到顶棚图中，如图 17-98 所示。

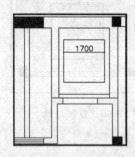

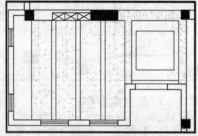

图 17-96　绘制矩形　　　　图 17-97　填充参数设置和效果　　　　图 17-98　插入灯具图形

（7）调用 I【插入】命令，插入【标高】图块，如图 17-99 所示。

（8）调用 MLD【多重引线】命令，使用多重引线命令标注顶棚的材料，完成一层玄关和休闲厅顶棚图的绘制。

3．绘制二层主卧顶棚图

二层主卧顶棚图如图 17-100 所示，下面讲解其绘制的方法。

（1）调用 REC【矩形】命令，绘制尺寸为 5515×4170 的矩形，并移动到相应的位置，如图 17-101 所示。

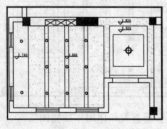

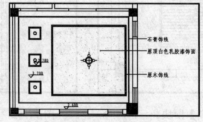

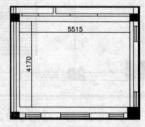

图 17-99　插入【标高】图块　　　　图 17-100　主卧顶棚图　　　　图 17-101　绘制矩形 1

（2）调用 O【偏移】命令，将矩形向内偏移 20 和 10，如图 17-102 所示。

（3）继续调用 REC【矩形】命令和 O【偏移】命令，绘制同类型吊顶，如图 17-103 所示。

（4）调用 L【直线】命令，绘制线段连接矩形，如图 17-104 所示。

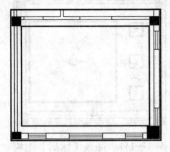

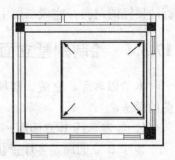

图 17-102　偏移矩形 1　　　　图 17-103　绘制同类型吊顶　　　　图 17-104　绘制线段 1

（5）调动 H【填充】命令，在最小的矩形内填充【AR-SAND】图案，如图 17-105 所示。

（6）调用 REC【矩形】命令，绘制边长为 600 的矩形，并移动到相应的位置如图 17-106 所示。

（7）调用 O【偏移】命令，将矩形向内偏移 30 和 20，如图 17-107 所示。

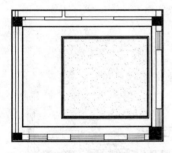
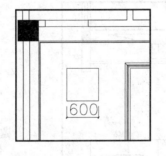
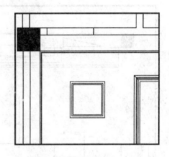

图 17-105　填充图案　　　　图 17-106　绘制矩形 2　　　　图 17-107　偏移矩形 2

（8）调用 L【直线】命令，绘制线段连接矩形，如图 17-108 所示。

（9）调用 CO【复制】命令，将图形向下复制，如图 17-109 所示。

（10）从图库中插入【筒灯】和【吊灯】图块到顶棚图中，如图 17-110 所示。

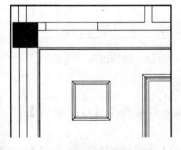
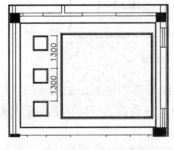
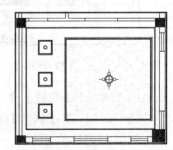

图 17-108　绘制线段 2　　　　图 17-109　复制图形　　　　图 17-110　插入灯具图形

（11）调用 I【插入】命令，插入【标高】图块，如图 17-111 所示。

（12）调用 MLD【多重引线】命令，使用多重引线命令标注顶棚的材料，完成二层主卧顶棚图的绘制。

17.3.4 绘制别墅立面背景图

本节以客厅、玄关、楼梯间和衣柜立面为例，介绍立面图的画法。

1．绘制客厅 B 立面图

客厅 B 立面图是客厅壁炉所在的墙面，主要表达了壁炉的做法，如图 17-112 所示，下面讲解其绘制的方法。

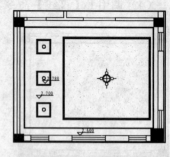

图 17-111　插入【标高】图块

（1）复制图形。调用 CO【复制】命令，复制别墅一层平面布置图上客厅 B 立面的平面部分。

（2）绘制立面外轮廓。设置【LM_立面】图层为当前图层。

（3）调用 L【直线】命令，从客厅 B 立面图中绘制出左右墙体的投影线，调用 PL【多段线】命令，绘制地面轮廓线，如图 17-113 所示。

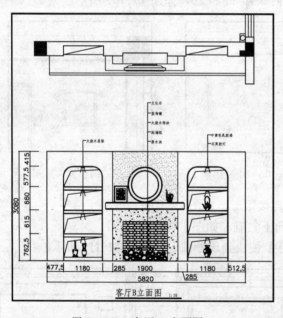

图 17-112　客厅 B 立面图

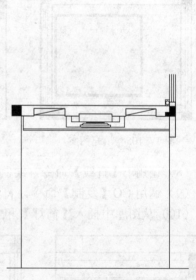

图 17-113　绘制墙体和地面

（4）调用 L【直线】命令，绘制顶棚底面，如图 17-114 所示。

（5）调用 TR【修剪】命令，修剪得出 B 立面图的外轮廓，并转换至【QT_墙体】图层，如图 17-115 所示。

（6）绘制壁炉。调用 REC【矩形】命令，绘制尺寸为 2300×160 的矩形，并移动到相应的位置，如图 17-116 所示。

（7）调用 PL【多段线】命令，绘制多段线，如图 17-117 所示。

（8）调用 MI【镜像】命令，对多段线进行镜像，如图 17-118 所示。

（9）调用 L【直线】命令和 O【偏移】命令，绘制并偏移线段，如图 17-119 所示。

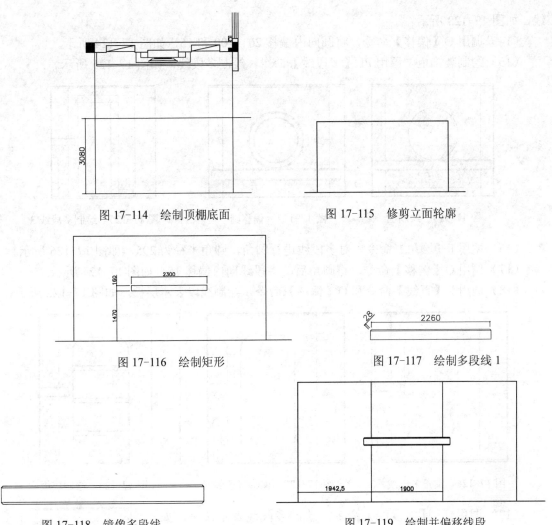

图 17-114　绘制顶棚底面　　　　　　图 17-115　修剪立面轮廓

图 17-116　绘制矩形　　　　　　图 17-117　绘制多段线 1

图 17-118　镜像多段线　　　　　　图 17-119　绘制并偏移线段

（10）调用 PL【多段线】命令，绘制多段线，如图 17-120 所示。

（11）调用 H【填充】命令，在多段线外填充【AR-CONC】图案，填充参数设置角度为 0，比例为 1，效果如图 17-121 所示。

（12）调用 O【偏移】命令，绘制辅助线，如图 17-122 所示。

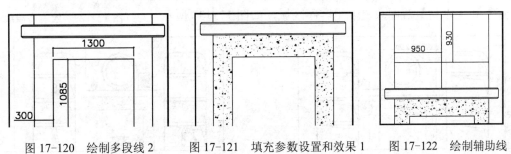

图 17-120　绘制多段线 2　　　图 17-121　填充参数设置和效果 1　　　图 17-122　绘制辅助线

（13）调用 C【圆】命令，以辅助线的交点为圆心绘制半径为 500 的圆，然后删除辅助线，如图 17-123 所示。

（14）调用 O【偏移】命令，将圆向内偏移 20、100 和 15，如图 17-124 所示。

（15）绘制装饰柜。调用 PL【多段线】命令，绘制多段线，如图 17-125 所示。

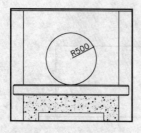
图 17-123　绘制圆

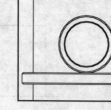
图 17-124　偏移圆

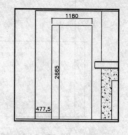
图 17-125　绘制多段线 3

（16）调用 F【圆角】命令，对多段线进行圆角，圆角半径为 295，如图 17-126 所示。

（17）调用 O【偏移】命令，将圆角后的多段线向内偏移 15，如图 17-127 所示。

（18）调用 L【直线】命令和 O【偏移】命令，绘制线段表示层板，如图 17-128 所示。

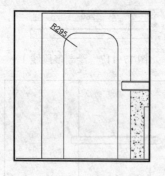
图 17-126　圆角多段线

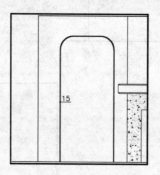
图 17-127　偏移多段线

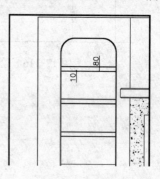
图 17-128　绘制层板

（19）调用 PL【多段线】命令，绘制多段线表示镂空，如图 17-129 所示。

（20）调用 CO【复制】命令，将装饰柜复制到右侧，如图 17-130 所示。

（21）插入图块。按〈Ctrl〉+〈O〉快捷键，打开配套光盘的"素材\第 10 章\家具图例.dwg"文件，选择其中的【装饰品】、【射灯】和【木材】等图块复制至客厅区域，如图 17-131 所示。

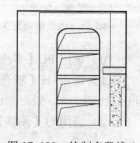
图 17-129　绘制多段线 4

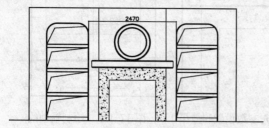
图 17-130　复制装饰柜

图 17-131　插入图块

（22）填充壁炉。调用 H【填充】命令，在壁炉内填充【AR-BRSTD】图案，设置角度为 0，比例为 1，效果如图 17-132 所示。

（23）继续调用 H【填充】命令，在壁炉上方填充【AR-SAND】图案，参数设置角度为 0，比例为 2，效果如图 17-133 所示。

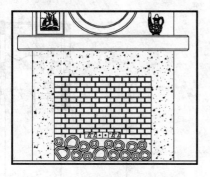 

图 17-132　填充参数设置和效果 2　　　　图 17-133　填充参数设置和效果 3

（24）标注尺寸和材料说明。设置【BZ_标注】图层为当前图层，设置当前注释比例为1:50。

（25）调用 DLI【线性标注】命令和 DCO【连续性标注】命令，进行尺寸标注，如图 17-134 所示。

（26）调用 MLD【多重引线】命令，进行材料说明，如图 17-135 所示。

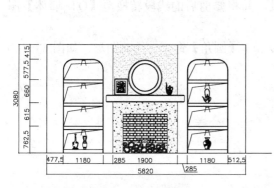 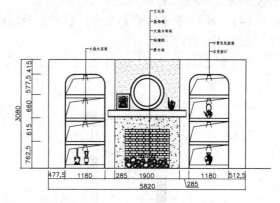

图 17-134　尺寸标注　　　　　　　　　　图 17-135　材料说明

（27）插入图名。调用 I【插入】命令，插入【图名】图块，设置名称为【客厅 B 立面图】，客厅 B 立面图绘制完成。

2．绘制玄关和楼梯间 A 立面图

玄关和楼梯间 A 立面图如图 17-136 所示，玄关和楼梯间 A 立面图主要表达了玄关鞋柜和楼梯的做法，下面讲解其绘制的方法。

（1）复制图形。调用 CO【复制】命令，复制平面布置图上玄关和楼梯间 A 立面图的平面部分，并对图形进行旋转。

（2）绘制立面基本轮廓。调用 L【直线】命令，绘制 A 立面左、右侧墙体和地面轮廓线，如图 17-137 所示。

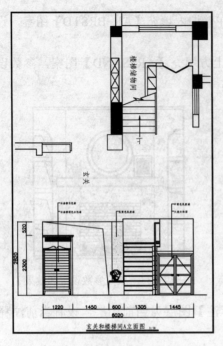

图 17-136　玄关和楼梯间 A 立面图

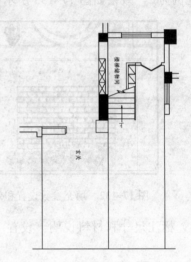

图 17-137　绘制墙体和地面轮廓线

（3）根据顶棚图玄关和楼梯间的标高，调用 O【偏移】命令，向上偏移地面轮廓线，偏移距离为 2820 和 2920，如图 17-138 所示。

（4）调用 TR【修剪】命令，修剪多余线段，并将修剪后的线段转换至【QT_墙体】图层，如图 17-139 所示。

（5）绘制装饰门廊。调用 PL【多段线】命令和 F【圆角】命令，绘制图形，如图 17-140 所示。

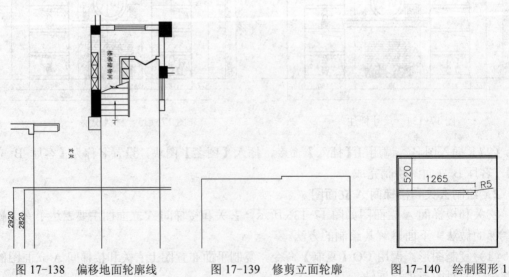

图 17-138　偏移地面轮廓线　　　　　图 17-139　修剪立面轮廓　　　　图 17-140　绘制图形 1

（6）调用 L【直线】命令和 O【偏移】命令，绘制并偏移线段，如图 17-141 所示。

（7）调用 PL【多段线】命令、L【直线】命令和 O【偏移】命令，绘制如图 17-142 所示图形。

（8）绘制装饰柱。调用 REC【矩形】命令、L【直线】命令和 A【圆弧】命令，绘制装饰柱，如图 17-143 所示。

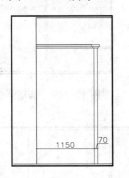

图 17-141　绘制并偏移线段 1

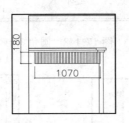

图 17-142　绘制图形 2

图 17-143　绘制装饰柱

（9）调用 L【直线】命令和 O【偏移】命令，绘制并偏移线段，如图 17-144 所示。

（10）调用 H【填充】命令，在线段内填充【AR-SAND】图案，如图 17-145 所示。

（11）调用 PL【多段线】命令，在门廊和装饰柱之间绘制折线，表示镂空，如图 17-146 所示。

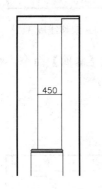

图 17-144　绘制并偏移线段 2

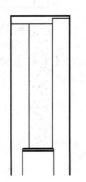

图 17-145　填充图案

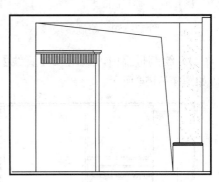

图 17-146　绘制折线 1

（12）绘制楼梯。调用 REC【矩形】命令，绘制尺寸为 47×2515 的矩形，并移动到相应的位置，如图 17-147 所示。

（13）调用 F【圆角】命令，对矩形进行圆角，如图 17-148 所示。

（14）调用 X【分解】命令，对矩形进行分解。

（15）调用 O【偏移】命令，将圆弧和线段向内偏移 5，并进行调整，如图 17-149 所示。

（16）调用 PL【多段线】命令，绘制多段线，如图 17-150 所示。

（17）调用 L【直线】命令和 O【偏移】命令，绘制并偏移线段，并对线段相交的位置进行修剪，如图 17-151 所示。

（18）继续调用 L【直线】命令和 O【偏移】命令，绘制楼梯台阶，如图 17-152 所示。

（19）调用 PL【多段线】命令、L【直线】命令和 O【偏移】命令，绘制如图 17-153 所示图形，表示另一层楼梯扶手。

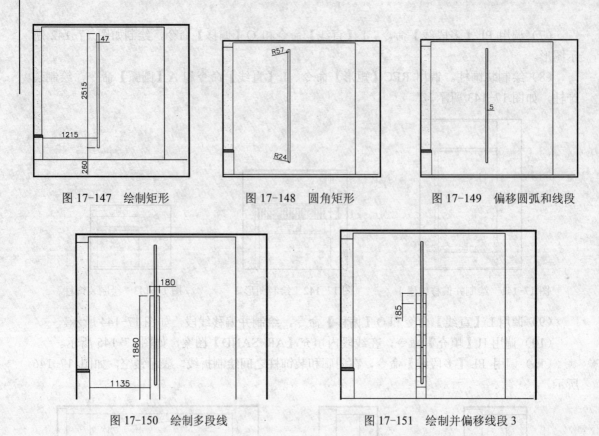

图 17-147　绘制矩形　　　　图 17-148　圆角矩形　　　　图 17-149　偏移圆弧和线段

图 17-150　绘制多段线　　　　　　　　图 17-151　绘制并偏移线段 3

（20）绘制折叠门。调用 L【直线】命令、O【偏移】命令和 TR【修剪】命令，绘制门框，如图 17-154 所示。

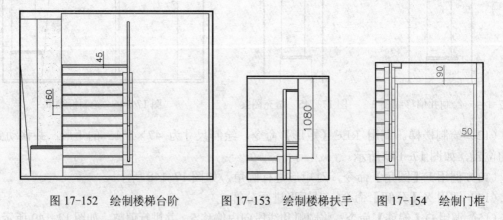

图 17-152　绘制楼梯台阶　　　图 17-153　绘制楼梯扶手　　图 17-154　绘制门框

（21）调用 L【直线】命令，绘制线段，如图 17-155 所示。

（22）调用 L【直线】命令和 O【偏移】命令，绘制门板造型，如图 17-156 所示。

（23）调用 PL【多段线】命令，绘制折线表示门开启方向，如图 17-157 所示。

（24）从图库中插入鞋柜、门把手和盆栽等图库到立面图中，并对图形与图块相交的位置进行修剪，如图 17-158 所示。

（25）标注尺寸。调用 DLI【线性标注】命令和 DCO【连续性标注】命令，进行尺寸标注，如图 17-159 所示。

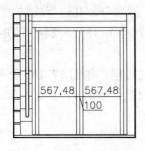

图 17-155　绘制线段

图 17-156　绘制门板造型

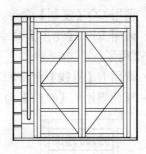

图 17-157　绘制折线 2

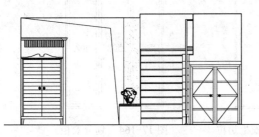

图 17-158　插入图块

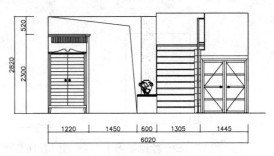

图 17-159　尺寸标注

（26）调用 MLD【多重引线】命令，进行材料说明，如图 17-160 所示。

（27）插入图名。调用 I【插入】命令，插入【图名】图块，设置名称为【玄关和楼梯 A 立面图】，玄关和楼梯 A 立面图绘制完成。

3．绘制更衣室 2 衣柜立面图和衣柜内部结构图

更衣室 2 衣柜立面图如图 17-161 所示，主要表达了衣柜的外观造型，其内部结构使用结构图则单独表示。

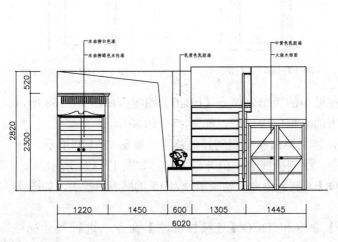

图 17-160　材料说明

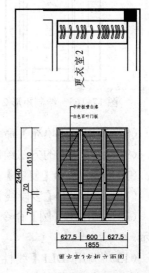

图 17-161　更衣室 2 衣柜立面图

❑ 绘制更衣室衣柜立面图

（1）调用 CO【复制】命令，复制平面布置图上衣柜的平面部分，并进行旋转。

（2）调用 REC【矩形】命令，根据复制的平面图，绘制尺寸为 1855×2440 的矩形，如图 17-162 所示。

（3）调用 L【直线】命令和 O【偏移】命令，绘制衣柜的边框，如图 17-163 所示。

（4）继续调用 L【直线】命令和 O【偏移】命令，划分衣柜，如图 17-164 所示。

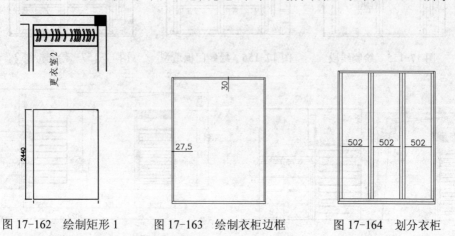

图 17-162　绘制矩形 1　　　图 17-163　绘制衣柜边框　　　图 17-164　划分衣柜

（5）调用 REC【矩形】命令，绘制尺寸为 1510×502 的矩形，如图 17-165 所示。

（6）调用 O【偏移】命令，将矩形向内偏移 10 和 5，如图 17-166 所示。

（7）调用 L【直线】命令，绘制线段连接矩形，如图 17-167 所示。

图 17-165　绘制矩形 2　　　图 17-166　偏移矩形　　　图 17-167　绘制线段

（8）调用 H【填充】命令，在最小的矩形内填充【LINE】图案，如图 17-168 所示。

（9）使用同样的方法绘制下方的衣柜面板造型，如图 17-169 所示。

（10）调用 CO【复制】命令，将衣柜面板复制到其他位置，如图 17-170 所示。

（11）调用 PL【多段线】命令，绘制折线表示门开启方向，如图 17-171 所示。

（12）调用 C【圆】命令和 CO【复制】命令，绘制半径为 15 的圆表示拉手，如图 17-172 所示。

（13）调用 DLI【线性标注】命令和 DCO【连续性标注】命令，进行尺寸标注，如图 17-173 所示。

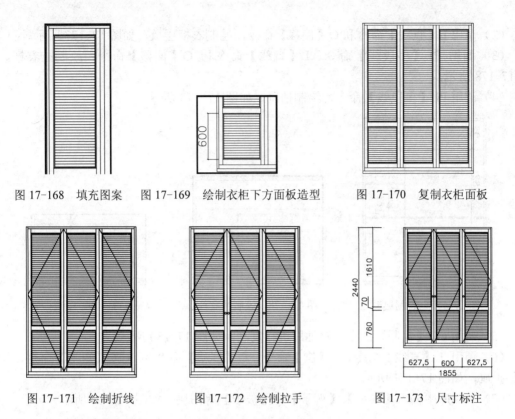

图 17-168 填充图案　　图 17-169 绘制衣柜下方面板造型　　图 17-170 复制衣柜面板

图 17-171 绘制折线　　　　图 17-172 绘制拉手　　　　图 17-173 尺寸标注

（14）调用 MLD【多重引线】命令，进行材料说明，如图 17-174 所示。

（15）调用 I【插入】命令，插入【图名】图块，设置【图名】为【更衣室 2 衣柜立面图】。

□ 绘制更衣室衣柜内部结构图

为了清楚地将衣柜内部结构图表达清楚，需要绘制衣柜内部结构图，衣柜内部结构为柜门打开时的投影图形，如图 17-175 所示。

（1）调用 CO【复制】命令，复制衣柜立面图，删除柜门和其他与结构图无关的图形，如图 17-176 所示。

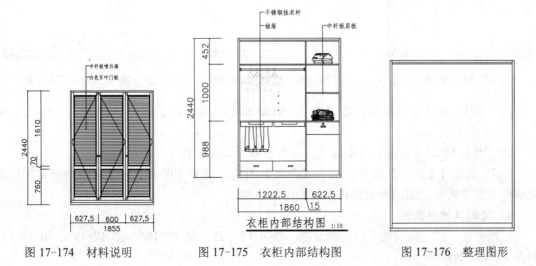

图 17-174 材料说明　　　图 17-175 衣柜内部结构图　　　图 17-176 整理图形

（2）调用 L【直线】命令和 O【偏移】命令，绘制衣柜层板，如图 17-177 所示。

（3）调用 PL【多段线】命令、L【直线】命令和 O【偏移】命令，绘制挂衣杆，如图 17-178 所示。

（4）调用 PL【多段线】命令，绘制抽屉，如图 17-179 所示。

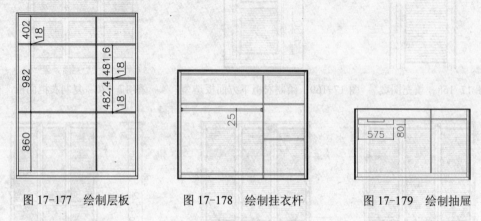

图 17-177　绘制层板　　　　图 17-178　绘制挂衣杆　　　　图 17-179　绘制抽屉

（5）调用 CO【复制】命令，对抽屉进行复制，如图 17-180 所示。

（6）调用 L【直线】命令、C【圆】命令、O【偏移】命令和 REC【矩形】命令，绘制其他抽屉，如图 17-181 所示。

（7）从图库中插入【衣柜】、【裤子】和【被子】等图块，如图 17-182 所示。

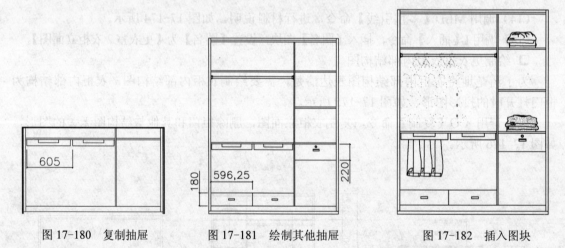

图 17-180　复制抽屉　　　　图 17-181　绘制其他抽屉　　　　图 17-182　插入图块

（8）调用 DLI【线性标注】命令和 DCO【连续性标注】命令，进行尺寸标注，如图 17-183 所示。

（9）调用 MLD【多重引线】命令，进行材料说明，如图 17-184 所示。

（10）调用 I【插入】命令，插入【图名】图块，设置【图名】为【衣柜内部结构图】完成更衣室 2 衣柜立面图和衣柜内部结构图的绘制。

4. 绘制其他立面图

运用上述方法完成其他里面图的绘制，如图 17-185、图 17-186、图 17-187、图 17-188 和图 17-189 所示。

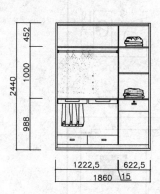

图 17-183　尺寸标注

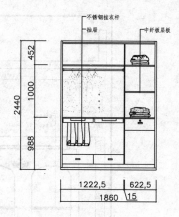

图 17-184　材料说明

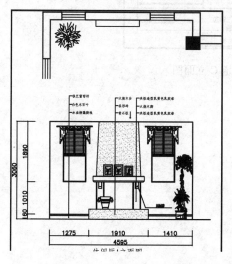

图 17-185　休闲厅 A 立面图

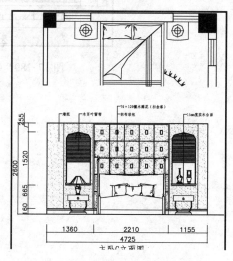

图 17-186　主卧 C 立面图

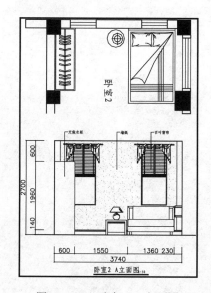

图 17-187　卧室 2 A 立面图

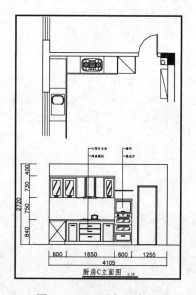

图 17-188　厨房 C 立面图

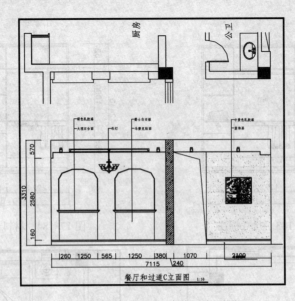

图 17-189　餐厅和过道 C 立面图

第 18 章　机械设计及绘图

机械制图是用图样确切表示机械的结构形状、尺寸大小、工作原理和技术要求的学科。图样由图形、符号、文字和数字组成，是表达设计意图、制造要求及交流经验的技术文件，常被称为工程界的语言。而 AutoCAD 则是实现该目的的一种工具。使用 AutoCAD 可以绘制出更加方便、快捷和精确的机械图形。

18.1　机械设计制图的内容

机械设计行业相对其他的设计行业的不同之处在于，机械设计行业需要严格按照国家标准进行设计，从开始的计算各个部件的尺寸到后期标注的技术要求，每一步都不能马虎。机械制图主要包括零件图和装配图，其中零件图主要包括以下几部分内容：

➢ 机械图形：采用一组视图，如主视图、剖视图和局部放大图等，用以正确、完整、清晰并且简便地表达零件的结构。

➢ 尺寸标注：用一组正确、完整、清晰及合理的尺寸标注零件的结构形状和其相互位置。

➢ 技术要求：用文字或符号表明零件在制造、检验和装配时应达到的具体要求。如表面粗糙度、尺寸公差、形状和位置公差、表面热处理和材料热处理等一些技术要求。

➢ 标题栏：由名称、签字区、更改区组成的栏目。

装配图主要包括以下几个部分：

➢ 机械图形：用基本视图完整、清晰表达机器或部件的工作原理、各零件间的装配关系和主要零件的基本结构。

➢ 几何尺寸：包括机器或部件规格、性能以及装配、安装的相关尺寸。

➢ 技术要求：用文字或符号表明机器或部件的性能、装配和调整要求、试验和验收条件及使用要求等。

➢ 明细栏：标明图形中序号所指定的具体内容。

➢ 标题栏：由名称、签字区和其他区组成。

18.2　机械设计制图的流程

AutoCAD 中，机械零件图的绘制流程主要包括以下步骤：

➢ 了解所绘制零件的名称、材料、用途以及各部分的结构形状及加工方法。

➢ 根据上述分析，确定绘制物体的主视图，再根据其结构特征确定顶视图及剖视图等其他视图。

➢ 标注尺寸及添加文字说明，最后绘制标题栏并填写内容。

➢ 图形绘制完成后，可对其进行打印输出。

AutoCAD 中，机械装配图的绘制流程主要包括以下步骤：

➢ 了解所绘制部件的工作原理、零件之间的装配关系、用途以及主要零件的基本结构和部件的安装情况等内容。

➢ 根据对所绘制部件的了解，合理运用各种表达方法，按照装配图的要求选择视图，确定视图表达方案。

18.3 绘制机械零件图

18.3.1 零件图的内容

零件图是表达零件结构、大小和技术要求的图样，是生产过程中主要的技术文件，是制造、检验和维修零件的重要依据。

为了满足生产部门制造零件的要求，一张零件图必须包括以下几方面内容：

1．一组视图

用一组视图完整、清晰地表达零件各个部分的结构以及形状。这组视图包括机件的各种表达方法中的视图、剖视图、断面图、局部放大图和简化画法。

2．完整的尺寸

零件图中应正确、完整、清晰、合理地标注零件在制造和检验时所需要的全部尺寸。

3．技术要求

用规定的符号、代号、标记和简要的文字表达出对零件制造和检验时所应达到的各项技术指标和要求。

4．标题栏

在标题栏中一般应填写单位名称、图名（零件的名称）、材料、质量、比例、图号，以及设计、审核、批准人员的签名和日期等。

18.3.2 零件的类型

零件是部件中的组成部分。一个零件的机构与其在部件中的作用密不可分。零件按其在部件中所起的作用，以及结构是否标准化，大致可以分为以下 3 类：

1．标准件

常用的有螺纹连接件，如螺栓、螺钉、螺母，还有滚动轴承等。这一类零件的结构已经标准化，国家制图标准已指定了标准件的规定画法和标注方法。

2．常用件

常用的有螺栓、螺母、螺钉、弹簧、平键、半圆键等，这类零件的主要结构已经标准化，并且有规定画法。

3．一般零件

除了标准件和常用件之外的所有零件，统称为一般零件。根据零件的功能和结构特点，将一般零件分为四种。分别为轴套类零件、盖盘类零件、叉架类零件、箱体类零件。它们的结构形状、尺寸大小和技术要求由相关部件的设计要求和制造工艺要求而定。

18.3.3　绘制锥齿轮零件图

1．绘制主视图

（1）单击【快速访问】工具栏中的【新建】按钮 ，新建空白文件。

（2）在【默认】选项卡中，单击【图层】面板中的【图层特性】按钮 ，新建图层，如图 18-1 所示。

（3）在【默认】选项卡中，单击【特性】面板中的【线型】下拉列表的【其他】选项，系统弹出【线型管理器】对话框。设置【全局比例因子】为 0.5，如图 18-2 所示。

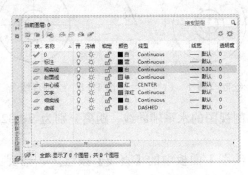

图 18-1　新建图层　　　　　　　　　图 18-2　设置全局比例因子

（4）单击【确定】按钮，并切换【中心线】为当前图层。

（5）在【默认】选项卡中，单击【绘图】面板中的【直线】按钮 ，绘制长度为 300 的互相垂直的中心辅助线，如图 18-3 所示。

（6）切换【粗实线】为当前图层。单击【绘图】面板中的【圆】按钮 ，绘制半径分别为 32.5、55、136 的圆，如图 18-4 所示。

（7）绘制主视图告一段落，剩下的图形需要根据剖视图来确定尺寸。

2．绘制剖视图

（1）切换【中心线】为当前图层，在状态栏中设置【极轴追踪】的角度为 62° 并开启【对象捕捉追踪】功能。

（2）单击【绘图】面板中的【直线】按钮 。在主视图左侧绘制一条长度在 150 左右的水平直线，并配合【端点捕捉】功能，捕捉直线左侧端点绘制长度在 155 左右，角度为 62° 的直线，如图 18-5 所示。

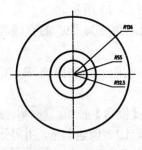

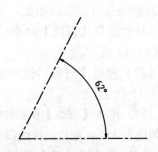

图 18-3　绘制中心辅助线　　　　图 18-4　绘制圆　　　　图 18-5　绘制辅助线

（3）设置【极轴追踪】两个附加角，度数分别为 65、59 与 31、329。切换【粗实线】为当前图层，单击【绘图】面板中的【构造线】按钮，捕捉主视图最外侧圆的 90° 象限点，绘制水平构造线，如图 18-6 所示。

（4）单击【绘图】|【直线】按钮，捕捉剖视图辅助线左侧的端点绘制角度为 65° 并与构造线相交的直线，如图 18-7 所示。

（5）删除构造线。重复【直线】命令，配合【端点捕捉】功能。绘制长度为 35，角度为 329° 的直线，如图 18-8 所示。

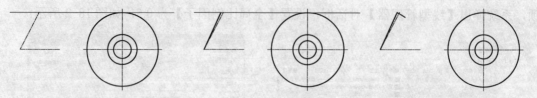

图 18-6　绘制水平构造线　　　图 18-7　绘制直线 1　　　图 18-8　绘制直线 2

（6）单击【修改】|【偏移】按钮，偏移剖视图的水平辅助线，距离分别为 9、32.5、55、79.5，如图 18-9 所示。

（7）切换【中心线】为当前图层。单击【绘图】面板中的【直线】按钮，捕捉左侧端点绘制竖直辅助线，如图 18-10 所示。

（8）单击【修改】面板中的【偏移】按钮，偏移竖直辅助线，根据上一条偏移的直线为基础，距离分别为 43.5、16.5、15、40，如图 18-11 所示。

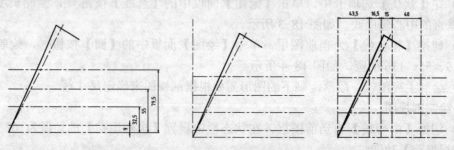

图 18-9　偏移辅助线　　　图 18-10　绘制竖直辅助线　　图 18-11　偏移竖直辅助线

（9）单击【绘图】面板中的【直线】按钮，根据辅助线绘制直线，如图 18-12 所示。

（10）删除多余辅助线。单击【绘图】|【直线】按钮，绘制起点为 A 点、角度为 31° 的直线并与辅助线相交，如图 18-13 所示。

（11）重复【直线】命令，绘制角度为 59° 的直线与其他轮廓线，并删除多余辅助线，如图 18-14 所示。

（12）利用【对象捕捉追踪】功能，绘制距离 B、C 两点各 2 个绘图单位的直线，如图 18-15 所示。

（13）单击【修改】面板中的【倒角】按钮，对孔内径与孔外径进行倒角，长度为 2，角度为 45°，依次选择线段 L1、L2，创建倒角，并补足缺少的轮廓线，如图 18-16 所示。

（14）单击【修改】面板中的【镜像】按钮，对绘制的图形镜像，如图 18-17 所示。

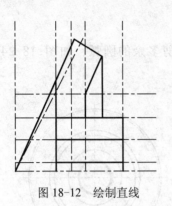

图 18-12　绘制直线

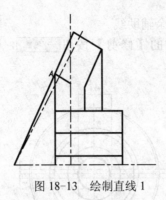

图 18-13　绘制直线 1

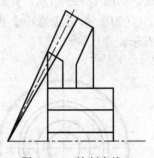

图 18-14　绘制直线 2

（15）单击【修改】面板中的【修剪】按钮 ⊁ 修剪，修剪多余线段，如图 18-18 所示。

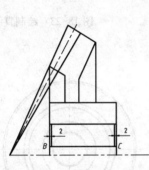

图 18-15　绘制直线 3

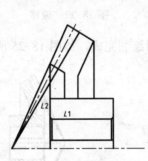

图 18-16　倒角并补足轮廓线

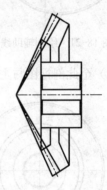

图 18-17　镜像图形

（16）单击【绘图】面板中的【图案填充】按钮 ⊠，选择【ANSI31】图案填充图形，如图 18-19 所示

（17）利用投影关系，绘制投影圆，如图 18-20 所示。

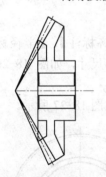

图 18-18　修剪图形

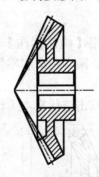

图 18-19　填充图案

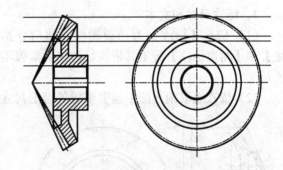

图 18-20　绘制投影圆

（18）切换【中心线】为当前图层。以水平辅助线与最内侧圆的交点绘制竖直水平线，如图 18-21 所示。

（19）单击【修改】面板中的【偏移】按钮 ⬚，向左偏移竖直水平线 69.4。向上下两侧偏移水平辅助线各 9，如图 18-22 所示。

（20）单击【绘图】面板中的【直线】按钮 ／，沿着辅助线与最内侧的圆交点绘制直线，如图 18-23 所示，并删除多余辅助线。

（21）单击【修改】面板中的【修剪】按钮 ／‑‑修剪 ，修剪多余的圆弧，如图 18-24 所示。

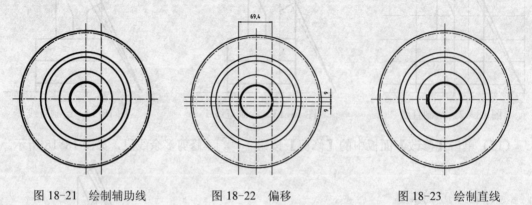

图 18-21　绘制辅助线　　　　图 18-22　偏移　　　　图 18-23　绘制直线

（22）至此剖视图与主视图绘制完成，如图 18-25 所示。

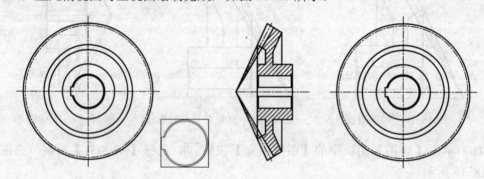

图 18-24　修剪多余的圆弧　　　　　　图 18-25　剖视图与主视图

3．标注尺寸和文本

（1）切换【标注】为当前图层。然后分别调用【线性标注】、【对齐标注】、【半径标注】和【角度标注】等工具依次标注出各圆弧半径、圆心距离和零件外形尺寸，如图 18-26 所示。

（2）依次选取剖视图中需要编辑的圆的尺寸，双击进行文本编辑，如图 18-27 所示。

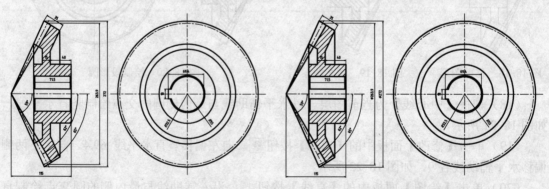

图 18-26　标注尺寸　　　　　　　　图 18-27　编辑标注尺寸

（3）在命令行中输入 I 命令，插入"素材\第 18 章\图框.dwg"文件如图 18-28 所示。

（4）调用【多行文字】命令输入技术要求、名字、材料，如图 18-29 所示。至此，整个锥齿轮零件图绘制完成。

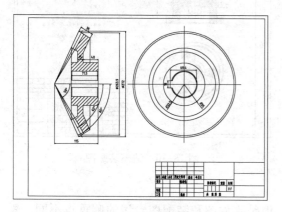

图 18-28　添加图纸

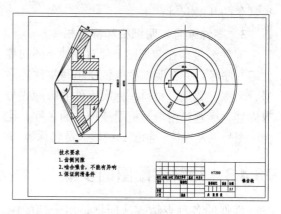

图 18-29　添加文字

18.4　绘制机械装配图

装配图表达了机器的工作原理、零件间装配关系、零件主要结构形状以及装配、检验、安装时所需尺寸数据、技术要求。装配图是表达设计思想及技术交流的工具，是指导生产的基本技术文件。无论是在设计机器还是测绘机器时必须画出装配图。装配图是表达机器或部件的图样，主要表达其工作原理和装配关系。在机器设计过程中，装配图的绘制位于零件图之前，并且装配图与零件图的表达内容不同，它主要用于机器或部件的装配、调试、安装、维修等场合，是生产中的一种重要的技术文件。

18.4.1　装配图的作用

装配图是表示机器或部件的装配关系、工作原理、传动路线、零件的主要结构形状以及装配、检验、安装时所需要的尺寸数据和技术要求的技术文件。在制造产品时，装配图是制定装配工艺规程、进行装配和检验的技术依据，即根据装配图把制成的零件装配成合格的部件或机器。在使用或维修机器设备时，也需要通过装配图来了解机器的性能、结构、传动路线、工作原理以及维修和使用方法。

18.4.2　装配图的内容

装配图主要表达机器或零件各部分之间的相对位置、装配关系、连接方式和主要零件的结构形状等内容，如图 18-30 所示。其具体说明如下：

1．一组图形

一组图形即表达机器或部件的传动路线、工作原理、机构特点、零件之间的相对位置、装配关系、连接方式和主要零件的结构形状等。

2. 几类尺寸

几类尺寸标注出了表示机器或部件的性
能、规格、外形以及装配、检验、安装时必
须具备的几类尺寸。

3. 零件编号、明细栏和标题栏

零件编号即在装配图上要对各种不同的零
件编写序号，并在明细栏内依次填写零件的序
号、名称、数量、材料、标准零件的国际代号
等内容。标题栏内填写机器或部件的名称、比
例、图号以及设计、制图、校核人员名称等。

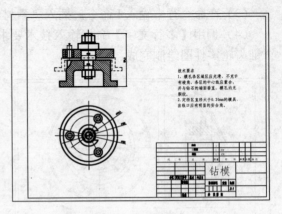

图 18-30　钻模装配图

18.4.3　绘制装配图的步骤

零件的各种表达方法同样适用于装配图。但是零件图和装配图表达的侧重点不同。零
件图需把各部分形状完全表达清楚，而装配图则主要表达部件的装配关系、工作原理、零件
间的连接关系及主要零件的结构形状等。因此，在绘制装配图之前，首先要了解部件或机器
的工作原理和基本结构特征等资料，然后进行拟定方案、绘制装配图和整体校核等一系列的
工序，具体步骤介绍如下：

1. 了解部件

弄清用途、工作原理、装配关系、传动路线及主要零件的基本结构。

2. 确定方案

选择主视图的方向，确定图幅以及绘图比例，合理运用各种表达方法表达图形。

3. 画出底稿

先画图框、标题栏以及明细栏外框，再布置视图，画出基准线，然后画出主要零件，
最后根据装配关系依次画出其余零件。

4. 完成全图

绘制剖面线、标注尺寸、编排序号，并填写标题栏、明细栏、标签以及技术要求，然
后按标准加深图线。

5. 全面校核

仔细而全面地校核图中的所有内容，改正错、漏之处，并在标题栏内签名。

18.4.4　绘制装配图的方法

1. 自底向上装配

自底向上的绘制方法是首先绘制出装配图中的每一个零件图，然后根据零件图的结构，
绘制整体装配图。对机器或部件的测绘多采用该作图方法，首先根据测量所得的已知的零件
的尺寸，画出每一个零件的零件图，然后根据零件图画出装配图，这一过程称为拼图。

拼图是工程中常用的一种绘图方法。拼图一般可以采用两种方法，一种是由外向内的
画法，要求首先画出外部零件，然后根据装配关系依次绘制出相邻的零件或部件，最后完成
装配图；一种是由内向外的画法，这种方法要求首先画出内部的零件或部件，然后根据零件

间的连接关系，画出相邻的零件或部件，最后画出外部的零件或部件。

2．自顶向下的装配

自顶向下装配与上一种装配方法完全相反，是直接在装配图中画出重要的零件或部件，根据需要的功能设计与之相邻的零件或部件的结构，直到最后完成装配图。一般在设计的开始阶段都采用自顶向下的设计方法画出机器或部件的装配图，然后根据设计装配图拆画零件图。

18.4.5　绘制钻模装配图

绘制如图 18-31 所示的钻模装配图。

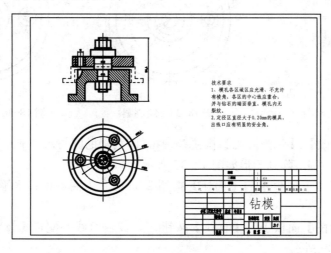

图 18-31　钻模装配图

1．绘制俯视图

（1）单击【快速访问】工具栏中的【新建】按钮，新建空白文件。

（2）在【默认】选项卡中，单击【图层】面板中的【图层特性】按钮，打开【图层特性管理器】选项板，新建图层，如图 18-32 所示。

（3）在【默认】选项卡中，单击【特性】面板中的【线型】下拉列表的【其他】选项，系统弹出【线型管理器】对话框。设置【全局比例因子】为 0.3，如图 18-33 所示。

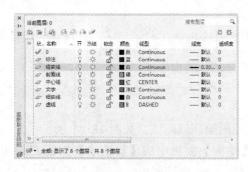

图 18-32　新建图层

图 18-33　设置全局比例因子

（4）切换【中心线】为当前图层。绘制两条互相垂直的中心辅助线与半径为 41 的辅助圆，如图 18-34 所示。

（5）切换【粗实线】为当前图层。单击【绘图】面板中的【圆】按钮◎，绘制圆，如图 18-35 所示。

（6）调用 POL【多边形】命令，在中心辅助线处绘制一个半径为 14，内接于圆的正六边形，如图 18-36 所示。

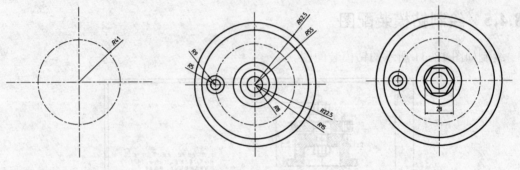

图 18-34　绘制辅助线　　　　图 18-35　绘制圆　　　　图 18-36　绘制正六边形

（7）单击【修改】|【环形阵列】按钮 阵列，阵列辅助圆与水平辅助线交点上的两个同心圆，设置项目数为 3，阵列图形如图 18-37 所示。

（8）单击【修改】面板中的【偏移】按钮 ，向上下两侧偏移水平辅助线各 10，如图 18-38 所示。

（9）单击【绘图】面板中的【直线】按钮 ，绘制直线并配合【修剪】命令，修剪多余圆弧，如图 18-39 所示。

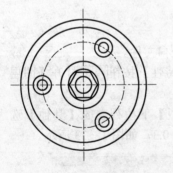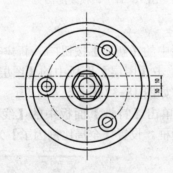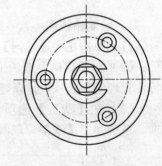

图 18-37　阵列圆　　　　图 18-38　偏移中心线　　　　图 18-39　修剪圆

（10）切换【细实线】为当前图层，绘制四分之三的内螺纹，半径为 6，如图 18-40 所示。至此，俯视图绘制完成。

2．绘制剖视图

（1）切换【中心线】为当前图层，根据俯视图绘制辅助线，如图 18-41 所示。

（2）切换【粗实线】为当前图层。单击【绘图】面板中的【构造线】按钮 ，根据投影关系绘制辅助线，如图 18-42 所示。

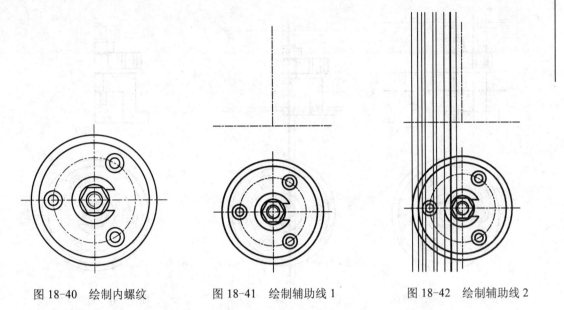

图 18-40　绘制内螺纹　　　　图 18-41　绘制辅助线 1　　　　图 18-42　绘制辅助线 2

（3）单击【修改】面板中的【偏移】按钮，偏移水平辅助线，如图 18-43 所示。

（4）调用【直线】命令，根据辅助线绘制外轮廓线，如图 18-44 所示。

（5）偏移中心辅助线，如图 18-45 所示。

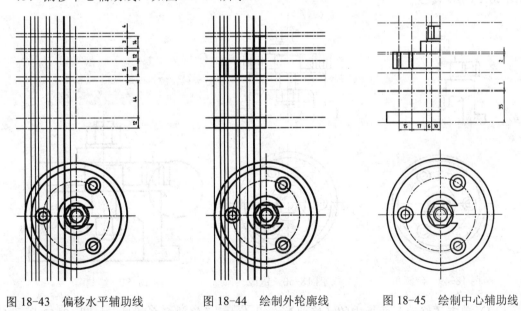

图 18-43　偏移水平辅助线　　　　图 18-44　绘制外轮廓线　　　　图 18-45　绘制中心辅助线

（6）调用【直线】命令，根据辅助线绘制内螺纹线，如图 18-46 所示。

（7）根据投影关系，绘制中心线的辅助线，如图 18-47 所示。

（8）调用【直线】命令，根据辅助线绘制图形并删除多余辅助线，内螺纹需要调用细实线绘制，如图 18-48 所示。

（9）单击【修改】面板中的【圆角】按钮，对图形进行倒圆角，半径为 7，如图 18-49 所示。

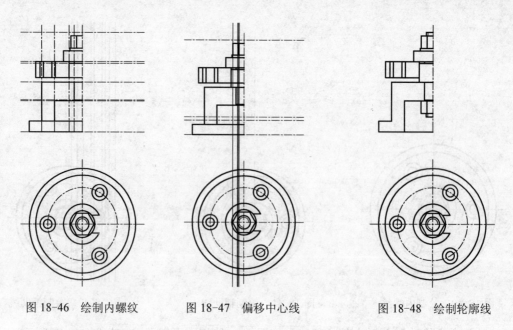

图 18-46　绘制内螺纹　　　　图 18-47　偏移中心线　　　　图 18-48　绘制轮廓线

（10）单击【修改】面板中的【镜像】按钮 △ 镜像，对图形镜像，如图 18-50 所示。

（11）绘制圆，根据 A 点向左侧偏移 15 个绘图单位的点作为圆心绘制半径为 28 的圆，如图 18-51 所示。

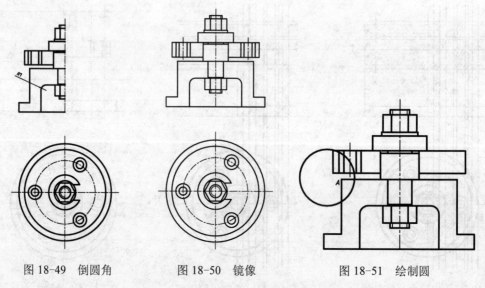

图 18-49　倒圆角　　　　　　图 18-50　镜像　　　　　　　图 18-51　绘制圆

（12）单击【修改】面板中的【修剪】按钮 /- 修剪，修剪多余圆弧，如图 18-52 所示。

（13）根据投影关系，绘制辅助线，如图 18-53 所示。

（14）根据辅助线，整理图形，如图 18-54 所示。

（15）切换【剖面线】为当前图层，单击【绘图】面板中的【图案填充】按钮 ▨ ，选择【ANSI31】图案对剖视图进行填充，如图 18-55 所示。

（16）切换【双点划线】为当前图层，绘制所加工零件的轮廓，如图 18-56 所示。

（17）对图形作最后的整理，如图 18-57 所示，至此剖视图绘制完成。

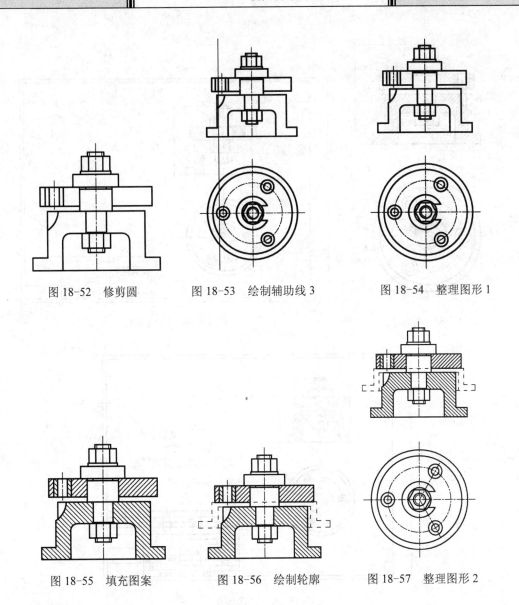

图 18-52　修剪圆　　　　图 18-53　绘制辅助线 3　　　　图 18-54　整理图形 1

图 18-55　填充图案　　　　图 18-56　绘制轮廓　　　　图 18-57　整理图形 2

3．添加标注和标题栏

（1）切换【标注】为当前图层。调用【线性标注】和【编辑】等工具，标注出图中主要尺寸和装配尺寸，结果如图 18-58 所示。

（2）单击【快速访问工具栏】中的【打开】按钮，打开"素材\第 18 章\图框.dwg"文件。

（3）全选绘制的图形对象，复制然后粘贴在图框里，如图 18-59 所示。

（4）调用【多行文字】工具添加表格内容、编号以及相应的技术要求，结果如图 18-60 所示。至此，该钻模装配图绘制完成。

18.4.6　绘制钻床钻孔夹具装配图

绘制如图 18-61 所示钻床钻孔夹具装配图。

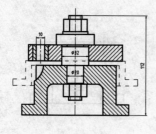

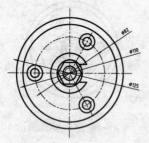

图 18-58　标注尺寸

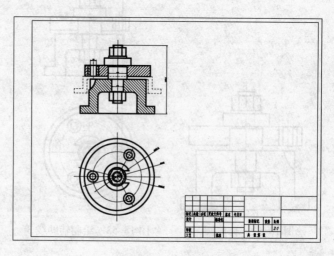

图 18-59　添加图框

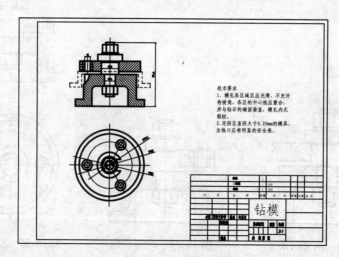

图 18-60　钻模装配图

1. 绘制主视图

（1）单击【快速访问工具栏】中的【新建】按钮，新建空白文件。

（2）在【常用】选项卡中，单击【图层】面板中的【图层特性】按钮。新建图层，如图 18-62 所示。

（3）在【常用】选项卡中，单击【特性】面板中的【线型】下拉列表的【其他】选项，系统弹出【线型管理器】对话框。设置【全局比例因子】为 0.1，如图 18-63 所示。

（4）切换【中心线】为当前图层，绘制两条互相垂直的中心辅助线以及半径为 35 的圆，如图 18-64 所示。

（5）切换【粗实线】为当前图层，调用【圆】命令绘制半径为 60 的圆，如图 18-65 所示。

（6）单击【修改】面板中的【偏移】按钮，偏移中心辅助线，如图 18-66 所示。

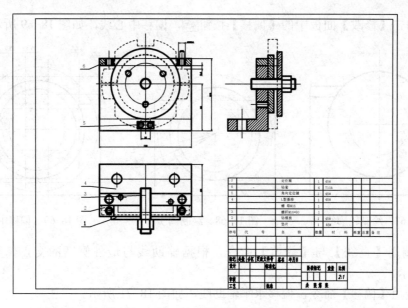

图 18-61 钻床钻孔夹具装配图

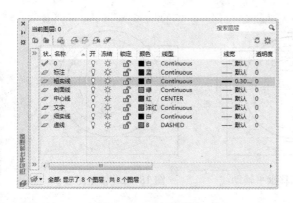

图 18-62 新建图层

图 18-63 设置全局比例因子

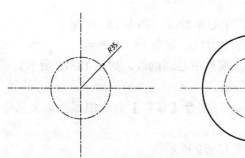

图 18-64 绘制辅助线

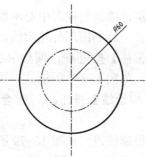

图 18-65 绘制圆

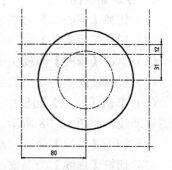

图 18-66 偏移中心辅助线 1

（7）单击【绘图】面板中的【直线】按钮，沿着辅助线绘制轮廓线，如图 18-67 所示。

（8）切换【虚线】为当前图层，调用【直线】命令绘制线段。

（9）切换【双点划线】为当前图层。调用【圆】命令，绘制圆，如图 18-68 所示。

（10）单击【修改】面板中的【偏移】按钮，偏移中心线，如图 18-69 所示。

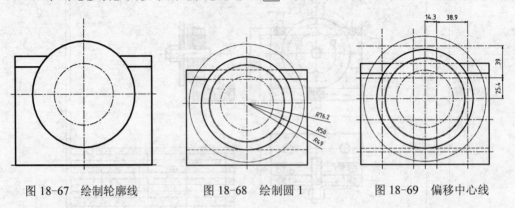

图 18-67　绘制轮廓线　　　图 18-68　绘制圆 1　　　图 18-69　偏移中心线

（11）调用【直线】与【修剪】命令，根据辅助线与最外侧圆的交点修整图形，如图 18-70 所示。

（12）调用【偏移】命令，偏移水平辅助线，如图 18-71 所示。

（13）根据辅助线修剪圆弧并删除多余圆弧，如图 18-72 所示。

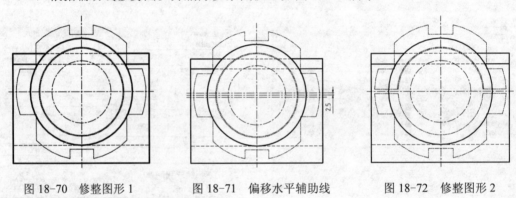

图 18-70　修整图形 1　　　图 18-71　偏移水平辅助线　　　图 18-72　修整图形 2

（14）切换【粗实线】为当前图层，绘制角向定位键，如图 18-73 所示。

2．绘制俯视图

（1）切换【中心线】为当前图层，绘制俯视图中心辅助线，如图 18-74 所示。

（2）切换【粗实线】为当前图层，绘制图形外轮廓线，如图 18-75 所示。

（3）单击【修改】面板中的【偏移】按钮，偏移中心辅助线，如图 18-76 所示。

（4）根据辅助线的交点绘制圆，如图 18-77 所示。

（5）单击【绘图】面板中的【构造线】按钮，配合【偏移】命令根据投影关系绘制投影辅助线，如图 18-78 所示。

（6）调用【直线】命令，绘制投影线段，如图 18-79 所示。

（7）切换【虚线】为当前图层，根据辅助线绘制线段，如图 18-80 所示。

（8）单击【绘图】面板中的【构造线】按钮，根据最外侧圆绘制辅助线，如图 18-81 所示。

（9）调用【偏移】命令，偏移中心辅助线，如图 18-82 所示。

（10）切换【双点划线】为当前图层，根据辅助线绘制图形，如图 18-83 所示。

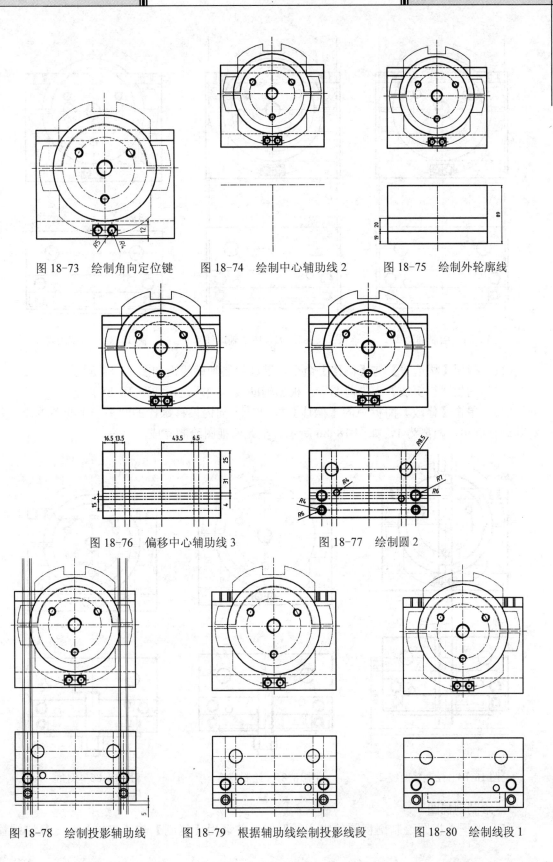

图 18-73　绘制角向定位键　　　图 18-74　绘制中心辅助线 2　　　图 18-75　绘制外轮廓线

图 18-76　偏移中心辅助线 3　　　　　图 18-77　绘制圆 2

图 18-78　绘制投影辅助线　　　图 18-79　根据辅助线绘制投影线段　　　图 18-80　绘制线段 1

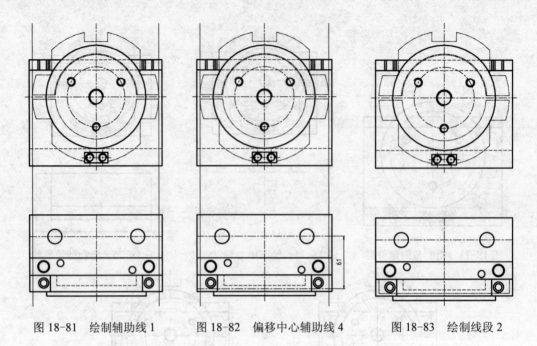

图 18-81　绘制辅助线 1　　　　图 18-82　偏移中心辅助线 4　　　　图 18-83　绘制线段 2

（11）调用【构造线】与【偏移】命令，继续绘制辅助线，如图 18-84 所示。

（12）切换【粗实线】为当前图层，根据辅助线绘制螺栓，如图 18-85 所示。

（13）单击【修改】面板中的【偏移】按钮，向内偏移螺栓的两头一个绘图单位，并对其进行倒角，距离为 1，如图 18-86 所示。至此俯视图绘制完成。

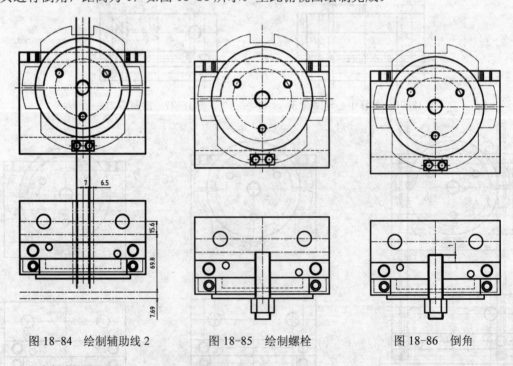

图 18-84　绘制辅助线 2　　　　图 18-85　绘制螺栓　　　　图 18-86　倒角

3. 绘制剖视图

（1）根据主视图绘制剖视图的中心辅助线，并调用【复制】与【旋转】命令复制螺栓至辅助线上，如图 18-87 所示。

（2）单击【修改】面板中的【偏移】按钮 ⬧，向左偏移辅助线并配合【构造线】命令绘制辅助线，如图 18-88 所示。

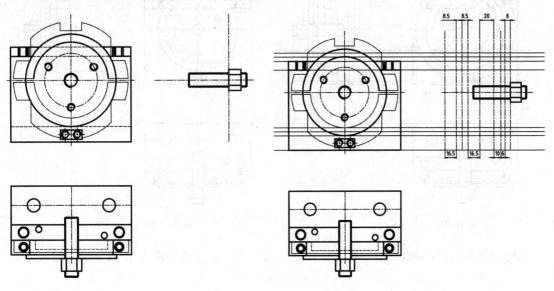

图 18-87　绘制中心线并复制螺栓　　　　　　　图 18-88　绘制辅助线

（3）根据辅助线，绘制剖视图的轮廓线，如图 18-89 所示。

（4）调用【圆】命令，在主视图上重新绘制一个与最外侧一样大的圆。

（5）调用【构造线】命令，捕捉圆的象限点绘制构造线，如图 18-90 所示。

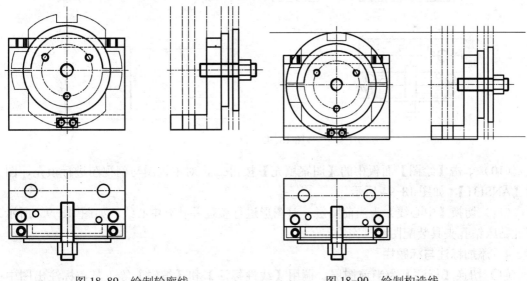

图 18-89　绘制轮廓线　　　　　　　　　图 18-90　绘制构造线

（6）切换【双点划线】为当前图层，根据辅助线绘制轮廓线。

（7）再次利用【构造线】绘制辅助线，并切换【粗实线】为当前图层，绘制剖视孔，如图 18-91 所示。

（8）切换【虚线】为当前图层，绘制线段并修剪多余线段，如图 18-92 所示。

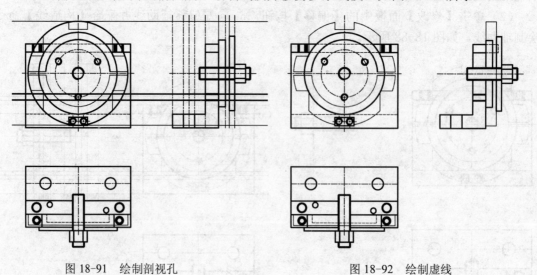

图 18-91　绘制剖视孔　　　　　　　　　　　图 18-92　绘制虚线

（9）对图形进行倒角，第一条边的距离为 0.5，第二条边的距离为 2，如图 18-93 所示。

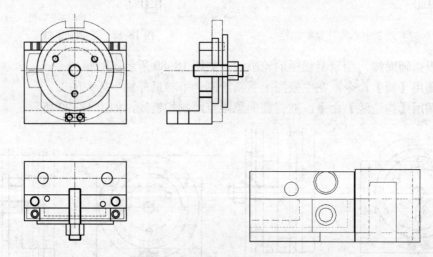

图 18-93　倒角

（10）单击【绘图】面板中的【图案填充】按钮，对主视图与剖视图进行填充，图案为【ANSI31】，如图 18-94 所示。

（11）切换【中心线】为当前图层，对图形进行整理并补充中心线，如图 18-95 所示。至此钻床钻孔夹具装配图绘制完成。

4．添加标注与标题栏

（1）切换【标注】为当前图层。调用【线性标注】和【编辑】等工具，标注出图中主要尺寸和装配尺寸，结果如图 18-96 所示。

（2）全选绘制的图形对象，复制然后粘贴在图框里，调用【多行文字】工具添加表格内容、编号以及相应的技术要求，如图 18-97 所示。至此，该钻床钻孔夹具装配图绘制完成。

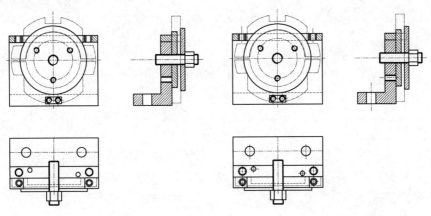

图 18-94　图案填充　　　　　　　图 18-95　补充中心线并整理图形

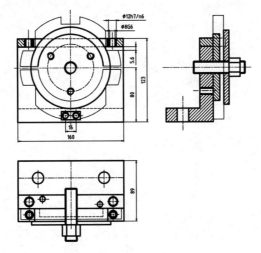

图 18-96　尺寸标注

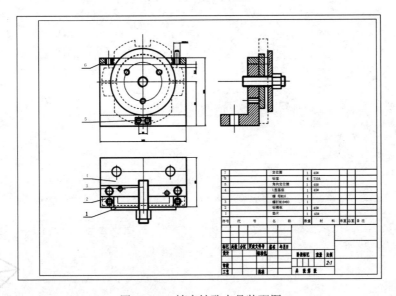

图 18-97　钻床钻孔夹具装配图